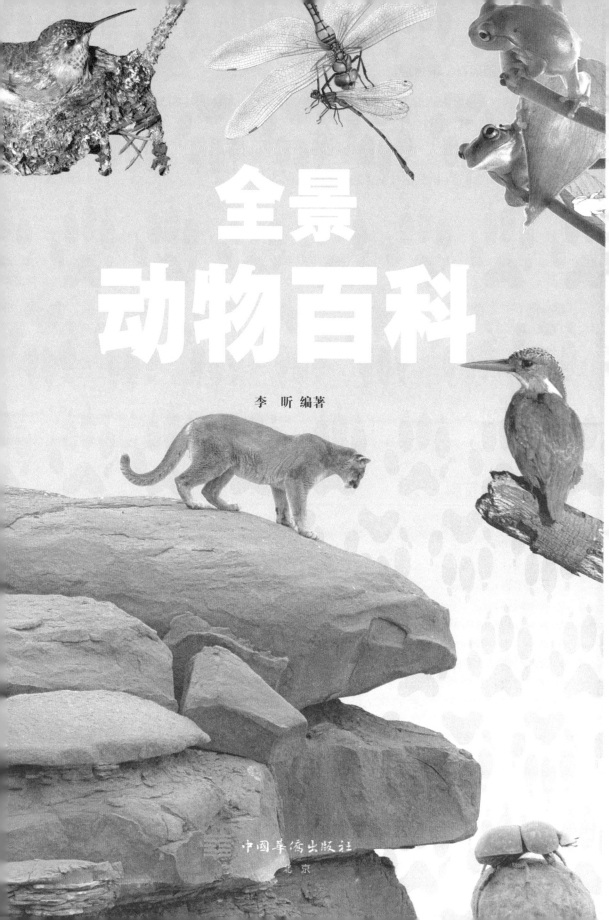

全景
动物百科

李　昕　编著

中国华侨出版社
北京

图书在版编目(CIP)数据

全景动物百科 / 李昕编著. —北京：中国华侨出版社，2016.11（2020.12重印）

ISBN 978-7-5113-6408-1

Ⅰ.①全… Ⅱ.①李… Ⅲ.①动物—普及读物 Ⅳ.①Q95-49

中国版本图书馆 CIP 数据核字（2016）第250957号

全景动物百科

编　　著：李　昕

责任编辑：兰　芷

封面设计：李艾红

文字编辑：朱立春

美术编辑：汪　华　李丹丹

经　　销：新华书店

开　　本：720mm×1020mm　1/16　印张：20　字数：520千字

印　　刷：北京德富泰印务有限公司

版　　次：2017年1月第1版　2020年12月第2次印刷

书　　号：ISBN 978-7-5113-6408-1

定　　价：39.80元

中国华侨出版社　　北京市朝阳区西坝河东里77号楼底商5号　　邮编：100028

法律顾问：陈鹰律师事务所

发 行 部：(010) 58815874　　传　真：(010) 58815857

网　　址：www.oveaschin.com　　E-mail：oveaschin@sina.com

如果发现印装质量问题，影响阅读，请与印刷厂联系调换。

前 言

PREFACE

　　地球富有各种动植物的栖息地，从海洋里的珊瑚礁到陆地上最高的山峰，组成了神秘多样的自然界。而在自然界中，形形色色的迷人的生物与我们人类一起共享着家园。它们分布广泛，甚至可以说无处不在。它们有的庞大，有的弱小；有的凶猛，有的友善；有的奔跑如飞，有的缓慢蠕动；有的能展翅翱翔，有的会自由游弋……它们同样面对着弱肉强食的残酷，也同样享受着生活的美好，并都在以自己独特的方式演绎着生命的传奇。正是因为有了这些多姿多彩的生命，我们的星球才显得如此富有生机。

　　相较于人类，动物的世界是最真实的，它们只会遵循自然的安排去走完自己的生命历程，力争在各自所处的生物圈中占据有利地位，使自己的基因更好地传承下去，免于被自然淘汰。在这一目标的推动下，动物们充分利用了自己的"天赋异禀"，并逐步进化出异彩纷呈的生命特质，将造化的神奇与伟大体现得淋漓尽致。

　　本书带你走进奇妙的动物世界，去系统了解关于动物的知识和科学，认识那些最常见、最具代表性，或与我们关系最密切的形形色色的动物，深度了解其生活的方方面面，探索动物王国的生存法则和无穷奥秘，从中获得知识和乐趣，得到感悟和启迪。

本书分为"你所不知道的动物常识""妙趣横生的昆虫王国""自在畅游的水生动物""纵横水陆的两栖动物""稀奇古怪的爬行动物""古灵精怪的鸟王国""洋洋大观的哺乳家族"七大部分，先从宏观上讲述动物的分类法、一般特征和基本习性等，然后分门别类，深入各纲目下典型动物的生活，绘声绘色地讲述其体型与官能、分布、食性、社会行为等，是一本兼具知识性与趣味性，极具科学探索精神的百科全书。全书图文并茂，1000余幅珍贵插图既有生动的野外抓拍照片，也有大量描摹细腻传神的手绘组图，生动再现了动物的生存百态和精彩瞬间，对特定情境、代表种类特征、身体局部细节等的刻画惟妙惟肖，具有较高的科学和美学价值。书中特辟有"知识档案"栏目，以图表的形式集中介绍各代表物种的基本情况，简明扼要，一目了然，极具专业性和资料性。

　　在这本妙趣横生的动物百科宝典里，你可以从容走进以"百兽之王"狮子和老虎领衔的各种食肉和食草类哺乳动物的世界，零距离观察从鸵鸟、企鹅到鹰、鹤、雉、燕、鹦鹉、山雀的形形色色的鸟类，纷繁奇异的龟、蛇、蜥蜴、鳄鱼和各种鱼，以及从蜻蜓、蟋蟀、甲虫到蝴蝶、蚊蝇的种类繁多的昆虫。你会惊异于动物们那令人叹为观止的各种"武器"、本领、习性、模样、繁殖策略等，例如，有些刚刚成为群体首领的雄性狮子、猕猴，为了尽快拥有自己的后代，会杀死前任首领的幼崽，以促使群体中的雌性重新发情交配；秋季，啄木鸟会在树缝中或者树洞里贮藏大量的坚果和球果，以备越冬之用；为了保住性命，很多种蜥蜴不惜"丢车保帅"，进化出了断尾逃生的绝技……

第1章 你所不知道的动物常识

第2章 妙趣横生的昆虫王国

第3章 自在畅游的水生动物

第4章 纵横水陆的两栖动物

第5章 稀奇古怪的爬行动物

第6章 古灵精怪的鸟王国

第7章 洋洋大观的哺乳家族

第1章

你所不知道
的动物常识

食物链和食物网

在自然界中，食物总是一直处于流动当中。当一只蝴蝶食用一朵花时或者当一条蛇吞下一只青蛙时，食物就在食物链中又向前推进了一步，同时，食物中含有的能量也向前传递了一步。

食物链不是你看得见摸得着的，但是它是生物世界中的重要组成部分。当一种生物食用了另一种生物时，食物就被传递了一步，而食用者最终也总是成为另一种生物的口中美食，这样一来，食物就又被传递了一步。如此往下便形成了食物链。大部分生物是多种食物链中的组成部分。把所有的食物链加起来，便形成了食物网，其中可能涉及几百种甚至几千种不同的物种。

食物链是怎样运作的

现在，你将可以看到一条热带生物的食物链。像所有的陆上食物链一样，它从植物开始。植物直接从阳光中获取能量，因此它们不需要食用其他生物，但是它们却为别的生物制造食物，当它们被草食动物吃掉后，这种食物便开始被传递了。

很多草食动物都以植物的根、叶或者种子为食。但是在本条食物链中，草食动物是一只停在花上吸食花蜜的蝴蝶。花蜜富含能量，因此是很好的营养物质。不幸的是，这只蝴蝶被一只绿色猫蛛捕食了。绿色猫蛛也就是本条食物链中涉及的第 3 个物种。像所有其他蜘蛛一样，这种蜘蛛是绝对的食肉生物，非常善于捕捉昆虫。但是为了抓住蝴蝶，这只蜘蛛需要冒险在白天行动，这会吸引草蛙的注意。草蛙吞食蜘蛛，成为该食物链的第 4 个物种。草蛙有很多天敌，其中之一是睫毛蝰蛇——一种体型小但有剧毒的蛇类，通常隐藏在花丛中。当它将

几乎所有的动物都有自己专门的食物对象，每种动物都只不过是另一种动物的食物罢了。这张图中，一只蜘蛛已经捕获了另一只蜘蛛，后者成了它的口中美食。

在以植物残渣为食物的生物中，可以长到 28 厘米的千足虫无疑是其中的庞然大物了。它们爬行缓慢，而且是冷血动物，这两个特点使得千足虫对于能量的需求非常有限。

草蛙吞下时，它便成为本条食物链中涉及的第 5 个物种。但是蛇也很容易受到攻击，如果被一只目光锐利的角雕看到，它的生命也就结束了。角雕正是本条食物链中涉及的第 6 个物种，它没有天敌，因此食物链便到此结束了。

食物链和能量

6 个物种，听起来可能并不算多，尤其是在一个满是生物的栖息地中。但是这事实上已经超过食物链的平均长度了。一般的食物链都只有三四个环节。那么，为什么食物链那么快就结束了呢？这个问题与能量有关。

当动物进食后，它们把获得的能量用在两个方面。一方面用于身体的生长，另一方面用于机体的运作。被固定在身体中的能量可以通过食物链传递，但是用于机体运作的能量在每次使用中就被消耗掉了。一些活跃的动物，比如鸟类和哺乳动物，被消耗掉的能量约占所有能量的 90%，因此只有大约 10% 左右的能量被留下来成为潜在食物。当食物链走到第 4 或者第 5 种生物时，所含的能量便因为逐级减少而所剩不多了。当走到第 6 个环节时，能量几乎已经消耗殆尽。

金字塔

这种能量的递减显示了食物链的另一个特征——越是接近食物链开端的物种数量越丰富。如果按照层叠的方式把食物链表示出来，结果便形成金字塔形状。

比如淡水环境中一条食物链可以形成一个典型的金字塔——从下而上，数量较大的生物是蝌蚪和水甲虫；再往上，食肉鱼类数量相对减少，而食鱼鸟类的数量则是最少。在所有的生物栖息地包括草地到极地冻原，都适用上述这种金字塔结构。这就解释了为什么像苍鹭、狮子和角雕那样位于金字塔顶端的肉食动物需要如此之大的生活空间了。

当阳光穿过森林，树叶就采集了光能。树木枝干向上生长就是为了获得更多的光照。

世界范围的食物网

食物网比食物链要复杂得多，因为它涉及大量不同种类的生物。除了捕食者和被捕食者，其中还包括那些通过分解尸体残骸生存的生物。

食物网越精细越能证明该栖息地拥有健康的环境，因为这显示了有很多生物融洽地生活在一起。如果一个栖息地被污染或者因森林采伐而被破坏了，食物网就会断开甚至瓦解，因为其中的一些物种消失了。

海洋动物

所谓海洋动物是指生活在海洋中的各种动物的总称。据统计，海洋中大约有16万~20万种动物，其中最小的是单细胞原生动物，最大的是长达30米、重约190吨的蓝鲸。海洋动物的活动范围也很广，从海面到海底，从海岸或潮间带到最深的海沟底部，都能发现它们的身影。

过去人们认为，海洋深处是一个高压、无光、缺氧少食的险恶世界，不可能有生命存在。后来，随着科学技术的发展，人们可以进入深海探险考察后，才惊奇地发现，在大洋深处生活着多种鱼类、甲壳类和软体动物。在这"暗无天日"的深海世界中，这些动物依靠什么生活呢？唯一的可能是：各种硫杆菌利用极高的地温使硫氢化合物、二氧化碳和氧气产生代谢变化，形成了能够维持这些动物生存的低级食物链。

海洋动物通常以海洋植物、微生物、动物碎屑为生。由于海水深度、温度等条件

珊瑚礁是由无数珊瑚构成的。珊瑚礁为鱼和其他海洋生物提供住处。

的不同，海洋中浮游生物和底栖生物在分布上存在着很大的差异和变化。这种差异和变化又直接影响了以浮游生物为食的其他海洋动物的活动与分布。

为了便于研究，科学家将种类繁多的海洋动物划分为三大类：海洋无脊椎动物、海洋原索动物和海洋脊椎动物。它们在结构形态和生理特点上具有很大的不同。

海洋无脊椎动物是海洋世界中的"名门望族"，在种类和数量上都占据统治地位。主要包括原生动物、海绵动物、腔肠动物、扁形动物、纽形动物、线形动物、环节动物、软体动物、节肢动物、腕足动物、毛颚动物、须腕动物、棘皮动物及半索动物等。

海星和海胆大概是人类最熟悉的海生无脊椎动物了。它们属于棘皮动物，外表呈刺状，由一层白垩板保护着。它们的躯体由 5 个对称的部分组成，从中间向周围辐射开来，就像装了车辐的车轮一样。它们没有头，也没有脑，更没有"前""后"之分，可以自由地向任何一个方向运动。它们的嘴长在下边，叫作口面；肛门长在上边，叫作反口面。海星和海胆的体内是一个充满了水的管道水压系统，它们就是靠这个系统运动、吃食和呼吸的。

珊瑚是另一种常见的海生无脊椎动物，属于腔肠动物类。自古以来，很多人都把珊瑚看作植物，其实它是一种低等的海生动物。珊瑚的身体由内外两个胚层组成，就像一个双层口袋，只有很少的明晰的器官。它有一个口，没有肛门。食物从口里进去，不消化的残渣也从口里排出。口的四周是许多像花一样的触手，用来捕捉食物或振动引起水流将食物吸进口和腔肠中，帮助消化水中的小生物。珊瑚有许多种，但它们都喜欢生活在水流快、温度高、干净、温暖的浅海地区。大多数珊瑚都是靠出芽繁殖的，每一个单体叫"珊瑚虫"。"珊瑚虫"成熟后并不离开母体，于是便成为一个相互联结、共生共息的群体，这就是珊瑚呈树枝状的主要原因。在清澈的热带浅海里，珊瑚繁殖得非常迅速，往往会形成巨大的珊瑚礁，成为海洋动物的栖息地。

海洋原索动物是介于脊椎动物与无脊椎动物之间的过渡类型，包括尾索动物和头索动物等。

海洋动物中另一重要的门类是海洋脊椎动物，主要包括依靠海洋而生存的鱼类、爬行类、鸟类和哺乳类动物。

鱼是最重要的海洋动物之一，最早的鱼出现在 5 亿多年前，那时的鱼既没有颚，也没

海洋动物的体形和个体大小差别都很大。

白章鱼像降落伞一样张开自己的触手，游在夏威夷海的海床底上。它以虾和蟹为食，窝的周围常常满是它丢弃的残骸。白章鱼可以长到 1 米长，但是世界上最大的章鱼——太平洋大章鱼的触手完全张开后的长度可达 8 米，重量可达 250 千克。

有鳍。现在世界上大约有 2.5 万多种鱼，是脊椎动物中种类最多的动物。绝大部分的鱼类，体表覆盖着一层具有保护作用的鳞片，内部器官与其他脊椎动物相似。它们的身体一般呈流线型，用鳃呼吸，用鳍游动。鱼鳍包括尾鳍、背鳍、臀鳍等，其中胸鳍和腹鳍与脊椎动物的四肢相对应。

科学家们根据鱼的个性特征，将它们分为三大类。第一类叫作无腭鱼，如七鳃鳗、八目鳗等，它们没有鳃，身体就像一节烟囱。第二类叫作硬骨鱼，如鳟鱼、鳕鱼等。它们的脊椎、头骨、肋骨、下腭等都是由硬骨组成的。鳞片叫作骨鳞，一部分重叠，呈覆瓦状排列在表皮下面。多数的硬骨鱼都有一个可以控制沉浮的气囊，叫作鳔。鳔如同一个可变的气泡，当它变大时，浮力增加，鱼就能够浮起来；当它变小时，浮力减小，鱼就会沉下去。95% 的鱼类属于硬骨鱼。最后一类叫软骨鱼，其特点为骨骼柔软；鳞片呈盾状，嵌在皮肤里，形成砂纸一样的表面；无鳔。鲨鱼就属于这一类。为了适应水中生活，鲨鱼长有上边大、下边小的尾鳍，可以帮助它快速游动，并在慢游时形成浮力。目前，世界上共有 3000 多种鲨鱼，其中生活在热带温暖海域的鲨鱼，如大青鲨、双髻鲨、大白鲨等，是具有攻击性的食肉鱼类，人称"海洋猎手"。

鱼类也需要氧气来维持生存。通常，鱼用嘴吸进含氧的水，然后由鳃抽吸水中的氧气，氧便经过鳃膜进到鱼的血液里。氧气通过血管被输送至身体各部分，二氧化碳等废物则被排出体外。鱼的游动姿势和游动速度与鱼的体形有关。一般而言，鱼体修长，呈流线型，长有半月形尾鳍的鱼，游动速度都很快。如世界上游动速度最快的鱼——箭鱼就具有这些特征。

鱼的视觉都不太发达，它们主要依靠听觉和嗅觉来寻找食物、配偶，躲避捕食者。除此之外，鱼还有一种特殊的感觉器官——侧线感受器，分布在鱼体两侧。水的流动能够引起侧线管内黏液的变化，鱼就是依靠这些变化来预测水流、捕获猎物的。

生命起源于海洋。从原生动物到哺乳动物的海洋动物系统，不仅展现了生命发展的历史，而且为人类提供了丰富的食物和资源，海洋是我们赖以生存的家园。

陆地动物

所谓陆地动物，就是指那些主要在陆地上生活、繁殖的动物。陆地上最兴旺的动物应该是属于节肢动物门下的昆虫、蜘蛛、多足纲和脊椎动物中的爬行类、鸟类和哺乳类中的大多数动物。

昆虫几乎遍布于除大海以外的任何地方。地表是它们最普遍的栖息地，但还有许多昆虫生活在植物中或泥土的下面，甚至是动物的体表或体内。比如寄生在人或动物身上的臭虫就是一种半翅目的昆虫。它白天藏在人的衣服里或动物的皮毛里，晚上出来用嘴部的吸管吸人或动物身上的血。

蝎子是大型蛛形纲动物，是首批出现在地球上的节肢动物，迄今已有 4.25 亿年左右的历史了。蝎子的祖先是巨水蝎，出现于古生代，身长从 10 厘米到 2 米不等，已具备了螯肢和口钳。那时的蝎子是海生动物，到了大约 3.5 亿年前，蝎子开始向陆生转变，直到 3500 万年前，才完全变为陆生动物。蝎子的进化与地球的发展息息相关，它们随地表的变化而不断进化，很能适应环境的变迁。

蜈蚣是蠕虫形的陆生节肢动物，属节肢动物门多足纲。蜈蚣的身体是由许多体节组成的，每一节上有一对足，所以叫多足动物。白天它们隐藏在暗处，晚上出去活动，以蚯蚓、昆虫等动物为食。蜈蚣与蛇、蝎、壁虎、蟾蜍并称"五毒"，并位居五毒首位。

两栖类动物是最早开始陆地生活的脊椎动物，早期的两栖动物是从能呼吸空气的总鳍鱼或肺鱼进化而来的。它们离开水可能是因为陆地上没有什么敌害并有充足的食物来源。早期的水陆两栖动物为了更适应陆地生活而长出强有力的四肢。但是，由于两栖动物没有皮毛、羽毛或鳞片的保护，它们的体表极易失去水分，因而它们不能在过于干燥的地区生活，而且大多数种类要回到水中去交配和产卵，只有一小部分能够完全脱离水而生存下来。

蟾蜍和蛙是同类，它们同属于两栖动物，既能在陆地上生活，又能在水中生活。与蛙类相比，蟾蜍的后肢较短小，不会跳跃，只会爬行；皮肤比较干燥，长了许多疣状的东西；趾间没有或几乎没有蹼；更喜欢在陆地上生活，平时在草丛、山地或平地上活动，只有到了产卵期才会爬到水塘边产卵。冬天，蟾蜍就在干燥的山坡或草丛中，挖掘洞穴进行冬眠，直到春暖花开时再出来活动。

爬行类动物的体表都有保护性的鳞片或坚硬的外壳，这可使它们不会因过快失去水分而死去，因而能更加适应陆地生活。当然它们当中还是有一部分更喜欢水里的生活。

蛇是一种比较特殊的爬行动物，是由蜥蜴进化而来的，遍布于除南极洲以外的所有大陆。

蛇的全身布满鳞片，没有皮腺，不具有呼吸功能。蛇的骨骼是由脑骨和背骨组成的，背骨的每一节脊柱都连着一对肋骨。蛇没有脚，它依靠脊柱上的肌肉向前运动。当它移动时，腹鳞稍稍翘起，翘起的鳞片尖端像脚一样踩住地面或其他物体，推动身体前进。不同种类的蛇，其前进时的样子也不尽相同。有的是靠身体扭动呈"S"形前进；有的则是一拱一伏地前行。身体较重的蛇是直线前进，身体的前半部分先向前拱，然后后半部分的身体再跟上来，移动十分缓慢。

蛇的大小差别很大，最小的蛇长不到 15 厘米，最大的蛇——水蟒则有 10 多米长。

一群角马正徜徉在坦桑尼亚和肯尼亚之间的平原上。雨季刚刚过去，草原还是一片葱绿。

果蝠用膜翼包裹着身体倒挂在树上睡觉。

尽管有长有短，但它们的外形都差不多，都是又长又细。但是由于生活环境不一样，蛇的形体也会有一些差异，以便它们能更好地适应环境。生活在树上的蛇有长长的尾巴，这可以使它们牢牢地缠住树，如树王蛇；穴居在地下的蛇都有圆滑的身体，这可以使它们更好地在地下前进，如缅甸大蟒蛇；生活在陆地上的蛇，腹部都有大的鳞片，这可以使它们更好地附着在土壤和岩石上，如草原响尾蛇等。

鸟都是生活在陆地上的，但有些鸟却离不开海或江河，如海鸟、水禽等，它们也可以在陆地上生活，因而我们也把它们归为陆地动物。

哺乳动物是陆地动物中最庞大、最高等的一类动物。哺乳动物与其他动物的不同之处就在于幼体是由母体乳房分泌的乳汁喂养的。哺乳动物广泛地分布于陆地、空中和水中，这里我们只讨论生活在陆地和空中的陆生哺乳动物。

豹是一种中型食肉哺乳动物，属猫科。豹给人的第一印象就是优雅：匀称的身躯、带花斑的皮毛和纤细的腰身。它头部浑圆、布满黑色斑纹；背毛有玫瑰状的环纹，根据生存环境的不同而多有变化；爪子洁净；尾巴在走动时高高竖起，俨然一位贵族。豹主要分布在亚、非、欧三大洲。它们对环境并不挑剔，只要有足够的水与猎物，它们就能生活得很好。同时它们的游泳技术绝佳，所以热带森林与河流旁的灌木丛是它们最喜欢的地方。

刺猬属于哺乳纲食虫目猬科。它是世界上最原始的哺乳动物之一，早在1500万

对于草原土拨鼠而言，"接吻"是关系亲近的标志。

年前就已经是现在这副模样了。刺猬身长
22～32厘米，体重450～700克。它的四肢
相当长，颈部却非常短小，这样易于将身体
蜷成球形。它行走时四肢弯曲，看上去就像
贴地滑动或滚动，样子非常可爱。

树袋熊又叫"考拉"，属哺乳纲有袋目，
仅分布于澳大利亚的新南威尔士、维多利亚
和昆士兰等地。它是一种栖居于树上的动物，
常年以桉树为家，以桉树叶为食。它的鼻子
扁平，耳朵很大，四肢粗壮，爪子尖利，没
有尾巴。它的身长约80厘米，重约15千克，
毛呈灰褐色，胸部、腹部、四肢内侧和内耳
处均长有灰白色短毛。它们憨态可掬、性情
温顺，样子酷似小熊，所以又叫"树熊""保
姆熊""玩具熊"等。

蝙蝠是仅有的一种会飞的哺乳动物，大
约有925种，都属于翼手目动物。翼手目又
分成两个亚目：大翼手亚目，包括飞狐类和

黑猩猩

旧大陆果蝠；小翼手亚目，在世界各地都有分布。蝙蝠的翼是在进化过程中由前肢演
化而来的。第一个指头（拇指）短，末端有爪，其余各指极度伸长，有一片飞膜从前
臂、上臂向下与体侧相连，直达下肢的踝部。多数蝙蝠的两腿之前还有一片两层的膜，
由裸露的深色皮肤构成。蝙蝠的颈部非常短，胸部和肩部则很宽大，胸肌发达，髋和
腿部细长。除翼膜外，蝙蝠全身都长着毛，背部呈浓淡不同的灰色、棕黄色、褐色或
黑色，而腹侧颜色较浅。栖息于空旷地带的蝙蝠，皮毛上常有斑点或杂色斑块，颜色
也有差别。

猴是除树鼩、狐猴、类人猿和人以外的所有灵长目动物的统称。猴类多生活在热
带森林中，除体型庞大的种类外，绝大多数栖息于树枝上，行动时凭借四肢在树枝间
跳跃，在地面上则采用跖行（整个足底接触地面）的方式前进。猴子行动灵活敏捷，
长有长长的手臂，身体很强壮，大多数猴子都长有一条长尾巴，可以帮助它们在攀缘
树枝时保持平衡。猴子的鼻子较小，脸部没有毛发，眼部朝前突出。它们能腰背挺直
地坐着，有时也会直体而立，可以腾出双手完成许多其他的动作，如寻找、采摘食物、
捕获飞来的小昆虫、清洁毛发等。猴子的大脑发达，目光敏锐，其行为常常与人类相
似，是一种非常可爱的动物。

类人猿是灵长目中除人以外最为高等的动物。包括猩猩科和长臂猿科的无尾、类
人灵长类动物，栖息于非洲和东南亚热带森林中。类人猿是非常聪明的动物，过着群
居的生活。非洲黑猩猩也是类人猿，是人类最近的"亲戚"。

黑猩猩主要分布于非洲中部和西部，栖息于高大茂密的落叶林中。黑猩猩有1.2～1.5

熊是陆地上最大的肉食动物，它们不仅吃鱼、昆虫等肉类食物，也吃水果、坚果、树叶等素性食物。经过长期的进化，它们臼齿的边缘变得越来越圆滑，有利于咀嚼植物。

非洲象是如今生存在陆地上体型最大的动物。对于体重如此大的动物来说，躺下去要花费很长时间。浸在泥沼里或者洗澡是它们日常生活中较为常见的行为。

米高，重45～75千克。除脸部外，浑身长满了黑色的毛。它的脑袋比较圆，耳朵很大，并向两边直立起来。它的眉骨比较高，眼睛深深地凹陷下去，鼻子很小，嘴唇又薄又长，没有颊囊。手脚比较粗大，腿比臂短，站着的时候，臂可以垂到膝盖以下。黑猩猩有很高的智商，并且常受好奇心的驱使制作和使用工具。如为捕食白蚁，黑猩猩会将树枝上的叶子清除，小心地将细枝插入蚁巢，然后将爬满白蚁的细枝取出，用舌头舔食。此外，它们还会用嚼树叶的方法吸水，用石头敲碎硬的果实等。

无论是陆地动物，还是海洋动物，都是地球上不可缺少的一部分，它们共同构成了我们这个美丽的世界。

恒温动物与冷血动物

体温即机体的温度，通常指身体内部的温度。一般来说，过高或过低的体温都会致动物于死命，为了生存，动物必须具有保持体温相对恒定的能力。这也是动物在长期进化过程中获得的一种较高级的调节功能。

进化至较高等的脊椎动物，如鸟类和哺乳类动物，具有比较完善的体温调节机制，能够在不同的温度环境下保持相对稳定的体温，这些动物叫恒温

响尾蛇（左）、蟒蛇和巨蟒的眼睛周围都长有热感应器。这使得蛇类在黑暗中能够找到热血的猎物。

动物或温血动物。

恒温动物的体温是恒定的。一般来说，鸟类的体温一般为 37℃ ～ 44.6℃，哺乳类动物的体温则为 25℃ ～ 37℃。恒定的体温使这些动物大大减少了对环境的依赖程度。恒温动物具有比较完善的体温调节机制，如厚厚的皮毛，发达的汗腺和呼吸循环系统等。恒温动物对自身体温的调节通常都是自主性的，即通过调节其产热和散热的生理活动，如出汗、打冷战、血管收缩与扩张等，来保持相对恒定的体温。

每种动物都有自己独特的保持体温恒定的"绝招"。这些"绝招"因动物的身体结构、生活习性和生存环境的不同而显得丰富多彩。

比如素有"南极居民"美称的企鹅，它们的全身覆盖着又密又厚的羽毛，皮下又有一层厚厚的脂肪层，所以企鹅不怕严寒与冰冻，即使在极端寒冷的环境中，它们也能保持正常体温。这就是它们能够在南极冰原上生活的原因。又如水生哺乳动物海豹也靠皮下那层厚厚的脂肪保暖，因此能在寒冷的南北两极活动自如。

生活在热带的大象却是通过皮肤辐射来散热的，有时也通过皮肤渗透水分或通过 4 只面积巨大的脚掌与温度较低的地面相接触的办法来散发热量，以保持体温恒定。在炎炎夏日，大象喜欢在清晨和日落的时候出来活动，中午则躲在阴凉的地方避暑。同时大象还非常爱洗澡，一有机会便跑到河边，用鼻子往身上喷水来巧妙降温，就像人类洗澡一样。但生活在热带的猴子，则是利用长长的尾巴来调节体温。当温度比较高的时候，猴子会通过尾巴增大与空气接触的面积来散热；当温度降低时，它又会用尾巴来减少体内热量的散失。

大多数哺乳动物都是通过身体表面的汗腺来散发热量、降低体温的。

较低等的脊椎动物如爬行类、两栖类和鱼类以及所有的无脊椎动物，其体温随环境温度的改变而变化，不能保持相对恒定，因而叫变温动物或冷血动物。冷血动物对环境温度变化的适应能力较差，到了寒冷的冬季，其体温非常低，各种生理活动也都降至最低的水平，进入冬眠状态。虽然冷血动物体内没有完善的体温调节机制，但它

南极冰原上的企鹅用厚密的羽毛来保温以及保护小企鹅免受南极冰寒的侵袭。

们还是有办法来对付过低或过高的气温，即通过改变自己的行为来适应环境温度的变化。这种调节体温的方式叫行为性体温调节。

蛇是一种典型的冷血动物，因此它们不得不想办法依靠外部环境将自己的体温维持在一个可以正常发挥机体功能的温度。在寒冷的天气里，它们通常是白天出来活动，暴露在阳光下，尽可能多地吸收太阳的热量，并贮存在体内。夏天，蛇的体温在清晨是25℃，可到了中午就会骤然升至40℃。在这种情况下，它们就躲在石头底下或钻进阴暗潮湿的洞里，直到晚上才溜出来透透气。在长期严寒的气候条件下，例如北方地区的冬季，它们会冬眠一段时间，等到气温回升、春暖花开的时候再出来。与蛇相近的蜥蜴，全身覆盖着一层坚硬的鳞片状皮肤，其主要功能就是防水和保持身体的温度。

鱼类、两栖类动物通常是以冬眠的方式来摆脱寒冷环境的影响。有些动物则是通过夏眠来躲避高温环境的影响。如生活在热带河流和沼泽中的蟾蜍、陆生龟等动物，当夏季来临时，它们就钻进阴凉的淤泥下或石洞中，"睡"上两三个月。这是因为当夏季来临时，这些地区的温度可高达40℃以上，使得沼泽干涸，植被减少，这些冷血动物只有依靠夏眠才能度过夏季。蜗牛也是一种冷血动物，为了适应环境温度的变化，它不仅要冬眠，而且要夏眠。冬天，蜗牛会把自己封闭在壳里，一直睡到

春天大地复苏时再出来。夏天，它会用夏眠来抵抗干旱和酷热。特别是生活在非洲热带草原地区的蜗牛，每当干旱到来的时候，植物全因缺水而变得枯萎，蜗牛只好用夏眠的方法来减少对食物的需求，以度过食物匮乏的夏季。蜗牛的耐饥能力十分惊人，在热带沙漠地区，蜗牛能在壳里睡上3～4年。

还有一小部分动物介于恒温动物与冷血动物之间。在暖和的时候，它们的体温能保持相对恒定；到了寒冷的季节，其体温会随着气温的下降而下降，蛰伏而进入冬眠。刺猬便是这类动物的典型代表。刺猬的活跃期是4～10月。进入11月，它就开始冬眠了。冬眠时，它的新陈代谢极为缓慢，体温从36℃降至10℃，有时甚至会下降到1℃，但绝对不会降到0℃以下，因为如果这样它就会冻僵。此时，它的心跳从每分钟190次降至20次，每隔两三分钟才呼吸一次。在这段时间里，它一直靠消耗体内储存的脂肪来维持生命。大约到了4月份，冬眠的刺猬才会苏醒过来。这时它们都非常瘦弱，体重不会超过350克。

蜗牛通过一组微型牙齿咀嚼树叶。它们通常食用薄而软的嫩叶。

肉食动物

当一只肉食动物向其猎物靠近时，不由得会让人产生一种紧张感。但是肉食动物是自然界的重要组成部分，连人类有时也是肉食动物。

与草食动物相比，肉食动物总有失算的时候，因为猎物可能会逃跑。作为补偿，自然界使得肉具有很高的营养价值。为了成功捕获猎物，肉食动物通常都有敏锐的感官和快速的反应能力。它们通过特殊的武器——比如毒刺、有力的爪子或者锋利的牙齿——来制伏猎物。

一只非洲鱼鹰在水面上捕获了猎物。在其回到栖枝上后，便会将鱼整条吞下。

慢动作的捕猎者

当人类提到肉食动物时总会最先想到像猎豹那样的运动速度很快的动物。但是很多肉食动物并非如此，比如海星，它的运动速度比蜗牛还慢，但是它们专门捕食那些不会逃跑的猎物——一般是把猎物的外壳撬开，然后享用里面的美餐。

在水中和陆上，很多肉食动物根本不追捕任何东西，相反，这些猎手只是埋伏着，等待猎物进入自己的抓捕范围。它们常常伪装得很好，有些甚至通过设置陷阱或者诱饵来增加捕获猎物的概率。"埋伏"的猎手有琵琶鱼、螳螂、蜘蛛和很多蛇类等。很多"埋伏"型猎手都是冷血动物，即使几天甚至几个星期不进食，它们也可以存活下来。

狩猎的哺乳动物

鸟类和哺乳动物都是热血动物，因此它们需要很多能量来保持身体正常运作。对于一头棕熊而言，能量来自各种各样的食物，包括昆虫、鱼，有时也包括其他的熊。棕熊的体重可以达到1000千克，它是陆地上最大的肉食动物。一般情况下，它对人类很谨慎，但是如果真正开始攻击，结果将是致命的。

哺乳动物中的肉食者有着特殊的牙齿来处理它们的食物。靠近它们嘴的前方位置有两颗突出的犬齿，这可以帮助它们把猎物紧紧咬住。一旦将猎物杀死后，它们的食肉齿就开始发挥功用了——这些牙齿长在颚的靠后位置，有着长长的、锋利的边缘，可以像剪刀一样将猎物剪碎。有些食肉哺乳动物，比如狼，还常用食肉齿来将猎物的骨头咬碎，从而吃到里面的骨髓。

在阿拉斯加，棕熊涉到河流中捕食洄游的大马哈鱼。它们的这场高蛋白盛宴可以一直持续几个星期。

一条食鼠蛇正张开血盆大口吞下一只鸟。蛇类总能将猎物整个吞下，因此它们需要有强效的消化液来将食物分解掉。

空袭

鸟类没有牙齿，它们用爪子捕猎。一旦它们将猎物杀死后，就会将其带到栖枝上或者自己的巢中。有些大型鸟类可以抓起很大重量的猎物——1932年，一只白尾海雕抓走了一个4岁的小女孩。神奇的是，这个小女孩存活了下来。

爪子很适合用来抓住猎物，但是鸟类通常使用其弯曲的喙部来将猎物撕碎。捕食小型动物的鸟类有一套特殊的技术，它们可以将猎物的头先塞进自己喉咙，然后将其整个吞下去。

大规模杀戮者

世界上最高效的捕猎者通常食用比其自身小很多的猎物。在南部海域，鲸通过过滤海水来食用一种被称为磷虾的甲壳动物。它们的这种捕食方式是所有肉食动物中杀戮量最大的，每次都可以超过1吨以上。灰鲸在海床上挖食贝类，而驼背鲸则通过张起"泡沫网"等待鱼群的到来——这种网可以将鱼群逼入较小的空间，使其更容易捕捉。但是最厉害的捕鱼高手应该是人类，我们每年都要捕得几百万吨的鱼。

草食动物

草食动物与肉食动物的数量比至少是 10：1。从最大的陆生哺乳动物到可以舒服地生活在一片叶子上的小昆虫，草食动物多种多样。

植物性食物有两大优势，一方面它们很容易被找到，另一方面它们不会逃跑。对于小型动物来说，还有另一个好处——植物是很好的藏身之所。但是食用植物也有其弊端，因为这种食物吃起来比较慢，而且不容易被消化。

秘密部队

一只大象每天可以吃掉 1/3 吨的食物，它们常常将树推倒来食用树枝上的叶子。野猪则采用不同

和红狐狸等食肉动物相比，草食动物花很少时间寻找食物，而把更多时间放在进食上。比如，狍每天要进食超过 12 小时。

的方法——从泥土中挖掘出美味多汁的树根来食用。虽然这些动物的体型都比较大，但是它们并不是世界上最为主要的草食动物。相反，昆虫和其他无脊椎动物的食用量要远远超过它们。

在热带草原上，蚂蚁和白蚁的数量常常超过其他所有草食动物的总数。它们收集种子和叶子，把它们搬到地下。在树林和森林中，很多昆虫以活的树木为食，而毛虫则直接躺在叶子中啃食。毛虫的胃口很大，如果进入公园或者植物园的话，可以造成非常严重的虫灾。

哺乳动物、鼻涕虫和蜗牛食用的植物种类范围很广。但是，小型草食动物通常对它们的食物比较挑剔。比如，榛子象鼻虫只是以榛子为食，而赤蛱蝶毛虫只食用荨麻叶。如果这些毛虫遇到的是其他植物，它们宁可饿死也不会吃。对食物如此挑剔看似奇怪，但对于草食动物

在中美洲的雨林里，凤尾绿咬鹃以种子大或者果核大的果实为食。这种鸟类可以消化掉果实的大部分，但是将果核丢弃在雨林的土地里。

而言，有时候这是值得的，因为这样在处理它们的专门食物时效率会额外高。

种子和存储

爬行动物中的植食者比较少，鸟类中则比较多。其中，只有很少一部分鸟以树叶为食，更多的是食用花、果实或种子。

蜂鸟在花朵中穿梭采集花蜜，有些鹦鹉则用它们刷子般的舌头舔食花粉。食用果实和种子的鸟类更为常见。不像蜂鸟和鹦鹉，它们在全世界都有分布。

种子是十分理想的食物，它们富含各种营养性的油类和淀粉，这也是为什么这么多鸟类和啮齿类动物将种子作为食物的原因。在一些干燥的地方，寻找食物比较困难，食用种子的啮齿类动物就格外多。

啮齿类动物和鸟类不同，它们在困难时期可以通过收集食物并在地下存储食物而幸存下去。在中亚，有的沙鼠可以储存60千克种子和根，这些存粮足够它们生活几个月。

食草

种子消化很方便，所以它们也是人类食物的一部分。不过草和其他植物对于动物而言就不是那么容易被分解了。因为它们含有纤维素这种坚硬的物质，人类是消化不了的。不单单是人类，食草的哺乳动物也不能消化，尽管这些是它们食物的主要组成部分。

那么，这些动物如何解决这个问题呢？答案是：它们利用微生物帮助它们完成这项消化工作。这些微生物包括细菌和原生动物，它们拥有特殊的酶，可以将纤维素分解。

微生物在哺乳动物的消化系统中安营扎寨，那里温暖湿润的环境为它们提供了一个理想的工作场所。许多草食动物将微生物安排在称为"瘤胃"的特殊地带，瘤胃工作起来就像一个发酵罐。这些草食动物被称为反刍动物，包括羚羊、牛和鹿。它们都会将经过第一轮消化的食物再次咀嚼，进而吞咽后再消化。这一过程使得微生物更容易分解食物。

全职进食者

反刍对于消化而言十分有效，但是会占用很长时间。进食草木也很费时间，因为每一口都要咬下来，彻底咀嚼。因此，草食动物没有太多的休息时间，它们总是忙于采集食物和消化食物。

对于植食昆虫而言，情况也大同小异，尽管变为成虫后它们的食性通常会发生变化。毛虫是繁忙的进食者，不过成虫的蝴蝶或者蛾的大多数时间都用于寻找配偶和产卵，它们会在花丛中穿梭，很多根本不食用任何东西。飞蝼蛄做得更绝，它们的成虫压根就没有活动的嘴。

就食物和身体重量比而言，毛虫的食量比大象要大得多。这些热带毛虫带有长刺，可以保护它们免受鸟类进攻。

和许多其他啮齿类动物一样，袋鼠利用它们的颊袋将种子运回洞穴。

裸鼹鼠生活在地下，它们以植物的茎和根为食。这些非洲啮齿类动物几乎是瞎子，而且基本不会到地表活动。

筑巢与做窝

大部分动物总是处于迁移和运动中，今天住这儿，明天住那儿，根本没有什么固定的、真正的"家"。但有些动物，像鸟类、昆虫为了繁殖后代，常常会搭窝或筑巢——这就是它们的"家"。这些"家"不但结实耐用，而且还各具特色，令人叹为观止。

蜜蜂的建筑才华在动物王国里可以说是首屈一指的。它们以自己独特的方式，搭建了一个个整齐的六角形房间，堪称是巧夺天工的杰作。

组成蜂巢的一个个小房间基本呈水平方向，它们大小一致，紧密排列在竖直墙架的两侧。房间的门也呈正六边形。三个菱形的蜡片对接形成房间的底部，并略微向外突起，这可以起到防止蜂蜜外流的作用。这种结构就使得两侧的房间底部恰巧能交错排列，而且与蛹尾部细尖的形状非常适应。

① 一只雌蜂鸟用蜘蛛丝将鸟巢固定在了树杈上。像很多雌鸟一样，它负责建造鸟巢，雄鸟不给予任何帮助。

令人惊讶的是，每个房间的菱形都非常标准，锐角一律是70°32′，钝角一律为109°28′。从建筑学来讲，选择这个角度是最省材料的。

小小的蜜蜂又不是建筑师，它们在没有任何工具帮助的情况下，是怎样完成如此精细的任务的呢？

让我们来看看蜜蜂是怎样一步步地搭建房子的。建筑工作从"天花板"开始。所谓"天花板"，其实是指蜂箱活动框架的顶部，也就是日后巢室的最上部。蜜蜂同时在几个地方修建巢室，每个巢室无一例外地都从底部的菱形开始搭建。

在"工地"旁，有一个临时的由蜜蜂聚在一起形成的"建材加工厂"。在这里，众多蜜蜂挤在一起，使得中心温度保持在35℃，这样才能保证工蜂能顺利分泌蜂蜡。工蜂从腹部挤出一点蜂蜡，然后用后足接住，传递到嘴里嚼匀，嚼匀的蜂蜡可依据建筑需要加工成形。

修建完几个起点处的菱形后，蜜蜂便以此为依托继续筑墙。之后，蜜蜂返回底部进行下一个菱形的修建，再以其为底修造两堵墙。当第三个菱形和最后两面墙修成，一个巢室就完工了。蜜蜂能迅速地把前后相邻的蜂巢接起来，连接成一片整齐的正六角形。

造一个这样的蜂巢并不是件容易的事，小小的蜜蜂精湛的建筑技艺令人叹为观止，它们真不愧是昆虫界中杰出的"建筑师"。

蚂蚁的"家"都建在地下，是一个如同地下大迷宫似的四面延伸扩展的巢。从石缝或草丛间的洞口进入弯弯曲曲的门廊，就逐渐进入漆黑的地下，到达这座令人惊叹的地下"迷宫"了。这里一条条回廊交叉迂回又互相交通。通过这些忽宽忽窄、忽弯忽直的回廊可以直达上下左右所有的房间。这些房间各有各的用途：有的是储藏粮食的"仓库"；有的是工蚁休息的"宿舍"；有的是哺育幼虫的"幼儿园"；有的则是专门用以孵化卵的"育婴房"……

随着蚁群的发展壮大，蚁巢也会不断地延伸扩张。几年后，有的蚁巢占地可达几十平方米，甚至达几百平方米，有上下十余层，延伸到地下好几米处。虽然这些通道和房间的设置没什么规律可言，但是蚂蚁靠着熟悉的气味的引导而自由活动，丝毫不会迷路，而且越杂乱的格局越能迷惑敌手，越能保证自己的安全。

同样是生活在地下的昆虫，蝼蛄也是个筑巢的"好手"。蝼蛄的名字很多，有天蝼、土狗、拉蛄等，它和蟋蟀一样，也会靠摩擦翅膀来"鸣叫"，以此来追求异性。

蝼蛄的一生大多是在地下度过的。春天，蝼蛄会钻到潮湿的地表下开始建筑"家园"。它会顺着地表一直斜着往下挖，挖到30～40厘米处就会停下来，然后再返回到地表，挖许多条可以通到老巢的隧道，以备逃生之用。在挖掘的过程中，它会边挖边吃地里的种子、幼苗或植物的根茎，如果遇到马铃薯，它就会在马铃薯的中间打个洞穿过去。夏天，蝼蛄会将这个老巢扩建、装修一番。它先是开凿出一个酒瓶般的巢穴，然后将接近地表的"瓶口"用烂草堵住，还在里面铺些杂草，作为雌蝼蛄的"产房"。雌蝼蛄在此产完卵后，用泥土把所有的通路都堵好了才离开。大约十天之后，这些卵就会依靠土地的温度孵化为幼虫，小蝼蛄便这样诞生了。它们以父母留下的杂草为食。等草都被吃光的时候，小蝼蛄也差不多长大了，便从洞中出去，开始新的生活。

鸟儿一般都是天生的"建筑师"，它们用树枝、草和泥土建造自己的"家"（但杜鹃却不会建巢，只好将蛋产在其他鸟儿的窝里，让别的鸟替它孵化自己的"宝宝"）。鸟儿的巢有的简单，有的复杂，制作材料不一样，样子也是多种多样的。有浅巢、泥巢、树洞巢、洞穴巢、枝架巢、纺织巢、缝叶巢等。

鸟类是最爱营造"家"的动物，但是它们只有在繁殖的时候才需要"家"。它们将蛋产在巢里，然后在巢中孵化。新孵出的小鸟，一般都不会飞，它们就待在巢中等待父母喂食，直到长大会飞后才离开。有时，鸟也会用"家"来贮存食物，以备不时之需。

已经竣工的蜂巢

大火烈鸟每年建一次巢，但新巢多是建在旧巢之上。大火烈鸟大多选择在三面环水的半岛形土墩或泥滩上筑巢，有时也会在水中用杂草筑成一个"小岛"。它筑巢时用喙把潮湿的泥巴滚成小球，再混入一些草茎等纤维性物质，然后用脚一层层地砌成上小下大、顶部为凹槽的"碉堡"式的巢，这样的巢坚固耐用，即使是狂风，也不能给它造成丝毫损伤。大火烈鸟群体的巢常常会整整齐齐地排列着，构成一个错落有致的"小村落"。筑巢期间，性格温顺的大火烈鸟有时会变得凶狠好斗，不时为争夺"地盘"或抢夺筑巢材料而发生冲突。

金雕一旦成双成对之后，便会建造起一个或多个巢，巢与巢之间相距数米或数千米不等。年复一年，一对金雕可能会专门栖息在某一个巢，或是交替栖息于两个备受青睐的巢中。如果雌金雕对这些巢不满意，它们便会再建几个巢。雌金雕是筑巢和修巢工作的主要"负责人"。它们的巢是由树叶和树枝筑成的，直径约 1 米，厚可达 40 厘米。金雕一般晚上栖息于某个没有用于育雏的巢中，其余的会作为存放剩余食物的储藏室。每年筑巢时，金雕会给常住的巢补充一些树枝、树叶，因此它们的巢往往非常大，有的直径甚至可达数米。

大多数蜂鸟用柔软的植物纤维、苔藓、蛛网、地衣、虫茧等东西，在树枝、灌木末端，叶片或岩石的突出部位筑巢。巢呈长布袋形，像半个鸡蛋壳或一只美丽的小酒杯，十分精巧细致。有的蜂鸟用平滑的蛛网将巢缠绕在树枝或竹子上，避免巢因风吹而摇晃。巢筑好后，许多蜂鸟还会仔细地在巢内铺上柔软的纤维物，使巢更舒适。

燕子的巢多筑在屋檐下或横梁上。它们筑巢的材料很简单：泥土、稻草、根须、残羽而已。筑巢的时候，它们会飞到河边、水潭边，啄取湿泥，弄成丸状，然后衔回来，再混以稻草、残羽等，在屋檐或房梁上筑巢。筑的时候，它们会站在巢内垒泥，由里向外挤压泥球，所以尽管巢的外部凹凸不平，但里面却很平整。最后，它们还会在里面铺上轻羽、软毛，以及细柔的杂屑等，这样便建造出一个很舒适的"产房"了。

而另外一种生活在亚洲热带海岛上的燕子——金丝燕的窝做得可不那么平整了。金丝燕属雨燕目雨燕科，与家燕的关系很远。它体长约 18 厘米，羽毛是暗褐色的，夹杂着少许金色的羽毛，因头部、尾部像燕子，故得名"金丝燕"。

金丝燕的唾液腺非常发达，能分泌出许多有黏性的唾液——这便是做窝的主要原料。筑巢开始时，它会将唾液从嘴里一口一口地吐出来，遇到空气很快就变成丝状。经过无数次的涂抹，岩壁上就会出现一个半圆形的轮廓，它们会继续往上边添加凸边，一层层地形成了一个巢，具有很高的强度和黏着力，洁白晶莹，直径 6 ~ 7 厘米，深 3 ~ 4 厘米，外观犹如一只白色的半透明的杯子。这种用纯唾液筑成的巢就是"燕窝"。它的营养价值很高，含有多种氨基酸、糖、无机盐等，是一种名贵的中药材。

哺乳动物的"妈妈"与子女之间的关系，要比鸟类和幼雏间的关系亲密得多，因此筑巢、做窝活动对哺乳动物来说也就不太重要，但是在小型的哺乳动物中，做窝筑巢的行为也很普遍。

利用锋利的门牙，河狸可以咬穿 30 厘米厚的树木。像所有其他的动物建筑师一样，它们本能地知道应该使用什么样的建筑材料，以及应当如何将材料固定在一起。

动物的御敌与自我保护

觅食和防御是所有动物一生中最重要的两件事。在不同环境中生活的各种动物，在漫长的生存竞争中，逐渐形成了各具特色的防御手段来保护自己。其中，躲避敌手被认为是最好的自我保护方式。

有些动物用一种特殊的方式来伪装自己，称为保护色。它能够使动物具有与周围环境相一致的体色，从而避免受到敌手的攻击。蜗牛的变色本领也很强，当它从一种树爬到另一种树上的时候，外壳的颜色会发生变化，有时像颗晶莹的绿翡翠，有时却像瑰丽的红宝石，十分漂亮。斑马身上的条纹其实也是一种保护色。当阳光或月光照射在斑马身上的时候，由于反射的光线各异，那些黑白相间的条纹会使斑马的轮廓显得模糊，这样，其他的动物就很难将它从周围的环境中分辨出来。所以斑马的条斑非常有利于它们的安全，这是自然选择，也是它们长久以来适应环境的结果。

还有一些动物会采用相反的策略——它们的身体呈现出一种明亮的色彩，与周围的环境相比格外触目惊心，给敌手以"警戒"，被称为"警戒色"。大部分具有警戒色的动物都具有一套贮藏或从有毒植物中分离毒素的本领。但有的动物根本就没有毒，却伪装成有毒的动物，从而让敌手真假难辨，不敢下手。使用警戒色最多的要属蝴蝶了。君主斑蝶的幼虫身上有橙红、乳白和鹅黄色的条纹，前胸还有一对触角，非常引人注目。但是它们根本不怕暴露自己，而是用这美丽的色彩来警告敌手："别碰我，我有毒！"非洲的桦斑蝶体内贮存着一种心脏病毒素，这种毒素能引起鸟类呕吐，甚至是死亡，从而使鸟儿望而生畏，不管多饿，也不敢食用它们。那些无毒的蝴蝶见到这种情况，便争先恐后地将自己的体色甚至是外形变得和有毒的蝴蝶一模一样，希望借助它们的"声望"逃避厄运。

产于美洲的鼬科哺乳动物臭鼬也是靠"警戒色"来保护自己的。臭鼬的体色以黑色为主，颈背部有一块明显的白色毛带，呈"人"字形。尾巴粗大而且很长。它常用高耸的尾巴和背部的白斑来警告其他动物。而它的"独门绝技"便是利用发达的肛门腺"制造"化学武器。当臭鼬遇到危险时，它的肛门会喷射出一种臭液，不仅奇臭难闻，而且还具有一定的毒性，能使敌手暂时麻痹。由于有了这门本领，臭鼬便横行于森林中，其他

遍布尖刺，这条胀圆的刺鲀是没有多少动物愿意食用的。一旦其胀圆后，这种鱼基本不能游动了。

啮齿动物常常通过隐入茂密的植物丛中来躲开敌人的视线。这只老鼠在空旷的地方被美洲野猫捕获，它的生存机会很小了。

动物轻易不敢再惹它了。

还有一种自我保护方式叫拟态，即某些动物在进化过程中所形成的具有保护作用的，与其他生物或非生物相近的形态。木叶蝶、竹节虫、桑尺蠖等昆虫就是通过拟态来保护自己的。它们在形态、色泽上模仿周围的植物枝叶，可以说达到了惟妙惟肖的地步。

弱小的动物往往采用躲避敌手的方法进行自我保护，然而当这种保护被敌手识破的时候，它们也不是束手待毙，而是会做最后一搏，争取一线生机。

属软体动物的章鱼虽然游泳速度很快，很难被敌手追上，但它还是常常受到敌手的攻击。当遇到危险时，章鱼会将液囊中的墨汁通过肛门喷出来，形成烟幕，迷惑进攻的敌手。有时墨汁具有轻度的麻醉作用，能够麻痹进攻者的感觉器官，使章鱼趁机逃之夭夭。

鸵鸟主要分布在非洲的沙漠平原地带，与鬣狗、狼、豹等众多肉食动物朝夕相处。但是鸵鸟凭借快速的奔跑而让食肉猛兽望尘莫及，不能轻易吃掉它。鸵鸟奔跑起来轻快稳健，两翼如帆一样张开，并不断地扇动，以此保持身体平衡。它的步子极大，每步跨度近4米。鸵鸟还有一个十分强健的心脏，可以长时间地快速奔跑。它的奔跑速度非常快，有时连快马也追不上。

当鸵鸟被敌手追得走投无路时，会把自己的头平贴在地上，然后钻进沙子里，以为敌手和自己一样什么都看不见。这个看似"愚蠢"的行为实际上是鸵鸟保护自己的一个小"伎俩"。在非洲热带沙漠草原地区，气候炎热，而光照强烈。鸵鸟发现敌手后，虽可以拔腿快跑，可是，在干燥的环境下长时间的奔跑对它也是很不利的。因此，鸵鸟便将长脖子平贴在地面上，身体蜷曲成一团，凭借自己暗褐色的羽毛伪装成岩石或灌木丛，加上雾气的掩护，就不易被敌手发现了。未成年的鸵鸟尤其喜欢这种逃生方式。如果此举难以奏效，它们便会在敌手出现时一跃而起，或迅速逃离，或用自己强壮有力的大腿自卫。鸵鸟的长腿很有威力，一旦被它踢中，轻则受伤，重则丧命。

总之，动物们特别是弱小的动物们在自然长期演化的过程中形成了一套适合于自己的避敌和自我保护方式，才使它们能够在这个弱肉强食的世界中生生不息地繁衍下去。

这条草蛇张着大嘴，耷拉着舌头，看起来像是已经死去了。草蛇并不带毒，当它们不能逃脱时，通常就采用这种装死的方法。

动物的繁殖行为和哺育行为

繁衍后代是动物生活中的一件大事，它们的求偶就是为繁殖服务的。每种动物的繁殖方式都不相同，但它们对于幼崽都是一样的爱护。

狐的家庭生活

狐是实行"一夫一妻"制的动物。当雄、雌狐结为"夫妇"之后，它们会认真地选择洞穴生育后代。雌狐的孕期不到两个月，幼狐就出生了。雌狐每胎可产五六只幼狐。幼狐出生后1个月里，雌狐寸步不离，雄狐负责给全家提供食物。有时幼狐的"哥哥姐姐"，即这对狐头一年生的儿女，也会帮着照顾幼狐，一方面学习怎样抚育后代，一方面还可获得双亲的部分领地。两个月后，幼狐就可以跟着双亲出外觅食了。它们跟着父母学习捕食和御敌的本领。回"家"后，它们还会练习在外面学到的本领，捕捉昆虫和老鼠，厉害一点的还去抓兔子。

如果幼狐的数量比较多，4个星期后，它们就会发生冲突。食物不足的时候，彼此间的斗争相当残酷。强壮的幼狐从弱小者那里掠夺食物，日益健壮，而弱小者因缺少吃喝，长得更加弱小，甚至死亡。幼狐的双亲面对这种争斗从不加以干涉，因为大自然的严酷选择是容不得弱者的，只有强者才能生存下去并传宗接代。

幼狐长到半岁的时候就要开始独立闯荡世界了。在出门前，它的父母会给它带上一些食物，仿佛人远行时携带干粮一样。这样，幼狐便带着父母的"殷殷祝福"上路了。

成熟早、断奶晚的小斑鬣狗

斑鬣狗的妊娠期为110天，平均每胎生两只，通常在洞穴内生产。刚出生的小斑鬣狗体重约为1.5千克。刚出生时，它们的毛色呈单一的褐色，已经睁开眼睛了。小斑鬣狗只有在自己母亲叫唤时才会离开洞穴，它们对母亲的声音非常敏感。大约一个半月以后，小斑鬣狗的鬃毛上开始渐渐浮现斑点。4个月后，它们就有和成年斑鬣狗一样的斑点了。但它们足底深色的部分还要很久以后才能出现这样的斑点。

斑鬣狗的哺乳期相当长，大概要持续12～16个月。每只母斑鬣狗有四个乳房，专门用来哺育子女们。小斑鬣狗唯一的食物就是母乳，慢慢地它们再吃一些成年斑鬣

这只雌鹅不管走到哪里都被一群小鹅跟着。小鹅是通过一种被称为"铭记"的教育而记住和认出自己的妈妈的。

24.

狗为它们衔回来并放在洞穴四周的肉块。当小斑鬣狗的身体逐渐发育成熟后，它们才断奶，但距性成熟还有好几个月。

海象的浓浓母子情

海象在每年的 1 ~ 2 月份交配，此时正值北极最寒冷的时节。海象的繁殖率很低，雌兽每三年才产一胎，孕期一年多，于转年的四五月份在海滩上产下一头身长约 1.2 米、体重约 50 千克的小海象。母海象对幼崽的眷恋性很强，若幼崽遇到危险，母海象会不顾一切地前去营救，甚至与凶猛的北极熊搏斗。母海象经常在冰上用前肢抱着自己的孩子，如果幼崽躺着，它的眼睛便久久地停留在孩子身上，一刻也不肯离开。在水里游动的时候，小海象会骑在妈妈的背上，或紧紧地搂住妈妈的脖子。

母海象非常疼爱幼崽。即使幼崽被猎人打死了，它也不会轻易地离开幼崽。据说当母海象意识到自己的孩子已经死了的时候，它们会像人那样哭叫，然后将幼崽推入水中，自己也跟着跳入水中，用一只前肢抱着幼崽潜入海中。如果母海象被捕，幼海象也会一直呼唤着寻找妈妈，有的竟跟踪捕运母海象的船只，怎么也不肯离开；一旦母海象被杀害，幼崽也会伤心地哭叫一场。

高达2米的"新生儿"

雌长颈鹿五岁时开始生育第一胎幼鹿。它的怀孕期长达 14 ~ 15 个月，通常每次只产一只幼崽，偶尔产两只。如果条件许可，它们每 18 个月会产一崽，直到 20 岁时为止。

母鹿生产的时间一般集中在清晨，这样当夜晚来临时，幼鹿就已经能够走动，从而可以避免敌手的猎杀。生产过程要持续一两个小时。刚出生的小鹿神态很安详，半小时后就能颤动着四肢站立起来，围着妈妈走来走去。幼鹿一出生就有 2 米高，重 50 多千克，是最高的"新生儿"。它们的体形和成年长颈鹿一样，只是在比例上，脖子较短、较细。幼鹿的蹄在刚出生时很柔软，不过用不了多长时间就会变硬。它们和其他有蹄类新生儿一样，感官功能发育得很齐全。母长颈鹿舔舐新生的小鹿，仔细地嗅闻它并引导它吸吮母乳。10 个小时后，幼鹿已经能四处跑动了，到了第三天它就活蹦乱跳了。幼鹿在第一年的死亡率较高，通常半数的幼鹿在出生一个月内夭折，尤其成为猎豹、狮子和豹的猎物。不过，母长颈鹿很疼爱自己的孩子，有时它们为了保护幼崽的生命，会不顾自己的安危，用颈、腿与凶猛的肉食动物展开激烈的搏斗。

上"托儿所"的狒狒

狒狒的发情期不固定，每年繁殖一次。母狒狒的孕期大约为6个月，每胎仅产一崽。在狒狒群中，最大的喜事莫过于添了新生的小狒狒了。小狒狒刚一出世，众狒狒便欣喜若狂，围在母子四周表示祝贺。但是对小狒狒只准看、不准摸，只有妈妈可以抚摸它，而其他的狒狒只能抚摸母狒狒以示安慰和尊敬。刚出生的幼崽体毛为黑色，只有脸部、耳朵和臀部是红色的。母狒狒整天把孩子抱在怀里，而小狒狒则牢牢地含住母亲的奶头。一个月后，小狒狒就能爬到妈妈的脊背上玩耍了。狒狒的母性意识很强，如果幼崽死了，母狒狒仍会痴痴地搂抱着，不肯扔掉。小狒狒自己能走路了，但还是舍不得离开妈妈，总是抓住母狒狒的尾巴跟在后面。七八个月以后，母狒狒会用手臂阻止小狒狒接近奶头，开始给它断奶，无论小狒狒怎样哀求，也不给它奶吃。

狒狒族群中有"托儿所"。小狒狒断奶后，如果母狒狒需要外出觅食，它便会将孩子交给一个年长的狒狒照管，不让它们乱跑乱撞，教它们爬树、抛石头。如果它们吵闹打架，"阿姨"还要负责管教。

依恋幼崽的树袋熊

树袋熊的繁殖期一般在每年的11月至次年的2月。雌性树袋熊怀孕一个月后就可以分娩了，通常只生一胎。刚产下的幼崽体重约5.5克，体长仅2厘米左右，就像一

🔵 树袋熊正在吃桉树叶。

条小爬虫，但它却能依靠嗅觉爬进母亲的育儿袋中，吮吸乳汁，生长发育。

幼崽在母亲的育儿袋中需要生活六七个月，才能发育完全。2个月后，它就可以爬出育儿袋由妈妈带着玩耍。4岁左右，它才恋恋不舍地离开母亲开始独立生活。母树袋熊对幼崽的眷恋之情很深，只有在幼崽离开它以后，它才开始下一次繁殖活动。

动物的迁徙

迁徙是多数鸟类随季节的变化而改变栖居区域的习性。在鸟类中，可以根据有无这一习性将其划分为候鸟和留鸟两大类。哺乳类中的蝙蝠、驯鹿以及昆虫中的蝗虫、某些蝶类也有迁徙的习性。鱼类、鲸、海豚、鳍足类以及甲壳类动物的洄游也是一种迁徙。

春去秋来，夏至冬尽，许多鸟儿会随着季节的更替而有规律地往返旅行。鹤类都是候鸟，每年春天都会飞到北方地区繁殖，秋天再返回南方地区越冬。如黑颈鹤主要

通过排成 "V" 字形飞行，大雁可以将迁徙过程中耗费的能量降到最低。每只鸟都利用前一只鸟产生的滑流来减少消耗，并且它们轮流充当领头鸟。

分布在我国青藏高原的青海湖、扎陵湖等地区，秋天一到，耐不住青藏高原严寒的黑颈鹤便会结伴迁往云贵高原。它们排列的队伍整齐而有序，在空中发出嘹亮的 "咯、咯、咯" 的鸣叫声，就像行军时喊出的口号，在几千米外都能听到。

由于自然环境的变化，一些哺乳类动物秋季也要进行长途迁徙，如非洲的角马、羚羊和斑马，欧洲的旅鼠等，其中最典型的要算是驯鹿了。

驯鹿肩高 0.7 ~ 1.4 米，重达 300 千克。它身体粗壮，侧蹄较大，毛色灰白且接近白色，多为浅灰，腹部颜色较浅。与其他鹿类相比，驯鹿最明显的特征就是：不管是雄鹿还是雌鹿，都长着一对美丽多姿的角。

野生驯鹿过着群居的生活，有迁徙的习性。如果一个地方的牧草吃得差不多了，它们就会更换地方。到了冬天，成千上万头驯鹿汇集成巨大的鹿群，由北向南迁徙。在迁徙的途中，驯鹿还要在 10 ~ 11 月进行交配。雄鹿经过激烈的竞争与雌鹿交配，然后雄鹿汇合成几股继续南迁。而怀孕的雌鹿和幼鹿便会留在南迁的途中。第二年春天，驯鹿往北方回迁。雌鹿们在一只经验丰富的母鹿的带领下，在它们熟悉的地方生儿育女，抚养幼鹿。

冠海豹的繁殖期在每年 3 月底 ~ 4 月初。雌性冠海豹栖息于大块的浮冰中央，准备生产。幼冠海豹在出生时已经发育得较为成熟，因而其哺乳期很短，只有 4 天。哺乳期一结束，母冠海豹又会很快发情，与雄冠海豹交配。雌雄冠海豹便远离幼冠海豹开始长距离的迁徙活动。它们先漂移到浩瀚的大海中猎食，以重新贮存脂肪，而后聚集在一块浮冰上，开始一年一次的季节性脱毛。

地球上共有 1.4 万多种蝴蝶，其中约有 200 多种能像候鸟那样随季节的变化而长距离地迁徙，而且常常是跨海越洲地迁飞。其中最著名的要算彩蝶王、斑蝶、粉蝶、蛱蝶了。

彩蝶王产于美洲，体形美丽，仪态万千，号称百蝶之首。每年春天，彩蝶王便成群结队地从墨西哥飞往加拿大；秋天的时候，它们又从加拿大飞回墨西哥马德雷山脉的陡峭山谷中繁殖后代。在几千千米的长途迁飞中，彩蝶王是很守纪律的。途中雄蝶总是以护卫和导游者的身份在雌蝶周围组成一道屏障，保护雌蝶的安全。成千上万只彩蝶王在空中飞舞，极为美丽壮观。

非洲的粉蝶也能进行远距离迁徙。每年春天，它们成群结队地飞向北方。在4月的时候，它们能飞到地中海和阿尔卑斯山一带；到了五六月份的时候，它们已经出现在西欧上空了。有的粉蝶甚至能飞到遥远的冰岛，或者更远的寒冷的北极圈。它们的飞行速度，逆风时是每秒2～4米，顺风时可达每秒10米，速度已经算是很快的了。

洄游是鱼类按季节形成的每年都进行的定期、定向的集体迁移现象。鱼类不辞千辛万苦地进行洄游是有原因的，人们就根据洄游的不同原因将其分成三大类：生殖洄游、越冬洄游和索饵洄游。

生殖洄游是鱼类出于生殖的需要而进行的洄游。每年一到繁殖期，它们就必须回到特定的环境里去产卵繁殖。盛产于太平洋、大西洋沿海的大马哈鱼便是为了繁殖而进行一年一度的洄游。

大马哈鱼学名叫鲑鱼，我国的黑龙江、乌苏里江和松花江盛产大马哈鱼，其中黑龙江有"大马哈鱼之乡"的美称。大马哈鱼长得很美丽，身体长而侧扁，形似纺锤，大眼睛，大嘴巴，吻端突出，形似鸟喙，蓝灰色的外衣上点缀着许多紫红色的斑点。它出生于河里，在海里长大，最后回到江河里产卵。

大马哈鱼"记忆力"很强，善于逆水游泳，在路途上如果碰上急流或瀑布，能够奋力一跃，最高能跳过4米，越过障碍，继续前行。进入江水后，大马哈鱼就不吃不喝了。产卵前，雌、雄大马哈鱼会在河底有细沙或砾石的地方，快活地游来游去，用腹部和尾鳍清除河底的淤泥和杂草，建筑一个卵圆形的产卵床。鱼"妈妈"就伏在里面产卵。它一生只产一次卵，一次能产下几千颗到1万多颗的红色透明的、黄豆大的鱼卵。雌鱼产完卵后，雄鱼就过来射出水状的精液。最后雌鱼会将细沙或砾石盖在鱼卵上，让它们自行孵化。此时，经过长途跋涉的"双亲"仍然不吃不喝地守护着鱼卵，直至死亡。

3个多月后，小鱼儿孵化出来了，稍稍长大后，小鱼便于转年春天顺流而下，又游向大海。但是它们不会忘记故乡，4年之后便会历经千难万险，和它们的父母一样，回故乡繁殖后代。

越冬洄游主要是鱼类受季节的影响而进行的洄游。当寒冷的冬季到来时，一些对水温变化比较敏感的鱼，因受不了水温变冷，便从浅海游向深海，到较为温暖的水域中生活。第二年开春转暖的时候，它们再返回浅海。

还有一种是为了食物而进行的洄游，叫作索饵洄游。其中最常见的便是带鱼的洄游。带鱼的体形扁平，尾巴细长，像鞭子一样，体表呈银白色，头窄嘴大，上下颌长有尖锐的钩状的牙齿，样子很凶猛。每年立冬前后，生活于黄海、南海的带鱼群会一起向近海游来，最后在舟山附近胜利"会师"，这样就形成了一年一度的东海冬季大鱼汛。它们为了索饵，时游时停，迂回曲折地前进，一批又一批地接踵而来，时间可以持续近3个月。

第 2 章

妙趣横生的
昆虫王国

昆虫概述

如果说要问哪个动物大类是这个地球上最辉煌的类群，那么这个称号应该属于昆虫。到目前为止，已发现的昆虫种类数目已超过 100 万，可能还有几百万种在等着被人类发现——每年新发现的品种在 7000 个左右。然而，在我们不断地发现新品种的同时，昆虫的种类也在不断减少，每年消失的数量超过我们发现的数量——这是它们的栖息地，尤其是热带森林日渐遭到破坏的结果。

昆虫分为小而无翅的无翅亚纲（石蛃和衣鱼）和有翅亚纲。有翅亚纲囊括了已知昆虫种类的 99.9%，它们的翅膀都长在胸部的第二和第三节上，这两个体节通常融合，像个坚硬的小盒子，以承受飞行时产生的机械力。

对于昆虫的起源，有好几种不同的理论，但看起来它们似乎是从多足动物演化而来的，其直系祖先与综合虫类相似。除了外表皮，早期昆虫的主要特征包括体腔之外的口器（外口式）、下口式的头部（口器面朝下）、1 对触角、基部才有的肌肉、6 条附肢、至少 5 节体节——胸部至少有 3 节，腹部至少有 11 节腹板（有些长在一起了），雌性第 8 节腹板处、雄性第 9 节腹板处长有一个开放的生殖器（生殖孔）。以上这些特征把昆虫和其他属于六足总纲的动物区分开了。

这只红色的豆娘又大又圆的眼睛占据了脑袋的大部分。它的眼睛能够看到非常真实的立体影像，并能准确判断距离，使它可以在飞翔状态中捕食其他昆虫。

在所有全变态的昆虫中，脉翅目昆虫的幼虫和成虫在外形上差别很大。比如图中这只蚁蛉幼虫的身体非常扁平，没有翅膀，颚部巨大如镰刀状，但成虫的身体则很苗条，颚部很小，还长有翅膀。

呼吸系统

像其他节肢动物一样，昆虫通过气门呼吸，气门与体内纵横交错的气管相通。昆虫大都有10对气门，沿体侧分布。每个气门都由一个小阀控制。主管道（气管）外延伸，成为更小的、一端封闭的微气管，直径不超过0.1毫米。微气管的终端会有一种液体，是从周围的组织中通过毛细作用吸进来的；当渗透压或酸碱值发生变化使得组织变活跃时，液体就会被吸到微气管的顶端。

气管系统既能应对飞行时大量氧气的需要，也能在静止状态时将水分的流失降低到最低值。飞行时，有些昆虫每克体重每小时会消耗超过0.1升氧气，这个新陈代谢率高于其他任何一种多细胞生物。昆虫胸部的气管和气囊非常丰富，翅膀运动的时候能自动进行气体交换，以蚱蜢为例，它每拍打一下

翅膀就会引起约20毫升的气体交换。有些体型巨大的甲虫，其胸腔内还附生有两对巨大的气管以便飞行时输送空气——除了供氧之外还起降温的作用，就像冷气机一样。

水栖昆虫的气管系统也具有优良的性能，既能像鳃一样吸收溶于水的氧气，也可以在水面外呼吸。改良的气管还起到如眼后的反光毯、声音共鸣器、隔热体，甚至类似某些淡水生物的浮力器的作用。

繁殖和发育

变态，包括完全变态和不完全变态，是绝大多数昆虫的特征。变态期间，成体主要担当分散和繁殖的角色，幼虫则处于发育和进食状态，这也意味着它们要在不同的环境中去找寻更丰富的食物来源。

尽管有少数昆虫是孤雌生殖（无性生殖），但大多数还是两性生殖（有性生殖）。早期的陆生节肢动物都是由雄性把精囊产在体外，然后由雌性拣走。部分原始的六足纲动物如弹尾虫或双尾虫仍然在使用这种方法。现代的昆虫也有精囊，但雄性直接把

昆虫纲
已发现近100万种，分为2个亚纲，28目

无翅亚纲
石蛃（石蛃目）
衣鱼（缨尾目）

有翅亚纲（有翅的成虫，包括某些后来翅膀消失的种类）
古翼类（翅膀与身体成直角）
蜉蝣（蜉蝣目）
蜻蜓和蟌（蜻蜓目）
新翅类（翅膀交叠在背上）
翅膀长在外部（外翅类）；变形不完全（半变态）
蟑螂（蜚蠊目）
白蚁（等翅目）
螳螂（螳螂目）
蠼螋（革翅目）
石蝇（襀翅目）
蟋蟀和蚱蜢（直翅目）
竹节虫和叶虫（竹节虫目）
书虱（啮虫目）
足丝蚁（纺足目）
缺翅虫（缺翅目）
蓟马（缨翅目）
寄生虱（虱目）
臭虫（半翅目）
翅膀长在内部（内翅类）；变形完全（全变态）
蛇蛉（蛇蛉目）
泥蛉（广翅目）
草蜻蛉（脉翅目）
甲虫（鞘翅目）
捻翅虫（捻翅目）
蝎蛉（长翅目）
跳蚤（蚤目）
蝇（双翅目）
石蚕蛾（毛翅目）
蝴蝶和蛾（鳞翅目）
黄蜂、蚂蚁和蜜蜂（膜翅目）

这些蛾类毛虫聚集在马达加斯加的一棵树上，它们属于比较高级的鳞翅目，为全变态发育。许多蛾类幼虫都在丝质的茧内化蛹。蝴蝶的蛹通常都被固定在某种坚固物质的基部，比如树干。右图中是一个燕尾蝶的蛹，头朝上地被几束丝固定住了。

精囊注入雌性体内，雌性要么一次性大量产卵，要么产数窝卵。有些雌性蟑螂卵被保留在体内，直到孵出一龄幼虫；雌性蛇蝇一次在体内孵化1只幼虫，直到这只幼虫完全成形并立刻化蛹。雌性蚕豆蚜产卵后，卵立即在体内开始发育，这种孤雌生殖和"套叠式"的生殖方式结合在一起，大大提高了繁殖率。

有些种类的昆虫在进食和产卵的地方交尾，比如粪蝇在粪便上、蛇蝇在哺乳动物体内、蜻蜓在水边。有些则在标志性地界与异性约会，比如山顶、矮树丛或树上。曾经有一次因为大批蚊群如浓烟般聚集在教堂塔顶上，结果引来了消防队员。东非的部分地区，上千万的湖蝇聚在一起，集合成一块块点心状，结果是被当地居民吃掉了。有许多种类，异性之间会彼此"召唤"着交尾。萤火虫会闪来闪去做灯火表演，蝉、蟋蟀和蚱蜢发出尖而高的声音，红毛窃蠹喜欢敲出它们独有的莫尔斯电码，许多蛾类则释放出信息素。

求爱行为在昆虫中很普遍，有着长期而复杂的一套程序。这套程序对于雄性确认雌性的"匹配度"来说，比确认种类和分辨性别更加重要。求爱的雄性也许展示它翅膀上或其他器官上夺目的色彩，或者它们会唱歌，或翩翩起舞，或者释放化学信息素。雄性之间有时会为了争夺雌性而大打出手，比如有些长有角的雄性甲虫，为了击败竞争对手，会将对手置于死地。在某些昆虫种类中，这种争端演变成了一种仪式，竞争者通过展示自己的体型和力量获胜，不需要动武。

有时候一只雄性昆虫会在交尾前看住某一只雌性昆虫作为交尾的对象，一直等到它准备好。交尾时雄性会把精子注入雌性体内，然后它仍会一直看守下去直到雌性产卵，以确认它的父权。这之后，雄性要么在雌性体内塞入一个塞子，要么注射一种化学物质，使雌性不会再对其他雄性构成吸引力。

神经系统

昆虫的头部包括脑和咽下神经节，二者均由 3 个或更多的原始神经节相互愈合而成。昆虫的胸腔和腹腔内也都有这种愈合的神经节。愈合的神经节使进入的信息更快地集中起来，减少了对神经元（神经细胞）数量的需求。

某些种类昆虫的脑部包含了不下百万个神经元，大多数（某些蝇类是 97% 左右）被用来分析来自眼睛和触角的信息。脑的前部（前脑）有一对蘑菇状的部分包含了丰富的微小神经元，这个区域并非仅仅集成感官输入的信息，还负责发动某些行为模式。在蜜蜂和其他某些社会性昆虫体内，这对"蘑菇"还负责存储记忆，形态也远比那些独来独往的种类要大。

昆虫的神经系统最令人惊讶之处在于能通过较少数量的神经元控制非常复杂的习性。神经元具有高度的专化性、特异性，结构复杂，上百个神经元与遍布半个神经节的树突一起形成了交感。

大多数感觉神经元与微小的表皮结构形成紧密的联系，即机械性刺激受器，靠此实现身体各项功能。这些受器包括纤毛、刚毛、可变形的冠状物（或钟形感觉器）和对声波敏感的鼓膜状物质。有些机械性刺激受器能对外表皮内的应力，或昆虫运动时抬起关节的拉伸力作出回应。

栖息地和环境

成年昆虫的体长范围介于不到 0.2 毫米长的寄生蜂（比某些原生动物还要小）到某些超过 30 厘米长的竹节虫之间，最大型的昆虫体重可能达到 70 克。问题是，为什么现代的昆虫再没有超过这个尺寸的呢？倒是 3000 多万年前出现过体型更大的种类。答案也许在于大型昆虫的生存空间都被兴旺的脊椎动物（比如鸟类）占据了。但其实正因为昆虫的体型受到限制，它们的栖息地就不会太单一，生活方式也同样不会太单一。

外表皮上完美的防水层和气门阀使昆虫能在干燥的陆地上生活，包括极热和极冷的地区。比如蟋蟀能在降雪期也过得很活跃，而各种各样的甲虫和蟑螂占据了热带沙漠地区。很多昆虫通过冬眠和夏眠度过对它们不利的季节——有时以卵的状态或蛹期，有时以静止的幼虫

或成虫状态。昆虫体内甘油的存在也能帮助它们抵御霜冻，当干燥的季节来临时，它们会躲到洞穴中去保持静止状态。非洲摇蚊的幼虫甚至可以让身体组织完全脱水而不会死亡，几年后再把这种处于隐生状态的幼虫重新放进水中，它又能很快地活过来。

蝇类，包括蚊子，还有其他一些目的昆虫的幼虫期，甚至某些种类的成年期，会变为次水生——栖息在各种各样的淡水环境中。此外，因为得益于快速的分布和短暂的生命周期，许多种类的昆虫非常善于开拓新出现的栖息地，比如日渐缩小的冰川地带、火山爆发地区、地震区或者火灾后的地区。

跟所有的昆虫一样，来自阿根廷的这只生有警示性颜色的缘蝽有 6 条附肢，每条至少有 5 节，外形与大多数昆虫类似，但与多数陆生节肢动物不同的是，它长有翅膀。

蜻蜓和螅

几个世纪以来，尤其在东方，蜻蜓因其美丽的外表得到了世人普遍的赞誉。中世纪开始，这种美丽的昆虫就出现在人们的书稿中和佛兰德人的花卉画中。荷兰人把蜻蜓画在瓦片上作为装饰。日本人则用蜻蜓作为邮票的图案。它们还成为许多歌曲和诗篇的主题。然而西方的民间传说则倾向于认为蜻蜓是不祥的象征。

蜻蜓的英文名"dragonfly"的意思实际上就是"空中的龙"。它们拥有极高超的飞行技艺、超强的视力和色彩斑斓的翅膀。石炭纪时代的某些蜻蜓，翅展足有75厘米，当今最大的蜻蜓目品种，大小也只及这种巨型蜻蜓的1/4。

形态和功能

在蜻蜓目中，纤巧、飞行能力较弱、前后翅形态相似的属于均翅亚目；体型更大更有活力、前后翅形态不同的蜻蜓属于差翅亚目。另外，有发现于日本和尼泊尔的一种低等蜻蜓种类的子遗种。与前两个亚目的成虫相比，这种新种类的成虫具有不同的特征，因此被单独列为"间翅亚目"，是来自中生代时期的古老品种，但不包括相当畸变的蜓科成员，最终还是被归入了差翅亚目。

蜻蜓和螅的幼虫或若虫均为水生，栖息地很广。幼虫从8龄至18龄不等，体长不超过6.6厘米。低等的古蜓科蜻蜓的幼虫期可持续五六年之久，但有些住在临时水洼里的蜻蜓或螅，幼虫期只有30 ~ 40多天。温带的某些蜻蜓和螅，幼虫期普遍会持续一两年。而热带的某些种类，生命期不过30天。

食物供给和温度是影响它们生长速度的最主要因素。生活在温带北部的种类，花上2年时间才能发育成熟，而生活在温带南部的种类，一年就够它们繁殖3代了。有些在春天出生的蜻蜓，会在冬天度过最后一个幼虫期，在随之而来的春天里从蛹中孵化出来。而夏天出生的蜻蜓，则要过了冬天之后才进入最后一个幼虫期，有时更长，因此孵化得也晚。

蜻蜓的幼虫栖息地多样，包括湖、池塘、沼泽、湿地、树洞、凤梨科植物的叶基部，以及河流、盐碱湿地和潮湿的土壤洞穴，甚至是瀑布。

螅的幼虫在腹部前端3个叶形的附器的协助下，游泳时身体两侧左右摇摆，这些附器也起到气管鳃的作用。蜻蜓的幼虫，在最开始的几个龄期，游泳时只有一个姿势，但往后则发展到可以使用喷气推进力，这为它们提供了非常有用的高速逃

↑ 蜻蜓头顶部紧挨着的一对眼睛特别大，正如图中这只金环蜻蜓的一对眼睛一般。

蜻蜓是最凶猛的食肉昆虫之一。

生机制。蜻蜓幼虫的直肠腔内也有气管鳃，可以通过肛门吸水和排水来换气。有些幼虫腹部末一节特化成供呼吸用的体管，长度占到整个体长的30%或更长，它们能用这个体管在积水里吸入清水供呼吸。

幼虫蜕皮的次数和间隔的时间因种类不同而不等，短的在3个月内会经历10～20次蜕皮，时间长的，大约6～10年才会经历这么多次蜕皮。

接近最后一次蜕皮（羽化）时，幼虫的体内器官已经发生改变（变形），这些变化中，有些是外表可见的，包括复眼会变得更大、翅鞘膨胀和下唇肌肉组织回缩。羽化前的短暂时刻，幼虫会停止进食，去找个方便羽化的合适地点，如水草、岩石、漂浮的树叶等，或者就在岸上。热带种类，尤其是大型的蜻蜓，会在日落前离开水体，悄悄地在夜晚变形，并在日出来临前开始它们的第一次飞翔。体型稍小的热带品种，以及生活在温带的大多数种类，会在温度合适的第一时间羽化，然后立刻开始它们的首次飞行。

新孵化的成虫会飞离水体，然后花上几天到几个星期的时间进食和发育，但这个时间不能确定，从一天到两个月不等，如果遇到干旱季节或中间还经过了一个冬天，那么这个时间可能长达9个多月。成虫的这种预繁殖期，即成熟期，都会在远离水体、食物丰富且较安全的地方度过。这种新孵化的成虫可以通过有玻璃光泽的翅膀来辨认，而且通常在这个时期，大多数种类的体色开始变化，逐渐展现出成虫的体色。

社会习性

性成熟的蜻蜓目雄性昆虫会返回水体，部分种类的雄性会为了捍卫岸边的领土而与竞争者战斗。当异性到来时，雄性们会

蜻蜓幼虫休息时会把"面罩"折叠起来遮住口器（图1）。它们的面罩能迅速伸开（图2）捕捉猎物并送进咀嚼有力的嘴里。

为了争夺对她的所有权而开始激烈的竞争。交尾后，雌性把卵产在雄性的领土上，而雄性为了防止别的竞争者靠近它，会一直在旁看守。不同的种类这种现象会有所变化，比如有的会在交尾前展示一套精心准备的求爱仪式，这种仪式与其他种类雄性直截了当的方式非常不同。

一只成熟的雌性一生中会产好多次卵，每次都是交尾之后立刻进行的。和驯鹰蜓的雌性长有数个能刺穿植物组织的产卵管（产卵器），可以把卵产在里面——一种为了防止卵变干燥而相对较慢的方法。有些则会在水里徐徐前进，同时把卵产在水下；有些为了产卵还会潜水1小时以上。此外，有许多种蜻蜓没有产卵器，只能四散地把卵撒落在水面或附近。它们反复地用腹部点水或直接把卵撒在水面或漂浮的水草上。

螳螂

螳螂是惯于静静地埋伏着对猎物进行突然袭击的食肉昆虫，它的身体构造干这个正合适：大大的复眼、咀嚼式口器、三角形的头部在狭长的前胸（胸部第一节）顶部能自由旋转；前胸的附肢像钩子一样，被一排刺武装起来，具有抓取的功能，好似齿夹式捕捉器，猎物一旦被捉住，逃生的机会就很渺茫了。

所有的螳螂都是肉食性动物，主要捕食其他昆虫，包括自己的同类。年轻的螳螂自相残杀的情况很常见。但它们都是独行侠，有可能那些被观察到的它们同类相残的现象只有部分可靠性。对于会守护卵鞘的种类来说，雌性螳螂在自己的后代们从卵中孵化的时候不会去攻击它们。人们还不清楚是不是在这个时期螳螂母亲的食肉本能完全被"切断"了，还是它能够把自己的后代和其他潜在的猎物区别开来。

伪装和拟态

除了有敏锐的视觉和强大的进攻性武器之外，大多数螳螂都有与植物颜色相似的隐匿性保护色。利用这种保护色，它们能暗中守候猎物。在非洲的干旱季节，许多绿色的螳螂体色会根据所处的环境变为棕色。非洲和澳大利亚的有些螳螂种类，

雄性枯叶螳螂拥有完整的翅膀，正如它的名字那样，它看起来好似枯树叶。雌性则没有翅膀，于是它们就伪装成一片起皱的叶子。

刚从卵鞘中孵化出来时，幼年的螳螂聚在一起。此后它们开始第一次蜕皮，然后开始分散开来。图中是特立尼达岛雨林树叶上的一种螳螂。

这种顺应环境的变色有时非常突然，比如经常发生的林区大火把地面变得一片焦黑之后，当地的螳螂会让自己的体色变得与周围的环境非常匹配（像得了黑变病一样），并且保持多日。

有些种类的螳螂更胜一筹，不仅仅只是保护色的变化，它们能把自己变成环境的一部分，而且是活动的。有些螳螂能把自己变成草尖或绿油油的树叶，有些甚至能够惟妙惟肖地模仿一片死树叶，令人叹为观止。非洲和马达加斯加的鬼螳螂在进行这种伪装的时候，你简直就无法把它和一片破破烂烂的枯树叶子区分开，这其实是它把身体倒转过来守候猎物的姿势。许多枝形螳螂，会把前肢向前伸长，头向下低，摆在两前肢之间，保持一个树枝的造型；非洲的有些螳螂，前基节上甚至长有一个"V"形凹口，正好可以把脑袋放进去。许多热带的螳螂还能以相当高的逼真度模仿花朵，非洲巨眼螳螂的若虫最擅长这个，它们选定了要模仿的花朵后，能一连好多天随花朵变化体色，如粉红色、黄色或白色。如果把它们放在植物的茎上，看起来就好像这棵植物长出来的花，要是某只前来采蜜的昆虫上了当，通常就是有去无回。

在非洲和亚洲北部沙漠地区栖息的方额螳螂科成员，是无翅的伏兵，能惟妙惟肖地模仿石头，除非它们在动，否则很难发觉。

捕食和防御

螳螂在埋伏的时候会保持一动不动的姿势，或轻轻地摇摆身体，好像什么东西在随风摆动似的，前肢举在胸前，模样看上去像是在做祷告，因此有人称它们是"祈祷的螳螂"。如果此时有猎物经过，它的脑袋和前胸会跟随目标缓慢移动（螳螂对静止的昆虫通常不予理睬，即使经过它们面前，螳螂也会自顾自地走过去）。一旦目标进入捕捉范围，螳螂生满刺的前肢会猛地伸出去抓住猎物。有些螳螂对移动的物体非常敏感，能在空中抓住飞行中的苍蝇或其他昆虫。被螳螂钳子般的前肢攥住的猎物，会立即被

螳螂

纲：昆虫纲

目：螳螂目

含8科，1800～2000种。螳螂科是其中最大的科，包括欧洲祈祷螳螂和所有常见的北美螳螂。

分布：气候温暖的地区均有分布；热带最多。

前胸

特化的前肢

体型：成虫的体型为中等到大型，体长1～15厘米。

特征：头部三角形，向下，活动自如；复眼大；胸部第一体节（前胸）很长；具有大型的抓握式前肢；体型和体色多能模仿植物。为日行性食肉昆虫，多见于灌木丛、树干、深草丛；以昆虫为食；其他陆生种类能捕食蜘蛛和其他陆生节肢动物。澳大利亚最多见的螳螂与其他螳螂科成员不同的是背部有一个短的甲片（前胸背板）护住前胸，且前肢的钩状部分没有刺。

生命周期：卵产于卵鞘内，不同种类的螳螂的卵鞘形状均不同。

送进口中。猎物被螳螂的前肢抓得如此之牢，根本没有逃生的机会。于是螳螂开始一点一点地随意啃吃还活着的猎物那肥嫩的身体，直到最后把它消灭。

得益于保护色和高明的伪装手段，螳螂不仅是厉害的捕猎者，还能与敌人（如鸟类、蜥蜴和食虫的哺乳动物等）对抗。一旦发觉敌情，螳螂会使用多种防御策略，比如飞快地逃走，或者飞走；有的会把身体直立起来，把前肢向后方举高，展示前肢内侧的鲜艳色彩；有的则会猛地展开后翅，露出翅膀上或腹部顶端鲜艳的色彩和眼状斑纹。如果与敌人的距离太近，它们会突然发动攻击，长满刺的前肢会给敌人带来痛苦的伤痕。如果是对付体型巨大的敌人，比如人类，它们不会使用色彩防御策略。这种策略只适合对付比较小和较容易应付的敌人，比如鸟类、猴子或蜥蜴。

一旦遭擒，螳螂会把前肢向后弯曲覆在前胸，利用前肢上的刺来使敌人放开自己，但这也会导致敌人以一种更小心翼翼的方式抓牢它。为了逃生，螳螂也会采用丢弃后肢的策略。这种自割行为是通过附肢基部的肌肉收缩实现的。但行抓取功能的前肢不会出现这种情况。对螳螂来说，失去了前肢意味着很快会被饿死。如果自割时螳螂尚幼，失去的附肢会很快再长出来。

蟋蟀和蚱蜢

直翅目这个大型目中的蟋蟀和蚱蜢因跳跃（逃跑）和吟唱（求偶）而闻名。强有力的后肢、特殊的发声才能和能接收声音的耳朵都是这个大型昆虫目特有的特征。

直翅昆虫的生活方式非常多样——从无拘无束地展示自己的伪装本领或警戒色（大多数二者兼有），到近乎没有视觉，却能用铲状附肢掘洞而居（如蝼蛄）。即使是同一种类，也有部分群居，部分独居的现象。

形态和功能

宽泛一点讲，直翅目包含两种生态类型：一种是适应露天活动的；另一种是住在隐蔽处，且常常栖息在地下的。露天栖息的昆虫通常有被其他动物吃掉的危险，它们的敌人既包括无脊椎动物如蜘蛛或其他昆虫，也有脊椎动物如蜥蜴、青蛙、鸟类。但这种来去自由的直翅昆虫早已进化出一套本领，将风险降至最低。它们常用的策略是将自己混入周围的环境中。这一目的许多成员都具有令人瞠目的伪装本领，能随意地把自己伪装成活的、死的，甚至有病害的树叶、树皮，或烧伤的树干、地衣、石头、沙子等。而其他一些种类，因为常把植物的毒素混入自己体内，于是在敌人看来，它们都是些味道极差的虫子。这样的昆虫通常体色鲜艳，它们的敌人会把这种醒目的警示性色彩（警戒色）与味道难吃联系在一起。此外，有些直翅目昆虫还有伪装的本领——通过伪装成其他不好吃的昆虫或危险的昆虫来降低被捕食的危险。某些有长角的蚱蜢或灌木蟋蟀在幼虫（若虫）期就会模仿其他昆虫，甚至是蜘蛛，此后就成长为具有暗淡保护色的成虫。

有些直翅类昆虫采用的伪装术是一种有效的防御方法，剑角蝗科的蚱蜢颜色就和它们栖息地环境的颜色非常相似。图中该科的一只蚱蜢站在叶子上，使它看起来比较显眼。

住在地面上的蟋蟀和蚱蜢中，多数都有敏锐的视觉和听觉，非常机警。一旦受惊，会运用它们发达的后肢飞快地蹦跳着逃走。许多种类的成虫还会飞。逃跑的时候，它们把平时隐藏起来的鲜艳体色显露出来，闪现的颜色会让敌人受惊，或受到误导。

如果敌人千方百计要抓住它，直翅昆虫会用自己发达且多刺的后肢向敌人猛踢，同时把前肠中的东西反刍回来吐向敌人。很多味道难吃的种类，在体表长有开口的腺体会释放出防御性的分泌物。锥头蝗科中的许多种，如澳大利亚的一种，其血淋巴中含有从植物身上得来的毒素，它们会用这些毒素来对付昼行性的脊椎动物。有这些毒素的蝗虫，通常体被鲜艳的警戒色。如果被敌人抓住了后肢，蝗虫会通过收缩基部特殊的肌肉把这截肢体断掉——立刻，一片小横膈膜会护住伤口，以防伤口感染或大出血。

直翅目昆虫一生的大部分时间都会以下面三种中的某一种方式隐居起来：第一种是掘土而居，或住在腐木和树皮里，以及石头下面。营这种生活的蟋蟀和蚱蜢偶尔会在夜晚出来活动。它们之中有些有发达的开掘肢，这样的附肢通常很短，第一对跗节为铲形；翅膀常常退化，身体如圆柱形，且体表光滑。

住在洞穴中的通常体色暗淡，身体纤巧。它们的视力很差，但长长的附肢和触角使它们具有非常灵敏的触觉、嗅觉和热感应系统。驼螽科中的大部分昆虫都是穴居者，有些的眼睛已经完全退化，一生都生活在黑暗之中。有些则仅用两年时间就走完生命

1.一种新热带区的树螽。2.巴西的螽斯科纺织娘树螽长得就像片枯树叶。3.来自斯里兰卡的树螽和来自新几内亚的树螽。4.螽斯科树螽的树叶拟态给人深刻的印象。5.黑蟋蟀。6.家蟋蟀。7.欧洲蝼蛄。8a.欧洲蚱蜢静止时像一块颜色斑驳的石头，一旦受到惊扰，它们会展开有色的翅膀（图8b）赶紧逃走，并以此恐吓攻击者。

的全过程。北美的一种穴居蟋蟀以单性生殖而闻名，雄性成了多余的。就像某些从人类的穴居时代起就与人类共享居处的蟑螂一样，某些穴居蟋蟀也跟随我们进到家庭中来。

少数直翅目昆虫一生都生活在地下，从来不出来。这里面包括酷劳伦怪螽（丑螽科）和数沙螽科的耶路撒冷蟋蟀。住在地下的昆虫中，有些身体柔软，没有视觉，体色暗淡，有发达的开掘肢。在巴布亚新几内亚到澳大利亚这一地区发现过这种古怪的沙蝗（短足蝼总科），还包括南美巴塔哥尼亚的1种。这些无翅家族的成员看起来更像是甲虫的幼虫而不是直翅目昆虫。像这样的昆虫已知有18种，都习惯在沙质土壤中掘洞而居。

大多数的直翅目昆虫不与其他动物共生，但有一种奇异的喜蚁蟋蟀（乙蟋科）是个例外，这种小型的无翅昆虫身体扁平，住在蚂蚁的巢穴中，以巢穴主人的分泌物为食，其习性与蚂蚁很相似。而印度的一种蟋蟀则喜欢住在白蚁的蚁山中。

丑螽科的成员中，包括新西兰沙螽、澳大利亚和南非的国王蟋蟀，是直翅目中的大家伙。长牙沙螽的长牙，都从上颚基部向前伸得长长的，只是长短不太一样。这其中有的长牙上还长有能发声的小突起，当它们进行钳形运动的时候就能发出声音。但新西兰有近16种沙螽因为受到老鼠等天敌的捕食，数量已越来越少。目前，关于对它们进行保护的研究中，包含了养殖计划和种群迁移研究，这一切都是为了使它们免遭灭绝的厄运。

食性

大多数的蚱蜢以植物的叶子为食，有些还只吃某几种植物，当然多数都没有这么挑剔。蟋蟀和树螽一般为杂食性，既吃植物（不管是活的还是死的），也吃动物的残余物。

土居的种类吃植物的根，或吃藻类和其他微生物。有的种类吃的时候总是把食物和泥土一起咽下去。有的种类则是肉食昆虫，会像螳螂一样用抓取前肢捕食其他昆虫。

所有的直翅目昆虫都有咀嚼式口器，根据食性的不同有所变化。例如，不同的短角蚱蜢，因为所吃的食物硬度不一样，所以上颚的结构也不一样。澳大利亚地区性的螽斯亚科的一些螽斯非常与众不同——它们只以花朵为食。有的无翅的螽斯，外形很像竹节虫，吃的花有很多种，常给这些植物带来严重的破坏。有的螽斯则只吃花蜜和花粉。

唧唧的叫声

能发出声音（"唧唧"声）是直翅目昆虫的显著特征。它们可能在保卫地盘和对付敌人的时候会用到声音，但对人类的耳朵来说，最常听到的是它们交配时发出的声音。鸣叫声通常来自雄性，是求偶的重要手段，而且不同种类的直翅目昆虫有自己专用的叫声，以确保只有同种类的雌性才听得懂。此外，鸣叫也是使雄性彼此之间保持距离的重要信号。另外，很多直翅目昆虫在求偶的时候还会来一段舞蹈——附肢和身体以一种复杂的方式运动。

用来唱响求爱颂歌的基本机制有两种，一种是摩擦前翅基部专门的翅脉，这种错齿发声技术主要见于长角亚目（蟋蟀、树螽、长角蚱蜢）的昆虫中。另一种主要见于短角亚目（短角蚱蜢和蝗虫），称为"洗衣板"的技术，其声音来自前翅的一个或多个发声翅脉与后翅内侧的脊部或一排突起之间的摩擦。除了这两种以外，也有很多其他的发声机制，但前面两种是这一目的昆虫用得最多的。有些种类，雄性和雌性都会唱求爱颂歌，有些则只有雄性会唱。

橡树丛蟋蟀发声的方式很独特，它会抬起一只后腿，跗节像敲鼓一样敲打物体，发出咕噜咕噜的声音。还有很多种类则上下吧嗒它们的腭骨，发出像磨牙一样的声音——受到惊扰的蚱蜢常这么做。

直翅目昆虫的耳朵长在腹部或前肢上，包括一层薄膜和与之在内部连接的专门的接收器。声音会引起薄膜振动，随之刺激接收器的神经细胞。有些种类雌雄两性的耳朵外形不同。许多灌木蟋蟀利用听觉来躲避蝙蝠等天敌，比如薄翅树螽能够探测到近 30 米外的蝙蝠，在蝙蝠们确定这些昆虫的方位前，它们早已经逃走了。

直翅目昆虫的发声机制常常会受到环境温度的影响。有些种类的雄性会

↑ 在求偶的时候，来自苏门答腊的一种雄性蟋蟀（右）会喳喳叫着为雌蟋蟀唱起"小夜曲"。这种蟋蟀的整个求偶过程冗长而细腻，甚至包括少见的腿部舞动。

等到温度最佳的时候才唱歌，只要达到这个温度，它们就唱，非常精确。

繁殖和生命周期

　　大部分的直翅目昆虫都会把卵产在土壤里或植物组织中；有些掘洞而居的品种，会把卵产在挖好的育卵室中。长角亚目的雌性成员有发达的剑形或圆柱形产卵器。产卵器有的短而宽，像半月形刀；有的则瘦瘦长长，常常比整个躯干部分还长。产卵的时候，它们的产卵器能插进植物组织或树皮裂缝里面——不同的种类选择的产卵地点不同。而它们选择的地点通常都很适合产卵器的形状。有瘦长产卵器的雌性，卵会被产在土壤里；而产卵器很短，像半月形刀的，则会把卵产在植物组织或缝隙中——母亲先咬出一个洞，然后锯齿状的产卵器顶部会帮助将其"锯"进植物组织中。大多数长角亚目的雌性在产卵的时候会唱歌，通常，那些合适的缝隙和洞穴会被它们产的卵塞得满满的。

　　然而，短角亚目的雌性产卵是分批次的，一次产10～200粒，被保护性的泡沫包裹着，像个"豆荚"。雌性用尖端分叉的短产卵器向下挖洞，体节间特殊的肌肉能使它的身体延长到产卵前正常体长的2倍多。它们的卵荚通常被产在土壤中。在温带地区，有些种类会把卵产在草丛里，而热带地区的某些种类，则有可能把卵产在腐木中。欧洲剑角蝗科的成员住在潮湿的草地中，雌性把卵产在植物的茎部或死木头中，但从来不把卵产在地表——为了避免卵在冬季被洪水淹死。但与此同时，还有无数的昆虫会把卵荚当作食物。在非洲，芫菁科的油芫菁、蜂虻科的蜂虻和缘腹细蜂科的寄生蜂都把腺蝗类蝗虫的卵荚当作食物。正是它们抑制了害虫蚱蜢的数量。

　　直翅目的幼虫（若虫）孵化后，其外形和习性与成虫很相似，少数种类在体色或图案上与成虫不太一样。经过3～5次蜕皮后，它们就发育为成虫。

　　总的来说，直翅目昆虫并非很明显的群居性昆虫，其危害作用也同样不十分明显。但剑角蝗科的某些种类具有2种不同的属性，它们有时独来独往，有时又大量聚集在一起。出现后一种情况时，云集的数量能达到数百万只，会毁掉大片大片的农作物。人们也把这种害虫称为蝗虫。

知 识 档 案

蟋蟀和蚱蜢

纲：昆虫纲

亚纲：有翅亚纲

目：直翅目

分为长角亚目和短角亚目，共39科2.2万余种

分布： 除南北极地外，全球均有分布。

体型： 中型到大型，体长10～150毫米。

长角亚目　　　　　丝状触角
前胸背板

短角亚目

特征： 粗壮或细长的昆虫；有颚口器；触须丝状，有短有长；背板盾状或鞍状；前翅（如有）坚硬，以保护扇状折叠的后翅（如有）；后腿通常特化，善于跳跃；跗节有3～4节；尾须短小无分节；通常有听觉器官及发声器官（一般限于雄性）。

生命周期： 不完全变态发育；大型若虫大致类似无翅成虫。

甲虫

甲虫是地球上发展最鼎盛的物种，其种类之繁多，占了地球上所有已知物种种类的1/3，大概是所有昆虫种类的2/5。它们可以在极端的环境下生存，其外形和颜色变化多样，体型小的不足0.25毫米长，大的却有约20厘米长。

甲虫的栖息地多种多样，从湖泊到河流再到干旱的沙漠，它们既能在温和的环境中繁衍，也能在严酷的条件下生存。正因为这一种群如此之丰富，以至于有人询问著名的生物学家霍尔丹先生通过对生物的研究，对造物者创造的这个大自然有何感受的时候，他回答说："对甲虫过度宠爱！"

形态和功能

甲虫的身体构造多种多样。体长0.25毫米～20厘米；有的多毛，有的光滑；有的体型小巧而灵活，有的则是长角的披甲巨人。所有的甲虫都有一对坚韧、僵直的角质化前翅，即鞘翅。鞘翅在体背中央相遇成一直线，包裹着膜质的后翅。正是这一特征将甲虫与臭虫区分开来，后者的鞘翅像纸一样柔软。甲虫在飞行时会把鞘翅展开，静止时则优美地合拢。有些甲虫不会飞，因为其鞘翅愈合在一起了；有些则是因为没有成熟的翅膀和飞行肌。其他，像瓢虫，或更确切地说瓢甲虫，正因为是完完全全的鞘翅类昆虫，而不是半翅类昆虫，所以是非常专业的飞行家，能迁徙很远去寻找越冬的地点。

具有分节的附肢是昆虫的典型特征，不同的附肢衍生出不同的生活方式：以速度见长的甲虫，附肢是细长的（如虎甲虫和地甲虫）；善于挖洞的甲虫，附肢较宽且有齿（如粪甲虫、金龟子）；善于游泳的，附肢弯曲如桨（如水甲虫）；善跳跃的，如跳甲，发达的后腿节里有大块的肌肉。

甲虫的口器由5个部分组成：上颚、下颚片、触须和上下唇瓣。上颚是用来切割、刺、碾磨的器官，其他几部分主要用来品尝并把食物准备好推挤进嘴里。虎甲虫又大又尖的腭骨是其高度肉食性的一种进化表现；象鼻虫（象鼻甲虫）在其长的

知识档案

甲虫

纲：昆虫纲

亚纲：有翅亚纲

目：鞘翅目

已知的种类约30万种，166科，4亚目

分布：世界各地，除了海洋。

体型：体长0.25毫米～20厘米。

特征：一对前翅特化为保护后翅的硬壳（鞘翅）；口器前伸，为咬合式。

触角
上颚
前胸
鞘翅
后翅
腹部

生命周期：发育包括幼虫期和蛹期，属于完全变形（全变态发育）。

口鼻部或喙部尖端有小而坚硬的上颚，用来咬碎植物组织。有些专吃花粉的种类，其下颚片部分向前延伸，形成管状的口器。

甲虫的感官系统集中在头部，但微小的振动感应纤毛遍布全身。有些种类能通过腿上的感应结构感知特殊频率的声音。大多数种类的甲虫（除了少数穴居甲虫和大多数的幼虫）都有能分辨色彩的复眼。那些靠视觉捕食（比如地甲虫）或交尾（比如萤火虫）的甲虫都生有大而发达的眼睛。有些地甲虫能看到15厘米开外的猎物。在池塘的水面上游泳的陀螺甲虫，眼睛是分开的，一半用来观察水下情况，一半用来观察空中情况。

甲虫们多种多样的触角上长有能感知湿度、振动和空气中的味道的感受器。有的种类幼虫时的触角结构较简单，成年后，触角会突然变得弯折起来（比如象鼻虫科的象鼻虫）；有的触角如丝状（如天牛科的长角天牛）；有的触角为齿状（如赤翅虫科的赤翅虫）；有的是圆盘状或薄片形（如金龟子科的金龟子）。甲虫用触角寻找食物和交尾对象，雄性的触角通常比雌性的要复杂，因为它们肩负着寻找异性的任务，这种寻觅还常常是远距离的。

有些甲虫（通常是雄性）头上还长有突出的如鹿角般的角，是从上颚延伸出来的一块。长角天牛则有能发出声音的特殊结构，它们腹部下面有一排坚硬的脊突，用硬棱状或拨子状的东西去摩擦这排脊突，就能发出"嚓嚓"的声音。

甲虫有令人印象深刻的保护性"武装"，以应对各种捕食者。坚硬闪亮的鞘翅成为抗敌的第一道防线——当受到惊扰时，许多如穹顶形的叶甲虫和瓢虫会把附肢和触角收进盾甲般的鞘翅下面，同时紧紧扣住地面，一直到它认为安全的时候才会重新把附肢和触角放出来。因此，即使是肉食性的虎甲虫，其锋利的上下颚也很难紧紧地抓牢甲虫光滑的表面。许多甲虫，尤其是幼虫，体表生有很多刺和毛，使它们不易受到攻击。皮金龟幼虫的纤毛能刺透敌人的表皮，引起刺激性的疼痛。

有些瓢虫的幼虫，身上长的刺是中空的，断裂后会流出黏性的黄色血（血淋巴），里面含有味道极不好的化学物。成虫的"膝关节"处也能产生这种物质。这种现象叫反射性出血。比如，当一只蚂蚁用它的颚咬住瓢虫的附肢时，瓢虫的血淋巴会把它的触角和口器都粘在一起，于是遇到麻烦的蚂蚁会迅速跑开。

在甲虫中，这种排斥性的化学物得到广泛的使用，而且非常有效。例如，有些不会飞的地甲虫会喷出甲酸，这种物质会烧伤敌人皮肤，并引起严重的眼部损伤。

受到压挤的隐翅虫喷出的毒液如果不小心被人抹到眼角膜上，会导致疼痛难忍的"内罗毕眼病"。叶甲虫属的一些幼虫，其毒性非常强，喀拉哈里沙漠的土著人就利用它们的毒液涂抹捕猎用的箭头。

叶甲虫的幼虫有叉状的尾部，使其能把蜕掉的表皮和粪便挂在上面，作为防御伞。当蚂蚁袭击它的时候，它会不停地摇晃自己的尾部，把粪便什么的抹得蚂蚁一身。这样一来蚂蚁只好赶紧撤退，并把自己彻底清洗一遍。同样地，榛树罐甲虫为了保卫自己的子女，会用自己的粪便做一个"罐"，然后把卵产在里面。当卵孵化后，幼虫会继续留在罐里，用自己的粪便再加做一层。活动的时候，幼虫的头和附肢从同一端伸出，把罐拖在身后。幼虫身体和周围的环境融为一体，看起来像一小堆兔子粪。

味道不好的甲虫，通常体色鲜艳，如红黑色、黄色或白色。肉食性的脊椎动物会从自己不愉快的进食经历中逐渐领悟这一点。缺乏经验的食虫动物会尝试任何一种看起来可以吃的东西，但它们也能很快认识到这种联系。而有限的几种颜色也意味着敌人能很快弄清颜色和味道之间的联系——如果大家的颜色都不一样的话，敌人会逐个去尝试，个体被捕食的风险就大大增加了。

声音也同样被用于自身的防御。如果捕食者抓到这样一只以前没见到过的甲虫，突如其来的尖叫声会使不加防备的敌人吓得立刻丢掉猎物。如果这只甲虫本身的味道也不好，效果会进一步强化。许多地甲虫一旦被捕，会发出抗议的声音，同时还会从腹部末端邻近肛门（臀板）处的腺体中喷出丁酸。叩头虫受到惊扰时，会通过胸腹之

甲虫的代表种类：1.两只雄性锹甲在争夺雌性的打斗中绞住了自己的角（实际上是变大的上颚）。2.歌利亚甲虫是体型最大的甲虫种类。3.一只雄性斑花甲虫正用它特殊的前肢守护一只正在产卵的雌性。4.一只角花金龟正用自己的角从树干上取树液。5.这种雄性巨大犀金龟或独角仙足有16厘米长，是另一种世界上最大的昆虫种类。图中这两只正试图用头部和胸部延伸出来的多刺又多毛的角柄抓住它的对手并将其摔倒。6.飞行中的七星瓢虫是人们熟悉的瓢虫。7.蜣螂和地下巢穴中的幼虫。8.雄性绿色斑蝥和它洞穴中的肉食性幼虫（8a），一只无翅的寄生蜂将卵寄生在这只幼虫身上。

甲虫有别于其他昆虫的特征是一对闪亮的前翅，或称为鞘翅，在背部的中线汇合。正如图中这只来自乌干达的雄性海王星甲虫，其武装的前翅用来保护膜质的后翅。

间的某种弹射机制发出声音——胸部的一个小突起被压进腹部的凹槽中，可以通过肌肉的张力释放，随着听得见的"滴答"一响，这股力能把它弹很远。

把自己藏起来大概是对付脊椎动物的最常用的方法，采用这个方法很重要的一点是使自己静止不动。因为它们一动，就有可能暴露自己。那些住在石头或树皮下面，以及土壤里的甲虫通常体表为不显眼的黑色或棕色，敌人很难发现它们。而栖息得比较暴露的甲虫，则会尽力使自己融进环境中（隐态）。拟步甲属的甲虫，把头部隐藏起来后，加上展开的胸部和鞘翅，就变得很像有翅种子，而不太像甲虫了。有些象鼻虫则更进一步，为了使自己更加隐蔽，会在鞘翅上培养真菌和藻类。

拟态——把自己伪装成有毒的或看起来比较恶心的动物——也是一种保护自己的方法。很多住在蚁家里的甲虫，会把自己打扮得非常像蚁巢的主人，那些不想自己被蚂蚁痛咬一口的捕食者就被它们给蒙混过去了。一种热带的天牛，腹部末端长有两个逼真的眼点，当它首尾颠倒的时候，乍一看很像一种有毒的青蛙。

食性

甲虫的食性多样，有的食肉，有的食粪便，或营寄生，但还没有发现在人体寄生的甲虫。大部分甲虫以植物为食，有的为单食性，一生只吃某一种食物，但多数为多食性，对食物不是很挑剔。

甲虫的代表性物种：1.蓝地甲虫捕食蛞蝓、蠕虫，以及橡树林和山毛榉林中的其他昆虫。2.大黄粉虫的幼虫靠储存的谷物生存。3.龙虱能从鞘翅下面携带的气泡中吸取氧气。4.蜣螂将粪便滚成一个球后用来产卵。5.埋葬甲虫会把小型昆虫的尸体埋葬起来，然后在尸体上产卵。6.叩头虫的身体底部有个凹沟和一个相应的楔形突，利用这一弹跃构造，它们能跳得很远，以躲开敌人。7.遁甲虫住在腐烂的橡树和酸橙树里。8.芜菁科甲虫会产生一种油状液体，人的皮肤接触后会起水疱。9.坚果象甲虫会把自己的喙埋进一个坚果中。

家族庞大的象甲科象鼻虫吃活的植物的所有部位。图中这只黄带象鼻虫正在吃哥斯达黎加雨林中的一棵蝎尾蕉的花。

　　事实上，如果想在某处找出一棵从没有受到过至少一种甲虫侵袭的植物是不太可能的，但基本上很少有植物会因为甲虫的啃吃而致死。相当数量的幼虫（如叩甲科和象甲科的幼虫）以植物的地下根为食。线虫，即叩头虫的幼虫吃草根，会抑制草的数量，但被大天蚕的巨型幼虫啃吃的棕榈树则有可能一命呜呼。

　　那些吃植物茎秆的甲虫会给植物带去比较严重的危害，它们会一直吃到植物传送食物和水分的脉管中去。由于花卉含有丰富的营养成分，很多甲虫也就不客气地以之为食。许多种类的成虫，比如天牛，专吃花粉和花蜜，而它们的幼虫却吃那些更粗糙的部分。玫瑰金龟子则直接吃玫瑰花的花瓣。

　　有些甲虫专门吃真菌，比如已死的或快要死的树木，在其生有檐状菌的部位，通常就能找到圆蕈甲。有的真正的美食家，几乎只吃那些广受欢迎的黑块菌。

　　大部分肉食性的甲虫会攻击其他昆虫，它们行动敏捷，具有敏锐的视觉。成年的虎甲虫（虎甲科）奔跑的速度能达到60厘米/秒。它们的幼虫则会把头楔入隧道在地面的开口处，静静地埋伏着守候猎物。尽管它只有单眼，但它很清楚什么时候有合适的猎物进入它的捕猎范围。一旦这种情况发生，它会冲出去抓住虫子，把猎物拖进洞中吞吃掉。大型的水生甲虫由于需要更充足的食物，甚至会捕食小型的鱼类和蝌蚪。

　　许多步甲科的地甲虫吃蛞蝓或蜗牛，它们有狭长的头部，即便蜗牛缩进壳里，也不妨碍这种甲虫把头伸进去。为了预先分解蜗牛的身体组织，它会把酶分泌物涂抹在蜗牛的身体上，然后蜗牛就变成了液体被它吸食掉。

　　死去的动植物具有丰富多样的营养成分，极少有死去的动植物组织会不对甲虫构成吸引力的。死去的树木会吸引很多种蛀木虫和小蠹。新鲜的尸体则会吸引各种的甲虫，每一种都有它们最中意的饮食部位：埋葬甲专吃肌肉组织，而皮甲虫则吃羽毛那样的干燥部分，于是到最后，除了几根骨头，别的都被吃得一干二净了。甚至昆虫的残渣也很受欢迎。有些甲虫喜欢对蜘蛛网来个突然袭击，把网上的残羹冷炙一扫而光；

非洲的纳米布沙漠里有无数拟步甲（拟步甲科）以各种腐物为食。图中，数只拟步甲正在撕咬一只蚱蜢的尸体。

有的甲虫，如丝菌甲，则专吃毛虫蜕掉的那层皮。

自相残杀也是甲虫们的生存策略之一，一母同胞的兄弟姐妹也会把彼此当作食物来源。这种行为减少了同类间的竞争对手，使得幸存者的生存机会增多。在瓢虫中这种情况很普遍，不管是成虫还是幼虫，都可能把同类的卵和新孵化的幼虫当作食物。

社会习性

像其他动物一样，甲虫们为了成功地繁衍后代，必须确保交尾的对象与自己属于同一种类，因此它们会在交尾或求偶前发出确保接收得到的特殊信号。这种信号可能包括视觉影像、声音、气味，或三者相结合。有的甲虫无法去找寻异性，只能通过气味把雄性吸引过来——雌性爬到矮小的植物上，然后释放出恶臭味。尖叫甲虫通过用鞘翅的底面摩擦腹部的尖端，能发出音调极高的吱吱声，据说也是一种求偶方式。报死窃蠹也是通过声音传递信号，幼虫会在老木头的深处度过多年的发育期，成虫在春季发出求偶的声音：它用两前肢撑在木头隧道的两边，然后用头顶快速地敲击隧道底部。这种甲虫的雌雄两性都通过敲打的方式来达到求偶和交配的目的。在寂静的夜晚，这种敲打的声音会很清晰，有些病床上的病人听到这种声音，会将其当成死神来临的警示。

萤火虫则用它们的大眼睛捕捉视觉信号。它们的腹部末端含有发光化学物，发出的光在夜晚清晰可见。而且这种光能像灯一样开和关，制造出有规律的同步闪光，而且不同的种类有不同的闪光模式。当雄性萤火虫发出光信号时，模样像幼虫的无翅雌性萤火虫如果看见了同类的闪光模式（闪光的时间长度和亮度非常重要），就会发出回应的信号，然后雄性会以惊人的准确度降落到雌性身边。肉食性的一些萤火虫会模拟另一种雌性的信号，属于后者的雄性萤火虫如果受到引诱的话，会给自己带来致命的后果。

雌性双星瓢虫能百般变换自己的体色，似乎是用色彩寻找交尾的对象。在一大片

芫菁科斑蝥正在进行一场求偶的仪式。雄性（左）用自己的前肢轻拍雌性。

红色的双星瓢虫群中，黑色的雌性显然能吸引更多的注意力；相反，在黑色的群体中，当然是稀有的红色雌性受益。推测起来，这种行为大概是为了在群体中提高遗传的可变性。

很多甲虫会制造独有的化学信号或信息素。雌性金龟子和叩头虫释放出来的信息素能吸引极大面积内的异性。这些雄性的触角很宽，有的像梳子或叶子，较大的

两只龟甲虫正在试图交尾。它们的名字很称它们的外形——受到惊扰的时候，会把头和附肢缩进去，并把前胸背板和鞘翅放低。

表面积更适于接收雌性的信号。皮蠹和树皮甲虫释放聚合的信息素，能吸引雌雄同类的两性去合适的地点挖洞和产卵，这种行为会增加成功交尾的概率。一旦雌性树皮甲虫交尾后并开始挖洞，它们会释放出一种威慑的信号来阻止后到的异性。而与之交尾的雄性通常也会留下来帮助配偶挖洞和守护卵。

许多种类的雄性甲虫为了能占有一名异性，彼此之间会竞争。这常常包括力量的角逐，结果是只有最健康的雄性甲虫才能传宗接代。雄性锹甲会把对手夹在两角之间，然后把它摔到地上。雄性角甲为了取代别的同性的位置，会或推或挤地、或将自己的角插到对手的身体下把对方弄走。

一旦两性间建立了联系，在雄性被接受前，通常会有一场求爱的仪式，比如雄性用附肢或触角轻轻拍打雌性。为使雌性接受自己，拟花萤科的雄性甲虫会制造某种能吸引雌性前来品尝的化学物。相似地，有些雄性甲虫会通过轻咬雌性鞘翅的方式去"品味"它。

双方确认身份后，而雌性也接受的话，二者就会交尾。雄性甲虫（体型通常比对方小）会爬到雌性背上，用自己的脚抓住它的鞘翅和胸部——大概是因为这个原因，雄性的脚比较长。有些雄性还会用上自己特化的触角。然后它把交尾的器官（阴茎）插入对方的阴道中，注入精囊或精液，如果是精液，则会被储存在一个专门的囊中（受精囊），直到雌性准备好产卵才发挥作用。这以后，雌性会暂时或永久性地变得不再具有性吸引力。有些种类的雌性会多次交尾，大概是因为具有某些控制精液对卵受精的方法。

很多金龟子和黑蜣科的种类具有单配的习性，即一夫一妻制地繁衍下一代。这些种类的后代，两性的外形很相似。但更多的甲虫则是实行一夫多妻制，父亲根本不会去照顾自己的后代。具有这种习性的甲虫，其后代很大比例上呈现性别二态性，两性的体型、形态、颜色都不一样。

从卵到成虫，甲虫会经历完全变形，中间会有一个休眠的蛹期，换句话说，它们

都属于全变态发育。翅膀在体内发育，直到成年的时候才会出现在体外。因为食性的改变，幼虫和成虫的口器差别很大。幼虫发育为成虫所需要的时间，取决于它最终的体型大小、环境温度和食物的营养价值。大型蛀木虫由于其赖以为生的食物缺少蛋白质，发育的时间相当长，某些种类居然需要花上 45 年的时间。

甲虫通常都把卵产在土壤里（隐翅虫科的隐翅虫），有的则产在植物组织内（象甲科的象鼻虫）。总之，它们会尽量把卵产在潮湿且不易被敌人发现的地方。有些甲虫比如金龟子产单粒的卵；有些比如芜菁科甲虫则会成批地产下数千粒卵。许多甲虫都会对自己的卵

↑ 大部分甲虫，如这种来自欧洲的橘子瓢虫，两性的外形很相似。雄性瓢虫有时会将其他种类甚至其他科的雌性认为是同种的，还试图和它们交尾。

多加保护。大银龙虱会把卵产在丝茧内，并把茧结在水面漂浮的树叶上。有的水甲虫会用腹部下面的几束丝把卵缚住随身携带。

卷叶山毛榉甲虫会用一种很复杂的方法切割叶片边缘，然后把叶片卷成内外两层"漏斗"固定在某处，卵就产在内层漏斗里面，外层漏斗则起保护作用。因此幼虫可以在叶子里面藏着进食。象鼻虫和种子象（豆象科）常常会用植物的软组织制作育卵室（虫瘿），幼虫就在育卵室里面发育。有的在花的种荚上做育卵室，而有的则在菟丝子的茎秆上做育卵室。

母亲们并不总是在后面保护它们的卵，而是通常会把它们和食物放在一起。榛子象鼻虫会用它长长的象鼻状喙在生长中的果实上钻一个眼，然后把卵小心翼翼地产在这个小眼中。大型的蜣螂则是在作为食物的粪便上打一个垂直的轴形眼，然后在眼的顶端放一粒卵。

大部分种类的甲虫，父亲都不会协助母亲抚育后代，只有少数例外，有的金龟子，母亲会用自己强有力的多刺附肢挖一个育卵室，而父亲则忙活着做一个粪球，让母亲把卵产在粪球上。而粪便就是发育中的幼虫唯一的食物来源。父亲通过自己的协助确保了后代的生存。

孵化中的幼虫用自己的上颚和身体上的刺，或"破卵器"刺破卵壳出来。它们边进食边成长，经过数次以蜕皮或换皮为结果的龄期。幼虫的外形与成虫不同，但雌性萤火虫是例外，它们即使在成虫期也保留了幼虫的外形。而其他种类的甲虫，幼虫既有可能像无附肢的成虫（如家具甲虫），也有可能像锯蜂的幼虫（叶甲和跳甲），还可能有长长的身体和附肢（隐翅虫），或者像金龟子那样，身体居然是"C"形的。大部分水栖甲虫的幼虫依靠空气生存，会时不时地露出水面通过气门补充氧气。但尖叫

甲虫利用鳃直接在水中呼吸。有些种类的
幼虫，尤其是粪金龟类，利用发声结构发
出温和的唧唧声来互相交流。

　　有少数种类的甲虫，父母双方会一起
照顾幼虫直到它们部分或完全发育成熟。
如有的埋葬甲，交尾后双方一开始会相互
合作照顾后代，但后续的哺育任务则由母
亲单独完成。首先，它们会寻找某只小型
哺乳动物的尸体，比如老鼠；其次，约定
交尾的双方一起不停地挖尸体下面的土，
使之自然下沉，最后被埋进地下；在尸体
向下沉的过程中，两只埋葬甲会剥去它的
皮。交尾后，父亲会离去，母亲则把卵分
别产在尸体旁的一个个小洞中。孵化后，
幼虫会自己设法来到尸体旁边，母亲会等

有少数甲虫属于胎生，直接产下活体幼
虫。这只来自巴西的叶甲虫产下了一批小
幼虫，而不是产下卵。

在那里，把已经预先消化过的食物反刍出来喂给子女。这样的情形会一直持续到儿女
们能独立进食为止，然后母亲就会离去。

　　许多甲虫都有常常显得很古怪而又非常独特的生命历程，尤其是那些营寄生生活
的甲虫。例如，火腿皮蠹一般寄生在死尸上，却偶尔会跑到新孵化的小鸡身上，钻进
小家伙的肉里面。

　　人们发现，有8科的甲虫中，有部分寄生虫很专一（专性的），而有部分却很随意
（兼性的），后一种主要攻击其他昆虫的卵或蛹。如有些芫菁科甲虫的幼虫会钻进土里
吃蚱蜢的卵；而有些隐翅虫的一龄幼虫则会非常积极地四处寻找蝇类的蛹——它们会
被这种蛹所散发出来的化学气味所吸引。一旦被它们找到这种蛹，它们会钻进蝇的身
体中，度过没有眼睛和附肢的第二龄期，这期间，它们靠吃宿主的身体组织过活。到
了第三龄期，这种隐翅虫会长出发育完全的附肢和眼睛，然后钻进土里化蛹。

　　大花蚤科所有成员的幼虫均营寄生生活，而成虫却以花朵为食。该科有些成员的
幼虫曾被发现于某种比较常见的黄蜂的巢穴内。这种甲虫的雌性把卵产在花朵上，然
后会孵化出体型微小、有刚毛的闯蚴，这种幼虫的外表皮上长有很粗的刺和吸管，但
它们不进食，专等着找机会被成年的宿主运到其巢穴中去。当有黄蜂到来时，幼虫会
钩住它，随之返回其巢穴。因为这种方法的成功率极低，所以父母们会产下大量的卵
以增加成功的机会。有幸被带到黄蜂巢穴中的幼虫，会经过数次变形（复变态期）。首
先，幼虫会刺入黄蜂幼虫的身体内，成为其体内寄生虫后，在里面进食。其次，它会
蜕皮，成为无附肢的幼虫，用自己的身体缠绕在黄蜂幼虫的体外继续进食，成为体外
寄生虫。经过蛹期后，幼虫就成长为翅膀发育完全的成虫。

　　有些种类的粪金龟是哺育型的寄生虫，它们并不自己收集食物（粪便），而是把卵
产在大型粪金龟的巢穴中。一种小型树皮甲虫属的成员无法自己去刺穿树皮，只能钻

进那些已经存在的小眼中，在其他树皮甲虫已挖好的隧道中开凿自己的窝。

有些种类的成年金龟子过着一种半寄生的生活，即把自己粘在哺乳动物肛门附近的毛皮上，这也是雌性为使自己的后代有现成的食物可吃的一种策略。有一种甲虫住在袋鼠的肠道内，靠吃袋鼠的粪便生活。还有的住在蜗牛的壳中，也是靠粪便为生。

此外，有1000多种甲虫喜欢与蚂蚁比邻而居，这其中有的吃蚂蚁，有的寄生在蚂蚁身上，有的则采取与蚂蚁共生的生活方式——这种甲虫从蚂蚁巢穴中获得食物，对蚂蚁没什么坏处，却也没什么益处。有些很受蚂蚁欢迎，有些却不得不模拟主人的化学气味和习性以免受到攻击。有大量的隐翅虫，其幼虫和成虫都会与蚂蚁共享其巢穴，这里面，有很多都会分泌一种对蚂蚁很具吸引力的分泌物，能吸引蚂蚁过来舔它们的分泌腺体。

有一种隐翅虫的幼虫非常受一种蚂蚁的欢迎，它们会被蚂蚁收养，安置在蚁巢的育卵室中。这大概是因为这种隐翅虫的幼虫能释放一种信息素，这种信息素会激活蚂蚁的哺育习性。此外，这种幼虫还会模拟年幼蚂蚁的乞食行为，即跳动着轻拍蚂蚁"护士"的口器，作为回应，"护士"会反刍一滴已消化过的食物流质喂给幼虫。而这种幼虫也可能被周围的其他蚂蚁或其他甲虫幼虫吃掉。在秋天，还没有性成熟的成年隐翅虫，最后一次向它的宿主要求食物后，就会跑去另一种属于不同属（赤蚁属）的蚂蚁的巢穴中，这种蚂蚁能在冬天为它们哺育后代。为了预防任何可能的攻击行为，隐翅虫会把腹部末端的分泌物提供给这种蚂蚁，这种由它们鞘翅后面含有化学物的腺体分泌的物质会使蚂蚁自动把幼虫带进育卵室喂养，这些幼虫们就可以在育卵室中完成发育过程。在春天，长大的成虫又会在这种蚂蚁巢穴的附近交尾并产卵。

蝇

真正的蝇并不受大众欢迎，它们缺少蝴蝶那般美丽的外表，也不像社会性的蚂蚁和蜜蜂那样能组成错综复杂的团体。但双翅目昆虫是所有昆虫目中最让人着迷的群体之一。有许多种蝇其实是益虫，它们造访花朵，并为花儿们授粉，能除去害虫、控制野草的蔓延，或使有机营养成分能够被循环利用。那些会叮咬我们、污染我们的食物或啃吃庄稼的蝇是少数。

在地球的温暖区域，蝇类可说是真正的苦难根源，会携带一些对人和牲畜来说极危险的疾病，并将病原体传播到卫生条件落后的地区。在这样的情况中，对蝇类的生物学研究揭示了许多关于不同类的动物之间的共同进化，以及昆虫作为一个整体存在的生态学意义。

蝇的外形和体型非常多样。图中这只哥斯达黎加的大虻科成员是世界上最大的蝇之一，体长达到 4.75 厘米。它巨人的幼虫以被砍伐的雨林树木为生。

形态和功能

就全世界范围来说，蝇类是屈居甲虫（集中在热带）之后的第二大昆虫群体，在温带的许多国家，蝇类会占到所有昆虫的 1/4。这个群体中 12 万个已知的种类几乎能以各种你想象不到的方式生存，并出现在各种气候带，直到两极的边缘。它们的栖息地甚至还包括海洋。成年蝇的食性多样，有的吃花，有的捕食其他动物，有的吃死亡的动物组织，有的吸血。而幼虫的食性又与成虫不同，有很多吃腐烂的动植物组织，有些则在水中滤水觅食植物，或者营寄生生活，或者食肉。

蝇类的多样化很大程度上是基于三个主要特征：口器、飞行机制和幼虫的形态。成虫的口器主要适合于进食流质，但经过高度进化后，变得适合刺、吸和舔。大而可活动的头部里面长着 1 个（有时 2 个）发达的肌肉泵，能协助它们从任何活的或腐烂的物质中榨取流质。除了有些寄生在哺乳动物身上的（狂蝇科）和成虫期非常短暂的小型摇蚊之外，几乎所有的蝇在成虫期都会觅食。

蝇的飞行工具只有两只短小却强壮的翅膀，第二对翅膀退化为小平衡棒，如果蝇属有一个突变异种的平衡棒又还原为翅状结构，证实了这一现象。这种适应性将蝇（双翅目）与许多其他的名称中有 "fly" 这个词的目的成员如蜻蜓、石蛾等区别开来。蝇胸部的结构因仅有的一对翅膀而变得简单：胸部的前、后节实际上已经消失，中间的那一节变大，且整个被翅肌肉包裹起来。这种结构使其身体具有高度的机动性，可以实现极高的速度和振翅的频率（小型摇蚊能达到每秒 1000 次）。而对方向和身体姿势的控制能使身体降落在任何可能的地点，甚至可以头朝下地停留在天花板上。

1. 盗虻抓住了一只飞行中的草蜻蛉。2. 粪蝇。3. 青蝇。4. 处于领土争夺战中的两只雄性突眼蝇正用它们的眼柄作为标尺比较它们的体型大小。

许多蝇都有盘旋飞行的本事，能绕着它们自身的体轴旋转，或者飞过那些比它们的翅展宽不了多少的地方，甚至倒退着飞。所有这些本领都是在平衡棒提供的感觉信息的协助下实现的。平衡棒就像一个微小的陀螺仪，在每一个平衡棒的基部，感觉器官彼此间呈直角地形成三组，这样的排列使蝇能够感觉到自己飞行和转弯的速度，以及它是否被吹离飞行的轨道。与机动性相联系的是蝇的大眼睛，隔得很开的眼睛能提供敏锐的视觉，神经内的视杆感觉元素通向小眼面（蝇类独有的特征）。此外，蝇能通过附肢上灵巧的爪和肉垫抓牢任何表面。

在所有主要的蝇类别中，让人吃惊的是，许多种类的翅膀已经间接消失，有的平衡棒也一样。对于部分寄生蝇（虱蝇科）来说，这大概是对生活在宿主身上的方式的适应。有些蚤蝇科成员，雄性有完整的翅膀，而雌性却没有，人们曾观察到交尾中的双方飞来飞去，有可能是雄蝇带着雌性从一处飞向另一处。有些这种蝇住在白蚁的巢穴中，本来长有翅膀的雌性会在进入巢穴的时候断掉翅膀。两性中翅膀消失或退化的情况在那些栖息在经常刮风的海洋岛屿上的种群中尤其普遍，因为翅膀的存在会增加它们被风刮走的危险。而对那些住在洞穴深处，或掘洞而居的其他种类来说，翅膀在狭小的空间中无用武之地。许多翅膀退化或消失的高级蝇类，由于翅肌肉的消失，胸也相对较小。此外，由于它们的触觉比视觉更加重要，所以眼睛退化，而触角增大。

生长阶段

翅膀内生或完全变形，是蝇的典型生长模式。幼虫在形态和习性上都与成虫很不一样。蝇幼虫的胸部附肢还没长出来，取而代之的是很多可移动的次生假肢。前面已经描述过，那些已发现的蝇幼虫种类具有各种生存的本领。它们能在多种小环境中存活，而且具有极端多样的外形——远远超过任何其他的目。它们出现在池塘、湖泊、盐水、高温矿泉、油床、植物叶基部积聚的水里，以及死木头烂出的洞中，此外还有活水中（包括流动缓慢或快速的河流）中，甚至在湍急的瀑布中，它们也能牢固地附着在岩石和植物上。

生活在陆地上的幼虫，栖息地包括沙漠、土壤、堆肥、水体泥泞的边缘，以及高度污染的矿泥中。它们把腐烂的植被、菌类、粪便，以及几乎所有其他动物的尸体都开拓成栖息地，还是哺乳动物、鸟类和其他昆虫巢穴的清道夫。它们以植物为

知 识 档 案

蝇

纲: 昆虫纲

亚纲: 有翅亚纲

目: 双翅目

已知约12万种，155科，2亚目

分布: 全世界各种栖息地。

体型: 成虫体长0.5毫米~5厘米，翅展最大可达8厘米。

特征: 1对膜质翅；后翅特化为棒状平衡器；第二胸

节明显变大，第一和第三胸节退化；口器适合进食流质，但也能刺、吸、舔。

生命周期: 属于全变态发育；幼虫和成虫期之间有蛹期。幼虫无附肢。

食的种类习性进化过很多次，一株植物从根到种子的几乎任何一部分都可能成为它们的食物。有些肉食性的会寄生于蠕虫、蜗牛、多数大型的昆虫、其他节肢动物、两栖动物和它们的卵、爬行动物、鸟类和哺乳动物身上，或者吃它们的肉。有些幼虫会把它们自己的父母吃掉，当然，也有些幼虫由雌蝇一直照顾到发育成熟。

在长角亚目中，幼虫长有完整的头壳，而且像大部分其他昆虫那样，上颚能水平移动，花园长足虻的蛆（大蚊的幼虫）就是一个例子。在许多长角亚目的科中，幼虫水栖，如黑蝇、蚊子和许多摇蚊。这些蝇类都会经过一个"空"蛹期，即没有蛹壳。

短角亚目成员的口器能垂直运动，而且在整个发育过程中，头壳会呈现逐渐退化的趋势。短角亚目有 4 个次亚目，幼虫的头壳不完整，蛹期也属于"空"蛹。这些种类的蝇，幼虫的形态非常多样，有些能在极端干燥的环境中存活。部分长角亚目和短角亚目的成员，蛹的特征与众不同，即它们在蛹期时也能自由活动，而几乎所有内翅类昆虫在蛹期时都是不能活动

大多数成年的食蚜蝇以花粉为食，幼虫的栖息地多种多样：1. 有些种类住在蜜蜂和黄蜂的巢穴中充当清道夫。2. 有的是肉食动物，比如吃蚜虫。3. 有一种食蚜蝇的幼虫甚至水栖，通过一根 15 厘米长的管呼吸。4. 鳞茎蝇幼虫会侵袭花卉的鳞茎，而另一个种类（图 5）在牛粪堆上度过幼虫时期。

这只成年的香蕉蝇正在舔一个腐烂的木瓜的汁液。指角蝇科的幼虫通常以分解中的植物为食，尤其是树木的腐洞。

的。蚊子的蛹能活跃地游泳——这也是它们不得不做的事情，因为它们经常住在缺乏氧气的死水中，必须到水面上来呼吸，然后下潜至安全的地方。蜂虻和盗蝇在地下数厘米深处度过蛹期，但羽化前它们会利用身体上一排可怕的刺和突起爬到接近地面的地方。

高级蝇类的幼虫就是我们常见的蛆，其外观平常，没什么特色，但实际上这里面包括很多生理适应性。与长角亚目和短角亚目成员相反，高级蝇类的蛹包在末龄幼虫的皮内，这层皮起与"蛹壳"相同的作用，具有优良的安全性和防水性能，能适应变幻莫测的气候条件。要刺激蛹继续发育并促使其羽化成虫可能需要精确的提示，如准确的温度、白天的时长或空气湿度。但坚硬、具有保护性的蛹壳也有其本身的缺点，为了能从蛹壳中

欧洲的黑翅蜂虻的喙长如细短剑，适于伸进花的长管（如图中的夏枯草的长管）中。

出来，成虫不得不在头部用血液充起一个特殊的囊，这个囊与汽车的安全气囊很相似，以把蛹壳顶部挤开，方便成虫羽化而出。随后，囊就瘪掉了，会在成虫的触角上面留下一个凹槽。

我们前面提到过，蝇会经过一个多样化的生命历程，所以双翅目昆虫的卵呈现多样性也就不奇怪了。大部分雌蝇都有一个结构简单的管形产卵器，而那些在植物上产卵，或营寄生生活的雌蝇，多数长有更加坚硬的产卵器，有的为了把卵产在深处，产卵器则相对更长一些。有的卵是普普通通的椭圆形，有的则结构复杂。在潮湿的小环境中产卵的种类，卵的表面呈脊状或网状，功能类似腹甲，能使卵在靠近其表面的空气薄膜中吸氧。处于液体环境中的卵，表面会有供呼吸用的能穿透液体表面的角状突出。有些蚊子如库蚊的卵，生有精致的漂浮装置，能使卵粘在这种"小筏子"上。

这只常见的橙色大蚊的平衡棒看上去像一对微型的鼓槌，在一对翅膀的后部清晰可见。许多科的蝇的这种平衡棒都被翅膀盖住了。

蜂虻的幼虫住在群居蜜蜂的巢穴中，具有一些很古怪的适应：有些种类的雌蝇会把腹部的育儿袋里装满沙，用来给卵裹上一层"外套"。然后母亲把裹着沙的卵给弹出去，有的弹到环境适宜的地面上，有的则直接弹进蜜蜂的巢中。胃蝇的雌性把卵产在蚊子身下，当蚊子叮咬哺乳动物时，哺乳动物的体温会促使卵孵化，幼虫就趁便钻进宿主的皮肤里。

真蝇的幼虫在结构上的多样性虽然不如成虫，但其外形的变化多样，是任何其他昆虫目都望尘莫及的。它们的栖息地也很多样，成年的雌性在产卵的时候，会设法找出任何所能想象到的小生境，这个小生境有充足的食物，潮湿，还具有隐蔽性。它们通常会把可活动及可伸缩的导卵器（产卵器）深深地插进选好的某个部位，以确保卵在孵化和生长的时候能在不会脱水和不会饥饿的情况下安全地避过捕食者或寄生虫。

高级蝇类的幼虫基本为"陆生"，但总是会出现在液体环境中，以及土壤、植物体内（以虫瘿的形式，或在叶子上开道），或其他动物身上。在这个群体中，不仅有寄生虫，还包括那些住在粪便中的、为鸟类和蜜蜂的巢穴充当清道夫的，末一种还会出现在人类的栖息地。基本上所有这些蝇类在幼虫期都以蛆的形式出现，没有附肢，大部分感觉器官还没长出来。它们像蠕虫那样扭来扭去地活动，住在母亲为它们挑选的半液体环境中，通过强有力的吸吮动作贪得无厌地大吃特吃，直到大得足可以化蛹。只有少数几种，如食蚜蝇幼虫，是真正的在陆地上自由生活的种类。

某些长角亚目的蝇幼虫营真正的水栖生活。产卵中的雌性会栖息在水膜上，把产卵器伸进水下并将卵粘在水下的石头或水草上，或直接把卵产在水面上，弄得像只卵做的小筏子。这种卵孵化出的幼虫，多为淡水生物，偏爱池塘、水坑、湖泊等死水；蚊和摇蚊会在夏季的时候迅速占领这些死水区域。

许多种类的蝇都能忍受低含氧量的水环境，或者进化出一些获取氧气的本领。有些摇蚊的幼虫，因为体内含有血红蛋白相似体，因此体色也呈红色。它们用这种相似体在水层面上收集氧气并储存起来，然后沉到深水处进食。食蚜蝇科成员的鼠尾蛆则采取一种更简单的适应方法：它们在泥浆中进食的时候，长长的尾巴能伸到水面上去呼吸。更让人惊奇的是，有些食蚜蝇和水蝇的幼虫，身体上的末一对气门（呼吸管）独立地长在尖尖的、能插进水生植物茎秆的螯针上，这样它们就能从植物中获得氧气。有少数种类的幼虫，特别是黑蝇或水牛蚊，生活在湍急的溪水和河流中，能利用吸管状的软垫把自己吊在石头上，然后用专门的口刷过滤水流，获取其中的小颗粒食物。一种水蝇，其"水栖"幼虫居然生活在汽油池中，虽然会把汽油咽下去，但不会受其害，平时以落入油中的其他无脊椎动物为食。

从水栖幼虫和蛹期到陆生的飞行成虫，这样的转变并不容易，这一转变中，蝇类又完成了一些奇怪的适应。黑蝇的蛹会因充满空气而膨胀，当蛹壳裂开的时候，初长成的成虫会在一个气泡内升到水面上来，避免了被水打湿的情况。还有一些，羽化中的蝇则会因蛹壳的突然裂开而弹出水面。这样，一只新鲜、干燥和原生态的蝇就离开了它那安全的幼虫环境，开始了它短暂而冒险的、以求偶为目的的飞行生活。

捕食

虽然大部分蝇的幼虫都是肉食性的，但成年的蝇中，食肉的和吸血为生的不像以花为食的那么普遍，包括了短角亚目中某些科的成员，如著名的舞虻、长足虻和盗虻，有些与粪蝇和家蝇是

→ 一只长头蝇正在吃一只水栖蠕虫——相当罕见的情景。很少有人能观察到成年蝇进食的情景。

亲戚的高级蝇类也是肉食动物。盗虻已被证实属于高度的机会主义者，会捕食任何合适的小型生物——对方常常也属于蝇类。

人们已发现了很多捕食方面的专家。有些蝇捕食那些困在池塘水膜上的昆虫，一旦发现目标，会猛扑下去用身后的附足"网"住牺牲者；有些则专门偷窃落入蜘蛛网中的猎物。有些蠓科的小型摇蚊依靠大型昆虫为生，包括蜻蜓和甲虫——这种摇蚊把口器插入昆虫的坚硬部位之间或翅脉中吸血。更稀奇的是，芋蚊属成员的成虫和蚂蚁一起住在树干里，它们会中途落在蚂蚁前面，把蚂蚁从蚜虫那里得来的蜜露从其口中抢走。

蝇的捕食活动与吸血习性紧密相关，并要求它们都具有相似的口器和行为。吸血的蝇通常把体型较大的动物作为食物来源，尤其是脊椎动物，每次取食一点汁液。很多科的蝇都具有这种习性，其中以摇蚊、蚊、蚋、黑蝇、马蝇、鹿虻和螫蝇等最为著名，而且其中的多数只有雌性具有叮咬的习性。摇蚊和蚊都有长长的针状口器，而马蝇和大型家蝇中，如具叮咬习性的螫蝇和采采蝇，口器较短，似刀片。这些蝇中的大部分都会把疾病带给动物甚至是人类。

蝇幼虫的捕食活动具有非常重要的意义，许多种类的幼虫在控制庄稼害虫方面非常有用。有些蝇幼虫以甲虫幼虫为食。更重要的是，它们会攻击同翅类昆虫、跳虫、蚜虫等给农民和园艺劳动者带来困扰的害虫。扮演这种角色的是许多食蚜蝇幼虫和瘿蚊幼虫。在商品菜园中，定期出现的食蚜蝇幼虫可说是蚜虫的灾难。这些灵活、身体扁平、体色暗淡的生物在蚜虫群里穿行时，每小时能消灭掉80只蚜虫。有些食蚜蝇专门吃根蚜或针叶树上的羊毛蚜。部分蝇类的大家族中，如舞虻科和长足虻科，其数量

⬇ 图中是斑翅粪蝇集结成的谜一般的群体。尽管人们有过许多推测，但仍然还没有结论性的观点来解释这些活跃的蝇组成这样大型的集群是出于何种目的。

在温带地区非常丰富，幼虫基本上全是肉食性的，据说它们能极有效地控制害虫的数量，但人们还没有证实这种说法，因为这些幼虫几乎都住在土壤或垃圾中，很难发现它们并进行研究。

少数蝇幼虫具有很奇怪的捕食习性，沼蝇科的成员专门吃蛞蝓和蜗牛，某些住在海边的长足虻，幼虫期竟然吃藤壶。

寄生

除了膜翅类昆虫之外，蝇是所有寄生性昆虫中数量最多、最有影响力的一群，它们把卵产在各种动物，尤其是其他昆虫和脊椎动物体内或体外。寄蝇科是体内寄生群体中最重要的一科，它们与肉蝇一起组成了一个很大的成年蝇的群体，当它们还是幼虫的时候，专门以甲虫、臭虫、黄蜂、毛虫和蚱蜢为食。雌性在宿主身上的寄生方式多种多样：有的用非常坚硬的刺形产卵器把卵注入成年的臭虫体内；有的把卵产在宿主寄居的植物上，让自己的后代以宿主的幼虫为食；有的直接把卵产在宿主的皮肤上或宿主周围，因此孵化的幼虫得自己找个合适的宿主（如捻翅目的幼虫三爪蚴）并钻进它体内。在双翅目的所有主要分支中，真正的寄生态已经经历了多次进化。

其他多种蝇类群体专选脊椎动物作为宿主。有些蛹蝇家族，如虱蝇和吸血蝇（虱蝇科），以及夜蝠蝇（蛛蝇科），都是绝对的鸟类和哺乳动物的体外寄生虫，具有显著的结构适应性。虱蝇寄生在鸟类和某些大型哺乳动物身上，以宿主的血液为食，它们的翅膀通常极小，却有非常大的爪，而且习惯于用类似螃蟹那样的方式爬行。蛛蝇更奇特，这种体型微小、无翅的昆虫只寄生在蝙蝠身上，退化的头部能挤进胸部的凹槽中，这种蝇也生有很大的附肢。

在体外寄生虫和体内寄生虫之间，皮瘤蝇和马蝇比较中庸，卵（有时为活体幼虫）

彩色电子显微照片显示了马蝇放大了 90 倍的头部。马蝇是全球性的主要害虫。雌性马蝇通过刺吸式口器（红色部分）吸血，被它们叮过的伤口很疼，而且它们会引起数种经血液传播的疾病。

产在大型哺乳动物宿主的体外，然后幼虫会钻进肉里去，或从鼻孔等通往宿主体内的开口处进入宿主体内。它们会在宿主皮肤里住上一段时间，通过一根管呼吸，或者待在其鼻腔或嘴部区域。一旦准备好化蛹或处于将死之际，它们会离开宿主（或随着喷嚏被打出去）。这种寄生蝇具有过敏物质，常常成为二级传染源，但除非具有极重的传染性，它们很少直接危害人类（除了腐蚀羊毛和牲畜的皮）。

废物利用

蝇类都是杰出的食腐者。由于它们主要通过适合舔吸的口器以液体为食，那么将各种腐烂物质作为它们最重要的食品就不足为奇了。于是，在分解物质和生态系统的养分循环方面，它们就扮演了非常重要的角色。它们的习性可能不招人喜欢，但缺少了蝇蛆的话，世界将变得肮脏而令人生厌！

蝇和各种腐烂物质之间有很复杂的联系。有些与林地真菌过往密切，有一个种群靠新鲜的真菌（这种物质加速绿色植物的分解）为生，而另一个种群侵袭那些已结果并开始腐烂的菌类。蕈蚊幼虫取食多种真菌，一旦受到惊扰，会一群群像云一样从烂木头上飞起来。其他有大量蝇类以自然腐烂的、开始液化的植物为食，果蝇就是最有代表性的例子——它们能感觉到腐烂的绿色植物产生的醋状物，这种像酵母那样产生发酵物质的东西很适合给幼虫吃。

许多来自节肢动物群体的，比如栖息在混合肥料或类似环境中的幼虫，会组成庞大的、种类多样的一个个同盟。像蚜虫，有些已经掌握了提高繁殖速度的方法。有些瘿蚊在幼虫期就能产卵——雌虫产下几个大型卵，卵中孵出大型幼虫，这些幼虫体内又有其他的幼虫在生长，这些幼虫体内的幼虫会吃掉自己的父母，羽化后又轮到它们来繁殖出更多的后代，这些后代中会出现雌雄两性的成虫。在所有的蝇里面，大概是那些靠动物的排泄物（如粪蝇和其他的）和靠动物的死尸生活的种类最引人注目。对这些蝇来说，二者都是营养丰富的理想液态食物，并且在这种地方产卵的话，还能确保为后代的成长提供既潮湿且相对安全的小生境。

以那些死亡或腐烂的有机物为食，并使这些物质进入自然界生态循环过程的蝇类中，相互关联的种类之间存在着一种特别的顺序。以它们对待脊椎动物尸体的方式为例，通常首先到达暴露（未埋葬）的尸体旁的是丽蝇，尤其是人们熟悉的"叉叶绿蝇"——这种蝇能在离尸体 35 米高的上空发现目标；尸体开始腐烂的时候，赶来的是某些家蝇属的成员。如果腐烂继续发展，死亡的组织开始液化，就会出现更多的蝇类包括果蝇来舔食那些液体；当尸体化为氨性物质并变得干燥后，蚤蝇科成员成为此时的特别来宾；最后，干燥的皮肤和含骨髓的骨头对酪蝇科成员和某些蝇类来说也是很有用的。这些蝇类是根据尸体温度的变化来安排造访尸体的顺序的，人们可以据此判断动物死亡到发现尸体的时间间隔，以及死亡后尸体是在建筑物内部还是外部。

当尸体被掩埋后，出现的动物群又不一样了。棺材蝇能钻进人类的墓穴中去，在尸体上繁殖好几代，最后成功地从坟墓中羽化而出。

在粪便上出现的昆虫也有类似的顺序：在粪蝇、甲虫和其他在粪块还是热乎乎软绵绵的时候来产卵（很快变硬的粪便会对成长中的幼虫提供保护）的昆虫之间也可能会发生激烈的争夺战。那些既吃腐肉又吃粪便的种类，其种种适应性使它们对食物来源会迅速加以利用。虽然从人类的角度来看，动物的死尸和粪便都是让人厌恶的东西，但它们富含自然界中缺乏的丰富营养，因此昆虫为争夺它们的激烈战斗不时发生。有些蝇类会产下很快能孵化的大型卵，以便及早开始它们较缓慢的生长过程。大型雌性肉蝇（麻蝇科）是尸体的早期访客，产卵后会一直待到孵化出钻进肉中的活蛆出现。然后这些麻蝇幼虫会释放出一种使尸体液化的物质，并且在尸体"汤"中继续发育。

绿蝇属的蛆虫具有天然抗生素的效用，已被用来清理人类被感染的伤口。其他有的绿蝇属种类则会造成"羊皮肤感染"——这种蝇的雌性如果在羊身上找到伤口，就会在伤口中产卵，孵出的幼虫可能会使羊丧命。其实这种蝇也吃腐烂的尸体，但其中只有两种（一种见于新大陆，一种见于旧大陆）专门以之为食。它们的幼虫能远远地就发现某只动物（包括人）身上的小伤口，然后在伤口旁边产一窝卵，孵化后的幼虫会使伤口扩大至拳头大小，这只动物有可能因此丧命。蝇在寻找宿主方面是如此的有效率，以至于它们能以每平方千米数只的水平维持一个可繁殖的种群。

除了专业的食粪者和食腐者外，其他蝇的幼虫都是普遍的清洁工。花园里的一个粪堆就可能成为许多种蝇的家，但最近的研究显示，蝇的进食习性和方式远比我们看到的要专业得多。死亡植物的物质是由一些微生物逐渐分解掉的，蝇幼虫通常会专注于吃这其中特别的成分，比如细菌和真菌。这样的例子还包括哺乳动物、鸟类或蜜蜂巢穴中的清洁工，末一类动物的巢穴中经常包括那些伪装成蜜蜂的蝇。海藻蝇（扁蝇科）经常造访海岸线上的渣滓；许多蝇幼虫住在池塘边、水坑和潮湿的车辙周围的泥浆中，以藻类和腐质为食；有些种类的外表皮在需要的时候能抵御干燥，一直等到泥土再度变湿润；有些则会在干燥的季节里向下钻进泥窝的深处；有些，尤其是长角亚目丝角蝇的幼虫，是真正的水栖昆虫，也普遍是机会主义捕食者，它们捕食小型昆虫，从水中过滤微生物，或者以腐质为食。

蜂的寄生蝇实例：

1a. 盗虻会伪装成非洲的一种木蜂（1b），并以这种蜂为食。它的幼虫（图2）在木蜂的巢穴中孵化并度过整个幼虫期。另一种南美的盗虻（图3a），正尾随一只雌性兰花蜂（图3b）。

黄蜂、蚂蚁和蜜蜂

高度特化的膜翅目昆虫在全世界随处可见，其种类之繁多，仅次于鞘翅目的甲虫。且估计仍有数千种还未被发现，尤其是寄生蜂。它们惊人的多样性反映了这一目昆虫在生态学上的重要性。在北美的温带森林中，蚂蚁对土壤营养成分的生态循环所做出的贡献堪比蚯蚓。在热带南美，单位体积内的蚂蚁和白蚁的数量，超过了所有其他动物的总和，这其中包括水豚、貘和人类！由于寄生蜂对它们的昆虫宿主种群施加了极大的压力，因此被人类当作生物控制媒介去对抗害虫。作为授粉员，膜翅目昆虫尤其是蜜蜂对地球上的植被起着至关重要的支撑作用，在经济学上也具有重要意义。

膜翅目分为两个亚目：一个是广腰亚目，由锯蜂和木胡蜂组成，有时候这两种均指树蜂；另一个是细腰亚目，也分为两部分，一是寄生部，主要由寄生蜂组成；另一个是针尾部，包括那些"真正的"黄蜂、蚂蚁和蜜蜂，它们的产卵器特化为一根刺，已经不具有产卵的功能了。

巴西三节叶蜂科成员在锯蜂中很独特，它们会留下来照顾卵。这些卵异常地大，一堆一堆地产在树叶的上面而不是内部。

锯蜂和树蜂

锯蜂（广腰亚目）的名字源于它们的产卵管（产卵器）的形状——像有锯齿的刀片，雌性锯蜂用它切开植物组织在其中产卵。树蜂的幼虫在死木头或将死的木头中进食，它们腹部末端突出的产卵器是钻孔的工具，因此树蜂科的昆虫也常被称为"角尾虫"（这个产卵器常被误认为是刺）。

大部分的成年锯蜂生命短暂，它们在春季和初夏的时候很活跃。有些种类在这一阶段不吃东西，但大部分会去采花蜜，有些会捕食小型昆虫。雌性在树叶、茎或木头上产卵。扁蜂科的部分成员把卵粘在叶片表面，然后幼虫把叶片卷起来住在里面。

大部分锯蜂的幼虫与蛾和蝴蝶的毛虫很相似。不同的是它们只有1对单眼和多于5对的腹足。那些在植物内部的进食者，如木胡蜂的幼虫，只有胸足退化后的痕迹，这一点倒是像其他膜翅目昆虫的幼虫。食木为生的幼虫要完成整个发育过程得花上好几年时间，但在露天以树叶为食的种类则只需要2个星期。有些种类的卵会在寄居的叶片上形成虫瘿，幼虫就在里面进食。

尾蜂科锯蜂放弃了以植物为食的习性，幼虫成为钻木甲虫幼虫的体内寄生虫。有人也猜测，部分种类大概是以这种幼虫被真菌感染的粪便为食。

寄生蜂

大部分寄生蜂既不是寄生性，也不是肉食性，不像真正的寄生虫——它至少有50只寄生蜂幼虫（茧蜂科）在这只蛾毛虫的身上取食，它们已开始织白色的茧，并在宿主的皮肤上化蛹。当幼虫转变为成虫时，它们就完成了这样的最后一次变形。在成年的蜂从茧中羽化而出之前，那只毛虫通常已经死掉了。

们在幼虫阶段总是把宿主杀掉并以之为食。而仅需要一个单一的宿主（猎物）来完成它们全部的发育过程这一点也不像肉食动物。因此，寄生部的成员被更确切地称为"拟寄生蜂"。

雌性成虫在宿主身上取食。产卵的时候会利用产卵器把卵产在宿主体内、体外或附近。此后它就表现得跟自己的后代或宿主没什么关系一样。孵化后，幼虫就开始进食，但此时带来的危害很有限。然而到了发育的末期，它们开始大量食用宿主的身体组织，并导致宿主死亡。最后，幼虫在宿主遗体的内部或外部化蛹。

体内寄生虫在宿主体内生长；体外寄生虫在宿主体外生长，通过对宿主

知识档案

黄蜂、蚂蚁和蜜蜂

纲：昆虫纲

亚纲：有翅亚纲

目：膜翅目

至少有28万个种类左右，已发现了12万种。106科，2个亚目：广腰亚目和细腰亚目。

分布：除南极洲以外其余各洲均有分布。

体型：体长0.17～50毫米。

特征：高度特化的昆虫，有咀嚼式口器和2对膜质的翅膀，翅膀之间通过一排翅钩相连；前翅比后翅大。

生命周期：雄性为单倍体（从未受精的卵发育而来）。翅膀在体内发育（内翅类），变形完全。广腰亚目的幼虫为毛虫状，在外部进食。细腰亚目的幼虫是无附肢的蛆。

锯蜂和树蜂

广腰亚目下近1万种的昆虫分属14科。除南极洲以外，全世界均有分布。大部分属于低等膜翅类昆虫；翅脉复杂，无显著特点；腹部与胸部的连接处宽（无"蜂腰"）；产卵器通常为锯状，用于切开植物组织在其中产卵。幼虫（除了钻柱虫）的胸部和腹部长有分节的附肢，唇瓣分节，下颚有触须。

前翅
后翅
腹部

胸部

寄生蜂、黄蜂、蚂蚁、蜜蜂

属于细腰亚目，已发现近11万种，分属92科。第一腹节与腹部后衔接为并胸腹节；标志性的"蜂腰"缩进并胸腹节和腹部其余部分之间，形成后躯。幼虫无附肢。

前胸腹节

腹部（后躯）

表皮造成的伤口进食。体外寄生虫特别喜欢和住在隐蔽环境中的宿主如潜叶虫或虫瘿共同生活。差异也存在于那些独居和群居的拟寄生蜂之间。

有些体内寄生虫在宿主受到攻击的初始阶段完成其生长过程，即它们利用一个非生长状态的宿主，比如卵或蛹，而其他的（卵－幼虫、卵－蛹、幼虫－蛹、幼虫－成年拟寄生蜂）则利用一个处于生长状态的宿主来完成它们此后的发育过程。相反，大部分体外寄生虫会在宿主受到攻击的初始阶段完成其生长过程，雌性拟寄生蜂在产卵的时候会麻痹宿主，也是因为幼虫的生长速度非常快。

拟寄生蜂一般具有宿主专一性。比如，在攻击古北区西部蚜虫的姬蜂中，

大约半数的拟寄生种类都只认一种蚜虫，而另一半中的大部分会侵袭同一个属或同一个亚科中的近亲种类。相反，其他许多的姬蜂和一些小蜂，会攻击某个小环境中的多种没有任何关系的宿主——小环境生物（或小生境生物）。

蚂蚁

针尾昆虫有40多科，蚁科的蚂蚁只是其中之一。所有的蚂蚁都是社会性的，并形成永久的社区，这一点与蜜蜂很相似，但蚁群中的工蚁是没有翅膀的。

在一次交尾飞行后，蚁后就会蜕去翅膀。雄蚁也能飞，交尾发生在飞行过程中，或某个特殊的表面，如聚集了大量同类的裸露的小块土地。交尾后的蚁后会尝试去培养工蚁以建立一个新巢，或尝试别的办法。

蚂蚁通常用气味标明食物的位置——找到食物的蚂蚁留下记号后，利用视觉定位法返回巢穴。气味标记经常地在欧亚大陆温带区的大黑蚁这样的蚂蚁中被使用。但有的其他

种类的蚂蚁则会避免吸引太多的蚂蚁聚集过来，因此不会留下气味。一只返回到大块食物跟前的蚂蚁身后通常紧跟着同一巢穴中的同伴。很快地，一对一对的蚂蚁尾随过来。

吃下去的食物被反刍出来，然后传递给其他的蚂蚁，或喂给巢中的幼虫。两只成年蚁在传递食物（交哺现象）前，会互相轻拍触角。在林蚁和其他种类的蚂蚁中，乞求食物的那一只会敲打供应食物的蚂蚁的脸颊。如果触角的拍打相当猛烈的话，通常是在警告其他同类有潜在的危险。但大部分种类，如旧大陆的热带编织蚁，发出的警告信号是一种化学分泌物，这种分泌物中包括数种挥发性成分，以便在通向骚乱地点的路径上提供更强的刺激。喷射大量的化学物也是一种对付敌人的防御手段。人类很容易看见并闻到，或通过眼部的疼痛感觉到林蚁产生的蚁酸。

不同种类发出的化学信号（信息素）一般都不一样，但在近亲种类中，

有些黄蜂的行为具有"寄巢"特征。图中这只极小的钝腹广肩小蜂的幼虫正在橡树上的一颗豌豆瘿上产卵，它的主要食物就是其中的营养组织，而且同样也会把虫瘿的占有者，即瘿蜂科成员的幼虫吃掉。

这种差别只是所含成分的比例不同，因此蚂蚁一般都是通过这种方式辨认不同种类的成员的。此外，同种类不同巢穴的蚂蚁相遇后，通常会因不认识对方而厮打起来。有些蚂蚁群中会有其他种类的"奴隶"，例如，欧洲的红林一般会把黑蚁的工蚁当作奴蚁。孵化出奴蚁的卵是从它们父母的巢中抢来的，在收养它们的蚂蚁巢中，它们的行为和受到的待遇与别的蚂蚁没什么两样。

蚂蚁群一直被视为"超个体"。其中，各组成部分（意指个体，并不是指个体的头或肢体部分）也许会缺失，但不会影响到这个有机的整体。蚂蚁和其他膜翅目"工人"这种明显的利他主义特点让人叹为观止。在社区中，很多行为会同时发生，而普通的个体通常无法同时做两件事，或至少在进行精细的工作时无法做到。有些种类的蚂蚁群中具有一个或多个特殊的分工，

比如有些种类的蚂蚁中，有巨大头部的工蚁专门负责碾压种子，而有些种类的蚂蚁中，有司军人之职或巢穴看门员的兵蚁。

大部分种类的蚂蚁会维持一个更灵活的社区系统，如果有需要，负责某项任务的工蚁也会转到另一项任务中去。特殊的编织蚁，它们中那些成熟到可以吐丝的幼虫会被工蚁

1. 火蚁是严重的农作物害虫，由于它们有毒，人被咬过后，伤口有烧灼感，故得名。2. 美国蜜蚁的工蚁从不离开巢穴，以花粉和蜜露为食，是干旱时节集体的"活储存罐"。3. 澳大利亚公牛蚁地下的巢室、幼虫和卵。3a. 一只有翅的雄性。3b. 蚁后。3c. 两只工蚁在照顾蛹茧。4. 黑花园蚁工蚁在看管蚜虫。为了回报蚂蚁将敌人赶走以保护它们，蚜虫会向蚂蚁提供甜蜜露。

蛹茧

3c

3

幼虫

3b

3a

卵

4

拿来当"梭子"用——把叶子都编在一起，在树上作巢穴。

蚂蚁的社区组织非常成功——如果成功是用生态优势来衡量的话。热带的行军蚁在传奇小说中非常有名，如南美的游蚁属或非洲的驱逐蚁，都是非常引人注目的例子。行军蚁的每一个社区中都有数百万只个体，一旦它们在几天里消耗完某地所有的猎物后，就得搬迁到一个新的地方去。而位于它们迁徙路线上的大多数动物（尤其是其他的蚂蚁）必须搬家，否则就是被吃掉。

如果蚂蚁要在静态的巢穴中使种群达到极高的数量，就必须采取更先进的生态学策略。对蚂蚁来说，源源不断的食物供应量包括吸吮树液的蚜虫的蜜露并不是那么容易就能获得的。热带美洲的阳伞蚁或切叶蚁，以及它们的亲属种类，会把一片片的树叶搬进巢穴中，然后在上面培养真菌（不同种类的蚂蚁培养的真菌种类也不同）——蚂蚁的主食，这种情形仅在美切叶蚁属中有发现。某些处于半荒漠地区严酷环境下的收获蚁以种子为食，它们在巢穴中储存休眠状态的种子，以便在长期干旱的条件下继续生存。储蜜蚁则利用那些不动的工蚁的肚子作为储存液体蜜露或花蜜的容器。

真正的黄蜂

大部分"真正的"或有刺的黄蜂都是独来独往的猎人，但有些是群居，而蜜蜂是植食性的。那些有刺的拟寄生虫，其生活方式与寄生部的那些同胞

虽然蜘蛛是高效率的捕食者，通常武装着可怕的毒牙，但它们很少能逃过蛛蜂科的雌性猎蛛蜂的捕食。正如图中这只蜘蛛被黄蜂的刺弄瘫后，被当作黄蜂幼虫的食物拖向蜂巢。

具有相似性。

没有一只有刺的拟寄生黄蜂会自己筑巢。雌蜂往往会在其宿主身上产下一粒或多粒卵。尽管从生物学角度来讲它们是拟寄生蜂，但它们都没有真正的刺，起刺的作用的是产卵器，但这一器官却不具有产卵的功能。

筑巢行为的发展，是有刺黄蜂进化过程中的一项主要进步。在胡蜂总科中，那些猎食蜘蛛的种类表现出不同程度的筑巢习性，而在胡蜂科那些群居种类中，这种习性变得非常复杂。此外，筑巢的习性也在泥蜂总科中有很大的发展。

从最简单的形式来说，巢穴是雌性黄蜂或蜜蜂预先准备的为后代储存食物的空间，同时为发育中的幼虫提供保护。最初，雌

我们用肉眼无法分辨出马蜂群体的成员，但总有一只会占据主导地位。图中的 3 只正在分享其中一个同伴带回来的食物，它们会用反刍食物去喂幼虫。

1. 一只在巢穴的捕食象鼻虫的黄蜂。2. 雌性非洲泥蜂（左边）正被巢穴旁的两个敌人——无翅的雌性丝绒蜂（上面）和一只大绿青蜂（下面）注视着。3. 一只猎蝇蜂。4. 美国线腰蜂正带着它的猎物返回巢穴。5. 掘土蜂在刺一只盾蝽若虫。6. 黄边胡蜂是一种群居型胡蜂，它的刺有剧毒。7. 正在吃苹果的玉龙黄胡蜂。尽管通常被视为麻烦，但胡蜂因为吃害虫而对果园有益。

性黄蜂找到一只昆虫后就会刺它，接下来它会在地上挖一个简单的窝，再把已麻痹得动弹不得的猎物拽到窝里去，最后把卵产在猎物上面。很多猎蛛蜂，以及泥蜂总科中一些低等的种类就是这么做的。

那些较高级的猎蛛蜂、独居性的胡蜂和泥蜂总科的其他科成员，都是在捕猎前就把巢筑好。这种习性需要具备重复并准确返回巢穴地点的本领。黄蜂和蜜蜂通过记忆通往巢穴的路途中可见的记号来做到这一点，如鹅卵石的相对位置、草丛，以及类似的标记。地平线上更远一些的物体，如树或小山顶，也经常被作为标志物。在绕着巢穴入口作短暂定位飞行的时候，它们会把这些标志物都记住。黄蜂和蜜蜂还会利用太阳的方位作为参照物，即记下太阳和向外飞行路线之间的角度。体内的"时钟"能帮助它们调节与太阳的方位。

根据种类的不同，巢穴可能被挖在地下，或者在死木头中，有的黄蜂会利用现成的洞穴，如中空的茎秆或甲虫在死木头上钻的洞。石巢蜂和其他的黄蜂收集泥巴，在裸露的石头或叶片的背面筑巢。撇开建筑上的细节不谈，这些巢穴都包括一个或多个蜂房，每个蜂房中都有一只幼虫住在里面。母亲会给每个蜂房都提供数只捕获的昆虫，足够幼虫完成其身体发育所需。在自己的后代羽化前，母亲通常已经死去。

最著名的猎蜂是泥蜂总科中的9个亚科的成员，包括7600多种，捕食各种昆虫，孤立的几种会捕食蜘蛛。有些高等的角胸泥蜂科种类，会逐步训练发育中的幼虫进食，根据需要，母亲会向其提供能飞的猎物，而不是批量供应食物。美国猎毛虫蜂，雌性不仅要训练幼虫进食，还要同时照顾好几个巢穴，而且每一个巢穴中的幼虫都是不同龄的。

泥蜂家族大约是白垩纪早期（1.44亿年前）出现的，其他种类的昆虫在这一时期也趋于多样化，为泥蜂提供了新的食物来源。现代泥蜂捕猎的对象反映了这段历史，低等的黄蜂倾向于捕食低等生物，而较高等的猎蜂会捕食那些高度进化的昆虫。

群居型黄蜂社区的复杂性不同，从松散型合作——产卵的雌性仅在筑巢的时候合作，到具有高度社会性的纸巢蜂或大黄蜂——精确划分出来的工蜂阶层都是不育的雌蜂。大部分群居的黄蜂都属于胡蜂科，但泥蜂总科（包括蜜蜂）中也包括社会组织很简单的猎蜂。中美洲的一种泥蜂，每次都是4个雌性合作用泥筑巢，但每个雌性只给自己的蜂房

里提供抓来的蟑螂——在社会组织类型中，达到维持公社的水平。在筑巢的同伴中，互相攻击的行为很少见，也罕有偷盗猎物的情况发生。这样的公社集体两个明显的优点是，大家分担筑巢的工作，同时对巢穴的防御也加强了，因为巢穴从不会出现没人照看的情况。

在另一种中美洲的泥蜂中，出现了一个更加复杂的社会化行为模式：短柄泥蜂科的一种，通常是11只雌蜂共同享用一个套筒状的巢穴。它们一起合作筑巢，然后给各个蜂房提供跳虫作为食物，并且一次只给1个蜂房批量供应1次。虽然雌蜂在形态

上没什么差别，但是在繁殖后代这个任务上仍然有不同分工，因为只有一只雌蜂长有卵巢，能够产卵，其他的都属于工蜂阶层。此外，人们相信在巢穴中的蜂不止一代。这种蜂的社区中，虽然成员的数量很少，却是完全社会性的一个范例。膜翅目昆虫社会性的最发达的状态，典型表现于蚂蚁、纸巢蜂和蜜蜂等动物中。

许多黄蜂（包括蜜蜂），其社会性发展程度处于中等水平。胡蜂科中6个目前公认的亚科中的3个，包括马蜂亚科和胡蜂亚科囊括了所有群居的种类。而且所有这些种类提供给巢穴的食物都是咀嚼过的昆虫猎物，而不是一整只昆虫。此外，所有的胡蜂都是先把卵产在蜂房中，再供应食物。马蜂亚科和胡蜂亚科昆虫的巢穴都由坚韧的纸做成，即把木质纤维和唾液混合在一起。

马蜂亚科的群体中，有时候只有一只雌蜂（单雌建群），有时候有数只（多雌建群）。尽管雌蜂之间没有什么形态上的差异，但总会有一只处于优势层级的顶点——它是唯一或主要的产卵者，可称为蜂

就像切叶蜂科的所有切叶蜂一样，这只雌性切叶蜂切下叶片的半圆部分，以便将叶片折起来，并在身体下面调整至更加舒适的位置。

后，极少离开巢穴。那些下层雌蜂的卵巢则出现程度不同的萎缩，只起"工人"作用，负责觅食、哺育蜂后和幼虫。非洲部分种类的雌蜂都会设法把其他筑巢同伴所产的大部分卵吃掉，以便确保自己产下的后代的优势地位。而有些种类的雌蜂，则是通过明显的攻击行为树立威信。

成虫和幼虫间的食物交换是胡蜂的特征。幼虫向工蜂乞食的时候，会反刍一滴液体到口器，液体中含有碳水化合物，可能还有成虫无法自己合成的酶。工蜂和蜂后会把这种液体吃掉，后者似乎需要这种物质来继续产卵。

南美马蜂亚科的一些种类，巢穴中不同阶层的群体具有不同的形态。社区中可能有一只或数只蜂后，工蜂的数量可能达到1万只。蜂后除了长有卵巢，体型一般也比工蜂要大，但这些差异并不总是很明显。在如此大型的社区中，蜂后显然不可能用武力或吃卵的办法来确保自己的优势地位。实际上，它们和胡蜂会分泌一种"蜂后信息素"，这是一种会抑制其他工蜂长出卵巢的气味。这种蜂的巢穴建

筑技术通常比马蜂的要先进。一个成熟的巢穴包括数个水平蜂巢，蜂巢间被垂直的柱子连接起来，然后被耐用的纸质封套封起来。这种蜂巢中的群体长期存在，持续的时间可能长达25年。社区是通过云集的蜂群形成的，一个或多个蜂后，以及数百只工蜂离开老巢后建立一个新巢。

胡蜂亚科中，体型较大的蜂后和较小的工蜂在外形上有明显差异。社区总是由一名蜂后建立起来，这只独来独往的蜂后会变成一只不完全群居的个体，直到第一代工蜂孵化出来。巢穴有的悬在树枝下，有的只是地上的一个洞。虽然胡蜂令人讨厌，而且常常侵袭蜜蜂的蜂巢，但它们仍然属于益虫，因为它们会杀死多种害虫作为幼虫的食物。

蜜蜂

蜜蜂是泥蜂科的猎蜂，但已经变成植食性的了——它们从花朵上采集花粉和花蜜。这种食性的变化大概发生在白垩纪（1.44亿至6500万年前）的中期，即在显花植物出现不久后。已发现的最早的蜜蜂化石形成于始

蜜蜂把群居习性发挥到了极致。这个露天的蜂巢属于东南亚的东方小蜜蜂，由一个垂直的蜂房组成，这种蜂巢通常建于树上。

新世（5500万～3400万年前）晚期，已包括具有植物专食性、长舌头的家族，如蜜蜂和无刺蜜蜂。如今，许多蜜蜂都专注某一种植物，或其亲缘品种作为花粉的来源。比如宽痣蜂蜜蜂只对珍珠菜属植物感兴趣，而具有重要经济意义的蜜蜂，只对各种瓜类的花授粉。这样的蜜蜂属于寡性传粉生物，在干燥温暖的地区数量非常丰富，占到所有蜜蜂种类的60%以上。在这样的地区，气候因素会促使很多显花植物同时开花，寡性传粉减少了蜜蜂之间的竞争并增加了授粉的成功率。

蜜蜂中的大多数过着独居的生活。在北美西南部的沙漠地带和地中海盆地地区，这类蜜蜂数量非常多，并且种类多样。蜜蜂从泥蜂祖先那里继承了巢居习性，其中包括寻找返巢路径的本领。附加在这项遗传特征上的是身体结构方面的，如有长长的舌头、枝枝权权的纤毛，以及花粉刷（"刷子"），这些都是为了适应采集、运输花粉和花蜜的。有些专家型种类还能采集植物油。

蜜蜂的筑巢习性包括两种主要的类型。第一种类型是，短舌头的雌性地花蜂用它们腹部的杜氏腺的分泌物给地下哺育蜂房做一层内衬，这层内衬既防水又抗菌，对维持蜂房内部所需的湿度非常重要，而且即使土壤遭遇水涝，蜂房和蜂房里面的东西也不会被水淹。这一种类中，只有少数的幼虫在化蛹之前会给自己织一个茧。

第二种类型主要出现在切叶蜂科中。这类蜂使用四处收集来的材料，而不是腹部腺体的分泌物筑巢。而且大部分种类都会利用现成的洞穴——昆虫在死木头上钻的老洞、空心树枝、蜗牛的壳，有时候还常利用老墙的灰泥碎屑，这样就省得自己在土里挖洞了。有的种类也会在石头上或灌木上建筑暴露的巢穴。不同种类使用的建筑材料包括泥土、树脂、咀嚼后粘在一起的树叶、花瓣、树叶和植物的碎片、动物的毛发，或者以上这些的混合物。那些会使用柔软且有延展性材料的蜜蜂常被称为石巢蜂。切叶蜂的幼虫也会织坚韧的丝茧。

像大胡蜂一样，蜜蜂群中也会分各种阶层。其中隧蜂科尤其让人感兴趣，因为这一科下只有一个属，即隧蜂属，却包含了群居的、不完全群居的、低等完全群居的，以及完全群居等各种不同习性的成员，此外还有很多是独居型的。

在温带地区，熊蜂是最常见的群居型昆虫。这类蜂共有超过200种，仅有少数出现在热带。在冬天的时候，蜂后完成交尾并进入冬眠，然后在接下来的春天里建立起蜂群。在组织结构上，熊蜂属于低等完全群居型，在蜂后和工蜂之间没有明显的形态上的差异。实际上，某些种类的熊蜂在体型上差别很小，或没有差异，因此蜂后显然是要靠武力来确保自己的优势地位。

蜜蜂科的高等完全群居型蜂中包括泛热带的无刺蜂以及8种蜜蜂属蜜蜂。与熊蜂不同的是，它们的大型社区是永久性的，而且不同阶层的成员在形态上有明显的不同，工蜂间能就食物和其他资源的方向，以及从蜂房中补充新成员来扩充蜂群等事宜进行沟通。

蜜蜂属的蜜蜂中，注定要成为皇后的幼虫吃的全是蜂王浆（也叫"蜂乳"），是一种含有糖、蛋白质、维生素、RNA和DNA，以及脂肪酸的混合物，是由年轻工蜂的颚部许多熊蜂（蜜蜂科）的巢穴都建在地下，但欧洲小花园熊蜂把巢穴建在密集的草丛表面。注意那些有特色的、随意收集来的哺育蜂房（被幼虫或蛹占据的）和装有花蜜的储存蜂房。

和咽下的腺体分泌的。而那些将成为工蜂的幼虫只能享用大约 3 天的蜂王浆，此后吃的就是花粉和蜂蜜。

蜜蜂工蜂用分泌的蜂蜡建造双侧面的垂直蜂巢，其中每一个蜂房都呈六角形。储存花粉和蜂蜜的蜂房与哺育工蜂幼虫的蜂房大小相同。雄性都住在较大的蜂房中，蜂后所住的大蜂房悬挂在蜂巢上。蜜蜂也会利用树脂，但它们不会像无刺蜂那样将树脂与蜂蜡混合，而是单纯用树脂塞住裂缝，或用来改

小巢穴或蜂巢入口的尺寸。但是跟无刺蜂相同的是，蜜蜂也是从植物那里采集树脂后用后肢胫节上的花粉筐将其运到巢穴中去。

蜜蜂工蜂的行为与年龄有关联。它们头 3 天的职位是清洁员；第 3 ~ 10 天则是护士，此时它的颚腺和咽下腺体变得活跃并负责给幼虫喂食；在第 10 天左右，这两个腺体萎缩，腹部的蜡腺活跃起来，于是它又变成了一个建筑工人；大概从第 16 ~ 20 天，它学会从返回的觅食者那

里接过花粉和花蜜并放到蜂巢中去；大约在第 20 天的时候，它开始担负起守卫巢穴入口的职责。而在此后一生中余下的 6 周左右的时间里，它会一直负责出去觅食。

但职责的分工并不是这样刻板的，如果蜂群的年龄结构被破坏了，不管是人为的还是来了个大个子的敌人，各种工作职责都会在幸存者中重新分配。

完全群居型蜂群的特点之一是集体防御，在蜜蜂属中，这种防御行为是

通过刺里的腺体所分泌的报警信息素激活的。这种信息素会使其他的工蜂面临危险。当它们展开肉搏的时候，倒钩状的刺和毒液腺会留在最后使用。这种明显的"利他主义"的自我牺牲使蜜蜂很快丧命，但毒液囊会继续搏动并发射毒液。

当一个蜜蜂（或蚂蚁、黄蜂）社区中有宝贵的资源需要保护的时候，群体就会采用协同防御策略。对蜜蜂来说，大量的幼虫、储存的花粉和花蜜都会引来敌人。就是蜂蜜这种蜜蜂制成的营养丰富的植物糖分（花蜜）混合物，也对人类构成吸引力。蜜蜂，尤其是西洋蜜蜂，人类用蜂箱饲养它们的历史至少有 3000 年了。

在英国，驯养蜜蜂的蜂箱很常见。出于需要，通常让蜜蜂住在活动蜂房中，如若不然，那就意味着会破坏蜂箱收获蜂蜜。

第 3 章

自在畅游的
水生动物

海葵和水母

海葵、珊瑚和水母也许是腔肠动物门中最为人熟知的物种。腔肠动物包括大量的物种，这一名称起源于希腊克尼多斯学派，意思是"刺人的荨麻"，因为腔肠动物门中的许多物种都以具有带刺细胞（刺细胞）为特点。腔肠动物主要为海生，仅有少数淡水物种，其中最著名的便是水螅。

腔肠动物为具有两层细胞（双胚层）结构的多细胞动物，这种结构也限制了细胞发育和器官发育之间的差异，群生腔肠动物中特化的个体（多态性）则部分弥补了这种局限性。

形态和功能

腔肠动物分为 2 个生活史型：水螅体和水母体。水螅体为固着型，由 3 部分组成：使之固定的基盘或足盘，中间部分或柱状体内的管状消化腔（消化循环体腔），被触须所包围的口部。群生腔肠动物中还有将相邻水螅体连接起来的生殖根。水母体为移动型，事实上它们就是倒转的水螅体。它们的消化腔含有液体（水），其对氧气的摄取和排出十分重要。这些液体也可充当生物体的流体静压力骨骼，能使体壁肌肉间的压力彼此互相抵消。

由于水母体是有性型，故被认作是原始的生命形态，而主要底栖的（深海底）水螅体则是过渡的倍增无性型。然而，水螅纲中的水母体正急剧减少甚至消失，珊瑚纲中的水母体则完全灭绝。与此相反，钵水母纲中的水母体却在进化发展中日渐向高度移动性发展，这一点可在优雅的水母身上得以体现；而水母中的水螅体则是其生命周期中相对不重要的一环。

它们身体的外部（外胚层）和内部（内胚层）细胞层被果冻状的中胶层黏接起来，这种中胶层在水母体内占大部分。中胶层由弹性的胶原质纤维网络组成，有助于改变和维持动物身体的形状。这一点在水母特有的律动游泳中得到明显的体现，即垂直移动的弹性纤维能抵消由辐形肌肉和圆环肌肉所引起的气胞囊收缩。肌肉收缩会引起气胞囊深度的增加，从而使

图为精巧的鸵鸟毛状带刺水螅群落，该属下的所有物种都有发育出的侧分支（笼套），这是它们的繁殖结构。

纤维收紧，而纤维的缩短又使气胞囊回复到原来的大小；水螅纲中的水母体将由此产生的水集中在架状膜中，并从有触须的气胞囊边缘向口部喷射。有牵拉肌的隔片（隔膜）也能为相对较大的珊瑚纲水螅体提供相应的结构支持。活动水螅体的运动经由如下几种方式实现：在基盘上匍匐前进、环形运动和极少被采用的游泳方式（如海葵、膨大海葵、马氏漂浮海葵）。

水螅纲

　　水螅及其同类（水螅纲）被认为是集合多种最原始特性于一身的类群。该纲下水母体和水螅体的类型数不胜数，其中大部分体型都相当小。早期水螅类动物的生命周期与硬水母目水螅动物的生命周期相类似：它们的水母体形态相对简单，典型的腔肠动物类幼虫浮浪幼体依次进入水螅体阶段，并出芽长出下一代水母体。值得注意的是，这一阶段的生物体主要是自由游动（浮游）的，而在其他水螅类动物目下，生成的水螅体则加入了底栖的水螅体群落。在分布本不稀少的特定生活环境中，生物体的进一

知 识 档 案

海葵和水母

门：腔肠动物门

纲：水螅纲、钵水母纲、珊瑚纲

约有9900个物种，分为3纲。

分布：呈世界性分布，主要为海生物种，营自由游动生活或底栖生活。

化石记录：从前寒武纪（约6亿年前）至今。

体型：从微小至数米。

特性：身体呈放射性对称，细胞依组织分布排列（组织级别）；有触须和带刺细胞（刺细胞）；双胚层的体壁（外胚层在外，内胚层在内）被原始的果冻状非细胞的中胶层所黏接，体壁围成消化（消化循环）腔，无肛门；具有2个不同的生活史型：自由游动的水母体和固着的水螅体。

水螅及其同类（水螅纲）

约有3200个物种，分为约6目。**化石记录**：部分水螅有许多水螅珊瑚化石。**特性**：呈四部分（四辐）或多部分（多辐）对称；单生或群生；生命周期包括水螅体和水母体或仅有其中之一，中胶层中无细胞，消化（消化循环）系统没有口凹（胞咽）；无带刺细胞（刺细胞）和内隔膜；雌雄异体或单一个体具有两性；配子成熟于外胚层中，外胚层能频繁地分泌出几丁质或钙质的外骨骼；水母体的边缘（膜）呈格状或钟状；触须常为实心的。目包括：辐螅目、水螅目（水螅）、多孔螅目、管水母目、柱星螅目、硬水母目。

水母（钵水母纲）

约有200个物种，分为5目（若立方水母目升为纲，则只

有4目）。**化石记录**：很少。**特性**：占多数的水母体呈四部分（四辐）对称；水螅体通过横向裂开形成水母体；单生（或游动或通过茎附着于基质上）；部分中胶层由细胞组成；消化（消化循环）系统有胃触须（无口凹），被分隔物（膜）所细分；通常为雌雄异体；生殖腺位于内皮层；有复杂的边缘感觉器官；无骨骼；触须常为实心的；完全海生。目包括：冠水母目、立方水母目、根口水母目、旗口水母目、十字水母目。

海葵、珊瑚（珊瑚纲）

约有6500个物种，可能分为2～3个亚纲和14目。**化石记录**：已有数千个物种。**特性**：只有水螅体；主要呈六部分（六辐）或八部分（八辐）对称；呈明显的向两侧对称发展的趋势；单生或群生；有扁平的口（头）盘，口凹向内；中胶层由细胞组成；雌雄异体或雌雄同体；生殖腺位于内皮层；消化（消化循环）系统有胃触须（无口凹），被分隔物（膜）所细分；骨骼（如果有）为钙质外骨骼或钙质（角质）结构中胶层内骨骼；部分形态特别适应于在咸水中生活；触须常为中空。

八射珊瑚亚纲（或八射亚纲）

目包括：软珊瑚（珊瑚目）、蓝珊瑚（共壳目）、角珊瑚（红珊瑚目）、海鳃（海鳃目）、笙珊瑚目、长轴珊瑚目。一个物种被列为易危，即白海扇珊瑚（红珊瑚目）。

多射珊瑚亚纲（或六放珊瑚亚纲）

目包括：海葵（海葵目）、刺珊瑚（角珊瑚目）、黑角海葵目、海葵目、硬珊瑚或石珊瑚（石珊瑚目）、群体海葵目。星海葵（海葵目）被国际自然保护联盟红皮书列为易危物种。

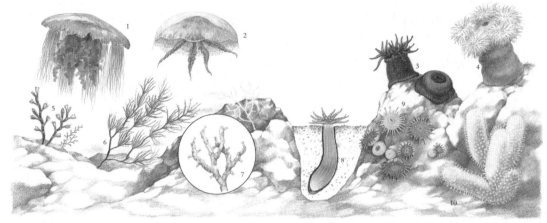

海葵和水母的代表物种

1.蓝水母，位于北大西洋（直径20厘米）；2.海月水母，一种普通水母，分布于地中海和北大西洋（直径25厘米）；3.草莓海葵，一种珍珠海葵，位于地中海、北大西洋的潮间带（高7厘米）；4.绣球海葵，带羽毛的海葵（高8厘米）；5.曲膝薮枝螅，位于欧洲西北部浅岩石栖息地（群落高4厘米）；6.桧叶螅，一种水螅群落（高45厘米）；7.白海扇形珊瑚，分布于地中海和北大西洋（高30厘米）；8.桃色海葵，一种"坐等"穴居海葵，分布于地中海和北大西洋（高10厘米）；9.珠宝海葵，一种海葵状动物，分布于北大西洋（直径5厘米）；10.水手珊瑚或"死人手指"，一种水螅群落，分布于地中海和北大西洋（高20厘米）。

步发育随后会引起水母体的再次减少。事实上大多数或几乎所有水螅都没有水母体。

早期水螅体可能以单生形式存在于软质基质之上，在随后的进化中，逐渐产生了栖息于沙地（辐螅目）和淡水（水螅科水螅）的物种。而大多数群生水螅物种则依靠其根形结构固着于坚硬的表面上。相连的茎（生殖根）被几丁质的外壳（围鞘）所保护和支撑，外壳可能包围住水螅体的头部，也可能不包围。这些群落成员的功能互连，使在水螅体和其他由不同形态物种组成的群落实现劳动分工的划分（多态性）：有的形态（营养体）既有触须也有消化腔，而负责保护群落的形态（指状体）则不具备消化腔；另一形态——有性生殖个体——则只专注于进行水母体的芽殖，对不存在水母体的物种而言，这些有性生殖个体则专注于生成用于繁殖的配子。水螅群落的分支精巧且多样，但它们的作用无一例外都是将其中的水螅体隔开，并使之在基质上更好地生长，从而降低其被泥沙和沉积物堵塞闭合的概率。

水螅纲中各种物种的形态进化，在复杂的浮游管水母目群落（大洋水螅类）中达到了顶点，每个群落都由各式各样的水母体和水螅体所组成。事实上，群落中的每个个体都通过中心生殖根彼此相连。除了所知的水螅类中的3个水螅体形态以外，它们还包括多达4种形态的水母体：1.推动整个群落的有力泳钟（如五角水母/纹水母）；2.充气的漂浮钟（如葡萄牙战士——僧帽水母）；3.能提供支撑或保护或两者兼有的苞；4.水母体芽体。当这些群落离开基质时，它们的体型能变大，譬如葡萄牙战士就会伸展其群落的分支，通常在漂浮的气囊下扩展至数米长。这些群落能麻痹并吞食相对较大的猎物，如鱼类。它们的扎刺甚至能使人中毒。近期研究表明，有些物种（如胞泳属下的物种）可通过移动其触须状结构来吸引大型猎物，这些触须状结构布满带刺细胞（刺细胞），与小型浮游动物（桡足动物）非常相似。

人们一度认为该进化线的顶点是以水手水母为例的动物，它有一个盘状、带硬"帆"的气囊，能借助风力漂流。而现在人们则认为，这些生物体只是简单由一个大的上下倒转的漂流水螅体所组成，因此与庞大的底栖水螅有关。这些底栖巨人的庞大体型（伞形螅大至 10 厘米，有的种类甚至大至 3 米）具有沉积摄食的生命形态，常在静水的深处生活。

最后，有 2 个水螅类群能产生类似于珊瑚的钙质外骨骼，即热带多孔珊瑚和柱星珊瑚水螅。

钵水母纲

水母是腔肠动物中能最大限度地利用其自由游泳生活方式的一个物种，只有钵水母纲下的一个目（十字水母目）是个例外，它们附有水螅状底盘，为底栖动物。水母的水母体结构与水螅的水母体相类似但更为复杂，它们口部周围的盘延伸为 4 个臂，其消化系统通过复杂的放射形水沟系将中间部位（胃）和周边环形物质相连，它们中胶层的体积也相对更大。有些属（如多管水母）的中胶层能通过选择性地排出重的化学颗粒（阴离子，如硫酸盐离子）并以较轻的化学颗粒（如氯化物离子）取而代之，来维持生物体的浮力。它们能捕猎的猎物体型范围很广泛，但许多物种（如海月水母属中的常见大西洋海葵）却集中以小体型的浮游生物为食。海月水母的臂周期性地在其泳钟边缘扫过，将表面沉积聚集的颗粒收集起来。与之不同的是，根口水母目物种口部周围的臂发育出分支，并具有无数个吮吸口，其中每个吮吸口都能吸食诸如桡足类动物这类的小浮游生物体。倒立水母属是水母中主要底栖的悬食生物形态，它们倒立于沙地底部，其有褶边的臂如同滤网一般。这两目中生物体泳钟的形状也截然不同：有冠水母的泳钟有一道深深的沟槽，而立方水母的泳钟则呈立方体状。

水母消化腔底部的腺体能产生配子，配子被释放入消化腔内，释放后即发生受精。而许多物种的体下有一个孵化囊，用以放置其幼体。幼体脱离母体后，即行固着并发育为水螅体，并通过芽殖产生其他水螅体。这些水螅体也能通过横向分裂（裂殖）生成水母体，从而形成大量蝶状幼体（节裂）。蝶状幼体脱离母体后，主要以原生动物为食，生长并变为典型的水母。

腔肠动物常通过其带刺细胞（刺细胞）来捕食，现在人们认为这些细胞是在神经的控制下作用的。刺细胞扎刺时，快速射出胶质线，将其打开并彻底

大西洋中的僧帽水母——葡萄牙战士，气囊直径可达 30 厘米。

翻转，有时还会露出细胞旁的侧钩。中空的刺细胞常含有毒素，能将毒素注入猎物体内。这种毒素的效力很强，有些海生方形水母群（如立方水母属）的毒素尤其可怕，已经使数人致死，特别是在澳大利亚近海处。被刺者常因呼吸麻痹而迅速被擒。海蛞蝓也通过相似的刺细胞来保护自己。部分权威人士将这些具有箱形水母体和有力刺细胞的水母分为单独的一纲，即立方水母纲。

珊瑚纲

珊瑚和海葵（珊瑚纲）只以水螅体存在。海葵（海葵目）的触须常多于 8 条，其触须和内部结构（内膜）也常呈六射排列。

许多海葵物种，尤其是最原始的物种，穴居于泥沼和沙地上，而大多数物种则通过其形状各异的盘所产生的分泌物附着（永久或临时）于坚硬的基质上。嘴部周围的盘（口盘）有两道密布纤毛的沟（口道沟），维持相对宽大的消化腔内水的流动。口盘向内形成胞咽或口凹，它们如同阀一样，若内部压力升高就会相应闭合起来。与水母相似，有些海葵依靠其叶状触须、产生的大量胶质和顺纤毛排列的丰富食物管，以悬浮在海水中的颗粒为食，其中细指海葵属的普通羽毛状海葵就是一个最好的范例。它们通过芽殖或裂殖进行无性繁殖，其有性繁殖则可包括内部配子受精或外部配子受精。有些物种能在其躯干的基础上，在内部或外部产生其幼体。

另两目的生物也都是海葵形的。角海葵有长长的身体，适应于在沙地上穴居，但只有一个口沟（口道沟）。群体海葵没有足盘，常群生并附着在其他生物体之上（体外寄生）。

群体海葵亚纲还包括硬（石）珊瑚（石珊瑚目），其水螅体被坚硬的碳酸钙骨骼所包围。硬珊瑚的绝大部分都群生于由大量小水螅体（约 5 毫米）所组成的群落中，其少数单生形态的体型则比较大（石芝珊瑚的横向长度达 50 厘米），它们多数分布于热带或亚热带地区。群生形态中的水螅体彼此侧向相连，它们形成了覆盖于骨骼之上的薄薄的一层，骨骼是由它们的外层分泌而来的。

珊瑚的生长形态多种多样，包括有精细分支的物种和能以其大块的骨骼沉积物形成建筑物般大小的珊瑚礁的物种。脑珊瑚及其近族正体现了这种有趣的生长形态多样性，它们是由水螅体连续排列成行而成，从而形成骨骼上具有纵向裂口的物种。

与硬珊瑚紧密相关的是无骨骼的类珊瑚目物种，该目包括珠宝珊瑚（红宝石珊瑚属），它们因其栩栩如生和变化万千的色彩而得名。珠宝珊瑚行无性繁殖，故而岩石的表面可由多彩的海葵被状物所覆盖。黑珊瑚或刺珊瑚（角珊瑚目）能形成薄薄的浮游状群落，其中的水螅

海鳃（海鳃目）位于柔软的海底。大型的茎状主水螅体包括一个骨架杆，该骨架杆以波形收缩渐渐嵌入基质中，次层水螅体则排列在骨架杆两侧。

升高的海水温度和较低的盐分可能导致珊瑚变白或死亡，这一问题日趋严重。图为鹿角珊瑚的一个物种。

体围绕角状骨骼而列，带有无数根刺。

　　八射珊瑚包括各种形态的物种，它们都具有 8 个羽毛状（翼状）触须。其水螅体向上突出并由名为共骨的大块骨骼组织连接在一起，共骨由消化管渗透出的中胶层所组成。八射珊瑚有内骨骼，这与硬珊瑚形成了鲜明对比。八射珊瑚包括熟知的柳珊瑚（角状）、海鞭和海扇，以及珍贵的红珊瑚属红珊瑚。它们中的大多数都有由有机物质（珊瑚硬蛋白）组成的中央杆，中央杆的周围围绕着共骨和水螅体，共骨常包括骨针，因此带有栩栩如生的色彩。红珊瑚就是如此，其中央轴由大量深红的钙质骨针融合而成，常被用作珠宝。笙珊瑚属（笙珊瑚目）的热带管珊瑚的骨针会形成管或微管，它们通过一系列规则的横向棒交叉相连。与此不同的是，软海绵（海鸡冠目）的共骨内只包含离散的骨针（如海鸡冠属的死人手指）。蓝珊瑚属的印度洋—太平洋蓝珊瑚是共鞘目仅有的代表物种，它们有一个由水晶霰石纤维融合而成的薄板（薄层）组成的大块骨骼，其因含胆汁盐而呈蓝色。这些类群中的许多物种都有数种形态（特别是营养体、指状体和生殖个体）。许多水螅体（管状体）如泵一般，能推动群落消化系统中水的循环。海肾（海肾属）和海鳃（海鳃属）是我们所熟知的物种，它们在被惊扰时都会发出磷光，这种发光机制被神经系统所控制，并会受到光线的抑制。这一作用的目的尚不为人所掌握，但很有可能是对潜在捕食者闯入的一个反应。

　　腔肠动物的神经系统具有一定规模的结构和专门性。海葵的神经管能控制其牵拉肌，实现保护性收缩，这就是一个证明。钵水母的边缘神经节和水螅水母的环绕管包括起搏细胞，负责发起和维持游泳节奏。发水母被巨大神经所控制的运动通过电彼此相连，确保它们像一个巨大环形神经纤维一样一同作用，能在泳钟的所有部位产生同步肌肉收缩。

　　与之相似的是，水螅和珊瑚群落中的个体水螅体也被群落神经网的活动整合在一起，整合控制所需的额外力来自电耦合层（上皮细胞）的传导径。例如，美丽海葵属中海葵的壳攀缘行为就是依赖神经网和两上皮系统间的交互作用，其一在外（外胚层），另一在内（内胚层），但能证明这些额外系统中细胞的准确位置的确切证据还很难获得。

蟹、螯虾、虾及其同类

甲壳类动物坚硬的外骨骼富含几丁质，因此在其生长过程中需蜕皮，还有顺身体的节排列的成对节状附肢或肢体，因此显然属于节肢动物。它们主要为水生物种，其中大部分为海生，也有一部分为淡水物种。

本章节介绍最为人熟知，也是拥有最多物种的甲壳类动物目，包括蟹、螯虾、虾。在多数情况下，在全球范围内能被捕获并作为食物的甲壳类动物中，它们属于体型较大的一部分。另外，本章节也涉及磷虾（磷虾目）——一种极小的生物体，它们数量庞大，是地球上最大的哺乳动物须鲸的食物来源。

结构和生理

甲壳类动物的无数个体节常被分为 3 组功能单元（体段）：头部、胸部和腹部。其中头部由 5 个体节组成，而胸部和腹部（其末端常是不分节的尾节）体节的个数则各不相同。部分小型甲壳类动物的体节数多达 40 个，而甲壳类动物中最大的十足类动物（虾、蟹、螯虾）则有 19 个体节——头部 5 个，胸部 8 个，腹部 6 个。一些物种的胸部肢体与其头部的背面结合在一起，形成头胸部，一层盾牌形的甲壳覆盖于它们的头部和部分或全部胸部之上。甲壳类动物的进化就是一个不断减少其体节数量，将之组成体段，从而使肢体特化出来负责特定功能的过程。尽管它们的化石记录能追溯到 5 亿年前，但对人类了解甲壳类动物的起源却帮助不大。

甲壳类动物的表皮是一层坚硬的保护层，也是它们的外部骨骼（外骨骼）。其表皮由下面的单层活细胞即上表皮分泌而成，富含几丁质——一种结构上与植物中纤维素类似的多聚糖。十足类动物的内表皮由外部色素层、内部钙质和非钙质层组成，它们

薄薄的最外层上表皮由外皮腺分泌而成。

幽灵蟹栖息于美国东海岸沙滩上的有沙洞穴中。它们的大眼对光线强度的变化十分敏感，因此它们主要活跃于夜间。

它们的表皮起初柔软易弯曲，随着钙盐的沉积和骨化（鞣化）逐渐自上表皮向内变硬，再加上表皮蛋白质之间的交叉化学作用，就形成了不可渗透的网状结构。

它们坚硬的外骨骼阻碍了其身体的逐渐增长，因此甲壳类动物的生长是逐步进行一系列蜕皮的过程，包括由上皮分泌出新表皮，并脱落旧表皮。在蜕皮前，它们需进行食物的存储，将钙从旧表皮中移走并吸收其中的大部分有机物质。随着甲壳类动物的膨胀（通常通过吸收水而产生），旧表皮在其薄弱处裂成几段，随后硬化成新的表皮。为减少能耗，旧表皮的剩余部分通常会被它们自己吃掉。

在蜕皮过程中和紧接其后，暂时毫无抵抗力的甲壳

十足类动物（长臂虾属中自由游动的对虾）的身体平面图

幽门胃　复眼
贲门胃　小触角
心脏　脑　触角
肠　　　　第二步足
睾丸
腹壁肌

肛门

绿腺
囊
输精管　第一步足

尾肢（尾扇）

腹神经索　腹足　腹动脉　第三步足
腹部　　第五步足　第四步足
头胸部（头部和胸部）

类动物将自己藏起来以躲避捕食者。有的成体蟹能停止蜕皮，但大多成体甲壳类动物终其一生都需要蜕皮。

甲壳类动物的身体器官位于被血液充满的腔内——血管体腔，其血液常包含一种含铜的、与呼吸有关的色素，即血蓝蛋白。血蓝蛋白能携带氧气，等同于脊椎动物体内的血色素。

甲壳类动物的茎节腺是其成对的排泄和渗透调节器官，其中每个都包括一个端囊和开口在第二触角基部（触角腺）或第二小颚（上颌腺）的导管，许多动物的主要体内腔——体腔就局限于该茎节腺的内体腔。

"典型的"甲壳类动物头部有 5 对附肢，它们前 2 个体节上都各有 1 对触角——第 1 触角（小触角）和第 2 触角（触角）。所有甲壳类动物均有 2 对触角。在进化的过程中，触角的位置可能有所改变：如今甲壳类动物的触角位于其口部之前，而前甲壳类动物先祖的触角则在其身体后端。触角是典型的感受器，而有的甲壳类动物却将其应用于运动，有些物种的雄性甚至将其用于在交配中抓住雌性。

它们的第 3 体节位于嘴部后面，该体节附肢基部的颚状突起（颚基）发育成甲壳类动物的主要颚，而附肢的其他部分或消失，或退化为感觉触须。第 4 和第 5 个头部体节上分别有第 1 颚（小颚）和第 2 颚或真颚，这些附属颚有助于动物的咀嚼，它们的起源都十分相似，都是从肢体到颚基的部分或完全退化而产生的。

甲壳类动物的消化道包括沿表皮排列的前肠和后肠，位于中间的中肠则变成为盲囊（盲肠），它可能发育为集消化、吸收和存储功能于一身的肝胰腺。它们的神经系统包括 1 条双腹神经索，最初神经索在每一节都有 1 个索中心（神经节），但常集中为一些大的神经节。

进化和繁殖特性

甲壳类动物的先祖可能是栖息于海底能游泳的小型海洋生物，它们的身体未分为胸部和腹部，沿身体下方还有一系列相似的附肢，所有的附肢都可用于运动、取食和呼吸。早期甲壳类动物的肢体有 2 个分叉（二叉型附肢），即从基部（原肢）分支出的 1 个内足（内部肢体）和 1 个外足（外部肢体）。与鳃足目中几个现存的甲壳类物种（如神仙虾和盐水丰年虫）相似，甲壳类动物的原始肢有 2 个扁平叶状片。这类肢体能有节奏地运动，以游泳产生取食水流，食物便沿着它们的身体下方传递到嘴中——因此也推动了从颚基到颚的进化。颚基外部的突起通常充当其呼吸表面。

甲壳类动物进化的主线是生成大的行走动物。具体说来，它们的内肢从带有两分

蟹、螯虾、虾等

总目：真甲总目

约8600个物种，分为154科。

分布：呈世界性分布；海生，部分为淡水生物种。

化石记录：甲壳类动物出现在寒武纪晚期，约5.3亿年以前。

体型：从极小的（0.5～5厘米）磷虾到长达60厘米的螯虾。

磷虾（磷虾目）

约90个物种，分为2科，是海洋浮游滤食动物。物种包括糠虾。

十足类动物（十足目）

约8500个物种，分为151科。物种包括车虾、清洁虾（猥虾科和藻虾科）、美洲巨螯虾、美洲小螯龙虾、加勒比螯龙虾、椰子蟹、圣诞岛蟹等。骨架以钙质为基础，含有硅质骨针和有机纤维，形成覆盖在钙质基座上的薄薄一层海绵。

叉、能游泳和过滤的腿进化为有明显的单一分叉（单支的）的步足（行走足），而外肢在其幼体发育期或进化早期已经退化甚至消失。这种圆柱状腿的表面积变小，不再适于作为大型甲壳类动物所必要的呼吸表面，因此位于其腿根部体壁的开口或突起就承担了腮的功能。十足类动物（虾、蟹、螯虾）的头部也逐渐发育（头部集中化），它们前3对胸部肢体适于作为嘴部（颚足）的附属物和头胸部的保护壳。

甲壳类动物通常为雌雄异体，其受精卵呈成熟的螺旋形卵裂特性。甲壳类动物的发育常经由一系列幼虫期，体型不断变大，体节数量和相应肢体数量也不断增加。它们最简单的幼虫期是有3对附肢的无节幼体，包括第1、2对触角和1对下颚。许多现存的甲壳类动物都有这一发育期，在此阶段它们通过3对附肢游泳获取悬食，称为浮游扩散期。这些肢体在其幼虫和成体阶段所具有的功能不同，发育成熟后，在幼虫阶段原由这3对附肢实现的功能，交由

分布于欧洲西北部海滨和浅海的甲壳类动物的代表物种

1.海洋等足类甲壳动物水蟑螂（等足目，2.5厘米），栖息于海滩高处；2.钩虾，海滨深处的异脚类动物（1.4厘米）；3.海滨深处和浅水中的tannaid；4.茗荷，鹅颈藤壶（5厘米）；5.浅水中很常见的青蟹，为岸蟹（4厘米）；6.一种橡子藤壶，生长于海滩中部和深处的岩石上（1.5厘米）；7.一种海生小龙虾，生长于深达70米的岩石裂缝中（50厘米）；8.蝉虾，栖息于岩石间和沙地的扁平状十足类动物（35厘米）；9.欧洲龙虾，栖息于从海滨极低处到浅海的裂缝中（45厘米）；10.普通褐虾，栖息于海滨深处和浅水中的有沙基质上（5厘米）；11.共同寄居蟹，栖息于螺贝弃用的外壳中（6厘米）。

其身体后部发育起来的其他附肢实现。依其种类不同，无节幼体会发育成各不相同的较大幼体。许多甲壳类动物则在卵中发育，从而跳过了无节幼体这一阶段。

真甲总目

浮游磷虾和十足类动物（虾、螯虾、蟹）属真甲总目，它们有发达的壳和柄眼，其壳在背部与所有胸部体节结合为一体。它们的受精卵常在雌性腹部下方，并能被孵化为带有大壳、一对突出的眼睛和发达的胸部附肢的蟹幼体，磷虾和原始十足类动物却只能被孵化为无节幼体。

磷虾（磷虾目）具备软甲纲动物中的多个原始特性：它们都是海生的；其卵被孵化后成为无节幼体；它们的胸部附肢都不适于称为颚足，但都具有发育完全的外肢；它们的胸部附肢也有上肢，能作为不被壳所覆盖的外部腮。

大多数磷虾都有发光器官，常位于其眼睛、胸部第 7 体节的基部以及腹部内面，可用于结成群和繁殖时的相互沟通。当浮游植物环境适宜时，磷虾即行浮游的滤食取食生活，否则则捕食较大浮游生物为食。它们的前 6 对胸部附肢已适于成为过滤篮：当富含浮游植物的海水从磷虾腿尖进入并穿过时，磷虾收紧其腿部。糠虾可长达 5 厘米，是南极大洋中数量最多的浮游动物，也是许多须鲸的主要食物。

十足类动物的前 3 对胸部附肢已成为它们的辅助口器（颚足），理论上还有 5 对可作为其腿（步足）——它们因此得名十足（10 条腿）类。事实上，第 1 对步足常作为其爪。过去人们曾将十足类动物分为游泳类（游泳亚目）和爬行类（爬行亚目），即虾和对虾为一类，螯虾、小龙虾和蟹为另一类。现代分类方法更依赖于其形态特征，因此现在将十足类动物分为枝鳃亚目和腹胚亚目。

枝鳃亚目物种都呈虾状，以两侧扁平的身体和多分叉（枝鳃）的腮为其特点。它们的卵是浮游的，孵化后成为无节幼体。腹胚亚目物种的腮没有次级分支，为盘状（薄片形）或线状（细丝形）。它们的卵被雌性的腹足所携带，孵化后成为蟹幼体。

十足目：真虾次亚目

虾和对虾这 2 个名词并没有确切的动物学定义，通常可以互换。枝鳃亚目下最重要的"虾"科是对虾和樱花虾，对虾科包括世界上最具经济价值的虾类（对虾属），其物种在热带和亚热带的海洋中数量众多。

在更大的腹胚亚目下的"虾"科中，虾科由清洁虾组成，它们能将鱼类身上的外寄生虫清除。真虾（真虾次亚目）的特点是，它们第 2 腹节的侧甲覆盖着第 1、3 腹节

龙虾科中的螯龙虾

的侧甲。真虾是北部纬度水域中数量最多的虾，现在则遍及全球大洋，从潮间带到海洋深处。有些虾（如沼虾物种）在淡水中完成其生命周期，但更多河流中的虾会回到河口繁殖并产下其虾幼体。

除完全浮游的物种外，许多虾都主要为底栖动物，只进行间歇的游泳。成体虾的步足负责行走和（或）取食，其他5对腹足则负责游泳。它们的腹部有时弯曲，能实现快速逃跑。虾幼体的胸部附肢有2个分叉，其中外肢负责游泳；在其幼体期后和成体期，均由腹足负责游泳，而外肢则已退化；在成体期，它们"行走"的步足变为单支。

大多数浮游虾能积极捕食浮游动物中的甲壳类动物，它们的猎物包括磷虾和桡足类动物。底栖十足类物种常为食腐动物，包括从无所不食的肉食动物到专门的草食动物。

虾通常有明确的性别，而在包括北极甜虾在内的部分物种中，一些雌性在其早期表现为雄性（雄性先成熟的雌雄同体性）。为实现成功的交配，雌性需在蜕皮后立即进行交配，因为只有在此时雄性的精囊才能传入雌性体内，2～38小时后，产下经精囊受精的卵。对虾的卵直接散落在水中，而大多数其他虾类物种则将其卵附着在雌性1～4对腹足的内分支（内足）刚毛上。卵的孵化期通常持续1～4个月，在此期间雌性无法蜕皮。大多数雌性的卵孵化后成为虾幼体，经过长达数周的几次蜕皮，达到其后幼体和成体阶段。虾大多在出生后1年达到成熟，通常能存活2～3年。

十足目；螯虾次亚目

螯虾和淡水小龙虾都属于历史上称为长尾类（"大尾巴"）的类群，但现在则将其分为3个次亚目——螯虾次亚目（螯虾、淡水小龙虾、挪威海螫虾），龙虾次亚目（螯龙虾和西班牙龙虾），海蛄虾次亚目（泥螯虾和泥虾）。与异尾类或短尾类相比，长尾类物种都有发达的腹部。其重要之处在于，它们是人类食物的来源之一。

螯虾和淡水小龙虾依靠其后4对单支胸足（步足）在基质上行走。它们的第1对步足是1对强有力的爪，既可用于防御又可用于进攻。它们的腹部有腹足，但却无法负担其笨重的身体，因此在进化中逐渐适应于其他功能，包括交配和抱卵。

螯虾是海生的肉食食腐动物，常栖息于岩石底部的洞穴中。极具经济价值的美洲巨螯虾可长达60厘米，重达22千克。螯虾十分长寿，它们可存活100多年。

淡水小龙虾则是来者不拒的杂食动物。淡水小龙虾约有500余个物种，其中大部分体长约10厘米，由于它们通常需要钙，故而常局限于含钙的水域中。淡水小龙虾是由海生物种进化而来的，因此它们内部液体的渗透压力高于其外在环境的压力，这样水就会通过渗透作

白螯小龙虾一度在欧洲淡水水域中十分常见，现在则受到了较大的美洲信号小龙虾的威胁——美洲信号小龙虾携带的真菌疾病能使本地白螯小龙虾物种丧命。

寄居蟹的近族椰子蟹是太平洋岛屿上的陆生物种，特别喜食椰子，也以许多腐肉为食。它们尤擅攀爬棕榈树，来获取其喜爱的食物。

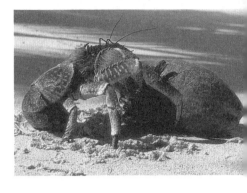

用穿过它们的腮和消化道膜，而覆盖其身体其余部分的表皮在鞣化和钙化的作用下变得不可渗透。它们每个触角（绿）腺的旋绕细管十分长，能从原发尿中再吸收离子（在腺体的末端囊处从血液中过滤）。尿经淡化后，其渗透压力只有水的 1/10，因此能排出渗透进来的水，而所有在尿中流失的盐分都被腮主动吸收的离子所取代。

淡水小龙虾的繁殖需要进行配对，此时来自雄性的精子顺着第 1 腹足沟流入雌性的生殖受体，或将精囊直接传入雌性生殖受体。受精卵由雌性的腹足抱孵，在卵中跳过如同无节幼体或虾幼体的阶段，被孵化为类似于糠虾幼虫的幼体。

十足目；异尾次亚目；铠甲虾总科

就其身体结构和栖息地而言，扁虾、寄居蟹和鼹鼠蟹是介于螯虾和蟹之间的一组可能毫无关联的物种。它们的腹部呈卷曲状，结构各异，一般不对称，有的已经退化（异尾：指尾巴的形状古怪，因此这类甲壳类动物被赋予学名"异尾目"）。它们的第 5 对步足朝上或已变小。

人们认为寄居蟹是从栖息于裂缝中寻求保护的先祖进化而来的，最终发展为利用腹足类软体动物所弃用的螺旋状外壳寻求保护，它们的腹部适于寄居于典型的右螺旋壳中，也有极少数寄居于左螺旋壳中。在它们不对称的腹部上，较短一侧的腹足至少已经退化了，而雌性腹部较长一侧的腹足则专门负责抱卵。它们位于腹部尖端的尾足能紧紧抓住其后的壳内侧，朝前的胸足则用于支撑。它们的 1 只或 2 只螯都能撑开寄居壳的开口。这些壳为寄居其中的生物提供了绝佳的保护，也具备一定的灵活性。

并非所有的寄居蟹都以腹足类动物的壳为寄居处，有些还寄居于角贝、珊瑚或木头、石头的洞中。寄居蟹和疣海葵相互关联地生活在一起，疣海葵的角形基盘包围着寄居蟹的腹部，并充满了寄居蟹的壳。当寄居蟹从一个壳移居到另一个壳时，这一保护性海葵也跟着它一起移动，这样就避免了寄居蟹被其他动物捕食的危险。蟹被海葵的带刺触须所保护，反过来，蟹在取食时散落在水中的食物颗粒又能被海葵所食。

寄居蟹是肉食食腐动物，栖息范围从深海到海滨的海底。在热带地区，陆生也是寄居蟹的一种主要形态。陆寄居蟹的分布包括从海滨的高处直至内陆地区，常居于陆生蜗牛的壳中。椰子蟹已没有典型的寄居蟹形态，而是呈腹部弯曲的蟹状。它们居于穴中或自己能攀爬上的树洞中，以腐肉或植物为食，并能饮水。陆寄居蟹腮的数量已减少，这可能是由于腮在空气中逐渐风干后，在表面压力的作用下倒塌了。它们的鳃室壁供血丰富，能像肺一样工作，有些物种的腹部甚至有附属呼吸区，该呼吸区被包围在壳所提供的潮湿微环境中。陆寄居蟹并不是完全的陆生形态，这是因为它们的幼体还是浮游的蟹幼体。因此陆寄居蟹成体在繁殖时必须返回海洋。

扁虾较大的对称性腹部弯曲在其身体下方，并因此得名，它们通常躲在裂缝中。瓷蟹是扁虾的异尾类近族，其外表与真正的蟹极其相似。在温暖多沙的海滨，当波浪退去时，异尾类鼹鼠蟹就会弯曲自己的腹部，钻入沙砾中。它们的第 1 对触角是能将水流导入腮内的体管，第 2 对多刚毛的（有刚毛的）触角就从水流中滤取浮游生物。

十足目；短尾次亚目

真正的蟹有 4500 个物种，它们都有极度退化的对称性腹部，并永久地弯曲于结合在一起的头胸部下。它们的雄性和雌性都没有位于身体末端的尾肢：雌性保留其 4 对腹足用以抱卵，而雄性只保留前面的 2 对腹足，将其用作交配器官。蟹的大块甲壳延伸至身体两侧，其 5 对胸部步足中的第 1 对进化为大螯。典型的蟹是海底的肉食类爬行动物。

腹部的退化使蟹身体的重心直接位于其步足之上，因而它们的运动十分高效，速度也很快，蟹的侧向步态也有助于它们的运动。因此，蟹拥有最适宜甲壳类动物高效爬行的身体形状。正是由于这种形状上的优越性，自侏罗纪（2.06 亿 ~ 1.44 亿年前）产生蟹以来，短尾类动物就多向这种外部形状进化，各种异尾类动物（如鼹鼠蟹和瓷蟹）的形态都与蟹相近或一致。

蟹的栖息地在深海，并延伸至海滨，甚至在海岸上。海底的热泉喷口在地壳运动的作用下，能将热的含硫物质喷射到海面以下 2.5 千米的高度，盲蟹就以环热泉喷口独特的动物群落为食。而沙蟹科物种则栖息于热带多泥沙的海滨上，如穴居的幽灵蟹和招潮蟹，相手蟹属的分布则延伸至内陆。蟹也能栖息于河流中，如普通英国滨蟹就栖息于河口，溪蟹科和部分方蟹科的热带蟹类则是完全的淡水栖息物种。

蟹大多通过挖洞来躲避捕食者，它们常倒退着钻入沉积物中，也有几个物种能长时间保持穴居状态。其中，盔蟹的第 2 对长触角与刚毛相互连接，形成一段管状物，它们埋在穴中时，能将水流输入腮室中。有的蟹擅长游泳，它们最后一对胸足已发育为桡足。而像幽灵蟹这样更倾向于陆生的蟹类，爬行十分迅速，也正是它们的速度和夜间活动的特性使其享有幽灵蟹的称号。其他蟹则将自己隐藏在小植物或静态动物（如海绵动物、海葵和藻苔虫）之下，获得相应的保护性掩饰，最典型的就是蜘蛛蟹。豌豆蟹可栖息在双壳类软体动物的外套腔内，以其宿主的腮所收集的食物为食。而随着珊瑚的生长，雌性珊瑚寄生蟹会被困在珊瑚丛中，只有一个小洞供浮游生物进入，以及让微小的雄性进入来实现其繁殖。

大多数蟹类都是肉食食腐动物，而更倾向于陆生的物种也会以植物为食。招潮蟹将沙或泥吃进嘴里，用它们特有的勺形或毛形刚毛，从泥沙中挤出有营养的微生物。

美洲巨螯虾适于抓握的爪或螯分别负责不同的功能：较重的一个（左侧）能掰裂蜗牛和双壳类动物，另一个螯有锋利的齿，能撕碎捕获的动物或植物。

鲱及凤尾鱼

世界上最为人类所熟知的鱼类物种当属仅包含 4 个现存物种科的目：鲱和凤尾鱼，以及齿头鲱和宝刀鱼。它们的影响巨大而深远。极具经济价值的北大西洋鲱鱼曾引发战争，它们的迁徙曾导致政府的垮台，并引起州的瓦解。

鲱及其近族（鲱科）是呈世界性分布的大型海生鱼类群，与其他类群相比，它们特征明显、易于辨识。鲱和西鲱的淡水代表物种栖息在美国东部、亚马孙河流域、非洲中部及西部、大洋洲东部，偶尔也分布在其他一些零星地区。凤尾鱼分布在所有温带及热带地区的近海区域，其淡水物种则分布于亚马孙河及东南亚。宝刀鱼均为海生物种，齿头鲱科中的唯一物种则栖息于西非的少数淡水河流中。

鲱科

在本类群中，鲱和西鲱所在的物种科所包含的物种数量最多（约 214 个），它们都极具经济价值。由于它们从前数量庞大，肉质富含营养，又素喜大片群生，因此成为渔船追逐的主要目标。1936 ~ 1937 年，在世界上所有捕捞的鱼类中，该科物种所占的重量比例竟达 37.3%，其中约一半都出自同一物种，即太平洋沙丁鱼。

在北大西洋进行的鲱鱼捕捞由来已久。公元 709 年，盐渍鲱鱼就从英国的东英吉利出口至弗里斯兰岛，此渔业甚至被载入《英国土地志》（1086 年）中。鲱鱼（及其近族）的最大优点就是它们可以用多种方式保存：用盐水腌制、盐渍、热熏及冷熏（可先盐渍再将其劈裂，也可直接熏制，制成腌熏鲱或红鲱）。在冷冻及制罐头的方法产生前，人们就是用上述这些保存技法来保存可食用鲱鱼的。

成群的鲱鱼在温暖的季节产卵，在海底排出一团团有黏性的卵，孵化出来的幼鱼营浮游生活（在水域的上、中层自由游动）。鲱鱼在其整个生命史中都以浮游动物为食，特别是小型甲壳类动物和大型甲壳类动物的幼虫。它们的最大游速可达 5.8 千米 /

鲱鱼和凤尾鱼的代表物种

1.小鲱，以浮游甲壳类动物为食；2.北大西洋鲱鱼；3.沙丁鱼，它能在开放的海洋或靠近海岸处产卵，能产下5万～6万枚卵；4.在产卵时，部分地区的凤尾鱼会涉险游至湖泊、河口和环礁湖中；5.一对宝刀鱼。

小时。

　　小鲱是鲱鱼的小型近族，它们常作为另一种鲱鱼物种沙丁鱼的幼鱼在市场上销售。银鱼则是北大西洋鲱鱼和小鲱的幼鱼。

　　西鲱（西鲱物种）是鲱鱼中较大的物种。大西洋的美洲西鲱体长接近 80 厘米。1871 年，它们通过河流被引入太平洋，如今已经遍布美国的太平洋沿岸，体长已达 90 厘米。欧洲的北大西洋水域里有两个十分稀少的鲱鱼物种：拟西鲱和河鲱。其中河鲱有一些非迁徙性小型个体分布在基拉尼湖（爱尔兰）和部分意大利湖泊中。美洲拟西鲱也具有淡水物种。

　　鲱科物种的外表十分相似，大部分都为银色（背部颜色较深），头部无鳞。它们的鳍上无棘刺，鳞片十分容易脱落（暂时性鳞片）。

鳀科

　　凤尾鱼科中的物种比许多鲱科物种更长更薄，它们有大大的嘴、伸出在外的垂悬吻部和圆圆的腹部，其腹部上没有鲱科所具有的由鳞甲覆盖的脊骨。

　　太平洋东部的一种凤尾鱼能长至约 18 厘米，人们对其需求量极大，主要用来制油或做食物，而非上等佳肴，只将捕获的一小部分制成罐头或鱼酱。过去它们的数量比现在多出许多，例如，1933 年 11 月的一次围网中就有超过 200 吨的捕获量记录。

　　更南部的秘鲁鳀广泛分布于食物丰富的洪堡洋流中，它们也是太平洋沿岸南美国家的主要鱼类资源。在厄瓜多尔、智利，尤其是秘鲁，都能捕获到大批的秘鲁鳀鱼群，但自厄尔尼诺的南方振荡发生以来，其数量已经急剧下降。凤尾鱼栖息于北大西洋和地中海的温暖水域中。在凤尾鱼通过各种形式出售前，都要将它们用盐封装在桶中，在 30℃的温度下保存 3 个月，直至其肉变为红色。凤尾鱼很少长至 20 厘米长，它们可存活 7 年左右，一般在第 1 或第 2 年年底就会达到性成熟。它们用长而薄的鳃耙过滤海水中的可食用浮游动物为食。

宝刀鱼科，齿头鲱科

　　宝刀鱼科仅包括一个属和 2 个物种，即宝刀鱼。这种鲱中巨鱼体长能超过 1 米，栖息在印度洋—太平洋的热带区域中（西至南非和红海，从日本直至新南威尔士）。它们的身体长而扁平，还有锋利的腹脊骨。它们的颌上有大尖牙，舌和口腔顶上还有小齿。宝刀鱼是积极的捕猎者，能进行长距离的跳跃。这些物种的腹壁间有无数刺，而且一旦将之捕获，它们会猛烈挣扎并猛咬包括渔民在内的所有能触及之物，因此一般不将其用于食用。它们的肠内有螺旋瓣，能增加其吸收表面。具有螺旋瓣的硬骨鱼是十分少见的。

　　齿头鲱是齿头鲱科的唯一代表物种，它们长约 8 厘米，仅栖息在尼日利亚与贝宁边界少数流速极快的河流中。它们体呈银色，两侧有深色的条纹。它们虽貌不惊人，但其头部和身体的前端有许多醒目的锯齿凸起，并因此得名；但这些凸起的具体功能尚不明确。它们的化石与现存物种几乎并无二致，系源自坦桑尼亚从前的湖泊沉积物——0.2 亿 ~ 0.25 亿年前。现存的齿头鲱被认为是鲱形目中最古老的物种。

脂鲤、鲇鱼、鲤鱼及其同类

鲤鱼、鲇鱼、脂鲤、鲫鱼、鳅鱼及其同类是欧亚和北美主要的淡水鱼类，在非洲和南美也同样如此（只有鲇鱼是澳大利亚的本地物种）。这其中约有 6500 个物种主要都是淡水鱼类，只有鲇鱼的 2 个科和鲤科的 1 个物种栖息在海中，也有少数几个属的物种会在咸水中栖息一段时间。

专家们将这些物种划分为数个主要类群（尽管人们对它们之间的关系仍然存有许多争议），而来自婆罗洲的低唇鱼的归属却仍是一个谜团，尽管有的专家确信它应属于河鳅（爬鳅科），但看来似乎找不到特别适合于它的一个类群。

分类和形态

骨鳔总目分为 2 个系列：骨鳔系和无耳鳔系，其中前者包括的物种数量是后者的 200 倍。骨鳔系具有 2 个主要的一致特征。第 1 个特征是当它们受到威胁时，大多能从皮肤的腺体中分泌出"警报物质"或信息素，从而引起其他骨鳔系物种的警觉。有厚甲的鲇鱼科物种并不具有这种警报物质，这是容易理解的，但令人费解的是，某些穴居脂鲤和鲤科物种居然也没有这类物质。

骨鳔系的第 2 个特征是韦伯氏器，即鱼类前端少量精细的椎骨（单个脊椎骨）所形成的一系列杠杆，也称鳔骨，能将鳔收到的压缩高频声波传送至内耳。由此可见骨鳔系具有敏锐的听力。至今尚无人知晓究竟它们是如何进化出这类"助听"结构的，但无耳鳔系所具有的"头肋"可能就是这种"助听"机制的原型，可以借此对韦伯氏器的来源一探究竟吧。

无耳鳔系是一个物种各异、就某种程度而言也不尽一致的类群。牛奶鱼（虱目鱼科的唯一物种）是一种栖息在东南亚的食用鱼类，它们酷似有银色小鳞的大型鲱鱼，但却没有腹部鳞甲（"鳞板"）。许多地区都在鱼池中密集饲养牛奶鱼。它们能长至 1 米多长，也能适应不同盐度的水域。

图为从上往下看的韦伯氏器，它是骨鳔系中许多鱼类的特有器官，能将鳔中产生的波动传输至内耳，极大地提高了鱼类的听觉能力。

（图中标注：淋巴囊、头骨、鳔、内耳、小骨、椎骨）

剃刀鱼（图为黑耳剃刀鱼）三角形的短齿有剃刀状的边缘，能撕刮猎物的肉，擅长捕食其他鱼类或以腐肉为食。对它们的围养观察显示，只有当约 20 条剃刀鱼聚集在一起时它才会互相撕咬，否则根本不会发生所谓的彼此间"疯狂吞噬"现象。

脂鲤、鲶鱼及其同类

总目：骨鳔总目

目：脂鲤目、鲶形目、鲤目、裸背电鳗目、鼠鱚目

约6500个物种，分为至少960个属和约60个科。

赤道

分布：呈世界性分布，主要栖息在淡水中。

鼠鱚是其所属科（鼠鱚科）中的唯一物种，它们栖息在温带及热带印度洋—太平洋的浅水域中，身体细长，有长吻，嘴位于腹部，无鳔。人们曾在加拿大的阿尔伯达发现了一个可能是鼠近族的化石。

与鼠鱚不同的是，栖息在西非淡水中的铰嘴鱼或枕枝鱼的嘴位于背部，能伸展为短潜望镜。它们的鳔被分为数个小单元，能呼吸大气。当其长至15厘米长以上时，便局限在尼日尔和扎伊尔盆地的部分区域生活。

无耳鳔系还包括克奈鱼及与之密切相关的物种（克奈鱼科），它们是栖息在热带和非洲尼罗河流域淡水中的小型淡水生物种，以藻类为食。它们呈明显的两性二态性，雄性的厣或鳃盖上有一个特殊的星号，但其作用尚不为人知。克罗麦鱼属和油奈氏鱼属都是性早熟物种，即它们在保持幼态体形的时候就已经达到性成熟了。部分专家认为这两属都属于克奈鱼，其他专家则将其视为一个单独的物种科。克罗麦鱼和油奈氏鱼都是栖息在西非河流的小型透明鱼类（这与其邻近科的物种不同），无鳞，无侧线。

脂鲤、鲇鱼、鲤鱼和新世界刀鱼都是非常成熟的物种类群，它们高度融合了其旧有的特质和极度激进的进化特征，同时它们所包含的物种多种多样，适应性极强，因而导致对其物种的分类十分困难。它们虽十分常见，但也是谜一样的类群。

脂鲤目

脂鲤目中有超过1340个现存物种，其中约210个都分布在非洲，其他则分布在美洲中、南部。这种不连续的分布状况意味着约1亿年前，脂鲤目广泛分布于冈瓦纳大陆，该大陆随后分裂为非洲、南美洲、南极洲和大洋洲。

从外表上看，脂鲤目物种与鲤鱼科（鲤科）物种十分相似，但它们的尾鳍和真背鳍之间通常还有一条肉质脂（"第二"背）鳍，此外，它们的颌上还有齿，而咽或喉部却无齿。它们在正在用的一整套实用的牙齿之后还有一套备用齿。部分脂鲤物种会先脱落上下颌一侧的旧齿并换上新齿，当该侧的新齿位置稳固后再更换另一侧的齿；而肉食性脂鲤则会一口气脱落全部旧齿并换上新齿，牙齿的更换一旦完成，它们的备用齿槽上就会长出一套新的备用齿。

非洲的脂鲤目包括3个科（分为几个亚科），都是肉食性和杂食性物种，但不及新热带区的脂鲤物种那么多种多样。其中最原始的是脂鳠科中的唯一物种喀辅埃河梭或非洲梭，它们常暗暗等在一旁伺机捕食鱼类，由于它们有一张带有强力圆锥齿的大嘴，因此能有效防止猎物逃脱。它们在漂浮的泡沫巢中产下数千个卵并在一旁护卵（其卵是烹饪的佳品），这对脂鲤目物种而言绝不寻常。孵化出来的幼鱼能用其头上的特殊黏

脂鲤目的代表物种

1.喀辅埃河梭广泛分布于西非中部；2.大理石斧鱼有斧鱼常见的宽体形；3.霓虹灯鱼是一种南美物种；4.老虎鱼（狗脂鲤属）是栖息在非洲湖泊和河流中的脂鲤物种；5.针牙脂鲤是南美的一种高度特化的食鱼物种。

性器官悬在水面上。

非洲脂鲤科包括约18属共100个物种，其中的非洲脂鲤属是脂鲤中最为人熟知的物种类群，在观赏鱼爱好者中知名度极高。它们色彩绚丽，通常有单条侧带和红色、橙色或黄色的鱼鳍，其身体或短而宽，或细而长（纺锤形）。它们的臀鳍形状呈两性二态性：雌性的臀鳍边缘十分整齐，而雄性的臀鳍则是凸起的。它们的尾椎骨也呈现奇特的两性二态性。但究竟这些物种如何识别该差异，这些差异又对物种有何益处，尚不得而知。非洲脂鲤有十分强力的多尖头齿，十分适于刮擦和研磨昆虫、鱼类、昆虫幼虫、浮游生物和各式各样的植物为食。

观赏鱼爱好者对大多数南美脂鲤情有独钟（如今它们大多被归于未定属）。这些极其成功的鱼类中的许多都色彩鲜艳，因此它们在观赏鱼产业中具有很高的经济价值，而且也便于在野外将同族物种聚集成群。脂鲤是食杂物种，它们甚至能吞食任何能塞入嘴中的东西，但其中大多数是肉食性物种，主要以小型昆虫和水生无脊椎动物为食，墨西哥盲穴脂鲤就是该类群中的一个。

鲇形目

鲇鱼约有2400个物种，分为约34科，它们大多为热带淡水生物种，但也有部分分布在温带地区（鮰科、鲇科、复须鲇科和鳠科），还有2个科（鳗鲇科和海鲇科）为海生物种。

鲇鱼因其长须而得名，这长须使其貌似有髯的猫（尽管并非所有鲇鱼物种都有须，须也不是该类群的特质）。鲇鱼的特征有：前4～8个椎骨结合成一体，其骨骼或小骨链还常将鳔和内耳连接起来；无顶骨，即头骨顶的成对骨头；头部的血管呈特殊的排列方式；无特有的鳞片，有些有强壮的背鳍刺和胸鳍刺。

鲇鱼无鳞，但大多数鲇鱼的身体并非完全是光秃秃的。棘甲鲇（棘甲鲇科）、亚洲山溪鲇鱼（鲍科）和鳅鲇鱼（平鳍鲍科）的侧线感觉孔周围都有骨质鳞甲或甲板，有时连背部也覆盖着鳞甲，甲鲇鱼和有甲美鲇鱼则全身都包裹着这种鳞甲。有些鲇鱼有

鲇鱼的代表物种

1.甲鲇鱼及其独特的鳞片形状；2.海鲇鱼中的硬头鲇鱼，它们的鱼卵在雄性的嘴中孵化；3.能在两块水域之间的陆地上穿过的胡鲇；4.寄生鲇是一种寄生性物种，能在大型鱼类的鳃内吸食宿主的血液；5.渠鲇鱼是美国一种珍贵的游钓鱼类；6.蛙嘴鲇是分布于南亚的夜间活动的肉食性物种；7.巨鲇鱼是栖息于越南湄公河的一种濒危物种；8.倒游鲇能倒转着游泳，搜寻树叶背面的活性食物和藻类为食；9.欧洲六须鲇是一种大型鲇鱼，它们能长至5米，在鲇鱼中格外引人注目。

强有力的锯齿状胸鳍和背鳍刺。这些棘刺依靠锁定机制保持直立，能与骨质鳞甲一道有效抵御鲇鱼的潜在敌人。鲇鱼的鳔部分或全部包裹在骨质囊中，其鳔明显退化，因此它们有在海底栖息的习性。人们对该结构的形成原因尚不了解。例如，退化和裹于囊中的鳔常为游动迅速的下眼鲇（下眼鲇科）物种和瓶鼻鲇鱼或无须鲇鱼所有，而底栖的电鲇鱼（电鲇科）的鳔却是所有鲇鱼中最大的！

南美的鲇鱼物种数量比其他各分布地点的总和还要多，世界上最小和最大的鲇鱼都分布在那里。玻利维亚的矮甲鲇（矮甲鲇科）是一种部分有甲的小型物种，其成鱼体长短于13毫米。而栖息于亚马孙河的油鲇（鸭嘴鲇物种）则可长至3米多长，鲇科的欧洲六须鲇的体长也与之相若。分布于南美的16科鲇鱼物种大多栖息在亚马孙河流域，另有4个物种科是安第斯山脉的本地物种。

玻璃鲇鱼（鲇科）的身体异常透明，这是它们用于掩护自己的一种适应性表现，但其生理特性尚不为人知。

有甲吸口鲇（甲鲇科）是所有鲇鱼物种科中最大的一科，约包括600个物种。正如其名字所显示的那样，它们的嘴呈吸盘状，上有栉状的薄齿，适于刮擦藻丛。它们大多在夜间活动，白天则躲藏在岩缝和木头中。部分物种雄性的鳃盖骨（形成鳃盖的骨头）上有长刺，能在与其他雄性进行正面地盘性保护争斗时攻击对方。管吻鲇是细长的有甲鲇物种，身体长而薄，形如枯萎的细枝，因而得名。

在非洲的 8 个鲇鱼物种科中，只有 3 个是当地物种，有 4 个物种科也分布于亚洲，最后一个海鲇鱼（海鲇科）物种也遍及亚洲、大洋洲以及南美、北美的沿岸水域中。非洲的鲇鱼物种虽不及南美鲇鱼那样形态多样，但也有许多奇特的物种，其中几个与南美的异常物种十分相似。非洲的扎伊尔河就如同美洲的亚马孙河，那里聚集了非洲境内最丰富的鲇鱼物种。而鲇鱼物种在 2 块大陆分布的显著区别在于，非洲的里夫特山谷中有一系列湖泊，其中部分湖泊中有许多当地特有的鲇鱼物种。

鲇鱼因其长须而得名，黑色牛头鲇鱼的长须尤其明显，这种北美物种喜爱在淤泥沉积的混浊水域中栖息。

鲶鱼（鲶科）是非洲分布最广泛的鲇鱼物种，包括 200 多个物种。其中部分尼罗河的鲶鱼物种重逾 5 千克。里夫特本地的小型鲶鱼栖息于急流，而大金鲶则是红腹鱼属中的"巨人"，这种鱼类栖息于坦噶尼喀湖，重达 190 千克。普通的鲶科物种也遍及亚洲。

在亚洲的鱼类动物群中，鲇鱼的重要性仅次于鲤鱼及其同类。与非洲鲇鱼相比，人们对亚洲鲇鱼所知不多，它们的分布极广，涵盖印度尼西亚群岛以及中国和亚洲中部各分离的河流与湖泊。在亚洲它们有 12 个物种科，其中 7 个都是地方性物种。

鲶鱼分布广泛，其中又以所含物种丰富的鳠属（包括约 40 个物种）最为典型。鳠属物种大多体型较小——长 8 ~ 35 厘米；但其中部分却能长至约 60 厘米，如亚洲红尾鲶。婆罗洲和苏门答腊岛的骑兵鲇（鲶科物种）名字起得恰如其分，其成鱼的背鳍刺几乎与鱼身一般长，十分奇特。

鲔鱼（鲇科）是重要的鲇鱼物种科，分布于欧亚大陆、日本及部分岛屿。该科既有体长 2 米的凶残肉食性叉尾鲇，也有所有鲇鱼中最大的欧洲六须鲇。叉尾鲇在逆流洄游时，常跟在鲤鱼群之后，能在捕食酣畅时漂亮地跃出水面。

本地性亚洲山溪鲇鱼（鮡科）包括 100 个物种，钝头鮠（钝头鮠科）则包括约 10 个物种，它们都是栖息于山溪中的小型物种，依靠其腹部的皱褶形成的部分真空附着在基质之上。婆罗洲的蛙嘴鲇（连尾鮡科）是身体扁平、有巨嘴和大头的鱼类，能极好地伪装自己。它们与部分琵琶鱼类似，并采用相似的摄食方式，能用诱饵将猎物诱至自己的嘴边。

海鲇鱼（海鲇科）分布在环热带，主要栖息在海洋中。雄性物种负责口孵，能将 50 个较大的受精卵含在嘴中达 2 个月之久，在此期间雄性无法摄食。

除少数几个海鲇物种分布于北美沿岸外，就只有北美淡水鲇（鮰科）一个物种科分布在北美境内，包括约 45 个物种，分为 7 个属。扁头鲇鱼（铲鮰物种）是其中最大的一种，重达 40 千克上下，而蓝鲇鱼和渠鲇鱼（鮰物种）则是北美大湖地区和密西西比河流域鲇鱼捕捞的主要对象。石鮰包括约 25 个物种。该科还包括 3 个穴居无眼的鮰物种，它们似乎是经由完全独立的进化线发育而来的。墨西哥盲鲇仅在墨西哥科阿韦拉州的一口井中存在，阔口盲鲇和无齿盲鲇则仅栖息在美国德州圣安尼奥喷水井的 300

米深处，人们猜想它们可能是在很深的含水层中存活。

鲤形目

鲤鱼是主要由淡水产卵鱼类组成的重要鱼类群。它们都无颌齿，但其中大部分的咽或喉部都有一对长骨。鲤鱼另一个不起眼的共有特征是它们的小骨，该小骨能使其上颌延展伸出。大多数鲤鱼头部无鳞，为欧亚大陆、非洲和北美的本土物种。与其他主要骨鳔系物种不同的是，鲤鱼并非南美和大洋洲的当地物种。

鲤鱼的5个科包括2660多个物种，分为约280属，其中最大的当属包括2000多个物种的鲤科。鲤科（白首鲤、米诺鱼、印度鲃、鲤鱼、须鲃等）能体现鲤鱼的分布状况，是淡水垂钓者和观赏鱼爱好者十分熟悉的物种。即使是在它们自然分布未及的地方，渔民、护塘人和美食家也对许多鲤鱼物种津津乐道。

普通鲤鱼是该科的代表物种，它们可能是中欧及亚洲的本地物种，为了延续其他大洲的鱼类生命，被陆续引入到各大洲。普通鲤鱼耐受各种环境的能力十分惊人，譬如当年它们作为外来移民的食物被引入非洲中部，随后便在那里顺利扎下根来，如今已经是当地最常见的鲤鱼物种了。大约在古罗马时期，普通鲤鱼被引入英国并受到垂钓者的青睐，人们也以钓到18千克重的普通鲤鱼为其终身目标。20世纪早期，普通鲤鱼被引入南非，人们曾在那里捕捉到一条重38千克的个体。

日本饲养鲤鱼则是为了美化生活，几百年的集中饲养培育了各种颜色的鲤鱼，许多景观池和水族馆所用的"锦"鲤（被称为锦鱼）售价极高。这些多彩的鱼类十分受欢迎，因此大型养殖和出口中心也随之在日本、中国、新加坡、马来西亚、斯里兰卡、

鲤鱼、刀鱼和牛奶鱼的代表物种

1.印度鲃；2.北美鲤；3.玫瑰鲃；4.普通鲤鱼；5.两条腹吸鳅属的山溪鲤鱼；6.鲔鱼；7.鲮鱼；8.吸鳅或中国食草鳅；9.飞狐；10.锐项亚口鱼；11.鬼刀鱼；12.电刀鱼；13.牛奶鱼。

美国、以色列和几个欧洲国家应运而生。在其原生地欧亚大陆，鲤鱼主要被作为食物，即便如此它们还是发生了一些进化变异。细选首先产生了少鳞的鲤鱼（镜鲤）和随后的无鳞鲤鱼（无鳞鲤），深入的选择性培育又产生了无须状间肌骨的物种，这种间肌骨会给食用者带来不小的麻烦。

大部分鲤鱼都十分短小，其成鱼仅 10 ~ 15 厘米长。而栖息于喜马拉雅和印度河流的金印度鲃能长至 2.7 米，重达 54 千克，是鲤鱼中体型较大的特例。栖息于北美科罗拉多州和萨克拉曼多河流的科罗拉多叶唇鱼能长至 1.8 米多长，是上述地区居民重要的食物来源，该物种如今已在科罗拉多州灭绝（因筑坝之故），萨克拉曼多的叶唇鱼个体也更小更少了（因过度捕捞之故）。栖息于中国东北黑龙江的黄鳃鲇鱼与科罗拉多叶唇鱼的体长相近。上述 2 个物种都是特化的肉食鱼物种，在鲤鱼（没有牙齿）中显得极不寻常。其他小型的肉食鱼物种还包括栖息在东非极少数河流中的玛利亚鲀，栖息于中国南部、有不成比例的长头部的鲸，以及栖息于湄公河的大鳍鱼。其中大鳍鱼是一种两侧极其扁平的物种，有成角度的嘴，下颌上还有钩和凹槽，当它们猛冲向猎物时，会扬起头以便张开自己的大口。

包括印度鲃在内的鲤鱼大多无所不食：碎屑、藻类、软体动物、昆虫、甲壳类动物，甚至包括奶酪三明治！中国的大头鲤鱼和银鲤鱼（鲢属物种）的鳃耙变异为精细的过滤器官，专以浮游生物为食。草鲤鱼物种以植物为食，因此被引入许多国家，用以清除沟渠、河流和湖泊中的杂草。

鲤鱼咽齿或"喉"齿的形状和排布通常决定其食物的类型。以软体动物为食的鲤鱼有排列密集的能碾物臼齿；以鱼类为食的鲤鱼有带钩薄齿；以植物为食的鲤鱼有刀状薄齿，能用于撕扯；食杂鲤鱼的牙齿则介于上述各形状之间。例如，在非洲，栖息在无螺湖泊中的大眼高臀鲀物种有"中立"齿，而栖息在几千米以外的多螺湖泊中的物种则有厚而低的齿，齿形也更圆。但事实上，它们的幼鱼却具有完全一样的齿形。

鲀属（除鲀外，有些书中还以鲀指代鲫鱼、二须鲀、四须鲀）分布广泛，所含物种也十分丰富，因其（通常）嘴周围的 4 根须而得名。其须上有味蕾，它们能在吞食食物前，用味蕾先尝试味道。部分非洲鲤鱼物种呈现不同的嘴形及唇厚，分别与其食物相对应。阔口鲤鱼的宽下颌上有锋利的边缘，能以石面藻类为食，包括岩石层上的壳状藻类；窄口鲤鱼有弹力厚唇，能吮吸石块及其附近的动物；同一物种所呈现的这 2 个极端嘴形和唇厚形态正好解释了为何这一物种从前却有 50 多个不同的名字。

鲤鱼大多不呈两性二态性，但部分小型鲃物种却是例外。在扎伊尔中部，4 厘米长的小型蝴蝶鲃物种栖息在水下的树根丛中，其中便包括赫尔氏鲃和蝴蝶鲃；其雄性和雌性的色彩和图案呈现极大的差异，十分引人注目。

一般说来，鲤鱼的色彩不及脂鲤那样鲜艳，但部分东南亚波鱼也有与脂鲤相若的亮丽色泽。小型的马来西亚鲤鱼布氏波鱼和阿氏波鱼在鲤鱼目中的地位就如同极受欢迎的灯鱼和霓虹灯鱼（脂鲤目）。

　　地下鲤鱼的身体则完全没有任何颜色。鲃属、墨头鱼属和盲鲤属的穴居物种完全没有任何体色，眼睛也是如此，这是由于它们在地下的无光环境中生存的习性所造成的。

　　地表（如地面以上）的墨头鱼物种分布于非洲、印度和东南亚，这种底栖鱼类的头部背面有吮吸和感觉盘。与之相关的"鲨"属（野鲮属和角鱼属）与墨头鱼物种的分布十分相似，它们有精细的吮吸嘴，以刮擦藻类为食。野鲮属的一个非洲物种还专以浸在水中的河马周围的浮游生物为食。

　　鲜为人知的雪鳟（裂腹鱼物种）栖息在印度和中国西藏寒冷的山泉中，它们的生命形态与鳟和鲑十分相似。雪鳟身体较长，体长达30厘米，身上的鳞片极小（或无鳞片），仅在臀鳍基部有一排瓦片状鱼鳞。尼泊尔渔民用金属线绕成蠕虫状，外套一个环结，置于水下捕食雪鳟，一旦雪鳟向"蠕虫"扑来，该环结就会收紧将其捉住。

　　鲤鱼主要为淡水生物种，但也有部分能在盐度相当高的水域中生存：日本的红鳍（三块鱼属）物种能在海洋中游出5千米之远；欧洲的淡水拟鲤和鳊鱼也能栖息在波罗的海，那里的盐度约为50%。但这些仅是少数几个特例而已。

　　吸盘鱼（亚口鱼科）在北美有许多物种，在亚洲北部也有少数几个物种。由于其咽（喉）骨和齿的形状，长期以来它们都被视为最原始的鲤鱼物种。吸盘鱼的上弓鳃骨也发育为十分复杂的囊结构，加之该物种的分布状况也十分特殊，因此如今倾向于将之视为一个高度特化的鲤鱼类群。吸盘鱼通常为毫不起眼的无毒鱼类，只有2个物种属是例外：中国帆鳍吸盘鱼和科罗拉多的锐项亚口鱼。这2个属的物种都有宽厚的身体，有三角形的外轮廓，这种奇特的形状能使它们在山洪暴发时紧贴河流底部（这2个物种都栖息在易发洪水的河流中）。它们也是平行演化的绝佳例证。

　　"真"鳅鱼是有嵌入小鳞的（通常）呈鳗形的物种科（鳅科），嘴周围还有许多须。由于其鳔的大部分或全部都包裹着骨质，因此它们的正常体积不易变化。鲤鱼物种的鳔和咽之间都有体管连通，能使它们吸入或排出空气，但由于鳅鱼的鳔有骨质的约束，因此它们使用体管的概率比其他鲤鱼物种频繁得多。

　　其实并非所有鳅科物种都呈鳗形，譬如鳅鱼就较短小，其身体通常扁平，还有伸出的吻。该类群仅包括3个物种属，其中最为人熟知的便是沙鳅——包括一些人们熟悉的观赏鱼物种，其中最著名的就是皇冠鳅。该物种侧躺着休息，造成已死的假象，这一生活习性极不寻常。

　　大多数鳅鱼都有小型的背鳍，臀鳍对称排列在身体的尾部。而长鳍鳅（爬鳅物种）的背鳍却与其身长

斜齿鳊广泛分布于欧洲，是当地熟知的物种，受到休闲垂钓者的喜爱。它们适应性极强，能在较差的水质中存活。当它们被引入一个水域时，甚至能侵占该区域，是一种十分成功的物种。

相当，虽然人们对这一物种并不了解，但这个名字的确起得十分贴切。鲥鱼（就其最宽泛的意义而言）可划分为 2 个亚类群：眼睛下有直立刺的鲥鱼和没有直立刺的鲥鱼。它们多数为潜行物种，白天喜欢藏在石块之下。鲥鱼栖息在欧亚大陆，尚未分布于非洲（除那些尚存争议的外来欧洲北非物种以外）。

双孔鱼或食藻鱼（双孔鱼科）虽名为食藻，但却主要以碎屑为食。它们仅包括 4 个物种，都分布于东南亚。双孔鱼外伸嘴位于其腹部，如同吸尘器的管一般，能吮吸细小的基质（还能刮下结成壳的藻类）并滤出其中的可食用物质。

双孔鱼物种无咽齿，但究竟其咽齿是已经退化还是从未发育出来，人们尚不清楚。这些鱼类——常被误认为"吸盘鲥"——的鳃盖几乎全与身体连在一起，仅有顶端和末端的小开口，这种结构在鲤鱼物种中是独一无二的。其顶端鳃盖孔上覆有阀，能吸入水流以便为鳃注入氧气，这些水流又从其末端的鳃孔中排出体外。因此，它们的呼吸是经由鳃盖实现的，而非嘴，这也与其他鱼类形成了鲜明的对比。

河鲥、爬鲥或平鳍鲥（平鳍鲥科）包括 2 个亚类群：大多栖息在东南亚湍急河流乃至急流中的扁鲥（平鳍鲥科），以及分布主要局限于欧亚大陆的腹吸鲥（腹吸鲥科）。平鳍鲥身体极其扁平，胸鳍和腹鳍都发育为吸盘。其嘴位于腹部，当它们在食物丰富的水域中刮擦藻类为食时，一种特殊的骨结构能保护其吻，而其他鲤鱼物种的这种骨结构通常则是位于眼睛之下的。山溪鲤鱼物种的这种强化骨结构弯曲于其吻部之前，如同碰碰车的缓冲器一般。

裸背电鳗目

新世界刀鱼包括裸背电鳗目下的 6 个物种科，它们都呈不同程度的鳗形，都没有腹带、腹鳍和背鳍。但臀鳍却极长，有 140 多条鳍刺，能前后摆动，是其游动所需推进力的主要来源。它们的尾鳍或高度退化或已完全消失。

新世界刀鱼或南美刀鱼有电器官，其中大部分物种的电器官都由特殊的变异肌肉细胞组成，而鬼刀鱼（线鳍电鳗科）的电器官则由神经细胞发育而成。在大多数情况下，它们的电场微弱，主要用于夜间导航（大部分物种在夜间活跃）、寻找食物、同类物种间的交流。而通常被称为电鳗的电刀鱼所产生的有力电脉冲据说能使马晕厥。它们能长至 2.3 米，其电力既能使猎物致晕，也能用于自卫，因此它们既是夺命的捕食者，又是可怕的竞争对手。

鼠鳝目

鼠鳝目中分布最广也最具经济价值的物种当属牛奶鱼。这种流线型的银色鱼类与乌鱼大小相似，喜欢在环岛礁石和大陆架上的温暖水域中聚集成群，人们对其捕捞和养殖并用做食物的历史十分悠久，在菲律宾、中国台湾和印度尼西亚尤其如此。

另一个海生物种长喙沙鱼或鼠鳝分布于南太平洋、印度洋、纳米比亚和南非的大西洋东南部的海岸线。在该分布区域中，人们对鼠鳝进行商业捕捞。

淡水铰嘴鱼能将自己的嘴伸展为小型长嘴，并因此而得名。它们的鳔能实现肺的功能，因此该物种能在缺氧水域中生存。

鲨鱼

老船员的故事和现代媒介的夸张使得大多数人认为鲨鱼是凶猛的肉食动物，但事实上仅仅只有少数鲨鱼是这样的。鲨鱼群落已经生存了大约 4 亿年，软骨鱼（鲨鱼、虹鱼和鳐鱼）在头部两侧都长有 5 个以上的腮裂和软骨骼。这些特征使它们有别于其他鱼类，后者在头部两侧各有一个鳃盖和骨架。鲨鱼长着奇异的感觉器官，而且有些鲨鱼种类可以生小鲨鱼。

由于鲨鱼的自然天敌即猎食者很少，所以许多鲨鱼生长缓慢、发育迟缓，而且幼鲨的数量很少。近年来东南亚人们生活的富足导致对鱼翅（即鲨鱼鳍）的需求量大增，市场需求日益增长。目前人们正以超过鲨鱼自身繁衍的速度对鲨鱼进行捕捉，如果这种势头得不到控制的话，一些鲨鱼种类将会遭受灭顶之灾。

大白鲨所具有的锥形锯齿状牙齿使它们成为可怕的捕食者。当鲨鱼用力摆动头部的时候，锯齿状的牙齿可以从大型猎物身上撕下大块的肉。

牙齿和感觉系统

鲨鱼最明显的特征是它的牙齿。一头巨大的食肉鲨鱼长着巨大而锋利的牙齿，其可以将它们的猎物撕裂和磨碎成供食用的大小。当咬住猎物时，它们通过旋转身体或者快速转动头部来撕裂猎物。那些以鱼类为食的鲨鱼长着又长又细的牙齿，帮助它们猎取和磨碎鱼。以海洋底部生物为食的鲨鱼长着平顶的牙齿，以便压碎软体动物和甲壳类动物的外壳。大多数的鲨鱼嘴中都可能长着许多排牙齿。只有前两排牙齿用于捕食，其余的牙齿作为替代牙齿以在新牙长出前备用。当它们用于捕食的牙齿破碎或脱落的时候，备用牙齿将会通过一套传送带系统前移以替代脱落的牙齿。鲨鱼中最大的种类，即姥鲨和鲸鲨，具有在捕食中毫无作用的细小的牙齿。事实上，它们的捕食方法与须鲸类似，即通过过滤水流以获取浮游生物。姥鲨具有变异的腮栅而鲸鲨具有腮拱支撑的海绵状器官，可以吞咽下小型的鱼群。

鲨鱼可以通过一系列的感觉系统发现它们的猎物。许多种类的鲨鱼具有超乎人们想象的良好视力，并且与多数硬骨鱼不同的是，它们还可以控制瞳孔的大小。在暗光或黑暗中捕食的鲨鱼具有一个反光组织，可以放射光线，因此可以二次刺激视网膜，在黑暗中，鲨鱼的眼睛闪闪发光，使它们看起来像猫的眼睛一样。许多鲨鱼具有一个眨眼隔膜，它们的作用正如保护性眼睑一样。当鲨鱼接近猎物时，它们会合上眨眼隔膜，并切换到其他的感受器上，尤其是它的洛化兹壶腹上。大白鲨没有眨眼隔膜，但当它们攻击猎物的时候可以将眼睛向后转以进行保护。劳伦氏壶腹是围绕鱼吻的一系鲨鱼通过上百万年的进化形成了完美的流线型体形和强有力的肌肉，这使它们成为高效的捕猎者。另外，鲨鱼的鱼吻上还有高度敏感的感觉探测器。图中所示的灰礁鲨正展示了鲨鱼以上的这些特征。

列凹点，它们对其他刺激非常敏感，但其最主要的作用是作为电感受器。通过使用这些电感受器，鲨鱼能够捕捉到百万分之一伏特电流的刺激，这些能够捕捉到的电流远远小于动物身体神经系统产生的生物电流，所以鲨鱼能够通过自然的生物电磁场来定位它们的猎物。有些种类的鲨鱼还可以根据地球的磁场来进行定位以帮助它们进行迁徙洄游。

和其他所有鱼类一样，鲨鱼具有一个侧线系统——即沿着身体两侧具有一系列的感受器，可以感觉到其他动物运动甚至是自身向一个固定物体运动时所产生的水波压力。有些种类的鲨鱼在它们的嘴巴周围具有一些感觉触须，可以触探海底以进行捕猎。鲨鱼具有极其敏锐的嗅觉，可以觉察到海水中百万分之一浓度的血液。

虎鲨目

角鲨生活在印度洋和太平洋中。它们是行动缓慢的底栖鱼类，体长可以达到1.65米。它们有时在白天成群躺在海藻床上或珊瑚礁上，偶尔也会躺在沙地上。当夜晚来临的时候，它们便分散去进行捕食，因为在夜晚它们的猎物更加活跃。虎鲨目（或称为异齿鲨目，希腊语的意思是"具有不同牙齿"）具有突出的前牙和白齿状的槽牙，这种牙齿组合非常适合咬住、咬碎和磨碎带壳的软体动物和甲壳类动物。这些种类的鲨鱼体格粗壮，它们的眼睛上方具有明显的前突的眉骨，这使它们看起来仿佛长了角，它们也因而得名为角鲨。该目的鲨鱼为卵生，它们产下的卵为极其独特的螺旋状。雌性鲨鱼将卵产到岩石的裂缝或珊瑚之间，每个卵可以孵化出一条小鲨鱼。

真鲨目

白眼鲨可能是目前存在的鲨鱼中种类最多的群体，它们具有 10 个属，大约 100 个种类。从身体形状和行为方面看来，它们都是人们所认为的"典型的"鲨鱼。它们生活在所有的热带和温带海洋中，体长可以达到 3.5 米。

牛鲨生活在全世界范围内的热带和亚热带海岸边，有时也能够长时期地进入淡水中。有报道表明牛鲨曾经上溯到亚马孙河入海口以上 3700 千米之处，以及曾经从海洋沿着密西西比河向上游动到 2900 千米的地方，还曾经沿着赞比西河向上游动到距入海口 1000 千米的地方，另外在尼加拉瓜湖中也曾经发现它们的身影。最初错误地以为这些淡水中的鲨鱼绝对不会游到海洋中，因此将它们划分为一个单独的种类，并以这些鲨鱼的发现地命名，例如尼加拉瓜真鲨。

真鲨所有的种类都分布广泛，在夏天，有些种类的真鲨会长途迁徙到温带海洋中。它们的背部是金属灰色或棕色的，但有些种类的鳍缘是白色或黑色的，因此它们被称为银鳍鲨、白鳍鲨和黑鳍鲨。体型最大的真鲨是虎鲨，体长可以达到 6 米，虎鲨毫无疑问是所有鲨鱼中最危险的种类之一。作为凶猛的清道夫，它可以吞咽下能从喉咙咽下的任何东西——包括鞋子、罐头、鸟类以及人类的肢体。幼年虎鲨在银灰色的皮肤基色上具有黑色的条带状，这些条带状如虎纹，由此它们得名为虎鲨，但当它们成年后这些斑纹便会消失。

锤头鲨的得名是因为它们的头顶横向延伸，2 只眼睛位于延伸的末端。除了它们独特的脑袋之外（正是这些独特的脑袋的形状被用来命名锤头鲨属的属名，或者可能是 2 个属的属名），它们是典型的真鲨。有人认为锤头形状的脑袋有助于使它们的身体呈流线型，或者使它们的视野更开阔，但是进一步的研究表明，延长的头部包含有额外的电传感器，即洛仑兹壶腹。锤头鲨通常在海底的沙滩上像使用金属探测器一样摆动脑

袋，然后迅速地潜入沙中抓住隐藏在那里的鱼类——多数情况下是线鳐；它们还可以跟随地球的磁场进行有规律的迁移。大锤头鲨是体型最大的种类，体长可以超过 5 米，而圆齿锤头鲨是潜水者最常见的锤头鲨种类。

在中美洲哥斯达黎加海岸附近，一群白尾礁鲨聚集在一起进行捕食。这些体形细长、体格较小的鲨鱼在白天行动迟缓，但在夜晚却非常活跃，行动敏捷。它们通常生活在礁湖和珊瑚礁附近。

鲨鱼的代表种：1. 皱鳃鲨（皱鳃鲨目中的关键种）；2. 项虎纹鲨（须鲨目）；3. 鲸鲨（须鲨目）；4. 古巴光唇鲨（猫鲨目）；5. 豹鲨（平滑鲨目）；6. 剑吻鲨（砂锥齿鲨目）；7. 大白鲨（鲭鲨目）；8. 细尾长尾鲨（鲭鲨目）；9. 长鼻锯鲨（锯鲨目）；10. 丽扁鲨（扁鲨目）。

角鲨目

白斑角鲨是生活在冷水中的鲨鱼种类，在全世界范围内都有分布。该目的所有种类都是卵生的，每次大约产下 12 枚卵。白斑角鲨的大小从 30 厘米至 6 米以上。该目中的多数种类尤其是深水种类都以鱿鱼和章鱼为食。

在北大西洋常见的白斑角鲨（也被称为盐狗鲨）是一种重要的食用鱼类，每年都有数以千万计的白斑角鲨被捕捞和储存。白斑角鲨的体长很少超过 1 米，它们成群游动，并进行长途迁徙，每个夏天从大西洋迁徙到北冰洋中。它们的每个背鳍前面都有一根刺，刺上具有能够分泌有毒液体的器官。这些毒液能让人类感觉到剧痛，但没有致命危险。

多数深水种类，尤其是乌鲨属的身体两侧具有发光器官，可以吸引作为它们深水中猎物的鱿鱼。它们还可以通过"逆光"进行伪装。其巨大的眼睛在暗光条件下非常敏锐。

体型非常细小的雪茄鲨（尤其是达摩鲨属）下颚上有巨大的延长的牙齿，它们靠近某巨大的动物（例如一条大鱼、鱿鱼甚至是鲸），然后咬它们，通过扭动身体从这些大猎物身上撕下一块鲜肉。这种捕食技巧使它们得到了另一个俗名——"甜饼切割师鲨"。

睡鲨是白斑角鲨中体型巨大的种类，也是永久生活在北极海水中唯一的鲨鱼种类，通常生活在冰川之下。它们以海豹和鱼类为食，被认为是唯一具有对人类和狗都有毒害作用的鱼肉的鲨鱼种类。

棘鲨是具有非同寻常的巨大扁平的突出在皮肤外面的牙齿的鲨鱼种类，这使它们从外表看起来像是长满刺棘。可能包含 2 个种类，一种生活在大西洋，另一种生活在太平洋。尽管它们的体型巨大，体长可以超过 2.7 米，但它们的骨骼却没有钙化，非常软。

鲭鲨目

长尾鲨、鲭鲨和巨口鲨是世界上较大的鲨鱼种类，它们生活在热带和温带的海洋中。

长尾鲨得名于它们在尾鳍后面长着的非常细长的上瓣叶，其尾巴的长度几乎占了整个体长的一半。当它们游入小鱼群的时候，便会摇动尾巴，如挥动鞭子一样在鱼群中抽打，将小鱼杀死或击晕，然后吃掉。它们可以长到6米左右，产下的小鲨鱼数量不多。但是鲭鲨目中最大种类的鲨鱼所产下的幼鲨体长可以达到1.5米！

8个鲭鲨科中包括一些非常著名的鲨鱼种类，如鼠鲨、灰鲭鲨、姥鲨以及毫无疑问最为臭名昭著的大白鲨。这些鲨鱼体型巨大，多数生活在所有的热带和温带海洋中。姥鲨的体长可以达到10米，但它们只被发现生活在温带海洋中。该科中的所有鲨鱼都具有一个非同寻常的尾鳍，尾鳍上长有几乎等长的瓣叶，尾骨位于尾巴的两侧，它们的游泳速度相对都较快。鲭鲨中的多数种类以各种鱼类为食。有些种类还具有"跃泳"行为，即从水中极其壮观地跃向空中。产生这种行为的原因目前还不得而知，但有推测认为，这是为了驱逐皮肤上的寄生物。据说姥鲨的这种跳跃可以掀翻船只。在鲭鲨科鲨鱼中，即使不是所有的种类，那也至少有大多数种类都是恒温的，即它们保持比周围环境温度更高的体温。

灰鲭鲨的体长可以超过6米，它们是世界上游泳速度最快的鱼类之一，有记录称灰鲭鲨的游泳速度曾经超过每小时90千米。

毫无疑问，世界上最"臭名昭著"的鲨鱼是大白鲨——有时也被称为蓝鲨、食人鲨，或简称为白鲨。它们是在提到鲨鱼攻击人类时候最常被引用的鲨鱼种类，尽管其实这些对人类的攻击中有许多是虎鲨和牛鲨所为。

大白鲨主要以海洋哺乳动物为食（它们是唯一以海洋哺乳动物为食的鱼类）。它们宽大锋利的牙齿可以从鲸、海豹和海狮身上咬下大块的鲜肉。目前已知的体长最大的大白鲨可以达到6.7米，它们的平均体长为4.5米。大白鲨的繁殖方式为胎生，发育中的胚胎以吞食未受精的卵为食。和许多鲨鱼一样，大白鲨身体的颜色为逆向隐蔽色，腹部白色，背部表面为蓝灰色到灰棕色或灰铜色。

鼠鲨和鲑鲨（有时也被称为太平洋鼠鲨）的体长大约为2.7米，它们是鲭鲨科中最小的鲨鱼种类，分别生活在大西洋和太平洋中。

姥鲨是体长仅次于大白鲨的鲨鱼。它们通常可以达到10米长。姥鲨是滤食动物，它们的牙齿退化，并具有发育良好的栅格可以过滤浮游生物。它们的肝脏含有大量的脂肪和油，因此成为太平洋北部当地渔民捕捞的对象。姥鲨的名字（Basking，舒适、取暖之意）得自它们喜欢在海面游泳和休息的习性。

正张开大口的鲭鲨目的姥鲨

姥鲨生活在温带海洋中，以靠近海洋表面的浮游生物为食。它们具有发育良好的腮栅，牙齿则已经退化。尽管它们体型巨大，外表恐怖，但事实上却对人类没有威胁。

第 4 章

纵横水陆的
两栖动物

有尾两栖动物——蝾螈

蝾螈是有尾巴的两栖动物，它们一般在凉爽阴暗的地方过着非常隐秘的生活，并只在夜间活动。它们很少有身长超过 15 厘米的。与蛙和蟾蜍不同的是，它们不依靠发出响亮的叫声来显示其存在。

一些种类的蝾螈数量非常多，在北美东部的一些山区树林，据估计，林地蝾螈的全部数量比那里所有鸟类和哺乳类动物加在一起的总量还要多。每年春天，欧洲和北美洲的蝾螈都要经过一片很广阔的区域，迁移到水塘中进行繁殖，这样就会出现非常大的繁殖群体。近年来的研究已经揭示有关它们生活习性的大量可观信息，仍然有新的种类被发现并被首次记录下来，特别是在中美洲的热带雨林里。

外形和功能

蝾螈和鲵组成了两栖动物中的一个目，即有尾目。它们一般有长长的身体、长尾巴和两对长度相当的腿，但是有些种类已失去后腿。比起现存的其他两栖动物种群，它们在整个体形方面跟最古老的两栖动物化石更加相像。

"蝾螈"这个词源自拉丁语中的"salamandra"，此拉丁语又源自希腊语中意为"火蜥蜴"的单词。蝾螈常常与火联系在一起，因为它们能爬出扔进火中的圆木堆，因此被认为能从火里出来；石棉绒曾经被称作"蝾螈的毛"。"蝾螈"通常指任何有尾的两栖动物，但尤其指那些具有陆地生活习性的种类。"蝾螈"这个术语源自盎格鲁—撒克逊语中的"efet"和"evete"，在中古英语中演化成"ewt"，指这些种类每年春天回到水中来度过延长的繁殖季节。这些种类包括欧洲的蹼族蝾螈、北美洲的美属螈和东美螈以及日本红腹蝾螈。"水蜥"这个词同样源自盎格鲁—撒克逊语，指陆地生活期幼年东美螈。

像其他两栖动物一样，蝾螈的皮肤光滑且富有弹性，没有鳞片，并且通常都是湿润的。皮肤充当了呼吸表面，氧气通过皮肤能够进入身体，然后，二氧化碳被释放出来。由于这个原因，蝾螈只能在沼泽地或湿地生存。它们皮肤的最外层经常脱落，一些种类的皮肤外层成为小碎片，另外一些种类的外层会整体脱落。脱落的皮肤通常会被自己吃掉，但是有时候我们会发现一只水生蝾螈的整块皮肤悬挂在水草上。通过皮肤中大量有毒腺体分泌的黏液，许多蝾螈可以免于被

这些幼体蝾螈通过一组羽状鳃呼吸。当它们成熟时，这些鳃会慢慢消失，它们就转而通过肺和皮肤呼吸。

蓝脊双线蝾螈生活在美国东南部的山区森林中，那里雨量充沛。尽管这种蝾螈并非在水中繁育的蝾螈，它们还是很少冒险离开池塘很远。同属的其他类型的蝾螈有的一直待在水里，有的甚至住在洞穴深处、地下湖或地下溪流中。

捕食

所有的蝾螈都是肉食动物，它们捕食小型且活的无脊椎动物，如昆虫、蚯蚓、蜗牛以及蠕虫。它们拥有一条用于湿润食物并将食物送进嘴中的舌头，在一些种类中，它们的舌头可以向前弹出一段距离来捕捉小型猎物。

许多水栖蝾螈为了适应水中的生存环境，尾巴进化成侧向扁平，并可能有一个背鳍。它们四肢都有趾，通常前肢的趾比后肢的少。在一些种类中，比如北美洲的两栖鲵，其四肢非常小，不具备行动功能。另一些种类，如有蹼蝾螈，其后肢的趾间有蹼，这样有助于快速游泳。

有尾两栖动物的卵都没有卵壳，但是被具有保护性的胶状物质所覆盖。每一层形成一个隔开的囊，有些蚓螈的卵被包裹在八层囊中。一般情况下，卵被孵化成完全的肉食性幼体，幼体一直成长，直到变态为成体。变态包括了许多复杂的变化，为蝾螈的成体生活做准备。在小蝾螈中，变态是与栖息地从水中到陆地的显著变化相吻合的。

在大多数种类的蝾螈中，湿润的皮肤是氧气和二氧化碳进入和排出身体的唯一途径。一般情况下，幼体具有羽状的外腮，成体则有肺。一些种类，包括水栖和陆栖形式的种类，同样利用它们的口腔内壁，通过嘴巴和鼻孔有节奏地把水或空气吸进来和排出去。当蝾螈下颚下方的柔软皮肤快速振动时，这种"口腔抽吸"就非常明显，它不仅是作为一种呼吸机制，而且它使得这种动物能持续地通过气味来检验外部环境。对有尾的两栖动物来说，对气味的高度敏感是非常重要的，特别是在交流

知识档案

蝾螈

目：有尾目

10科，60属，超过470种。

分布： 北美洲、中美洲、南美洲北部、欧洲、地中海、非洲、亚洲（包括日本和中国台湾）。

赤道

栖息地： 水栖、陆栖和两栖。

大小： 从头部到尾端的长度为2厘米至1.4米，大多数为5~15厘米。

颜色： 繁多，包括绿色、棕色、黑色、橙色、黄色。

繁殖： 大多数为体内受精；大多数产卵，但是一些种类的卵在母体体内发育。

寿命： 圈养种类一般为20~25年，偶尔会超过50年；关于野生种类的寿命知之甚少，但是一些种类直到它们存活好几年后才会进行繁殖。

斑点蝾螈具有光泽柔软的皮肤、一条长尾巴和有明显肋骨沟的管状身体，这是蝾螈最显著的特征。这个种类相对来说数量众多，虽然很少能被看见，因为它们白天都在地下度过。像其他大多数蝾螈一样，当它们受到攻击时，皮肤就会渗出毒素。

时更是如此。

在最大的科——无肺蝾螈科中，蝾螈的肺在其祖先时期就完全消失了，只依靠皮肤和嘴巴内层来呼吸。一些种类生活在湍急的水流中，那里的氧气很充足；另一些种类则是完全陆栖。蝾螈生活在静止的水域里，那里的氧气含量很低，它们只能用肺呼吸，而且隔一段时间就频繁地浮出水面来吸取新鲜的空气，或者也可通过外鳃呼吸，这种外腮是从幼体时期保留到成体时期的。

当水栖欧洲小蝾螈在繁殖季节待在水里时，通过3种途径来获得氧气：皮肤、嘴巴内层以及肺。绝大多数时间里，它们通过皮肤和嘴巴在水中获取氧气，以支持其活动。然而，如果它们变得更加活跃的话，比如在交配期间，它们必须频繁地升到水面上来吸入空气。有时一只蝾螈会吸入太多空气，以至于不能沉到水底，这时它们可以通过喷出气泡，以插入姿态返回水底。上升式呼吸有潜在的危险，因为当蝾螈浮上水面时会很显眼，会引来捕食的鸟类，像苍鹭等，就可能逮住它们。在温暖的日子里，蝾螈也必须更加频繁地呼吸，因为高温使它们更活跃，而池塘底氧气含量又不足。

世界上蝾螈的准确数量还难以统计，这是因为不断会发现新的种类。最近的统计列表上包括472个种类，而在15年前人类却只发现了358种有尾的两栖动物。新种类的显著增多可以归为两个原因。首先，对未记录地区的开发使得许多新种类被发现，这种情况在中美洲和南美洲尤为突出：人们在那里发现了多种新的无肺的蝾螈，它们中大多数体型都很小。其次，由于新科技在线粒体和DNA（脱氧核糖核酸）分析上的运用，许多广泛分布的蝾螈被发现有不少在基因遗传学上不同的形式，这些种类都被明确分类。

分布模式

大多数蝾螈只生活在北半球的温暖气候区，但是有一个种类——无肺蝾螈却生活在中美洲和南美洲的热带区域中。它们的栖息地各不相同，包括完全水栖和完全陆栖的种类，以及水陆两栖的种类。水栖种类生活在河水中、湖泊中、高山溪流中、水塘、沼泽以及地下洞穴里；陆栖种类一般生活在岩石和圆木下面，但是一些种类生活在地下洞穴和高树上。因为蝾螈的皮肤能透水，所以它们不能在高温、干旱的环境中生存。对许多种类来说，炎热的夏天是它们回到地洞避难的日子，它们只在凉爽的夜晚才钻出地面来。在寒冷的季节里，它们变得不活跃，温带地区种类则会躲到地下或者藏在大岩石和圆木底下，并开始蛰伏。

繁殖和发育

由于种类多样化，蝾螈类没有"典型"的生命周期一说。但仍存在3种普遍的生活方式：完全陆栖、完全水栖以及水陆两栖。一个典型的陆栖种类是北美洲东部林区的红背蝾螈——交配活动在陆地上进行，交配后雌体会到一个部分腐烂的圆木里产卵。红背蝾螈一般会产下20～30枚较大的卵，胚胎在卵中迅速地生长发育，整个幼体的发育时期都在卵内度过。这些卵会孵化出一个个微型的成体蝾螈。在一些陆栖蝾螈中，如美国黑蝾螈，亲代一方会守在卵的旁边。在一些种类中，如欧洲蝾螈科中的一些，雌体会把发育中的受精卵留在体内，一段时间后产出活的后代，这些后代可能是幼体或者是雏体蝾螈。在一个奇特的西班牙火蝾螈种群中，已经发现还在母体体内时，发育较快的幼体就会吃掉体型较小的同胞。

完全水栖种类的成体在水中进行交配，一些种类进行体外受精，产下的一窝卵最多有500个，这些卵会孵化成有外鳃的幼体。完全水栖的种类如巴尔干半岛沿岸的洞螈和北美洲东部的泥螈，它们在成体时期仍保留着一些幼体时的结构，比如外鳃，这种现象被称为幼态保留。生活在污浊的、氧气匮乏的水中的种类，如鳗螈，在整个生命中都保留鳃是最为普遍的现象。幼态保留可能是一个种类所有成员的持久性特征，比如鳗螈、洞螈和泥螈等，也可能只是当个体缺乏一种关键营养物质时，出现在此个体身上的暂时性状况。墨西哥美西螈则是人们最为了解的具有后一种状况的种类，如果它们缺乏被用于产生甲状腺素的碘元素，就会保留其幼体时候的鳃。

不同蝾螈的生命周期对比。许多蝾螈是完全的陆栖动物，而有的蝾螈每年会回到水中进行繁殖。墨西哥中部的美西痣螈是蝾螈科中的一种，它们是完全水栖种类。

在两栖蝾螈的生命周期中，成体生命中的大多数时间是在陆地上度过的，但是会因为繁殖而迁移到水中。交配可能会在紧密聚集的个体间进行，这些个体都在同一时间、同一个池塘内进行繁殖，像北美斑点蝾螈就是如此。相反，一些欧洲蝾螈（欧螈属）的繁殖时间则会持续数月，这取决于个体待在水中的时间。雌体产下的卵会发育成水栖幼体。产下的卵数量往往很多，有100～400枚，但卵通常很小。幼体变态成雏体，有时被称为水螈，直到它们长到可以繁殖的时期离开水中到陆地上生活，这个过程会持续1～7年，蝾螈科中的蝾螈，如欧洲滑螈和北美洲红斑蝾螈就是这种生命周期的典型代表。

鳗螈科

世界上只有4种鳗螈，它们生活在美国南部和中部以及墨西哥东北部。它们居住在沟渠、溪流、湖泊的浅水中，是活跃的捕食者，以小龙虾、蠕虫、蜗牛等动物为食，并且大部分时间都藏在泥土里或沙子中。它们嘴巴的前部没有牙齿，取而代之的是一个角状的喙，它们通过吮吸进食，把水和食物吸入嘴中。它们鳗鲡状和长有外鳃的身体使它们看起来像过度生长的幼体。它们没有后肢却有弱小的前肢，这些前肢紧贴在腮后。大一点的鳗螈体长可达90厘米，这使它们成为世界上最大的有尾两栖动物之一，但是体型较小的鳗螈身长很少超过25厘米。微小的侏儒鳗螈数量众多，特别是当它们生活在凤眼蓝（一种水藻，它们被引进北美洲后大量生长）中时。当鳗螈被捕获时，它们通常会发出短促、尖利的叫声。

夏天，许多鳗螈生活的水塘和水沟都会干涸，但是它们能够通过进入一种叫"夏眠"的状态来度过这段干旱的时期。当沙子和泥土变得干涸时，覆盖在它们皮肤上的黏液外层会变得坚硬，并形成羊皮纸样的茧，覆盖在除嘴以外的全身。它们能在这种环境中存活数周，直到它们的居住地重新充满了水。

关于鳗螈的繁殖仍是一个谜，因为人们从未观察到过它们的交配过程。

隐鳃鲵科

在所有体积最大的蝾螈的大部分种类中，3种大鲵生活在河流和较大的溪流中，它们一般习惯在夜间活动，白天则在岩石下度过。虽然它们体型巨大、外表丑陋，但是却对人类无害。在日本和中国，它们被人用荆条和缰绳逮住，并被看作一种美味。它们的食物包括差不多所有生活在河流和溪流中的动物，包括鱼类、较小的蝾螈、蠕虫、昆虫、龙虾和蜗牛，猎物通常在岩石下被捕获，或者大鲵会通过嘴巴快速侧向猛咬悬浮的猎物。它们通常在夜间捕食，通过嗅觉和触觉来确定食物的位置。它们的视力很差，眼睛很小且长在头部两侧很靠后的位置，不

➡ 现今存活的最大的鲵——中国大鲵是19世纪法国传教士和自然学家阿曼德·大卫命名的。它生活在清澈湍急的山间溪流中，那里氧气充足，其高度褶皱的皮肤可以帮助它在没有腮的情况下呼吸。

能同时聚焦在同一物体上。

大鲵绝不会离开水，虽然它们在很早的时候就没有了腮，但是它们并没有完全失去幼体时期的所有特征。它们一般很长寿，一个人工喂养的试验样本存活了 52 年。日本大鲵体长能够达到大约 1.5 米，北美大鲵最大长度为 70 厘米。它们巨大的体型和腮的缺失限制了它们只能生活在流水中，因为那里的氧气含量充足。沿着体侧生长的显眼的折叠皮肤加大了能够吸进氧气的表面积。它们可以用肺呼吸，但是效率不高，所以养在鱼缸中的大鲵会频繁地升到水面上去吸气。

⬆ 大鲵俗称娃娃鱼，是两栖类动物中的"寿星"，有一只人工饲养的大鲵活到了 52 岁。

在北美大鲵种群中，繁殖是在仲夏时节发生的。雄体在岩石下挖掘出一个大的空间，并阻止其他雄体进入。这个雄体也会驱赶已经产过卵的雌体，但是它会允许任何即将产卵的雌体进入。雌体在雄体的巢中产下两长串卵，这些卵通过一条黏性丝连在一起，粘在岩石上，遇到水时就迅速变硬。一只形体较大的雌体可以产下 450 枚卵，许多雌体会将卵产在一个雄体的巢中。雄体对这些卵授精，给它们包裹上一层牛奶状的精液，并在这些卵的发育期（10 ~ 12 周）守卫在旁边。孵化出的幼体会离开雄体的巢，开始完全独立的生活，它们主要以小型水栖动物为食。幼体和成体的皮肤上会分泌一种黏液，用来威慑潜在的捕食者。

在许多地方，由于林业发展对其栖息地造成了破坏，导致这 3 个种类的生存都受到威胁。在美国，美洲大鲵数目的减少引起了人们的关注，日本大鲵则被列入了易灭绝种类中。

小鲵科

人类对只生存在亚洲中部和东部的亚洲蝾还知之甚少，从它们的体形和繁殖学角度看，它们显然是一些最原始的有尾两栖动物。它们大部分时间栖息在陆地上，通常在富含氧气的山间溪流中进行繁殖，它们的肺非常小或者根本就没有肺——肺部较大会使它们的身体上浮并很容易被水流冲走。一些种类拥有锋利弯曲的爪子，其作用尚不明了。

在交配过程中，雌体排出成对的囊，每个囊里装有 35 ~ 70 个卵。当这些囊从雌体泄殖孔内排出时，雄体就抓住它们，并把它们塞进自己的泄殖孔中，并向这些囊排出精子。至少在一些种类中，雄体会守护着这些卵直到它们被孵化出来。有一类亚洲蝾的交配方式非常与众不同，雄体把精子储存在一个结构简单的精囊中，雌体将其卵囊放在精囊的顶端使其受精。

人们已开始关注一些亚洲蝾的保护状况。由于其栖息地遭到破坏，加上环境恶化，使得许多亚洲蝾的生存受到了威胁，而且许多种类还被大肆捕捉，以满足世界宠物交易的需求。

钝口螈科

之所以将其命名为钻地蝾螈，是因为它们一生中绝大多数时间都生活在洞穴中。除了在繁殖季节里（那时它们会迁移到水塘中进行交配和产卵），它们很少被人发现。它们发现于北美洲，而且在这 30 几个种类中，大多数都是陆栖，但是都有水栖的幼体。它们有强健的身体，宽阔的头部以及光滑闪亮的皮肤。它们中的许多种类都有醒目的、颜色鲜艳的斑点。

在初春时节，斑点蝾螈展示出场面壮观的繁殖迁移。数量众多的斑点蝾螈聚集在池塘里，在 2 ~ 3 天的时间里，它们在池塘中进行大规模的交配活动。雌体在水中产下近 200 枚卵，然后返回陆地继续它们的陆栖生活，留下这些卵孵化成幼体，这些幼体在孵化后的 2 ~ 4 个月里变态为成体，并在仲夏或初秋时离开水塘。暗斑钝口螈则在干涸的池塘底产卵，雌体用身体围着卵直到冬雨来临，那时这些卵才会孵化成幼体。

在北美洲一些地区，有许多种类的钻地蝾螈的种群，它们中的成体是幼态保留，甚至当它们达到性成熟时，仍保留幼体特征。其中最具代表性的种类是墨西哥美西螈，它们成熟后也只有幼体型式。如果它们被注射了甲状腺激素浓缩物后，会变态为陆栖形式。

在钻地蝾螈中，一些幼体会变成同类相食的动物，靠吃掉更小的同胞逐渐发育成体型很大的个体。但是它们也要为这种行为付出代价，这些同类相食者由于吃自己的

鲵和蝾螈 7 个科的代表种类。1. 无趾螈属无肺蝾螈。2. 红蝾螈。蝾螈科。3. 虎螈（虎纹钝口螈）。钝口螈科。4. 洞螈。洞螈科。5. 泥螈（斑泥螈）。洞螈科。6. 山溪鲵。小鲵科。7. 日本爪鲵。小鲵科。8. 大凉疣螈。蝾螈科。9. 东部蝾螈，红水蜥时期（绿红东美螈）。蝾螈科。10. 光滑欧冠螈。蝾螈科。11. 大鳗螈。鳗螈科。12. 二指两栖鲵。两栖鲵科。

欧洲西南部的斑纹蝾螈因其亮丽的色彩、斑驳的绿皮肤，与蝾螈科其他相对黯淡的欧洲成员明显区分开。背部一条橘红色的长带是幼年和雌体斑纹蝾螈的标志。

同类，所以更容易感染上寄生虫病。

蝾螈科

蝾螈科是有尾两栖动物的 10 个科中的一个，包括蝾螈和欧洲鲵，分布在非常广阔的地区，覆盖了北美、欧洲、亚洲部分地区。就其进化史来说，它们是一个很分化的种群。在各个种类中，它们在水中和陆地上度过的时间占其整个寿命的比例大不相同。

它们体内受精，精子在精囊中通过雄体转移给雌体，其过程一般会在一个漫长且复杂的交配过程后进行。在绝大多数种类中，雌体将卵产在水中，卵在其中发育为幼体，但欧洲火蝾螈雌体会将受精卵留在体内，直到它们成为完全的幼体。然后雌体进到池塘中产仔，这也是成体返回水中的唯一时期。

大多数欧洲蝾螈在成为成体后，每年大约有一半的时间待在水中，它们在水中交配、产卵，并存储脂肪，以便到了冬天能在陆地上存活。在一些大冠蝾种群中，成体终年都待在水中。

蝾螈在初春时节回到水塘中，并经历一些生理上的变化，这些变化使它们部分地回到了幼体时期的样子。它们的皮肤变薄、光滑，并能渗透氧气，它们的尾巴延长成扁平结构，使它们能够强有力地游动，它们眼睛的形状略微发生了改变，这样它们就可以在水下聚焦。它们的皮肤里面产生了

所有的蝾螈都会在每年春天回到水中繁殖，它们表现出不寻常的定向和归巢能力。在水中繁殖的蝾螈通常都对其生长的水塘和溪流有强烈的归属感，连续数年，它们都会返回到那里繁殖后代，即使离繁殖场所很远也是如此。图为东方蝾螈。

大量侧线器官，这些侧线器官对水的振动很敏感，而且在捕食方面能发挥很重要的作用。在繁殖季节，雄性有蹼蝾螈的后肢的趾间生成蹼，这种特征能使雄体在精力充沛的求爱时期里比雌体游得更快。

蝾螈和欧洲鲵的幼体都有长在体内的羽毛状的腮，而且它们在最初时期都没有四肢。它们在生命的最初几个月里长得很快，直到秋天，它们失去了腮，发育成它们父母的微型复制品，并从水中出来，进入陆栖时期（有时被称为水蝾阶段），这个时期由于种类和栖息地的不同，能持续 1 ~ 7 年。以光滑欧冠蝾为例，它们在斯堪的纳维亚地区的水蝾阶段就比在欧洲南部持续的时间长得多。

这个科的许多成员都具有鲜艳的颜色，并能从皮肤的腺体中释放毒素。美国红斑蝾螈的特殊之处在于，它们在水蝾阶段的毒性特别强，而且体色呈鲜艳的红色。加利福尼亚蝾螈的皮肤分泌物是世界上已知的最毒的物质之一。

不论是生活在水中还是陆地上，蝾螈和欧洲鲵一般都是以小型无脊椎动物为生，包括蠕虫、蛞蝓、昆虫以及甲壳虫。一些种类在水栖时期会贪婪地捕食蝌蚪。它们的捕食主要依靠视觉，通常是猎物的移动引起了它们的注意。通过侧线器官它们同样能发现移动中的猎物。

视觉、嗅觉和触觉在求偶期也很重要。在蝾螈种群中，雄体有一系列行为可向雌体发出视觉、嗅觉以及触觉上的刺激。欧洲蝾螈与其他有尾两栖动物不同之处在于，在求偶期间，雄体不会抱住雌体不放。与这种求偶方式相联系的是，这些种类的雌体和雄体的外表在繁殖季节比其他有尾两栖动物更加醒目。雄体长出一个纵贯整个身体和尾巴的脊，光滑欧冠蝾的身上和尾巴上则长有许多黑色的大斑点。

在一些种类中，成体表现出一种很明显的趋势，即在连续的数年间它们都会返回到同一个繁殖场所。水蝾时期的蝾螈也同样显示出对它们出生地水塘的一种强烈归属感，但是有一些种类会迁移到其他的水塘，因此可能是在生命周期的这个阶段，蝾螈从一个繁殖场所分散到另外的繁殖场所。

在过去的 50 年间，这个科许多种类的数量都显著衰减了，造成这种情况的原因通常是农业生产导致了其繁殖水塘的破坏。它们同时受到污染与陆地栖息地丧失的威胁。

两栖鲵科

由于两栖鲵长条状的身体，它们曾经被认为是"刚果鳗"。这个名称是一种双重误解：这些动物只是外表与鳗相似，而且鳗是一种鱼；它们发现于北美而不是非洲。在这个科中只有 3 个种类，所有的种类都是在美国东南部的沼泽中被发现的。它们有长而瘦弱、呈圆

⬇ 这是白天观察到的一只二趾两栖鲵，无典型特征，位于佛罗里达州的埃弗格莱兹的百合叶上。它和其他两个种类的两栖鲵绝大多数都是在夜间活动，捕捉各种各样的鱼类、淡水甲壳虫以及青蛙。当陆地在暴风雨中被水淹没时，偶尔能发现它们经过陆地从一个水域迁移到另一个水域。

柱形的身体、光溜润滑的皮肤以及四肢，这些四肢由于太小，所以在移动过程中不能起任何作用。但是在幼体时期，四肢相对于身体则要大得多，因此可以用于行走。三趾两栖鲵的体长可以达到 90 厘米，体型较大的个体在被捕捉时的反击撕咬是非常猛烈的。成体有肺无鳃，尽管它们具有幼体特征——长有一个开放式的鳃裂。

两栖鲵完全生活在水中——尽管在暴雨过后，它们会到陆地上进行短暂的活动。在大部分时间里，它们生活在洞穴中并在夜间活动，捕食多种猎物，包括青蛙、蜗牛、鱼和龙虾。因此，它们被渔民视为有害动物，并被捕杀。

在繁殖季节中，雌体的数量有时会超过雄体的数量，几个雌体此时会用它们的口鼻部摩擦雄体以引起雄体的注意。在交配过程中，雌体和雄体缠绕在一起，精子直接转移到雌体的泄殖孔中。雌体会产下 200 枚卵，并将这些卵连成一长串，同时雌体会盘绕着守护这些卵，直到大约 20 周后这些卵被孵化出来。产卵一般会发生在水位高涨时期，当水位下降时，雌体和卵通常处于圆木下方一个潮湿的洼地中。幼体被孵化出以后，它们必须找到返回水中的路。

无肺螈科

在有尾两栖动物最大的几个科中，无肺蝾螈到底是不是个体最多、发展最成功的还存在争议，但在美国东北部，它们的数量确实很多。

当考虑到下面这样一个事实时，这种成功就显得矛盾了，即在它们的进化历程中，它们丧失了所有脊椎动物中最基本的一个器官——肺，它们只能通过皮肤以及嘴内层来吸收氧气。这种局限性严重限制了它们的栖息地、活跃程度以及体型大小。体型较大的动物相对其本身体积来说只有较小的表面积，因此相比体型小的动物，如果它们只依靠皮肤进行呼吸的话，在给所有器官供氧这方面将更具难度。虽然如此，一些无

无肺蝾螈的捕食技术与变色龙相似，它们在捕捉猎物时，能够闪电般地射出舌头。就绝对长度而言，或者相对身体大小而言，水巫螈属中的这种无肺蝾螈的舌头是最长的，其长度能达到 5 厘米，或者比一半的体长还要长（不包括尾巴）。舌头的骨骼（舌鳃骨器）是一个高度精密的器官，就像弹射装置，由灵活关节连接的至少 7 块软骨构成。大多数无肺蝾螈是北美洲、中美洲和南美洲的土生动物，但图中这种水巫螈却栖息在意大利撒丁岛的山区。

肺蝾螈的体长仍超过20厘米。

运用皮肤呼吸最重要的一个因素是皮肤必须时刻保持湿润，以便使氧气能被皮肤下毛细血管里的血液携带。因此，生活在气候温和的栖息地中的无肺蝾螈，它们生命中的绝大多数日子都只能在潮湿隐蔽的环境中度过，并只是在有雨的天气里才出来，而且一般是在晚上，为了交配或捕食。

所以，一只无肺蝾螈的生活包括一段短暂的活跃期，以及漫长的不活跃期。它们在不活动状态下之所以能够存活，是因为它们新陈代谢的速度非常慢，对能量的需求很低。它们不必经常进食，当它们进食时，能够把所吃到的大多数食物转变成脂肪储存起来。一些种类是陆栖的在进食和交配地周围有防护设施。红背蝾螈利用一些小粪球标志其边界来保卫它们的领土。

无肺蝾螈一般具有纤细的身体、长长的尾巴以及突出的眼睛。该科一个显著的特征是有一个浅沟，即鼻唇沟，它从每个鼻孔一直延伸到上嘴唇，它的作用是把气味分子传送到鼻腔中。

无肺林地蝾螈全部都是陆栖，而且没有水栖幼体阶段。它们把卵产在沼泽或腐烂的圆木中，这些卵被直接孵化成父母的小型复制品。它们白天隐藏在洞穴或者圆木和石头的下面，在潮湿的夜晚钻出来捕食各种各样的无脊椎动物（包括蛞蝓、蠕虫以及甲壳虫）。

就繁殖期活动而言，各种无肺蝾螈也不尽相同，北美东部的种类在夏季很活跃，一般在春季或者秋季交配，在初夏产卵；在西部，蝾螈则在炎热干燥的夏季保持不活跃状态，而在冬季和春季进行交配；在中南美洲热带地区，它们终年都很活跃，一些种类能在一年中的任何时间繁殖。

许多无肺蝾螈的许多种类的生存都受到了栖息地被破坏的威胁，特别是一些对栖息地的要求很严格，只能栖息在特定的环境，如洞穴中的种类。

 蝾螈在遭到攻击时会脱落尾巴逃生。

蛙和蟾蜍

蛙和蟾蜍是数量和种类最多的两栖动物，大约有4750个种类，分布在从沙漠和稀树草原到高山区和热带雨林等各种地带。大多数种类在其生命中至少有一部分的时间是栖息在水中和陆地上的，但是也有一些是完全的水栖，还有一些则是完全的陆栖或者树栖。

虽然最为多样的无尾类两栖动物中超过80%是在热带以及亚热带地区被发现的，但是它们中也有许多生活在温带地区。它们出现在大多数的岛屿以及除南极洲以外的所有大陆上。欧洲普通青蛙（林蛙属）以及北美林蛙（林蛙属）分布地区延伸至北极圈以北地区。

体型和功能

区分无尾两栖动物与其他两栖动物最明显的特征是长的后肢、短小的躯干以及尾巴的缺失。由于其具有两个"踝"（跗骨）以及拉长的骨骼，所以增加了后肢的长度。无尾两栖动物的背骨前部很短，一般只包含8个或更少的脊椎骨；组成其他两栖动物尾巴的后脊椎骨融合成一个骨质的长杆（尾杆骨），这个杆构成了无尾两栖动物的尾巴末端。所以，无尾两栖动物的背骨一般由12块或更少的骨组成。

蝾螈则具有30～100块骨，而蚓螈的体中更多达250块，但它们都缺少无尾两栖动物特有的盆骨和后肢。无尾两栖动物改良了的跗骨为它们的后肢增添了一个附加的分节，而且盆骨改良成杠杆状，连接背骨的前部。从它们的蹲坐姿势来看，这种动物能够将其后肢的每个关节依次迅速有力地打开，从而提供一种推动力使身体的前部在跳跃中弹射向前。

"蛙"通常与"蟾蜍"区分开来，但事实上它们都是无尾两栖动物，由于世界各地对它们的定义不同，所以这两个种类之间的区别容易使人产生误解。

比如，欧洲和北美通常认为具有光滑皮肤的有齿水蛙以及树蛙才是蛙，而皮肤粗糙的无齿铲足蟾或者欧芹蛙以及所谓的"真蟾蜍"则被认为是蟾蜍。另外，非洲将当地皮肤光滑的水栖蛙看作"有爪蟾蜍"。在无尾两栖动物多样性与进化的大框架中，对蛙和蟾蜍的区分实际上是没有意义的。

由于其生活方式不同，不同种的无尾两栖动物具有不同的身体结构，每一种都各具特色。拥有相似生活方式的无尾两栖动物具有相似的生理特征——即使它们并非近亲。比如，斑点草蛙和美洲牛蛙都时

🅐 蓝毒蛙具有显眼的光电蓝色，这是其剧毒性的一种提示。

常出没于池塘和湖泊的边缘，都具有尖的头部、光滑的皮肤、流线型的身体、特别长的后肢以及长而有蹼的长趾。一般情况下，它们栖息在水域边缘，当被打扰时，它们会跳进水中并游走。它们的体型使得它们在水陆栖息地之间或之中都能轻易地迅速移动。

相反，大部分时间生活在水域外的无尾两栖动物，如欧洲普通蟾蜍、金蛙、达尔文蛙、巴西角蛙以及毒蛙，通常都有钝头、粗糙的皮肤、结实的身体以及短的后肢，趾间有小块的蹼。这些无尾动物适应了在陆地上跳跃的行进方式。为了躲避危险，它们要么坐着不动，要么依靠它们有助于隐蔽的体色和体型将自己隐藏起来，

所有蛙和蟾蜍中普遍凸出的双眼在西部铲足蛙（欧洲铲足蟾科）中体现得尤为明显。竖直的瞳孔使它们在身体其余部分浸在水中时能看到水面以上的东西。

或者迅速跳开，并通过不断改变跳跃方向来迷惑捕食者。生活在季节分明或者干旱环境中的不同种类的几种无尾动物是穴居动物，如穴蟾、铲足蟾、澳洲铲足蟾以及狭口蛙，典型特征是，它们的体型都不大，而且具有钝鼻部、宽而高的头部、粗壮的球状身体、短而结实的肢部以及没有蹼的趾。大多数种类用它们的后肢挖出松软的泥土，一些种类的脚上长有"铲"，可以辅助它们掘洞。

大多数无尾两栖动物适应了在各种植被上栖息，比如沼泽芦苇丛（莎草蛙和灌木蛙）、灌木丛（卵齿蟾）、树枝和树叶上（草蛙、叶蛙以及大多数树蛙），它们的身体趋向扁平，后肢比较长；它们的后趾（有时是前趾）是部分有蹼的。在许多情况下，前趾和后趾的末端是张开的，有些种类的趾末端有吸盘，这能辅助它们在植物表面上捕捉食物以及在植物上攀爬。

出乎意料的是，那些被认为是完全水栖的种类只是某种意义上大部分时间在水中度过而已，如爪蛙、苏里南蟾以及的的喀喀湖蛙。每一个种类都有

其特殊的水中生活方式，它们看起来相差很大，且没有很近的亲缘关系。最适应完全水栖生活的种类是负子蟾科的爪蛙和苏里南蟾，它们都有扁平的身体和头部、小而长在背部的眼睛、侧向伸展的四肢以及完全的蹼趾。伪蛙有尖的头部、靠近背部的眼睛、流线型体形、有力的带完全蹼趾的后肢以及长的前趾和后趾。相反，的的喀喀湖蛙是一种体型最大的青蛙，它有强壮短粗的身体和有力的后肢，以及侧腹的独特的大块松弛的皮肤褶皱，这些能够帮助它在其栖息的高纬度湖泊的冰冷的水中呼吸。

无尾两栖动物的头部与躯干直接连在一起，所以头部不能左右转动。成体有肺，可以在陆地上呼吸，但是它们获取的氧气大部分是直接通过皮肤得来的。一些种类的青蛙栖息在高海拔地区的冰冷河水中，那里的水溶氧程度很低，这些蛙具有极其松垂的皮肤，或者充满毛细血管中的发状突出物，这些改进使其用以呼吸的表面积增加，可以最大限度地吸收氧气。

绝大多数无尾两栖动物的眼睛都很大，因为它

知识档案

蛙
目：无尾目

约28科，330属，1750种。

分布： 除南极洲之外的所有大陆。

栖息地： 除了两极地区以及极度干旱的沙漠中，几乎生活在所有类型的栖地中。其成体为树栖、陆栖、两栖以及水栖。

赤道

大小： 从口鼻部到排泄口的长度为1~35厘米，但是大多数为2~12厘米。

颜色： 包括绿色、棕色、黑色、红色、橙色、黄色，甚至蓝色和白色。

繁殖： 大多数为体外受精，卵可能产在水中或者潮湿的地面上，或者在一个亲代的体内或体外发育。大多数种类的胚胎经历一个自由游动与捕食的蝌蚪时期，但是有些在卵囊内发育，并以幼蛙的形式孵化出来。

寿命： 在人工饲养的种群中，成体一般生存1~10年，但是有报道称有些蛙可活35年。野生种类的寿命情况还知之甚少。

们是依靠视觉确定食物方位的物种。除了一小部分种群，所有无尾两栖动物都有舌头。大多数种类中，舌头都像薄垫一样，且附着在嘴巴前端下颚处，这种构造使得无尾动物可以越过下颚弹出舌头，并用带有黏性的舌垫上部获取食物。

它们眼睛中有特殊的腺体用来保持眼睛的湿润，可活动的眼睑能使眼睛不沾染灰尘和泥土。绝大多数种类的眼睛后面有一个大而显眼的耳鼓（鼓膜）。蛙类是具有中耳腔的最原始的脊椎动物，这个中耳腔把声音的振动从耳鼓传到内耳中。与耳朵和跳跃运动的进化相联系的是真正的喉以及大且可以扩展的声囊的出现，这些使蛙能够产生一系列不同的声音。

温度和水流调节

蛙类是"冷血动物"（变温动物），这意味着它们虽然可以通过新陈代谢产生一些内热，但是它们还是主要依靠外部环境的热源来调节体温。它们的体温通常与环境温度相接近，并且依据气候状况，在3℃到36℃之间变动。在温带地区的低温时期，无尾两栖动物不能保持活跃，它们唯一的选择就是进入蛰伏状态。在蛰伏期间，大多数种类可以在0℃~9℃的状态下存活很长一段时期，有一些种类，如欧洲普通青蛙以及北美林蛙能产生作为组织抗冻剂的甘油，所以它们可以在温度低至-6℃的环境中存活。一些青蛙在白天伸展身体和四肢来晒太阳，以此来升高其身体温度，回到水中时这种温度又会散失掉。因此晒太阳这种情况只出现于居住在固定水域附近的种类。栖息在炎热干旱气候下的青蛙在最热的季节或一天中最热的时段会钻进洞中，以此来防止水分散失，它们只在雨季来临时或晚上才会出来。

无尾两栖动物由于其皮肤的高渗水性而经常要面对脱水的情况，因此，大多数种类在夜晚和温度低、空气湿度高时才活跃起来。当浸在水中时，无尾两栖动物可以通过皮肤、口腔内表面和肺来吸收水和盐分，但是绝大多数种类没有生理上的能力来控制它们在陆地上时身体水分的散失，它们更依赖行

青蛙和蟾蜍的8个科中的代表

1.日本树蛙。树蛙科。2.南非牛蛙。赤蛙科。3.塞舌尔蛙。塞舌尔科。4.亚洲油彩蛙。姬蛙科。5.叶蛙。雨蛙科。6.纹饰角蛙。细趾蟾科。7.海蟾蜍。蟾蜍科。8.喀喀毒蛙。箭毒蛙科。9.普通蛙。蛙科。

为适应——主要根据当时的环境状况，将身体摆成某种姿势，使表面暴露得更多或更少。栖息在干燥环境中的种类最能忍耐水分流失，北美干燥的平原和沙漠中的西部铲足蟾可以忍受身体水分总量60%的散失，而水栖猪蛙只能忍耐其身体水分散失40%。适应干燥环境的种类在补给水分方面也比生活在湿润环境中的要快得多：一些蟾蜍，如真蟾蜍和铲足蟾，就只通过蹲坐在湿润的泥土上的方式来吸收水分。这些种类身体下方的皮肤非常薄，且其中富含血管，就像一个能吸收水分的"座垫"。

许多穴居无尾两栖动物在膀胱里储存水分，这使得它们能在地下生存很长一段时间也不会脱水。当它们需要水时，水分会通过膀胱壁渗进身体。澳大利亚储水蛙的皮肤下有大而呈袋状的淋巴结，当它们完全充满水时就会膨胀，并占据身体一半的重量。这个种类和其他一些穴居种类都有黏液膜，当这个膜变硬时就能起到存水茧的作用。在干旱时期，穴居青蛙可以在几个月甚至几年里保持不活跃的状态。

在一段干旱的时期后，降低的大气压预示着即将到来的暴风雨，这会引发铲足蛙钻出地面。

一些生活在干旱地区的蛙具有特殊的生理结构和奇异的行为，以避免水分的散失。盔头树蛙具有被皮肤盖住的扩张的颅骨，这个颅骨与下面的骨骼连在一起。它们会用这个奇特的头部来填洞和封住洞口（一种被称作护穴的行为），以此来防止水分从它们的栖息地散失。一些叶蛙分泌油脂并在其皮肤上涂上黏液来形成一种几乎不渗水的屏障以防止水分流失。一些青蛙排出半固体状的尿酸而不是能带来更多的水分散失的溶水尿素。

繁殖与发育

蛙和蟾蜍表现出两种基本的繁殖模式。在大多数温暖地区的种类中，繁殖的时间取决于温度和降雨。在温带以及干旱的热带地区，无尾两栖动物为了繁殖而大规模地聚集在一起，雄性的齐鸣产生了一种在很远距离之外也能被听到的、令人印象深刻的嘈杂声。这种大规模的聚集繁育活动通常只持续几个晚上，所以这些种类被称为"激增"繁殖者。但是，居住在热带和亚热带潮湿地区的大多数种类的无尾两栖动物可以终年进行繁殖。影响其繁殖时间的最主要因素是降雨。这些热带的蛙被称作"持续"或"随机"繁殖者。

各种类迁移到繁殖场所的时间通常具有高度同步性，并且可能会涉及很大的数量。这种情况在干旱地区尤为突出——仅仅是因为那里适合繁殖的状况很少出现。相反，在潮湿的热带以及亚热带地区，无尾两栖动物通常待在它们的繁殖场所，如广阔的沼泽以及山间溪流附近。

一些种类在固定的水塘或湖泊中繁殖，表现出高度的忠诚性，它们会年复一年地回到同一个水塘中，即使一些个体被带到该地区另一个适宜的水塘中，它们仍会试图回到以前到过的水塘中。数个环境因素影响着它们迁移到繁殖水塘的行为，这些因素包括气味、湿度指数、陆地标志、天体位置，以及其他蛙类的叫声。在很长一段时间里，人们认为欧洲普通蛙只通过气味来寻找"归家"水塘，但这并不是唯一用到的线索，因为经常有报道称青蛙返回到已经被排干水、被注满水或者被覆盖建筑物的繁殖场所中。

无尾两栖动物有着极其繁多的繁殖模式。尽管基本上所有栖息在温带和干旱地区（包括一些热带种类）的无尾两栖动物都将它们的卵排在水塘中，并发育为自由游动的蝌蚪，但热带地区的许多种类会将它们的卵放在植物上、地上或者洞中。产在水中的卵群的体积与形状各不相同。在寒冷的水域中，卵堆在一起呈球状，然而在温暖一些的水域中，由于那里的氧气含量很低，卵的表面形成一层薄膜，这样每一个胚胎都能够获得充足的氧气。大多数真蟾蜍（蟾蜍科）产下成串的卵，并随交配双方在水中飘荡。

如果水位下降，产在水中的卵就面临脱水的威胁，同样，卵还会面临被鱼类和各种水栖昆虫吃掉的危险。许多种类的无尾两栖动物通过将卵产在水塘和溪流外的地方度过它们生命史中最脆弱的时段。

⬆ 一只铲足幼蟾（铲足蟾科）从它的孵化池中钻出来寻找阴凉处，以避免脱水。在美国西南部和墨西哥干旱的环境中，它们的发育期必须很短，以便在暴雨之后寻找暂时的水塘，所以这些蟾蜍已经进化出具有非常快的孵化期和幼体时期（分别为 3～4 天和 6～8 天）的特征。

⬆ 许多亚非树蛙（树蛙科）在水面上的植物上建造泡沫巢穴。当蝌蚪孵化出来时，泡沫巢就会消融，蝌蚪就掉入巢下的水中。

南美细趾蟾科的许多种类把它们的卵产在漂浮在水面上的泡沫巢中，而一些澳洲地蛙（地蛙科）将它们的卵产在水中或陆地洞穴的泡沫巢中。这种泡沫是水、空气、精子和卵的混合物，是靠雌蛙不断地踢打融合在一起的。泡沫外部暴露在空气中并硬化成像蛋白糖霜的物质，但是内部仍然保持湿润并为卵的发育提供保护性的环境。

美澳树蛙（雨蛙科）的许多种类，一些苇蛙（非洲树蟾科）和所有的草蛙将卵产在水面上的植物中或产在水中或水上的树洞或凤梨科植物里。孵化过程中，蝌蚪要么跳入巢下的水中，要么在树洞或凤梨科植物里完成其发育的全过程。雄性角斗蛙（雨蛙科）在临近水塘或溪流的沙地或泥土中挖出一个水洼并守护在那里，蝌蚪在这些水洼中完成它们早期的发育过程。

不同科中的许多种类的蛙将它们的卵产在地上，这种情况下，大多数种类的卵都没有蝌蚪时期，胚胎会直接发育成幼蛙。与产在水中由成百上千的小型卵组成的卵团相反的是，产在植物或陆地上的卵团要小得多。产在陆地上的卵个体则较大，这是因为每一个卵都必须具有足够的卵黄来满足幼体发育的需要。多数情况下，陆地上的卵会被一个亲代——一般是雌体照顾，它坐在卵旁使卵保持湿润，并防止卵被捕食。

无尾两栖动物也进化出了多种更为精心的亲代照料特性。产婆蟾的雄体将卵缠绕在它们的后腿上；在陆地上的巢穴中孵化成功后，毒蛙和塞舌尔蛙的蝌蚪伏在亲代背上被转送到水中；在一些毒蛙中，雌蛙会在凤梨科植物上产下一些未受精的卵来喂养发育中的蝌蚪；澳洲囊蛙（囊蛙属）新孵化出的蝌蚪会蠕动进入雄体身体两侧的袋子中，在那里完成生长发育过程；当达尔文蛙的卵在陆地上孵化时，雄蛙会把卵放进它的嘴里，蝌蚪在它的声囊中发育成幼蛙；在南美袋蛙以及它们的亲缘种类比如雨蛙科种群中，卵在雌体背上的袋子中发育，它们在那里长成幼蛙，但是有时候这些卵也会孵化成蝌蚪，雌体就将这些蝌蚪放入水塘中。

在非洲西部的活育蛙以及波多黎各的活育蛙中，分别进化出了最有效的亲代养育方式——雌体在一群卵中只会孵出两只幼体。在输卵管中发育的胚胎的营养供给与胎盘哺乳动物相似。

与其他两栖动物的幼体不同的是，蝌蚪具有短小、几乎呈球形的身体。以植物为主食的习性决定了它们需要一条很长的肠，这根肠具有伸展的吸收表面，并紧紧地绕成一个球状。大多数蝌蚪是食草或者吃嫩叶的动物，它们从藻类或其他水生植物上刮取食物。一些种类，如南美牛蛙的蝌蚪是肉食动物，它们的肠比食草种类的肠

在抱合过程中，雄性普通蟾蜍趴在体型大得多的雌体身上。在对于这个种类来说相对较短的繁殖季节中（栖息在温带地区的多数无尾两栖动物的特征），雄体在雌体到达之前来到繁殖水塘，它们的数量比雌体多得多。

➡ 与真蟾科其他种类相同，欧洲和亚洲绿蟾在水下产下长串的小且有色的卵。产下的卵会孵化出自由游动的蝌蚪。

短得多。

大多数蝌蚪也同样能够从水中过滤进食，它们能够只靠水中的藻类和其他小的颗粒为食存活数月：水被吸入嘴里，通过一个能够过滤浮游生物的特殊结构，最后从一个管道——鳃孔将这些水排出去。蝌蚪具有内鳃，所以能够从水中吸取氧气。

大多数蝌蚪的嘴部包括一对肉质的唇以及成列的角质"牙齿"，这些牙齿就像梳子上的齿一样。牙齿（跟成体的颚齿不同）的数量和外观各异，是种类鉴别的重要特征。爪蟾和苏里南蟾的蝌蚪具有肉质、管状的以及感觉丰富的皮肤或触须和触角。为了感知水压的改变和水的波动，蝌蚪具有侧线器官——一系列整齐地排列在头部和身体上的特殊感官细胞（神经丘）。在一些完全水栖的蛙如爪蟾中，成体仍然保留有侧线系统。蝌蚪阶段的持续时间各有不同，一些种类只持续数天，而有的寒冷地区的种类会持续3年。

保护与环境

世界上许多地区的人都食用蛙腿，但这些蛙腿通常是作为美食家的一道佳肴而不是一种主要的营养来源。在欧洲，像沼泽蛙和塘蛙这样的可食蛙类是餐桌上的主要品种。现在大多数食用蛙都是从发展中国家进口的。大多数种类的蛙实际上都可以食用，但出于经济目的，体型较大的蛙如美洲和亚洲牛蛙成为市场上的主角。不幸的是，当这些物种被引入养殖时，往往会造成本地其他蛙种群的消失。

蛙广泛地用于教学和研究，对蛙类的解剖学、生长发育以及生理学的研究极大地增加了我们对脊椎动物进化史的了解。作为实验用动物，无尾两栖动物在生物医学上很重要。对无尾两栖动物的研究阐明了器官移植的合适方法，而且它们曾被广泛运用于人类受孕测试。随着科学技术的发展，人们还可以从有毒的蛙类中提取生物碱来生产治病的药物。

尽管人类从研究蛙类中获取了很多好处，但是人类活动对这些动物的影响一般是负面的。最有害的是对栖息地的破坏，其次就是由于人类活动而导致的全球气候变暖。蛙类超过3/4的种类栖息在热带雨林中，而现在热带雨林被破坏的速度极快。人们开辟土地修建房屋、排干沼泽和湿地、截断河流来形成湖泊、产生的酸雨以及作为核电站冷却过程中被加热的水，所有上述这些人类活动和后果都给蛙种群带来了不利的影响。农作物中杀虫剂以及除草剂的使用也造成了一些蛙种群的死亡。当成体食用了被污染的节肢动物时也会受到影响。排放的某些化学物使得水塘、溪流以及湖泊不再适合蝌蚪发育。研究表明，一种名为壶菌的真菌是导致世界上许多蛙种群消失的罪魁祸首，这种真菌侵袭成蛙的皮肤和发育中的蝌蚪的嘴部，其突然出现的原因还未被人类所知。

尾蟾科

两种有尾蛙栖息在北美西北部山区有鹅卵石底的冰冷的山间急流中。它们是现存最原始的无尾两栖动物之一，有9个骶骨前椎骨、1个前耻骨、未固定的肋骨以及残留的摆尾肌。有尾蛙是夜行动物，它适应了湍急溪水的生活环境。雄蛙的泄殖孔演化形成了一个插入的器官（即所谓的"尾巴"），可以将雄蛙的精子导入雌蛙体

处于变态高级阶段的绣锦盘舌蟾蜍。在这个阶段，即孵化后的几周，它们的前后肢已经发展得比较好，眼睛也比较凸出，但尾巴还没有被再吸收。盘舌蟾蜍只在欧洲西南部和非洲北部的海岸边缘生存，该种类还能忍受咸的海水。

内，这种体内受精方式保证了精子不会被水流冲走。雄蛙在繁殖季节具有变大的长的前肢，这使它们在交配期间能够抱住雌体。受精卵被成串地存放在溪水中岩石的下面。蝌蚪发育得很慢，需要1～4年的时间进行变态，幼蛙直

到7～8岁后才达到性成熟。蝌蚪长有数排小齿状的牙齿和大且有吸附力的口盘，这种口盘使它们能吸附在溪水中的岩石底面并且从其表面刮取食物。

盘舌蟾科

产婆蟾和油彩蛙主要栖息在欧洲。油彩蛙除具有圆的或三角形的、而不是水平状的瞳孔外，其他都与真蟾蜍很类似。它们的耳鼓不明显，舌头是盘状的。雄蛙在抱合时会紧紧抱住雌体的腰部，在繁殖季节，雄体的趾部、下颌以及腹部都长有婚垫。它们整天都很活跃，经常蹲坐在它们繁殖的水中，把头探出浅水面。对雄蛙叫声最贴切的描述就是，像一阵轻轻的笑声。

当遭到蛇或其他捕食者的侵扰时，黄腹蟾（铃蟾属）就会将四肢向上举，露出腹部和足底鲜艳的颜色，它们通过这种防御性姿势来抵御捕食者。这种姿势被称为"曲体反射"。

产婆蟾身体短而粗，皮肤很粗糙。普通产婆蟾一般只出现在欧洲西部的林地、花园、采石场以及海拔高达 2000 米的岩石地带。它们主要在夜间活动，白天就藏在用前肢挖掘出的浅坑处或圆木下的裂缝中。产婆蟾基本都生活在陆地上，甚至连交配都不在水中进行。这个科中所有种类的雄蛙在抱合过程中都会紧紧抱住雌体的腰部，除了产婆蟾以外的种类在繁殖季节中都具有大的婚垫。

雌体排出成串的大的卵，雄体用腿抓住这些卵，并把它们缠绕在后肢上。它们一直这样携带着这些卵持续数周的时间，偶尔回到水塘中使卵保持湿润。当胚胎将要孵化出来的时候，雄蛙就把这些卵放到浅水中。人们还发现，掘穴的伊比利亚产婆蟾出现在西班牙中部和葡萄牙的沙地中，马略卡岛铲足蟾只栖息在巴利阿里群岛的马略卡岛上，它们是已经濒临灭绝的物种。

角蟾科

亚洲蟾蜍蛙出现在亚洲东南部及那里的岛屿上。一些种类生活在溪流边上，它们的蝌蚪适应溪流中的生活，拥有能吸附的大嘴和低鳍。马来西亚角蟾和它们的亲缘种类的每一个上眼睑上以及口鼻处都长有肉质的"角"。它们的身体上有各种形状的棕色斑，皮肤上有棱纹，所以它们看起来很像枯叶。当它们蹲坐在森林地面上时，隐蔽的颜色使它们很难被发现。而下暴雨的时候，当雄蛙蹲坐在浅水中并发出非常嘈杂、机械的"叮当"声时，它们就很容易被发现了。许多角蛙的蝌蚪具有大而朝上的嘴，这可以让它们在水面上捕食。

铲足蟾科

铲足蟾一般只生活在欧洲和亚洲西部的干旱沙壤地区，它可以用长在每一个后肢上的角质化的节（铲）来挖掘。成体只在夜间活动。白天以及长期干旱时期，它们都藏在深洞里，在那里它们不用担心水分会大量散失。在夏季温暖潮湿的晚上，它们钻出洞来捕食，几乎所有种类的陆栖节肢动物都是它们捕食的对象。在非繁殖季节，成蛙不经常活动，而是蹲坐着等待猎物送上门来。东方铲足蟾的活动范围据估计不超过 9 平方千米。

马来西亚的角蛙依靠高效的伪装，蹲坐在热带雨林地面上的落叶中等待食物到来，这些食物包括无脊椎动物和体型较小的青蛙。

铲足蟾的繁殖活动发生在春天，在几个温暖的日子过后，伴随着第一场大雨的开始，偶尔会大规模地出现。在两天的时间内，雌性便完成产卵且都消失了。当许多雄性聚集在一起发出叫声时，这种大而刺耳的声音在两千米外的地方都能听得到。有时候雄性会和雌性打斗，雌性在打斗中可能会被雄性后肢上尖利的铲弄伤。卵被产于暂时形成的水塘中，孵化过程在几天内就能完成。北美铲足蟾的蝌蚪在 1 ~ 3 周内完成它们的生长发育过程，但是欧洲铲足蟾的蝌蚪发育则需要更多的时间，有时也许需要整个冬季。蝌蚪通常以大规模聚集的形式四处游动，并且以悬浮的有机美国南部土生绿树蛙白天栖息在大树叶下或其他潮湿的地方。如图，这只绿树蛙躲在猪笼草中乘凉。

物为食。一些居住在沙漠中的铲足蟾蝌蚪长出了和以浮游生物为食的同类蝌蚪不同的颚和牙齿，并会变成同类相食的物种。这些蝌蚪能长得更大，一般会达到10厘米。因为一个水塘中有两种不同类型的蝌蚪，所以沙漠铲足蟾要做好面对不同危险的准备。如果下了更多的雨，以浮游生物为生的蝌蚪就会茁壮成长；如果雨水不充裕，同类相食的物种就会捕食束手无策的草食动物。

细趾蟾科

细趾蛙分布在美洲南部、中部以及西印度群岛，其种类众多，包括角花蟾亚科中体型较大、肉食性的蟾和阔嘴蟾，它们中的许多种类如巴西角蟾的上眼睑都长有角状突出的薄片。在这些蛙中，体型较大的蝌蚪也属肉食性动物。

细趾蟾亚科包括许多将卵产在泡沫巢中并孵化出自由生活的蝌蚪的种类。该科中波多黎各的白唇蛙以一种特殊的方式交流，除了发出唧唧声外，雄蛙在地面上鸣叫时还会通过声囊的不断振动而产生一种震波。附近的雄蛙对地面传来的振动很敏感，当它们觉察到这种振动时，会发出更快频率的叫声来呼应对方。雄蛙可能利用这种波来估算与对手之间的距离。

池蟾亚科中的许多种类是安第斯山脉中的水栖池蟾种类。其中，的的喀喀湖蛙已经适应了生活在氧气溶解度很低的冰冷湖水中。它们有极其松垂的皮肤作为呼吸器官。约有700种卵齿蟾居住在湿润的环境中，它们在陆地上产卵，这些卵直接发育成幼蛙。实际上，波多黎各胎生蛙直接产下幼蛙，为数不多且体积较大的卵是在输卵管中完成发育过程的。

该科中部分种类的蛙仅分布在巴西东南部，它们大多数栖息在溪水边，在水中产卵，卵在水中孵化成蝌蚪，其中的一部分已经适应了在急流中的生活。

蟾蜍科

真蟾蜍、多色斑蟾及其亲缘种类分布在除马达加斯加以外的世界上所有地区，澳洲则仅有一种引进的种类。这些蟾蜍主要是陆栖，但有些是两栖或者水栖动物。该科中最多的种类——蟾蜍，通过小跳移动；有一些种类是靠跑来移动，如黄条蟾蜍。没有哪个种类可以靠跳跃逃过捕食者的袭击，但是皮肤毒素弥补了这个缺陷。具有防御性的皮肤毒素集中在蟾蜍科动物头部后方突出的类似腮腺的腺体中，一些大的种类腿上也有毒素腺。

蟾蜍科的成员生活在半湿润地区，它们的繁殖季节非常短暂，换言之，它们属于"激增"繁殖者。雄蟾蜍在浅水中发出叫声，它们会在那里紧抱住任何漂浮的小物体，并为争夺条纹叶蛙具有细长的四肢，这是树蟾类种类特有的特征。叶蛙是跳跃高手，但它们往往沿着树枝行走。

雌蟾蜍进行激烈的打斗。在繁殖季节，黄条蟾蜍中，雄蟾蜍在临时形成的水塘边高声鸣叫，以吸引雌蟾蜍的注意。

通常情况下，在水中被植物围着的蟾蜍科成员念珠状卵串中存放有许多微小的卵（在海蟾蜍种群中，每串大约有 1 万枚卵），这些卵被孵化成自由游动的蝌蚪，它们在 2 ~ 10 个星期中完成变态。亚洲东南部的侏儒蟾蜍产下几个卵黄很大的卵，这些卵在森林地面满是雨水的小坑中发育成长，并孵化成不进食的蝌蚪。许多多色斑蟾都有鲜艳的体色，它们的体色和毒性可以与一些毒蛙相抗衡。

斑蟾的一个种类具有很长的抱合时间，创纪录的一对抱合时间达 125 天。

栖息在中美洲和南美洲的多色斑蟾以及东南亚的细长斑蟾将卵成串地存放在水流湍急的溪流中，它们的蝌蚪有大的吸附嘴，可以黏附在溪水中的岩石上。该科中一些种类将卵产在陆地上，这些卵直接发育成幼蟾蜍。非洲胎生蟾的发育过程是，从体外受精和在陆地上产卵，再转换到体内受精到胎生。

箭毒蛙科

箭毒蛙科的大部分种类都是昼行性陆栖动物，它们生活在中美洲和南美洲的热带丛林中。几乎所有无尾两栖动物的皮肤腺体中都或多或少有一些毒素，但是在一些毒蛙种群中，它们的毒素含量很高，它们的每个前趾和后趾上表面都长有一对片状的鳞甲。无毒种类如香毒蛙属、圆胸蛙属、侏毒蛙属成员具有易于伪装的体色，而有毒种类如箭毒蛙属、叶毒蛙属、地毒蛙属和怖毒蛙属成员则具有鲜艳的警告性体色，包括绿色、蓝色、红色或夹杂着深色斑点和条纹的金色。

箭毒蛙属是迄今为止发现的颜色最鲜艳的种群。即使在一个种类的蛙中，也有不同的色彩变化，如图中小丑箭毒蛙的两种颜色变体。毒蛙广泛分布于中美洲和南美洲北部的雨林中。

在沼泽地大量的凤眼蓝叶中间，一只成年大牛蛙抓住了一只西方束带蛇。这种广泛分布于北美洲的种类的猎物还包括龙虾、米诺鱼、昆虫以及小型蛙。

它们在湿润的地上产下由较大的卵组成的小卵团。圆胸蛙属中一些种类的卵被孵化成不进食的蝌蚪，这些蝌蚪在巢中完成它们的生长发育过程。箭毒蛙属中大多数种类的卵被孵化成蝌蚪，这些蝌蚪爬到照料它们的亲代背上，而亲代则带着它们到河流或溪水中，或者到凤梨科植物、果壳、圆木中的水洼中去。一些箭毒蛙的种类中，雌蛙带着蝌蚪，并产下一些未受精的卵给蝌蚪食用。许多箭毒蛙都极具挑衅性，包括发出叫声和改变体色（在雄蛙中）、摆出姿势、追击、攻击以及搏斗（两种性别中）。同种同性别的蛙之间还会出现长时间的打斗场面。

雨蛙科

美澳树蛙在美国、澳大利亚以及新几内亚的种类最为多样，大多数种类的趾端长有大而有黏着力的肉垫，这些肉垫用来攀爬和抓住植物。它们晚上在植物间很活跃。大多数澳大利亚和新几内亚澳雨蛙属亚科的种类会把卵储存在水中，但是有一些种类会将它们的卵储存在水面上的植物上。所有的种类都有自由游动的蝌蚪，这种情况对于分布广泛的美洲雨蛙亚科也是如此。

但是，有一些种类会将它们的卵存放在凤梨科植物上或树洞中，在这些种类的一些种群如中美洲的棘无囊蛙和亚马孙河流域的骨首蛙中，蝌蚪以雌蛙产下的额外的卵为食。

大多数叶泡蛙亚科成员的体型都较大，体色鲜艳，它们栖息在中美洲和南美洲的低地雨林和山区云林中。卵被产在水面之上的树叶上，新孵化的幼体会掉进水中，并以蝌蚪的形式在水中完成生长发育过程。在产卵过程中，一些叶泡蛙种类会将卵包裹在树叶中，并将充满水的囊放在上面，在卵的发育过程中，囊中的水将被传送到胚胎中。

最特别的繁殖模式发生在扩角蛙亚科中的孵卵

蛙中，受精卵被置于雄蛙的背上或背上的袋子中，包在大且呈薄片状的腮里。所有这些种类的卵都被放置在亲代背上，卵直接发育成幼蛙。南美袋蛙（囊蛙属）中大多数种类的情况也是如此。但是栖息在安第斯山脉上的一些袋蛙，卵则是被孵化成蝌蚪。这些种类的雌蛙将蝌蚪带到水中，蝌蚪在水中进食并在数月后完成生长发育过程。碟背蛙的卵会被孵化

扁平的脚趾肉垫能产生黏液，使蛙能"胶着"在表面光滑的叶和树枝上。

大眼睛

"手指"帮助树蛙抓紧树枝。

↑ 澳大利亚树蛙

出已到发育晚期的蝌蚪，它们被放置在凤梨科植物上或树洞中，这些不进食的蝌蚪在数天中完成它们的生长发育过程。

多指节蟾科

南美洲的水栖不合理蛙能很好地适应其生存环境。它们的眼睛长在头顶，后肢强健，趾细长并完全由蹼连住。多指节蟾科数量最多且最有名的种类是奇异不合理蛙（又称奇异多趾蟾），这个种类的俗称源自它们独特的生长发育过程。不合理蛙蝌蚪的体型通常很大，有时体长会超过 22 厘米，但是它们变态到成体时体长只有 6.5 厘米。

趾蛙科

大多数玻璃蛙是体型很小、皮肤呈绿色的无尾两栖动物，其体长大约为 3 厘米，主要栖息在中美洲和南美洲的山区雨林中。但是，趾蛙科中有两个种类非常强壮，体长能达到 7 厘米。在某些种类中，其腹部的皮肤是透明的，所以它们体内的器官能看得见。这些夜行树栖青蛙的趾上拥有扩展的趾尖，它们靠悬垂在溪流中的植物为食。生活在陆地上的雄蛙会守护它们的鸣叫场

所——树叶的上叶面或下叶面。卵则被放在叶面上。在一些种群中，雄蛙会伏在卵上守卫着卵，孵化出的蝌蚪会落入溪水中。

蛙科

所谓的"真蟾蜍"是蛙的所有科中分布最广泛的一种，它们生存在除了两极地区、大部分大洋洲地区以及南美洲之外的几乎所有地区。这个科的种类包括了已知的最大的青蛙——西非的巨蛙，其体长达 30 厘米。许多种类有长而强健的腿，而且后足通常带蹼，它们流线型的身体最适合跳跃和游水。该科两栖种类的皮肤通常光滑，呈棕色或绿色；其他一些种类则是陆栖，另一些为穴居，有一些是树栖。该科很多种类都能在

含盐的水中生活，食蟹蛙栖息在含盐且长有红树林的沼泽中。

大多数种类将卵产在水中，成蛙很少会远离水域。一些种类在一年中的数月都可以繁殖，雄蛙会建立交配领地。但是，许多栖息在温带的种类只在一年中水塘上的冰融化后的初期的几天里繁殖。在繁殖季节中，许多种类的雄蛙为了抓牢雌蛙，在它们的趾上长出了粗糙胀大的肉垫。欧洲普通青蛙和它们的北美同种的林蛙，会把球状的卵团存放在一个公共的卵群中，这个卵群可包含成千上万独立的卵团。共同产卵可能是为了使卵不致在春季被冻死，它们小而黑的胚胎从阳光中吸收热量，并且浓稠的胶状体会帮助它们隔绝寒

玻璃蛙中相对正常的一个种类是网蹼或有蹼玻璃蛙（小附蛙属）。这种蛙攀爬能力高超，栖息在巴拿马峡谷的云林中。

冷。卵群中的温度可能达到6℃，比周围的水温要高一些。

栖息在所罗门群岛的陆栖顾氏角蛙以及菲律宾的扁手蛙的一些种类，将卵产在陆地上，卵直接发育为幼蛙。斯里兰卡的昏蛙中的一些种类将卵产在溪流之上的树叶上。婆罗洲神山湍蛙把卵产于山间溪流中，其蝌蚪腹部上长有一个吸附器，这个吸附器能让它们粘在湍流中的岩石上。在蛙科中，提供亲代照料的种类很少，方式各异。夜蛙中的雄蛙在溪流上方的树叶上守护着它们的卵；婆罗洲脆皮蛙的雄蛙守护着它们产在陆地上的数窝卵，蝌蚪趴在雄蛙的背上被带进水中；大型非洲牛蛙的雄蛙（箱头蛙属）守护在蝌蚪生长发育的水塘边。

树蛙科

从马达加斯加的具有鲜红色、黄色以及橙色体色的曼蛙到非洲和南亚的大型树栖种类，亚非树蛙种类繁多。大多数种类会建造泡沫巢。在南非灰树蛙中，几只雄蛙会抓着一只雌蛙并且拍击泡沫巢，这显然是为了竞争对卵授精的权力。马达加斯加曼蛙是昼行陆栖种类，它们的皮肤分泌物有毒，与毒蛙相似。然而，除了拥有与毒蛙表面的相似点外，其鲜艳的体色也是趋同进化的证据，但并不表明其具有亲缘关系。曼蛙在潮湿的地方产下有大卵黄的卵，大多数蝌蚪在溪水中生长发育。马达加斯加指蛙包含多种繁殖方式的种类，如在树上产卵、在溪水或池塘中生长的蝌蚪的种类，拥有在陆地的巢中发育的蝌蚪的种类，或直接发育为幼蛙的陆栖种类。

姬蛙科

狭口蛙包括陆栖和树栖两种，广泛分布于澳洲北部、南美洲。许多体型小且粗短，它们用细小的头部和短小的腿来掘洞。许多树栖的趾部上长有辅助攀爬的盘。大多数陆栖种类生活在地下，直到大雨后才到地面上繁殖。这些种类的特征是把卵产在水中，将卵孵化成缺乏角质化嘴部的蝌蚪。另外一些陆栖种类在陆地上产下一些卵黄丰富的卵，这些卵直接发育成幼蛙。非洲球状雨蛙（短头蛙种）的卵在地下洞穴中发育成为幼蛙，马达加斯加的一些树栖种类则把它们的卵置于树洞或叶腋中，这些卵在雄蛙的照看下发育成不进食的蝌蚪。

在野外的具有鲜艳体色的安东暴蛙是一种狭口蛙，只生存在马达加斯加西北部，由于栖息地减少，它们已被列为易灭绝物种。目前，这个种类已被大规模地人工养殖。

第 5 章

稀奇古怪的爬行动物

处境危险的爬行动物

当人们开始与动物共享居住空间时，就把爬行动物作为食物了。爬行动物（或用它们做成的产品）同样还有其他用途：用在土著居民传统艺术品上（如用新几内亚蜥蜴皮制作的鼓皮）；用在装饰品上（使用海龟壳）；用在时装制作和其他物品上（鞋、外衣、表带、手提包）；作为宠物；作为控制啮齿动物数量的工具；用于医疗目的和医学研究。

这些用途间并不相互排斥，比如，蛇肉可以起到药疗的作用，同样它们的营养价值也很高。实际上，在亚洲，人们认为海龟和蛇类器官具有医疗和壮阳功能，在这类观念的驱使下，人们对爬行动物进行大量的商业性开发。传统因素同样也是捕捉爬行动物的一个原因，比如，在美国西南部的农村地区，围捕响尾蛇在过去的一种礼仪中一直有着重要的意义。

在数千年间，当人口数量还很少且技术水平很低的时候，局部地区的人们为了谋生会对爬行动物进行捕捉，这对种群不会造成很大的影响。但是，当人口数量增加、市场扩张的时候，这种捕捉转换成一种系统性的买卖，驱使人们大量捕捉爬行动物，甚至超出了可承受的限度。虽然可承受的限度很难评估，但原则上应该不威胁到种群的持续生存。可承受限度难以评估的另一个原因是种群数量会因其栖息地的频繁改变而受到影响。

过度开发利用

在数个世纪中，世界各地的各爬行动物种群一直遭受着人类过度利用的危害。海龟数量的下降就揭示了国际贸易所产生的负面影响。从 17 世纪起，人们就把活的绿海龟从加勒比海运到伦敦，它们在那里被人们做成美味的汤品。从 20 世纪初到 20 世纪中叶，世界许多地区的巢居海龟种群主要供应给欧洲各个城市，海龟产品被用于食品贸易。除了肉、软骨以及卵，海龟同样为人类提供了油和皮革，或者被当作收藏品进行买卖。

美国佛罗里达一个农场中的美洲短吻鳄的幼鳄。在国际自然保护联盟（IUCN）的鼓励下，将鳄鱼作为一种可更新的资源适度利用有助于保护野生种群。在许多国家如美国、埃及、巴布亚新几内亚以及澳大利亚，经营鳄鱼和美洲短吻鳄农场已成为一桩大生意，每年的产值超过 2 亿美元。仅在佛罗里达地区，就有超过 30 个农场每年生产 136 吨鳄鱼肉和 1.5 万张皮革。

蛇与爬行动物皮作为传统药物在发展中国家的市场上出售是一个非常普通的场景。图为南非约翰内斯堡的新城镇区的一个市场上展示的待售的爬行动物皮。

全球和地区范围内的需要（主要由巢居雌性海龟所提供）造成了海龟数量在一段时间内大范围的衰减。由于雌龟发育成熟较晚，存活时间较长，并很少会到新的海滩上去，所以减少的巢居雌龟数量不能迅速恢复。因此，即使大多数海龟已被列到《濒危物种国际贸易公约》（CITES）（该公约从 1975 年起就开始生效）中，而且这些条款也的确在帮助维持一些动物的种群数量上起了作用，但在加勒比海一些地方和地中海东部地区，这些巢居海龟的数量仍没有恢复。

和海龟命运相反，CITES 列举的允许采用适当方式管理的种群进行贸易的条款，很大地促进了诸如鳄鱼、凯门鳄、美洲短吻鳄产品的交易。这些种类成熟时间相对较早，并可以圈养，人类也可以监控野生种群的情况。对这些种类的管理和利用为包括巴布亚新几内亚在内的许多地方的农村发展作出了贡献。

对世界上许多爬行动物来说，由于成了人类的食物，使其局部种群数受到了影响，而其他一些因素如栖息地的丧失、作为宠物被收集、皮革交易，也对加剧其衰减有更重要影响。热带地区的农村人只是偶尔收集海龟或其他爬行动物，但是这种活动在发达国家，特别是在北美和欧洲一些国家中却广泛存在。由于需求量很大，这些需求能给那些拥有这些资源的较贫穷国家带来可观的经济收入，而且因为缺乏政治干预或政府手段，所以还无法将这些捕捉行为维持在目标种群可承受的限度内。比如，20 世纪 70 年代，成千上万的海龟被从地中海地区出口到欧洲北部和中部地区，这对海龟种群的影响非常大，以至于 CITES 和地方法律条文很快禁止了这些贸易。

特殊用途

近年来，人们的主要注意力已转移到栖息在亚洲的具有多个种类的陆龟和淡水龟身上。已有证据显示，这些龟种群数量已大规模地衰减，甚至一些种类在局部已灭绝，而这是人类为了满足食用和医疗目的对它们大规模捕捉导致的。因为这种交易是不规范的，所以有关的记录也是不完善的，但是可以了解到，中国每年都要从其邻近的东南亚和南亚各国进口数千吨的活海龟。这种状况在非洲和美洲各国也同样存在，例如，美国拟鳄龟也陷入了危机之中。

同时，医学的发展是造成爬行动物被过度开发的又一新原因，它们被用于医学研究。人类已经研究了爬行动物的身体结构和生理机能，包括血液循环系统和免疫系统，毒蛇的毒液特性也被专家研究，用于人类的维生素新陈代谢、神经肌肉传导、血压调节以及治疗血栓等方面。分离出的毒液中的关键成分有时会促进重要药物和新的生物鉴定方法的发展。

背负盔甲成功进化的龟

龟可能是世界上最容易被辨识的脊椎动物，是唯一一种有一张包含肋骨和皮骨的壳，且壳中有肩胛骨的脊椎动物。这种关键的形态变革出现于2.2亿年前的三叠纪时期，早于哺乳动物、鸟类、蜥蜴、蛇和开花植物，与最早的恐龙同时出现。这种奇异的结构可能是（至少部分是）龟持续成功地进化以及超越恐龙时代的原因。

软壳龟的胸甲和背甲上覆盖着一层革质皮肤而不是骨质的盾片。作为一种高度水栖物种，它们有长的颈部和像通气管一样的口鼻部，这使得它们不需要到水面上来就可以呼吸。图中为一只棘鳖。

龟有许多共同的特征：没有牙齿；体内受精；雌龟在修筑的巢中产下有壳的（有羊膜的）卵，并且具有许多相同的生命体征，例如晚熟、极长的寿命以及成体的低死亡率。这些特征使得它们特别容易受到人类活动的威胁，而在它们存在的2亿多年间，人类也是唯一威胁到它们生存的生物体。事实上，人类对这种动物的影响已经到了一个危急的时刻，据官方统计，大约有44%的龟种类已经被列为濒临灭绝、濒危、易危的物种。

由于龟具有非凡的多样性，所以这种局面就显得更加不幸。

有的龟能利用洋流和地球磁场迁徙到4500千米远的地方筑巢；有的龟会大规模集结，在48小时内会有多达20万只雌龟在同一个狭小的海滩上产卵；有的龟可以在单个繁殖季节中产下每窝多达100枚卵的11窝卵，有些甚至1窝可以产下258枚卵。

龟的独特之处　还表现在繁殖行为以外的方面：一些新孵化出的幼龟能够在其窝中的温度低至 −12℃ 的冬季存活下来；有的不同龟种类可以杂交并产下可存活的后代；有的种类能在与空气隔离的水下存活或者可以潜至海平面1000米以下的地方，而另一些种类能在海拔高达3000米的地方生活；在身体尺寸上，龟壳的长度范围为8.8厘米至最长的244厘米！我们怎么能够对有如此多样性的物种的衰落置之不理呢？

龟壳

没有任何其他的脊椎动物进化出像龟壳一样的盔甲。龟壳通常包含50~60块骨，由两部分组成：覆盖于背部的背甲和覆盖于腹部的胸甲（由7~11块骨组成）。这两部分由胸甲两侧的延伸部分形成的骨质桥连接在一起。

背甲由源自皮肤真皮层的骨形成，这些骨相互融合并与肋骨和脊椎骨连在一起。源自表皮层的大块盾甲覆盖并加固了龟壳的骨架。胸甲是由肩带（锁骨和锁间骨）的某些骨骼、胸骨以及腹膜肋（腹部肋骨，跟现存的鳄鱼和楔齿蜥体内的一样）演化而成的。肩带的其余部分转到龟肋骨的内部——现存和曾经存在的其他脊椎动物都没有此特征。

如此成功的保护性盔甲已经成为龟身体结构的基础。其他适应性都围绕着这个盔甲构建，这种盔甲决定了它们的寿命，也限制了它们运动的方式。由于壳的存在，可以跑、跳、飞的龟在进化过程中都被淘汰，但是龟种群中仍出现了一定的适应性分散。一些龟开始是半水栖的沼泽居住者，后来演化为完全陆栖，居住在森林、草地以及沙漠中；另一些种类则变成更为彻底的水栖种类，生活在湖泊、河流、河口以及大海中。

龟壳的结构。1. 横截面。2. 纵截面，显示了盆骨带和胸骨带的排列。

具有讽刺意味的是，这个最初引导它们成功生存的笨重的壳，其规模在现存的一些种类中已经大大减小了。体型较大的龟仍保留有大块的壳，但是由于壳中的骨变薄而减轻了重量；坚固轻质的鹅卵石状盾甲和拱形状的壳而不是沉重的骨增加了龟壳的强度。

在一些龟的种类中，特别是高度水栖种类如鳖和海龟中，壳骨的尺寸已经大大缩小，在骨之间留下了较大的空间（囟门）。最极端的例子就是革背龟，成龟没有表皮盾甲，只在其革质的皮肤中镶嵌有小块的骨质板状甲片。看上去，龟壳减小的主要优势是减少了生长和维持这个笨重的壳所造成的生理机能上的损耗，并降低了陆栖种类运动的能量消耗，以及增大了水栖种类的浮力。

不同的生活方式和生态环境造成了龟壳结构的另一些改变。陆栖龟类普遍长有高耸的拱状壳，以此作为一种防御武器来抵御捕食者对其猛烈的扑咬。水栖龟具有拱度较低且更具流线型的龟壳，在游水时能减少水的阻力。有的鳖长出了特别扁平的壳，这使它们在栖息的水域中能藏到水底的沙地和泥土里。但是也有例外，陆栖的非洲东部饼干龟的壳就不是拱形而是极扁平的，这让它们能够钻进其岩石栖息地的狭缝中。凭借其四肢的力量和壳中骨骼自然的弹性，一旦这种龟楔入岩石缝隙中，就很难把它拔出来。另一方面，水栖种类如产自亚洲的潮龟、安南龟和佛

因其背部盾甲上的斑点图案而得名的豹斑象龟是一种产自非洲南部和东部地区的大型龟。

生活在澳大利亚北部的名副其实的蛇颈龟通过把头和长颈水平缩进壳的外部边缘来保护头和颈部。侧颈龟亚目中所有的种类都普遍具有这种能力，因此又有"侧颈龟"之称。

罗里达锦钻纹龟，因为与庞大凶残的鳄鱼居住在一起，丧失了流线型的龟壳，进化出具有高拱形且加固的壳。幼龟的壳发育得很慢，其壳中骨骼还未完全成型。然而，骨质壳的保护功能会随着年龄的增长而加强。某些种类幼小、骨骼较软的幼龟进化出凸出的表皮层刺，大多长在壳的边缘，以抵御捕食者的袭击。这种适应性的最极端的例子是东南亚太阳龟，这种龟的外形几乎呈圆形，每处边缘盾甲都变得很薄，成为刺，这种龟的幼龟还有嵌齿轮状尖牙。枯叶龟和拟鳄龟的壳上长有肿块状物和凸脊，这些伪装物使它们看起来像是无生命的物体一样。

许多龟都已进化出灵活的壳，壳的运动是靠骨骼之间不同程度的运动产生的。一个最普通的变异是绞合胸甲的出现。不同种类的龟，包括印度箱鳖、美洲和非洲泥龟、亚洲和美洲盒龟、马达加斯加和埃及陆龟，都已进化出一个或两个胸甲的绞合部。非洲褶脊龟的背甲上而不是胸甲上有绞合部。绞合部使得这些龟能够把壳闭合，从而保护脆弱的身体部位。毋庸置疑，这种结构能抵御捕食者的袭击，防止身体水分流失，这也是绞合胸甲起到的最重要的作用——很少具有绞合胸甲的种类是完全水栖的。

某些池塘和河流中的龟的骨骼间移动幅度较小，一些种类，如亚洲叶龟、东南亚六板龟、新热区林龟，其胸甲上具有部分的绞合部，胸甲和背甲主要由韧带而不是骨骼连在一起。它们的胸甲可以略微活动，但是不能接近背甲开口处。这种灵活性在龟产下大且脆壳的卵时显得非常必要，因为这些卵太大而很难从壳开口处顺利产出。在许多亚洲龟种类中，包括柯钦蔗林龟、太阳龟、三棱黑龟，只有成熟的雌龟才有可活动的胸甲。

某些头部较大、攻击性较强的种类，如拟鳄龟和新热带麝香龟，由于骨骼减少以及和背甲连接的韧带的作用，它们也具有可移动的胸甲。这些种类胸甲的灵活性使它们在张开下颚时也能把很大的头缩进壳中，这使它们的防卫固若金汤，甚至无懈可击。

很早的时候，龟为了把头缩回胸甲和背甲之间前方的开口处，就已进化出了两种独立的机制。所有的龟都有8块颈椎骨，但是一个主要的目——侧颈龟亚目的龟将头水平方向缩进身体侧部，从而使得颈部和头部一些暴露在壳的前方。这个目包括蛇颈龟，它们中的一些龟的颈比龟壳还长。另外一个目——潜颈龟亚目的龟通过将颈部向后折叠成一个紧绷的竖直"S"形来缩回头部。这些龟的大多数都能将头部完全缩回到壳中，甚至能够把四肢肘部全部聚拢在鼻子前，从而进一步保护头部。现存龟的3/4都属于后一种目，包括所有的北美、欧洲以及亚洲大陆上的龟。

运动

  龟是出了名的行动缓慢的动物，当然，大部分龟是由于极大地受到了大而笨重的壳的限制，所以行动缓慢。沙漠龟移动速度为每小时 0.22 ~ 0.48 千米。查尔斯·达尔文测出一只加拉帕戈斯巨龟移动速度为每天 6.4 千米。但是海龟在水中能够快速地游动，就如同人在陆地上行跑一样，其时速超过 30 千米。

  龟的四肢能够准确地表明其栖息地以及运动方式。最能适应陆地的陆龟长有巨大的足，脚趾很短也没有蹼。擅长掘洞的哥法地鼠龟，它们的前肢非常扁平，就像挖掘的铲子一样。

  水栖龟和其他龟的不同之处在于其足上有被肉质和膜状的蹼连在一起的较长的脚趾，这使它们在水中能迅速前进。水栖龟可以在水底行走或游泳移动。水底行走的龟的移动方式与它们在陆地上的行动方式相同。枯叶龟、东南亚盒龟、鳄龟以及泥龟都把水底行走作为其行动的主要方式。游泳的种类如滑鳖、潮龟以及中美洲河龟，都可以在河底行走，但它们通常会用四肢轮流划水。大部分拍击力是靠同时收回相对的前肢和后肢来提供的，这种方式在保持移动方向的同时，也能产生推力。

  海龟和猪鼻龟是最专业的游泳者，它们的前肢已经变成鳍足状的足片形状，在水中能够很优雅地游动。这种游动方式被贴切地形容为"水中飞行"，其后肢只产生很小的推动力，主要的作用是掌舵。

食物

  许多龟如海龟和生活在热带的种类很活跃，因而终年都会觅食，但是生活在高纬度地区的种类则大半年的时间里都在水底或地下，并处于蛰伏状态。一些生存在极其干旱环境中的种类如一些美洲泥龟每年最多只会在 3 个月的时间内比较活跃，在这段时间里它们必须进食、生长、交配和产卵，所有这些活动都必须在短暂的雨季结束前完成。

相对来说，几乎没有哪种龟有足够的速度和敏捷性去捕捉快速移动的猎物，因此大多数龟以植物或者速度比它们更慢的动物如软体动物、蠕虫和昆虫幼虫为食。但是偶尔遇到的食物，如一具动物尸体，或者从河边树上掉下的熟透的果实，会很快被发现并通常会吸引许多龟前来进食。

杂食种类的龟所吃的食物随着年龄的变化而变化。通常情况下，幼龟多捕食昆虫，而成龟，例如池龟或者彩绘龟成龟则会更依赖植物，或倾向于专门吃一种食物如软体动物，这类龟包括巨头麝香龟或食蜗牛龟。对那些因性别差异而造成体型相差很大的种类来说，雌龟和雄龟的食物也会不同，雌蒙面地图龟主要捕食软体动物，而体型小很多的雄龟则主要食用节肢动物。

对大多数龟种类来说，捕食采用的都是简单直接的方法，但是一些种类则有其独特的技巧和策略来获取食物，如埋伏、张嘴吮吸、引诱等。靠埋伏捕食的龟会等待，而不是追捕。许多种类的龟拥有好几种策略，通常埋伏的种类具有伪装色或伪装的形状，以及一条长而强壮的脖子，能向外伸出一定的距离捕食。具有长且覆盖着小块瘤状物的脖子、泥土颜色的皮肤以及长满藻类的壳的拟鳄龟就很好地体现了这些特征。东南亚的窄头鳖是一种埋伏捕食种类，它们具有光滑、图案鲜明的壳，但是当它们躺在栖息地河床上时，身体部分被沙子或泥土覆盖，它们黑色的条纹和斑与投射在起伏不平的河床上的阴影能很好地融合在一起。

大多数水栖种类龟都会不同程度地运用张嘴吮吸猎物的捕食策略。通过迅速张开嘴，同时扩张喉咙，会产生一个低压区域，能够将小型食物和一股水流吸进肠中，但是水很快就会被排出去。最擅长这种捕食策略的种类是奇特的枯叶龟，它们的伪装技巧非常高明，它们的壳很平，上面有很多突起，通常覆盖着水藻；宽阔的头部和长且强壮的脖子上长有一列不规则的薄片和突起物；像珠子一样的小眼睛长在细弱通气管状的口鼻部的前侧部。它们的嘴巴大得反常，颚部没有其他龟所拥有的角质覆盖物。

枯叶龟也是一种埋伏捕食者，它伏在水中栖息地的底部等待鱼的靠近。试验显示，

形状奇异的枯叶龟栖息在亚马孙盆地的湖中和缓流小溪中。它用"打呵欠和吸"的方法进食，即张开嘴，创造真空区域，然后把食物吸进口中。

龟的代表种类。1. 太平洋沿岸大麝香龟。动胸龟科。2. 阿拉巴马红腹龟。龟科。3. 猪鼻鳖。两爪鳖科。4. 革背龟。棱皮龟科。它正在捕食水母。5. 中美洲河龟。泥龟科。6. 绿海龟。海龟科。它正在吃海草。7. 黄斑亚马孙龟。美非侧颈龟科。8. 哥法地鼠龟。龟鳖科。它正在交配。9. 大头龟。平胸龟科。它上岸活动。10. 黄泥龟。动胸龟科。

一些这种龟的下颌与颈部的皮肤会鼓起，但不仅仅是为了伪装。它们具有丰富的神经末梢，能感知水中微弱的扰动，甚至在黑暗的水中也能接近猎物。它们下颌和颈部鼓起的皮肤被认为可以当作诱饵来引诱鱼的靠近。一旦鱼进入它们的范围，龟就会迅速出击，通过扩张有弹性的嘴巴和喉咙，将这些食物吸进肚中。人们也曾观察到枯叶龟把鱼赶入浅水中，在那里鱼更容易被捕食。

外观上的伪装效果仅次于枯叶龟，与枯叶龟生活在同样环境下的美国拟鳄龟使用诱饵吸引鱼。它们的舌头上长有一个蠕虫状的小凸起，当这个凸起充血时就会变成粉色，而口腔其余部分为黑色，从而更好地衬托这个诱饵。通过诱饵下方的肌肉运动，龟能摇晃诱饵。当它们捕鱼时，就张开下颚、晃动诱饵静静地守在水底。鱼游动在这些龟尖利角质的下颚间时，很难从它们的迅速猛咬中逃脱。如果猎物够小，它们就会整个吞下猎物，如果猎物太大，龟的下颚就会咬住猎物，交替使用前肢将其撕碎。这种诱饵的颜色随龟年龄的增加逐渐变深。可能对成龟来说，诱饵的作用不是那么重要。

另外一种值得一提的适应捕食的结构是某些龟上颚长有的宽阔的牙槽架（或称次生腭）。捕食蜗牛和蛤的种类例如地图龟、食蜗龟以及一些美洲麝香龟，使用这种牙槽架碾碎猎物身上钙质的壳。在一些植食性龟种类的嘴中也有类似的牙槽架，这包括美洲河龟、亚洲潮龟和棱背龟。这些龟的牙槽架上长有一到两排锯齿状的突起，下颚上也长有锯齿状的突起，共同用于切断和碾碎植物的茎秆和果实。

交配和繁殖

龟之间进行交配通常很困难，雄龟的尾巴一般更长更粗，与雌龟相比，其排泄口的位置要长在更里面的地方。在许多水栖游泳的龟种类中，雄龟较小，但是在陆栖和半水栖的种类中，雄龟则跟雌龟一样大甚至要大一些。为了在交配过程中适应雌龟高拱状的壳，雄龟的胸甲通常是凹的。长的前爪、小的口鼻部、膝关节后块状的斑纹或

⬆ 一只雌性棒头龟在澳大利亚海岸附近的一个岛屿上寻找产卵场所。

者一条尖的尾巴能够作为区分某些种类的雄龟的标志。

　　某些种类龟的体色可以用来区分性别，但大多数种类两性体色相似。即使是在两性双色的种类中，这种颜色上的差异通常也很微小。雄东方盒龟的眼睛一般是红色，雌性的眼睛为棕色。雌斑点龟长有黄色的下颌和橙色的眼睛，雄龟长有棕褐色的下颌和棕色的眼睛。某些亚洲热带地区的河龟例外，雄龟在繁殖季节中会呈现出鲜艳夺目的体色，雌龟则为黯淡的土褐色。

　　所有种类的龟都将有壳的卵产在陆地上。大多数种类每年或每个繁殖季节都会筑巢——尽管有些雌龟个体并不是每年都会繁殖。海龟则通常为每两年或 3 年筑一次巢。对一些栖息在温带地区的龟来说，交配通常在秋季或春季发生，但是筑巢通常只会在春季进行。对热带地区的种类来说，求偶和筑巢在潮湿或干旱的季节都可能发生。人们发现一些热带和亚热带种类终年都在筑巢——尽管龟不大可能真的在连续不断地繁殖。许多种类的雌龟如环纹水龟和东方盒龟能够将精子储存数年的时间，因此它不需要每年都进行交配。另外，DNA 分析技术显示，同一窝中不同的卵可能是雌龟与不同类的雄龟交配后产下的。

　　大多数龟在它们觅食的地方附近筑巢。但是一些海龟和河龟会长途跋涉迁徙筑巢。栖息在南美洲巴西海岸的绿海龟会迁徙大约 4500 千米到阿森松岛上筑巢。某些迁徙的种类会在很短的时期内筑大量的巢，最壮观的例子就是榄龟大规模的筑巢情形。最大规模的筑巢场景发生在印度的奥里萨邦，多达 20 万只的榄龟在 1 ~ 2 天的时间沿着 5 千米的海岸线筑巢。一些淡水龟如南美潮龟以及东南亚潮龟也同样会大规模地聚集筑巢。大规模聚集筑巢的一个好处就是，仅仅依靠数量就能令捕食者望而却步，在这种情况下许多产下的卵能躲避捕食者的侵袭。卵可能会被产在腐烂的植物和垃圾下面（例如盖亚那红头木纹龟）；其他动物的巢中（如佛罗里达红肚龟将卵产在短吻鳄的巢中）；特别挖掘的洞穴中（黄泥龟），或者雌龟在水中建好的巢中（澳洲北部蛇颈龟）。但是通常情况下，卵被产在开口朝向地面的巢中，那是龟依靠后肢精心建造的瓶状的巢。一些种类的龟（如大多数鳖和彩龟）在迅速掩盖住卵后就离开产卵地，但是有的则会用相当长的时间将巢隐藏起来。革背龟会在回到大海前用上 1 个小时或更久的时间在筑巢地从各个方向把沙踢平。河龟通常会在真巢的不远处挖出一个假巢。在某些地方，龟还会将卵放在 2 个或 3 个巢穴的一个巢中，以混淆捕食者的视线。爬行动物很少会出现亲代照料现象，大多数龟也没有这种行为，但亚洲巨龟是个例外，它们通常会用枯叶建一个巢穴，产下卵后它们会连续数天守护着卵以防御潜在捕食者的袭击。

龟的生殖能力通常与身体大小密切相关，这种关联在同种个体和不同种类之间都存在。体型较小的种类 1 窝产下 1 ~ 4 枚卵，而体型较大的海龟一般一次可产下超过 100 枚卵。产卵数量纪录保持者是玳瑁海龟，它 1 窝产的卵多达 258 枚。大多数种类在产卵季节中会产两次甚至更多次卵。绿海龟是至今所知的繁殖力最强的爬行动物，它们会在产卵季节中每隔 10.5 天就产下每窝为 100 枚、多达 11 窝的卵。在同种类和不同种类中都有一种倾向，即龟在高海拔地区会产下更多（更小）的卵。

在大多数龟中，孵化时期的温度同样也对孵化出的幼龟的性别起决定性作用。在被称为"温度依赖性别决定"（TSD）的种类中，孵化时期第 3 个阶段中期时的温度会引起性腺发育，最终决定胚胎的性别。龟有两种 TSD 类型：TSD1 型（包括西半球池龟、新热带林龟、海龟、陆龟以及猪鼻龟）孵化的关键温度范围很窄，通常为 27℃ ~ 32℃，高于这个范围的温度导致只能孵出雌龟，低于该范围的则只能孵化出雄龟。TSD2 型（包括美洲麝香龟和泥龟、非洲侧颈龟、美洲河龟、拟鳄龟以及欧亚池龟和河龟等）具有两种孵化的关键温度范围，中间温度孵化出雄龟，而高或极低的温度则孵化出雌龟。也有些性别是靠遗传决定的，这一类包括鳖、澳美侧颈龟、林龟、两种巨麝香龟、棱背龟以及粗颈龟，但只有后 4 种龟才有二态的性染色体，其余种类的雄龟和雌龟的染色体都是一致的。这种令人费解的性别决定方式在进化中的

在夜色的掩盖下，一只雌绿海龟把卵产在婆罗洲北部的沙巴海岸上。这个种类的龟会迁徙大约 4500 千米筑巢。埋好这些卵后，雌龟回到海中，在卵的生长发育过程中，雌龟不起任何作用。这些每窝为 100 枚的卵，孵化时间大约为两个月。

优势至今仍是一个谜团。

当胚胎已完全发育成熟时，幼龟用长在喙上部的源自真皮层的小且呈角质的隆起物（肉冠）撕破或弄碎胚膜和卵壳，从卵中出来。孵化后，大多数新生幼龟从巢中钻出来并直接爬到水里或者植物上。但是，有些新孵化的幼龟会在巢中待上一段时间。孵化后，一些温带种类包括锦箱龟和黄泥龟，会立即在巢下方挖出1米深或更深的通道，这种行为可能是对即将来临的、威胁其生命的冬季的一种适应。其他一些温带地区的种类新孵化的幼龟（如锦龟）会在巢中度过冬季，它们在那里要经受 −12℃或更低温度的考验。虽然它们能够在零下温度中存活下来（例如 −4℃），但是它们必须过度冷却自己（身体组织不冻结）才能达到这一目的。它们完成过度冷却自身的精妙的生理机制至今仍不为人们所知。还有一些龟，特别是栖息在季节性明显的热带地区的种类，必须待在巢中直到雨水软化土壤后，才能钻出去。据一则趣闻报道，在澳大利亚一场旱灾中，宽壳蛇颈龟的幼龟被困于巢中达 664 天，最后竟然全部活了下来！

可怕而又独具魅力的蛇

到目前为止，已有3000种蛇被人类识别，而且数量一直在增加。在许多方面，所有的蛇都是相似的：有长长的大致圆柱形的身体；身体的一端是头，一端是尾巴。蛇没有四肢，也没有其他突出的身体部位；也没有外耳开口或眼睑。尽管具有这些明显的局限性，它们还是以自己的方式使它们的家族发展壮大，并且种类繁多。为了达到这种兴旺局面，它们发展出独特的移动方式和感知能力。在一些情况下，它们的感觉很独特，有的则比其他动物更敏感。

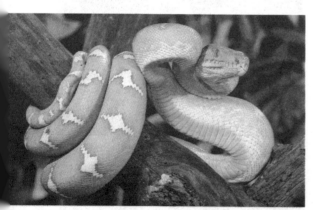

翡翠蟒在成年时是亮绿色，但新出生的幼蛇是黄色或红色的。树栖蟒蛇都用它们长长的可以缠卷的尾巴绕着树枝，呆在树上。

蛇与蜥蜴有诸多相似之处，因此蛇与蜥蜴被归入了有鳞目。从一般的分类学上讲，也很难把它们分开。蛇与蜥蜴最明显的区别在于蛇没有肢部。无腿的种类在蜥蜴的几科中也独立进化了出来，如玻璃蜥蜴（蛇蜥科）和石龙子（石龙子科），但这通常是为了适应其穴居或半穴居生活方式。事实上，蛇并非起源于这些科，它们应该源自某个蜥蜴家族已灭绝的分支，但它们与某些较高级的蜥蜴科关系非常密切，尤其是巨蜥。

蛇栖息在除南极以外的所有大陆，像

大多数爬行动物一样，它们在温暖的地方数量众多，尤其是热带，但是在小岛上却不像蜥蜴那么强大。各科蛇的分布状况（有的广泛，有的很有限）是由蛇出现期间最初大陆漂移和重组造成的，所以一些古老的科分布广泛，特别是在南半球，而那些后来新出现的科则很少有机会越过它们所在的大陆海岸线而到达其他地方。有些种类以前广泛分布，但是由于局部灭绝以及山脉和大河的阻隔而被分割。

形态和功能

在蛇亚目中，蛇的大小、形状、颜色、斑纹、质地，甚至生活方式都各不相同。同一科蛇特征是相似的，例如，粗壮的蝰蛇和硕长的蟒蛇尽管不同，但有时却会被混淆。

蛇的大小从细线般长的 10 厘米到巨蟒的 10 米。但非常大和非常小的蛇都不多见，绝大多数蛇体长在 30 厘米至 2 米之间。

一些原始的蛇类，比如巨蟒，在它们的后肢带上以骨刺的形式保留着退化的后肢残迹。图中是一只南美巨蟒退化的肢部。

不同蛇的体型有可能又长又细或又短又粗，这主要取决于它们的饮食习惯：潜伏在隐蔽处等待捕食的蛇更倾向于有比较粗壮的身体，原因有二，第一，它们巨大的身体帮助它们在地面上形成一个稳定的锚点，然后抓住机会捕食猎物。第二，它们巨大的身体让它们可以不需像其他流线型体型的蛇那样追逐猎物，却可以捕食大型猎物。而且巨大的身体可以让它们捕捉其他蛇类不敢猎食的动物。

另外，许多埋伏捕食蛇是有毒的，这些蛇有巨大的三角形状的头部来容纳它们含有毒液的腺体。这些腺体位于它们眼睛的后部，最好的例子是加蓬蝰蛇和澳大利亚死亡蝰蛇，但它们都属于眼镜蛇科而不是蝰蛇科。无毒的埋伏捕食者有着与身体不相称的小头，这也许可以让它们出击更为迅速，如短尾蟒或血蟒、青蟒。这些蛇的眼睛都很小，因为视觉只是辅助嗅觉，嗅觉在某些时候更能探测热源和定位猎物。

那些积极的猎捕蛇类通常会将它们的头挤进缝隙或岩缝中，以及钻进密密的植物丛中惊吓猎物，然后追捕。这些蛇身体细长，头很窄，尾巴长，眼睛较大——它们靠视觉捕猎。这类蛇包括束带蛇、鞭蛇、非洲沙地蛇等。

蛇的体型也是各不相同的，挖掘类蛇的身体几乎是完美的圆柱形，或许其他各种蛇的体型都源于此。地面爬行的蛇类，例如大蝰蛇，通常身体顶部到底部是扁平的，以提供与地面足够的接触面积，宛如高性能轿车的轮胎。而攀缘类蛇通常是侧扁平的，以使它们在跨越开放空间时，能使身体像横梁一样保持硬直。

不论大小和分布状况如何，所有蛇的骨架都是高度变化的，有大量的脊椎骨——有的达 500 块之多。这些骨疏松地连接着，彼此能转动，能使蛇在各个方向上弯曲或身体笨重的加蓬蝰蛇有着独特的铲形头，生活在热带非洲林地中。它皮肤上破碎隐蔽性的图案有助于它隐藏在落叶堆里埋伏捕食。

蜷卷。它们也会避免扭动过于频繁而给脊髓造成损伤。它们身体和颈部的每一块脊椎骨都有一对肋骨连接着，这在它们的运动中很重要。尽管它们没有可见的四肢，但有一些种类仍保留了后肢带，甚至有的还有小的残存肢部，这些就是原始种类的蛇的"刺"或爪子，例如巨蟒——在雄性中体现得更明显。绝大多数蛇的颅骨很柔韧，大多数骨在大小和数量上都呈减少的趋势，相互之间只是由关节松散地连接着，这就使蛇的嘴能张得很大，以吞下直径是其头部几倍大小的猎物。盲蛇的颅骨较硬实，它以小的身体柔软的无脊椎动物为食。

蛇的牙齿非常尖利，并向内弯曲。这些牙齿已经进化为用于抓紧和咬住猎物，而不是咀嚼。尽管一些最原始种类只有稀少的牙齿，但大多数种类的蛇都有大量的沿上下颚缘排列的牙齿，并且还有两排额外的牙齿（腭骨牙和翼状牙）长在嘴的内上壁。一些科的成员部分牙齿变为注射毒液之用，有的则变化为处理特定食物的其他形式。

蛇身体变长是由于它们的一些内部器官变长，以提供相应的空间。因此，有的器官会相应地缩小或重置。大多数蛇（不包括蟒蛇和其他一些原始蛇类）只有单个的功能肺，也就是右肺，它们的左肺已经退化或完全消失了。右肺为了弥补左肺的退化或缺失，所以明显地增大，而且进化出一个额外的结构，即气管肺，气管肺从气管演化而来，同样辅助呼吸。蛇类的胃大且强健，长且肥厚的肠较多，且蛇类的肠与其他动

蛇的鳞片和半阴茎。1. 一条发育成熟的蛇的头部和身体上部鳞片的典型排列形式。a. 从身体上方看；b. 从身体侧面看；c. 从身体下方看。2. 一条发育成熟的蛇的肛门和尾部鳞甲（2a、2b）。3. 单个半阴茎。a. 具有顶端芒刺；b. 有刺和杯状窝；c. 只有刺；d. 有褶边；e. 有顶盘；f. 有小凸起。

物体内呈盘绕状的形式完全不同。根据被测试的雄蛇来看，蛇的肾脏较长且交错生长。一些体型非常细小的种类的雌蛇，其中一个输卵管已经退化了。

皮肤

蛇的皮肤被鳞片所覆盖。每一块鳞片都是皮肤的一个粗厚的组成部分，鳞片之间的空隙有一片柔韧的皮肤将它们隔开，使蛇的身体变得非常灵活。背部鳞片是最显眼的部分，这些鳞片呈圆形或凸出的尖形，边缘相互重叠，如同屋顶的瓦片。鳞片可能很光滑，也可能呈粗糙的脊状。一些种类的鳞片呈颗粒状或水珠状，鳞片不相互重叠。背部鳞片的数量、形状、排列和颜色对辨识不同种类的蛇非常有帮助。大多数种类的蛇腹面鳞片较宽，呈单行排列。尾下部的鳞片也呈单行排列或者成对排列。

完全水栖的种类中，腹面和尾下部位所覆盖的鳞片逐步演化为狭窄形状，并最终成为一条脊状或骨棱状的鳞片带，覆盖在身体整个下方。最原始的蛇类没有区分开的腹面鳞片。

覆盖在头部的鳞片有的较小且呈颗粒状，但是大多数情况下较大且呈盘状。蟒蛇、巨蟒和蚺蛇的头部鳞片较小——尽管也存在这些科的一些种类头部鳞片较大的情况。而其他种类的蛇的头部鳞片大小则

蛇
目：有鳞目
18科，438属，2700多种。

分布：分布在除南极和北极、冰岛、爱尔兰、新西兰，以及一些小海岛以外的世界上的各个地区。在大西洋中没有海蛇，因为它们不能穿越寒冷的洋流。

赤道

习性：大多数陆栖，但也有许多是穴居、水栖、海栖或树栖。

大小：长15厘米至11.4米（从口鼻部到尾尖），但大多数是25厘米至1.5米。

颜色：大多数是棕色、灰色或黑色，有一些是红色、黄色或者绿色且带有点状、块状、环状、条状等各种斑纹。

繁殖状况：雄性将半阴茎插入雌性体内使其受精（一次插入1个）。其大多数产卵，但也有直接生育小蛇的，有的雌蛇有真正的胎盘。一些蛇会保护卵，少数几种会对幼蛇进行亲代照料。

寿命：即使是小型蛇也可活12年，大型蛇可以活40年或许更长。

较为适中。相反，眼镜蛇科和游蛇科中的成员则具有较大的头部鳞片，但也有例外。由于蛇没有眼睑，它们的眼睛被一块大的圆形鳞片所保护，这块鳞片被称为透明膜，这种鳞片也周期性地随身体其余部位的皮肤一起脱落。当蛇穿行于地表时，鳞片能够防止身体受到磨损并能限制水分散失。此外，皮肤中的色素细胞使各种类的蛇都有其独特的颜色和斑点。

鳞片的表面以及鳞片之间的皮肤上有一层角蛋白，这层结构为蛇提供了额外的保护，但其缺乏足够的柔韧性来生长。这层结构在蛇日常的爬行翻滚中也会被刮掉和损毁，所以，蛇必须经常蜕掉外层皮。幼蛇生长得更快，蜕皮也比成年的蛇频繁。此外，蜕皮的频率还取决于蛇的饮食和运动状况。在冬眠之后，以及产卵或生下幼蛇前，蛇

3科高级蛇的代表种类。1.南部猪鼻蛇。游蛇科。2.普通致死蝰蛇。眼镜蛇科。3.沙蛇。游蛇科。4.印度眼镜蛇。眼镜蛇科。5.黄腹海蛇。眼镜蛇科。6.阿拉弗拉瘰鳞蛇。瘰鳞蛇科。7.黄腹屋蛇。游蛇科。8.平腹蛇。游蛇科。9.缢缩游蛇。游蛇科。

都会立即蜕皮。新蜕掉的皮又湿又黏，这是由于蛇在蜕皮时，在新皮和旧皮之间有分泌的油。几个小时后，掉的皮就变得又干又脆。响尾蛇响尾环节由变大的尾端鳞片变干的表皮层组成，在身体其余部分皮肤脱落后仍保留着，并松散地连接在一起。

运动

对于那些失去四肢的动物来说，进化出一种新的移动方式是必不可少的。蛇就拥有多种移动方式，有些是大多数蛇共有的方式，而有些则是根据特殊的栖息地进化而来的特殊移动的方式。

直线运动是通过腹部鳞片的运动来实现的，每个鳞片都通过倾斜排列的肌肉和一对肋骨相连。当这些肌肉收缩和放松时，鳞片的边缘会钩住地面上细小的不平整部分，使蛇的身体得到拉伸。在任意给定的时间内，几组鳞片将被拉动，另外几组会向前移动，因此，这种运动就是波浪式的。看起来这种移动像是在地面上毫不费力地滑行。直线移动往往是相当缓慢的，采取这种方式的蛇一般体型较大，比如蟒蛇、巨蟒、蝰蛇或者那些偷偷靠近猎物的蛇。

有时蜿蜒移动被称为侧面移动，大多数蛇在快速移动时都采用这种方式。蛇的身躯在它的头后部呈现一系列缓和的曲线，同时其身躯的两侧将一些或大或小的不规则物体推开，以便它能迅速地向前移动。同时，其腹部的鳞片以前面描述的直线移动的方式运动，并增加推力。相似的移动方法运用于游泳时，其身躯的两侧可将水推开。大量的半

某些种类的幼蛇的捕食技巧包括利用本身鲜艳色彩的尾尖引诱被掠食者，例如双线纹蝰蛇这种中美洲的蝰蛇。运用这种捕食技巧的其他幼蛇类还包括蝰蛇（欧洲的小毒蛇）。

水栖蛇都有粗糙的表面突起的鳞片，可以更好地推动其前行。而那些更适应水栖的蛇，比如海蛇，它们的躯干和尾巴两侧变扁。

大多数攀爬种类采用典型的手风琴式运动，包括用身体的后部和尾巴抓住固定点，头部和身体前部向前伸。一旦蛇得到一个新的抓点，身体后部就会停住，再重新开始上述过程。有些食鼠蛇在体侧和身体下部交汇处有脊突，这使它们能抓得更紧——特别是在树皮上时。

栖息在松散的沙地上的蛇需要应付不稳定的表面，它们通过"侧向前行"来面对这种挑战。使用这种方法移动时，蛇的头部和颈部抬离地面并甩向侧面，然而身体其余部位则锚住不动。一旦头部和颈部落地，身体其余部位和尾巴则相应移动。在其尾巴接触地面的一刹那，其头部和颈部又一次地甩向侧面，从而在沙地上形成了一个连续的环环相扣的移动路线，并且移动角度与水平方向约呈45°角。所有侧行式前进的蛇都是蝰蛇，它们分布广泛，非洲、亚洲中部、北美和南美都有它们的踪迹。

掘洞蛇通过各种方式穿过地下土层。那些栖息在松散的土壤或沙地里的蛇经常像游泳一样在土壤或沙地里穿梭。在它们穿过之后，地基就会倒塌。而那些栖息在更为坚硬的土壤中的蛇则会自己挖出一系列复杂的隧道。栖居在隧道中的蛇通常都有坚固的颅骨和一个扁平的尖头，以及口鼻周围的突起。它们的颈部与躯干并没有明显的界限，它们利用肌肉收缩使其头部穿过土壤，有时也会利用左右移动来压实土壤。那些只寻找掩埋在地下的食物的蛇一般长着上翻的口鼻部，如美洲猪鼻蛇和一些非洲夜蝰蛇。

与普遍的观念相反，蛇的行动速度并不是很快。一条体型中等大小的蛇也只能以每小时 4 ~ 5 千米的速度行进，相当于人类一般的步行速度。而那些移动迅速的种类，如非洲树眼镜蛇，速度也只能达到大约每小时 11 千米。即使是在这样的速度下，蛇也会很快就耗尽了力气，因此只能快速地爬行一小段距离。

分类法

蛇的分类并不固定，但是目前，大多数专家将蛇的 18 科分成宽泛的两组——盲蛇亚目（包含盲蛇）和真蛇亚目（包含了所有剩下的种类）。盲蛇亚目形成了相对同源的群组，只有 3 科。而真蛇亚目之间的关系就比较难确定，存在较多的争论。大多数分类学家认为，蝰蛇、游蛇、洞穴角蝰以及眼镜蛇（蝰蛇科、穴蝰科、游蛇科、眼镜蛇科）组成了一个明显的分支，并且这 4 科与瘰鳞蛇科之间有密切的关系，有时人们则将这 5 科都归入新蛇亚目或高等蛇种类。

产自非洲西南部的纳米比亚沙漠侧行蝰蛇是通过侧行方式移动的蝰蛇种类之一。这是穿过沙漠地区炙热沙丘的最有效方式。

正如其名字，马达加斯加树蟒是一种栖息在树上的蛇。它较细的身体在森林树端穿梭，捕食狐猴。

在真蛇亚目的其他科中，蟒组成了明显的一个分支；另外 8 科则相对较小，有的只包括 1 ~ 2 种，有的则在分布上非常有限。至少有的蛇呈现出原始的盲蛇到更高等的蛇的中间状态，但是它们更多的进化状况却尚未被探明。还有的种类则是进化到头的结果。有些科的成员很少被收集，只是在博物馆才有少量的标本。因此，蛇的分类是试验性的，并且采取的是保守的方法。

蚺科、蟒科、林蚺科、雷蛇科

过去，蚺科、蟒科和另外两个更小的群组——林蚺和马斯卡林蟒，通常被认为是同一科的，现在它们被分为 4 科：蚺科、蟒科、林蚺科和雷蛇科。它们有一些共同的特征，都有骨盆带和退化的后肢；大部分有功能性左肺（较高等蛇类是没有的）；许多在颚部有感温孔。它们都是强壮的蟒，虽然有一部分是半穴居，但大部分是陆栖，还有少数几种树栖。它们包含了世界上最大的 6 种蛇。

前两科的蛇是至今最为人熟知的。蚺科的 8 属、28 种生活在南美、北美洲、非洲、马达加斯加、欧洲和太平洋地区。尽管一些像森蚺这样的蚺很大，但小到中型的蚺也不少，大部分种类长度都不到 2 米。这科的蛇可分为差异很大的两个亚科。蚺蛇科中"真正"的蚺包括最大的种类如森蚺和普通蟒，森蚺半水栖，生活在植物茂密的沼泽地和被水淹没的森林，而普通蟒是陆栖或者树栖者。树蚺身体细长，尾部长且能缠卷。它们的身体侧面呈挤压状，像铁桥一样，这样它们就能从一个树枝跨到另一个树枝上去。它们喜欢在水平的大树枝上盘绕起来休息，捕猎时倒挂着头，颈部呈"S"形，以便迅速出击。它们的牙齿很长且内弯，以便咬住猎物。它们以栖息在巢中的鸟为主要食物。

其他一些蚺蛇包括普通蚺和森蚺也会爬树，但不如树蚺那样适应。有 9 种蚺蛇属于彩虹蚺，生活在西印度群岛上，由于栖息地遭破坏以及天敌的引入，有的种类数量已十分稀少。它们的形状和大小各有不同——从体长可达 3 米的古巴蚺到分布在海地的细长的藤蚺。所有"真正"的蚺都通过分娩产下幼蛇。体型较大的种类中，一些能产下超过 50 条幼仔。它们主要捕食哺乳动物和鸟，用收紧身体的方法让它们窒息而死。有的专门捕食栖息在洞穴中的蝙蝠，有的也吃蜥蜴。还有很多种类随着生长会从吃蛙和蜥蜴转为吃哺乳动物。绿森蚺还会吃凯门鳄和乌龟。许多蚺嘴部鳞片处有感温孔，但有许多水蚺、太平洋蚺没有这种孔。感温孔在树蚺身上很明显。

蚺和蟒通常被误认为是固定的赤道地区雨林居住者。实际上，许多蛇都生活在世界上的干燥地区。图中的布莱德地毯蟒就生活在干燥的澳大利亚内陆地区高高的峡谷之上。

另外一个亚科——沙蚺亚科，包括北美洲的玫瑰蚺和橡皮蚺、西非的掘穴蚺以及非洲、亚洲和欧洲的沙地蚺，它们体型小、身体厚实、头短、尾钝，并都没有感温孔。

沙蚺大部分是掘穴种类，许多生活在包括沙漠在内的干旱地区，但橡皮蚺这种最小的种类却是个例外，它生活在西北太平洋沿岸凉爽的山区森林里。西非的地蚺也属于森林种类，特别的是，它能产出数量不多但体积巨大的卵。最近有研究表明，阿拉伯沙蚺也产卵，而沙蚺通过分娩产下的幼蛇通常在 3 ～ 10 条。

蟒蛇（蟒科）只被发现于旧大陆，其中非洲有 3 种、亚洲有 5 种，其余 17 种分布在新几内亚和澳大利亚。最大的种类非网纹蟒莫属，其长度能达到 10 米以上。其次是非洲和印度的紫蟒和昂佩利蟒，这些种类能长到 5 米——尽管这样的蟒很少。最小的种类是蚁冢蟒和侏儒蟒，一般不超过 30 厘米长。

绿树蟒表面上与翡翠树蚺相似，都是树栖种类，但大多数蟒栖息地更广。有的只生活在森林地带；有的在草地、树林稀少的空旷乡村和湿地里生活；有些澳大利亚种类还生活在沙漠里。正如其名字，蚁冢蟒有时在蚁穴和白蚁穴里出现，可能是为了寻找壁虎。然而，蟒主要捕食小型哺乳动物和鸟，幼蛇也吃蜥蜴。像蚺一样，蟒都是强壮有力的大蛇。大多数蟒在嘴部分布有感温孔，但盾蟒属的两种澳大利亚蟒没有这些孔。

蟒都是卵生，所有被研究过种类的雌性在整个孵化期间都会盘绕着卵。至少有一种如印度蟒，如果有必要的话，会通过一系列有节奏的抽动来提高卵的温度。每窝卵的大小大致与成年蟒体型大小成正比，网纹蟒能产多达 100 枚卵，而蚁冢蟒只能产 2 ～ 3 枚。

和蚺、蟒有很近的亲缘关系的马斯卡林蟒属于雷蛇科。该科有两种分布在毛里求斯北部的圆岛，但其中的一种——圆岛掘穴蟒，自 1975 年以来就一直没有出现过，

东南亚的网纹蟒能长到 10 米多长。据记载，这些巨型蛇偶尔会吃人。这种蛇上唇边缘有红外线感应孔。

可能已经灭绝；另一种——圆岛蚺也很稀少，为卵生种类。

林蚺科包括21个种类，分成2个亚科，这些种类之间的差异很小。虽然有个别种类的蛇能长到1米，但它们大多数是小型蛇。大多数种类都属于林蚺属，主要生活在加勒比地区，古巴尤多；有3个种类生活在南美洲。它们居住在森林地面和田地里，主要在夜间活动。其他成员包括2种睫毛蟒和2种香蕉蚺，后者之所以有这样的名字，是因为它们偶尔会出现在装满香蕉的货物箱里。其余的种类十分稀少，生活在墨西哥中部的云林里。林蚺是用强健有力的身躯将猎物挤压致死的大蟒蛇，它们捕食包括无脊椎动物在内的大部分种类的猎物。除了硬鳞蚺为卵生种类外，其他的蛇都是直接分娩很小的幼蛇。

一对亚洲绿藤蛇正在交配。它们有着伪装很好的、只比铅笔粗点的身体，有着敏锐的眼睛。这些敏捷的无毒蛇正伪装成藤蔓，在树枝间静静地等着石龙子和鸟的出现。

游蛇科

游蛇科包括1600多个种类，占所有蛇类的60%，是一个庞大而复杂的科，试图用整体性术语来描述这样一个庞大的家族是行不通的。人们也一直致力于将这一蛇科分解成更小、更明确的单元。一部分种类彼此之间有明显相似性，也有一些有明显不同的亚科被识别出来，然而其余蛇类的关系还不甚明了。现在，这一蛇科分成了许多亚科，有的（也许是全部）会最终成为一个单独而完整的科；还有些亚科甚至会变为不止一个完整的科，而要给这些亚科确定常用名则是相当困难的。

游蛇亚科中的"典型"无毒蛇包括超过650个分布在世界各地的种类，它们之中有许多成员是人们较为熟悉的产自北美、北欧的种类，如帝王蛇、牛奶蛇、锦蛇、鞭蛇以及游蛇。它们的长度从不足20厘米至3米不等，其中包括细长的"游蛇"，主要捕捉蜥蜴和其他蛇类，体型较大的会悄悄接近鸟和哺乳动物，用肌肉强健的身体将其缠绕挤压致死。有一些种类只吃固定的食物，这些蛇包括非洲食卵蛇、主食为蜘蛛的钩鼻蛇以及中美洲专吃千足虫的蚓蛇。

它们的居住地各不相同，从沙漠到湿地，几乎

游蛇曾被误认为是"无害蛇"，然而非洲树蛇是一种有剧毒的行动敏捷的树栖蛇。它的名字在非洲荷兰语中是"树蟒"的意思。

任何地方都能找到它们的踪影。少数种类生活在河口和红树林，但没有生活在海洋里的种类。它们可能住在洞穴里、沙地、地下或者树上。不过，它们在繁殖方面具有一致性，这一亚科大部分种类为卵生，产卵数从 1 到 40 枚不等，或者可能更多。

最近被归入游蛇科的两组蛇有时被看作独立的两个亚科：超过 50 种的芦苇蛇是一种有光滑鳞片的亚洲品种，它们体型小、掘穴，主要以蚯蚓为食；沙蛇（花条蛇）产自非洲和欧洲，身体如一根细鞭，移动迅速，白天活动，有后毒牙，这组蛇包括 35 个种类。水游蛇分布在南亚、东南亚和大洋洲，包括 35 ~ 40 个种类。它们都非常适应水栖生活方式，因为它们有可以闭合的月牙形鼻孔和在头顶向上的眼睛。大多数种类属于水蛇，这是一种有发亮鳞片的小型蛇，生活在植物茂密的淡水湖、沼泽地和被淹没的田地里。触须蛇的口鼻部有一些肉质的独特"触须"，这些"触须"也许在昏暗的水中具有导航作用——其确切功能还无人知晓。它的鳞片上有明显的突起，身体上下面扁平，横截面几乎是矩形。

所有的水游蛇嘴后部都有大的毒牙，用于捕捉主要包括鱼和青蛙在内的各种猎物；大部分可能是等待猎物自己上门，而来自澳大利亚的白腹红树蛇吃自己晚上在露天泥地里抓到的螃蟹——它将大螃蟹紧紧压住，然后扯下它们的腿。这种不将猎物囫囵吞下的进食方式在所有的蛇中可能是非常独特的。所有的水游蛇都通过分娩来生育幼蛇。

亚洲吃蜗牛和蛞蝓的蛇形成了一个较明确的群组的科，被归入钝头蛇亚科，共有 19 种，其中有 15 种是钝头蛇属成员。它们十分细长，有宽的头部和较大的眼睛；山区食蛞蝓的蛇有深红色的眼睛。有几种蛇生活在树林和灌木丛中，都是夜间活动，通过追踪黏液捕食树蜗牛。它们有变化了的颅骨，下颚有锋利的长牙，能将蜗牛柔软的身体从壳里钩出。钝头树蛇也吃蜥蜴。它们均为卵生。

屋蛇亚科包括来自非洲南半部和马达加斯加岛的 45 个种类。其中最为人类熟悉的可能是屋蛇属成员，这个属有包括塞舌尔岛上的一种在内的 13 个种类。这种分布广泛的褐色屋蛇主要捕食小型啮齿类动物，其他有的种类还专吃蜥蜴。非洲水蛇细长而又光滑，主要捕食鱼类。三角形的瘰鳞蛇（不属瘰鳞蛇科）专吃其他蛇。除了一两个种类之外，屋蛇亚科成员基本上都是卵生。

游蛇是一个约 200 多种的庞大科系，它们分布在北美洲、欧洲、非洲和亚洲。其属于半水栖动物，以鱼类和两栖动物为食。女王蛇捕食新鲜带壳的淡水龙虾。游蛇是一种非常活跃、行动迅速的蛇，常在白天靠视觉捕猎。这种蛇并不生活在开放的水域，比如水游蛇更喜欢潮湿的栖息地，而且它们有一些是在夜间活动的。游蛇的繁殖方式是不同的，北美洲种类全部是分娩生产小蛇，而旧大陆的种类除了很少几种外，都是卵生，这其中包括一些很有名

一些蛇采用装死的方法避开天敌的注意。它们无力地躺在地上，嘴大张着，舌头伸出（如图中的草蛇）。"装死"可能会使其天敌停止攻击。

的种类，比如束带蛇、美洲水蛇、欧洲和亚洲水蛇等。有些系统学家认为新旧大陆的种类应归到不同的亚科中。

异齿蛇亚科集合了各种生活在北美洲和南美洲的蛇类，这些蛇栖息范围很广并且捕食的猎物种类丰富多样。有些种类是捕猎专家，比如猪鼻蛇主要捕食蟾蜍，而拟蚺蛇却以其他种类蛇为食。有些蛇是伪珊瑚蛇，并且有的具有能注射毒液的后毒牙，然而这些蛇对人类都不会构成危险。它们为卵生。

许多曾被归入异齿蛇亚科的中美洲种类组成了食蜗蛇亚科，正如该科名称一样，这些蛇主要以腹足动物为食。这些蛇被分为3属，它们身体细长，栖息于树上，并且头部宽。钝头藤蛇有着相似的身体构造，但它们以蜥蜴为食——在蜥蜴睡觉时，从细枝间将其扯下。亚科中的其他种类没有前面提到过的那些蛇特别，其中包括生活在北美洲的夜蛇和枯叶蛇。就像异齿蛇科成员一样，有些蛇会模拟珊瑚蛇，而且它们可能有能输送毒液的后毒牙。它们大部分为卵生。

最后一个亚科蛇类是闪皮蛇亚科，它们只分布在亚洲东南部，且罕为人知。其共6属、15种，而且大多数都又细又小。这些蛇生活在森林中的落叶堆中或低矮的灌木丛里，均为卵生种类。

眼镜蛇科

眼镜蛇科包括许多广为人知的毒蛇，这些蛇嘴的前部都有短而固定的中空毒牙，共有62属、270多种。这些蛇遍布世界各地，还包括许多温暖的海域。珊瑚蛇是南、北美洲的代表种类，一共有约60种。这类蛇颜色鲜艳，身上环绕着红色、黑色、白色或黄色的带状条纹。尽管它们大多数生活在雨林中，但有的还会出现在墨西哥北部和美国西南部的干旱地带。它们多数以其他爬行动物为食，其中包括蛇和在地道里生活的蚓蜥。这些蛇的毒液威力很大而且会很快发作，所有种类对人类来说都是很危险的。

非洲的眼镜蛇包括树眼镜蛇——一种长而细的蛇，它们中有3种都生活在树上。

棕色钝头藤蛇是中美洲和南美洲的土生种类，它身体细长，夜间捕食。捕食时，它用大眼睛和敏感的舌头来寻找安乐蜥。而反过来它自身也是贪吃的细趾蛙的猎物。

而第4种——黑色树眼镜蛇主要生活在陆地上。这类蛇都是在白天捕食，行动迅速，并且有一双大眼睛和光滑的鳞片。黑色树眼镜蛇身长可以超过3米，外表恐怖。当被惊扰时，它们的脖子会微微变扁，这种特性和眼镜蛇很相似。眼镜蛇有25种，它们生活在非洲和亚洲的南部和东南部。尽管亚洲的眼镜王蛇是眼镜蛇中最大的（可以长到5米），但非洲的眼镜蛇平均来说还是最大的。非洲眼镜蛇的风帽很显眼。有几种如喷毒眼镜蛇，它们可以从毒牙上前面的小孔里喷出毒液。

太攀蛇是大洋洲的眼镜蛇，它主要捕食啮齿动物。由于它经常生活在农场附近和甘蔗地里，所以对人类威胁很大。在巴布亚新几内亚，80% 的蛇咬事件都是由这种蛇制造的。

南非的唾蛇也很特别，它们通常分娩生产小蛇，也喷毒，受到惊吓时，还会以假死逃生。另一些亚洲的眼镜蛇包括环蛇，这种蛇身体细长，在夜间捕食其他蛇类，许多身体呈三角形，颜色鲜艳，和一些小的眼镜蛇群组共同归入单独的长腺蛇亚科中。长腺蛇的两种颜色都很鲜艳，受到惊扰时，它们会把尾巴抬起来，露出身下醒目的鲜红色。它们的毒腺很大，占其身体长度的 1/3，尽管它们不招惹人，但只要被它们咬到，其毒性足以致人于死地。珊瑚蛇一般以其他蛇为食。

除了北部少数几种无毒蛇外，澳大利亚和新几内亚的眼镜蛇是这一地区唯一的高等蛇类。它们已搬进其他一些种类占据的小生境中，因此，有些眼镜蛇的外貌和行为习惯很像鞭蛇、树眼镜蛇、珊瑚蛇，甚至有的还像蝰蛇。澳大利亚的眼镜蛇的食物很杂，从无脊椎动物到小型哺乳动物，都在其捕食范围之内。内陆太攀蛇通常被认定为是世界上最毒的蛇，是确定的哺乳动物捕食者，但大多数种类还是捕食像石龙子一类在这一地区数量丰富的小蜥蜴。澳大利亚的眼镜蛇分为卵生和胎生种类。

与澳大利亚眼镜蛇是近亲的海蛇和扁尾海蛇有时被归在一个单独的科里——因为与其进化起源有关的一些信息还未被人类所知晓。这些蛇总共有 55 种，习惯生活在海里，但扁尾海蛇必须得上岸产卵，当它们在陆地上时，它们还可能会晒太阳、喝淡水。海蛇一般生活在沿海的礁石附近，但其中有一种是生活在泻湖里的。这些蛇的身体都呈圆柱形，这可能有助于它们在有必要时在地上爬行。它们的身体是由鲜明的黑白两种颜色组成，其尾巴呈扁平状，这有利于它们的游动。

其他海蛇更喜欢海里的生活，它们从来不主动上岸。有些海蛇身体扁平，但所有海蛇都有像桨一样的尾巴，而且鼻孔呈瓣膜状并且能够关闭。这些蛇都是分娩生产小蛇。有些种类的蛇生活在珊瑚礁中，通过把头钻进裂缝里寻找猎物。虽然大多数这些蛇以鳗为主食，但有的也吃生活在裂缝里的鱼，尤其是虾虎鱼。白腹海蛇和龟头海蛇只吃鱼卵，并且它们的毒性没有其他种类的强。少数几种生活在河口的红树林间和泥滩上。而黄腹海蛇是栖居于海洋上层的，它们经常成群地漂浮在洋流上层，以鱼为食。当黄腹海蛇像一片破船板一般漂在海面时，鱼就会被这显而易见的目标吸引过来，这种蛇颜色很艳丽，是许多鱼类的天敌。

蝰蛇科

蝰蛇科的成员都是毒蛇，都有相对较长的身体、中空的毒牙，当不用毒牙时，毒牙就会折起来贴住嘴的内上壁。这一科包括蝰蛇、夜蝰蛇、灌木丛蝰蛇、响尾蛇、蝮蛇，以及一些独特的，俗称百步蛇、菱斑响尾蛇、巨蝮、洞蛇等种类的蛇。作为一个群体，这一科是最成功的之一——尽管它们大多数都只能生活在陆地上和树上。蝰蛇种类比其他种类生活得更靠北部（极北蝰）和南部（巴塔哥尼亚矛头蝮），还有的生活在更高海拔的地区——喜马拉雅蝰蛇，出现在海拔4900米的高度上，还有其他几种蛇也生活在差不多这一海拔上。然而，这些蛇并没有分布在马达加斯加和大洋洲。

这一科中最特别的成员为白头蝰，这种稀有的蛇类生活在中国南部的偏远地区，也包括缅甸和越南，栖息在凉爽的云林中。这类蛇身体细长，上面有光滑的鳞片，头是黄色的，上面的鳞片很大，身体的颜色为深褐色，并有橙色夹杂其间。很少人看到过这类蛇，而且它与其他种类蝰蛇的关系也不十分明确，因此人们将其归在单独的白头蝰亚科里。

夜蝰蛇种有6种生活在非洲，它们身上同样也有光滑的鳞片，头上也有很大的鳞片。这一类蛇专吃蟾蜍，对人类不会构成威胁。

"典型"的蝰蛇，或称旧大陆蝰蛇，属于蝰蛇亚科，这类蛇又粗又短，头呈铲形或三角形。它们的鳞片上有显著的突起，很粗糙，其头部有很多小鳞片。它们生活在各种各样的地方，包括岩石山上和山坡上、草场、灌木丛中、沙漠里。沙漠中的种类，如纳米比亚侧行蝰一般会侧着身子前行，与美洲的菱斑响尾蛇相似。中非的灌木丛蝰蛇是树栖的。许多蝰蛇都会伪装，单一种类身体的颜色会根据地点的变换而变化。非洲唑蝰蛇有一种特别复杂的斑点，加蓬蝰蛇通常被单独列出来作为混合色蛇类。这种蛇的近亲——鼓蝮蝰的毒牙很大，是最有威胁性和醒目的非洲蛇类之一。

蝮蛇和蝰蛇的种类。
1. 蝮蛇。2. 响尾蛇。3. 角响尾蛇。4. 长鼻蝰蛇。

很多种类都有角，或在头上不同部位有隆起，这些角或隆起有时就是单个的角状鳞片，位于眼睛上面一点（比如沙漠角蝰）；或者鼻子上的一堆鳞片（比如犀蝰和鼻角蝰）。灌木丛蝰蛇的鳞片上有明显的突起，尤其是树蝰类的灌木蝰蛇最为突出，它的鳞片成了一个锥形的点。有脊突的鳞片还成为锯鳞蝰防御策略的中心手段之一。通过将身体相邻两段向相反方向扭动，鳞片的相互刮擦会发出刺耳的声音。这种蛇很小而且很常见，总是处于一种戒备状态，而这一特性可能就使它们成了世界上最危险的蛇。旧大陆的蝰蛇的食物范围很广，主要捕食小型哺乳动物、雏鸟、蜥蜴。少数几种草原蝰蛇以蚂蚱一类的昆

蛇毒对人类也有益处，巴西具窍蝮蛇毒液的合成化合物能治疗高血压、心脏病及糖尿病患者的肾病等。

虫为食，大多数这一亚科蛇类都是胎生，显然是为了适应寒冷的气候，但温暖地区的一些种类是卵生。

蝮蛇被归入蝮蛇亚科，因其面部有感温孔，所以很明显与其他蝰蛇不同。这种蛇在亚洲和南北美洲大约有 110 种。与旧大陆的蝰蛇一样，它们的头上也覆盖着小鳞片，但也有一些例外，如铜斑蛇。这类蛇的栖息地包括从沼泽到沙漠的许多地方，但没有水栖和穴居种类（可能在这一环境中，它们的感温孔更容易成为障碍而非帮助）。这类蛇有很多是树栖种类，如亚洲的烙铁头属和中、南美洲的具窍蝮蛇属成员。生活在中南美洲雨林和种植园里的巨蝮蛇是世界上最大的蝰蛇，它们可以长到 3 米多长，但是它们身体很纤细，甚至一条大的成蛇的体重也不及一条未完全发育的加蓬蝰蛇。

响尾蛇有 30 多种，属于最易分辨的蛇类之一，但有 2 ~ 3 种生活在墨西哥海岸附近小岛上的在进化过程中已失去了响尾。

响尾由脱落的末端鳞片的外层形成，响尾蛇在蜕皮时，其尾部环节的皮并不随之一起脱落，因此就形成了响尾的形状。它们迅速摆动尾巴使尾端环节碰撞，从而发出嗡嗡声或嘀嘀声。所有的响尾蛇都生活在美洲，它们要么栖息在干旱地带，要么栖息在多岩石的山坡上或是开阔的草地，包括山区的草地里。有一种生活在南美洲的种类更喜欢开阔的林间空地。尽管人们认为有些种类的蛇会偷袭栖息在灌木丛的鸟，但这些蛇却不是树栖。

蝮蛇主要捕食恒温动物，比如哺乳动物和鸟。当它们捕猎时，尤其是在夜间捕猎时，它们的感温孔将发挥极大的作用。大响尾蛇可以很容易地吃下野兔和陆地松鼠大小的动物，而小一点的蛇或体积稍大一点的小蛇一般吃蜥蜴。水栖蝮蛇的猎食对象可能是所有蛇中最广泛的，包括昆虫、鱼、蛙、龟、幼鳄鱼和鸟蛋。

称霸水域的鳄鱼

作为现存最大的爬行动物，鳄鱼在公众的心目中唯一的印象就是：凶残的肉食动物。然而，对这些独特的爬行动物更进一步地观察却发现，它们表现出与鸟和哺乳动物同样具备的微妙而复杂的行为。它们的声音让早期的旅行者害怕，而如今仍激发着科学家们的兴趣。鳄鱼父母们会忠实地守卫着产下的卵并看护新孵化的幼鳄。鳄鱼的这种显著的社会性使其与龟、蜥蜴、蛇明显地区分开来。而且据此我们可以大致猜测出恐龙的行为习惯。

当代的短吻鳄、凯门鳄、大鳄以及食鱼鳄统称鳄鱼，它们与远古时代的初龙颇有渊源，与恐龙和鸟类是远亲。现代的 23 个种类都有着相同的基本身体构造——长的口鼻部；覆盖着防护性皮肤的流线型的身体，以及肌肉结实、具有推进力的尾巴。其经过了 2.4 亿年的进化。鳄鱼见证了恐龙的繁盛和灭亡，其进化的惊人成功直接得益于鳄鱼长期以来所处的主要的生态地位——水域中的霸主。现存的鳄鱼都有共同的生活方式、独一无二的身体结构以及生理特征。

侏儒鳄身长只有 1.5 米，有着独特的好像被截短了的口鼻部。其主要栖息于西非雨林深处的小溪里。与其他鳄鱼不同，它们专门在夜间到陆地上捕食。

形态和功能

短吻鳄和凯门鳄（短吻鳄属）有明显的宽且钝的口鼻部，长在下颚中的齿位于闭合的嘴内部。所有种类的舌头上都没有盐分排泄腺。

大鳄和假食鱼鳄（鳄鱼属）的特点是有细长到宽的口鼻部。当嘴闭合时，沿着下颚生长着的牙齿暴露在外。现存的鳄的舌头上有盐分排泄腺。

食鱼鳄（有时被称为长吻鳄）是有着细长口鼻部的特殊种类。

对于所有的鳄鱼而言，在水下的藏匿能力是至关重要的，因为这些岸边的机会主义掠食者常常需要在水域边缘埋伏捕捉猎物。它们策略性地只把耳朵、口鼻尖部尽量少地暴露在外。一个骨质的次级颚使它能够闭着嘴呼吸，有一块颚翼可以避免水进入喉咙。强硬的颅骨与强健有力的颚部肌肉配合，在嘴巴咬合时，能在圆锥形的牙齿上

美洲短吻鳄在 7～10 岁时达到性成熟。虽然它们拥有自己的领地和成群的"妻妾"，但大部分雄性在 15～20 岁时才开始第 1 次繁殖。

3个鳄鱼科的代表种类。1. 侏儒凯门鳄。短吻鳄科。2. 侏儒鳄。鳄科。3. 雌性假食鱼鳄。鳄科。4a. 雌性食鱼鳄（在捕鱼）。长吻鳄科。4b. 雄食鱼鳄口鼻部尖处有一个凸起。5. 中国短吻鳄。短吻鳄科。6. 美洲鳄。鳄科。7. 雌性美洲短吻鳄。短吻鳄科。8. 黑凯门鳄。短吻鳄科。9. 泽鳄。鳄科。10. 尖吻鳄。鳄科。

产生 9800 牛顿的力，从而使鳄鱼能够把乌龟壳咬得粉碎，并能够咬穿及叼住更大的猎物。

由于鳄鱼能够沉入水下并保持数十分钟甚至几个小时，因此它们的猎物常常都是被溺死的。一只沉于水下的鳄鱼能够大大减少血液向肺部的流动，而是利用位于分隔的四个心室之间的一条旁路（潘尼兹孔）。这又是这一群组的特征之一。鳄鱼还拥有一项与其他爬行动物相同的特征，即可以依靠无氧代谢间歇性地呼吸，这使它们在进行各种活动时能改变自身的心率和血液流动状态。通过一块与肝脏和其他内脏相连的肌肉在呼气和吸气时像一个活塞一样作用，使鳄鱼的呼吸作用得以顺利进行。通过一次突然的呼气或一次尾部和后肢的有力拍击，鳄鱼就能潜入水中，向下并向后运动。

鳄鱼强有力的尾部占了身体总长的一半，在水中游动时，以身体为轴，左右波状摆动。它们的肢部在游弋或猛扑时都收紧于体侧，但在"制动"或变换方向时会伸展开。有些鳄鱼可以用"尾部行走"，几乎全身都跃出水面扑向猎物。另外一些例如澳大利亚淡水鳄，可以经常性地在起伏不平的陆地上"疾驰"。年幼的和成年的鳄鱼都可以攀越好几米高的障碍。在陆地上的行进包括一种"高足漫步"的形式，在这种情况下，它们几乎把四肢撑得与身体垂直，以一种更像是哺乳动物的步态前进。这得益于它们有一套拥有球状脊椎骨臼窝的轴向支撑系统，从而提高了其在水中和陆地上的运动能力。

食物和饮食

鳄鱼并非挑剔的食客，它们吃的食物很杂，除了植物，只要有蛋白质含量的食物都行。它们的进食包含老练而精妙的行为，比如，凯门鳄是用尾部和身体把鱼群围困在浅水域，而尼罗河鳄却喜欢群体合作捕食。鳄鱼会经常出现在鸟巢、蝙蝠栖息处和在坦喀尼喀湖清澈的水中游弋的尼罗河鳄是所有鳄鱼中最令人闻风丧胆的水中捕手。它们有符合水的流体动力学的体型、宽大有蹼的足以及巨大有力的尾巴。

知识档案

鳄鱼

目：鳄目

3科、8属、23种

分布：全球热带和亚热带地区，一些种类（短吻鳄）也分布至温带地区。

赤道

短吻鳄（短吻鳄科）

4属、8种。包括美洲短吻鳄、中国短吻鳄、普通凯门鳄、南美宽吻鳄、宽吻凯门鳄、侏儒凯门鳄、锥吻凯门鳄、黑凯门鳄。分布于美国东南部、中国东部、中美洲和南美洲。

大小：1.5~4米（口鼻部至尾尖），最长可长达5米。

体征：颚部闭合时，下颚中的第4颗牙看不见。口鼻部短而宽。

大鳄（鳄科）

3属、14种。包括美洲鳄、尖吻鳄、奥里诺科鳄、莫雷利特鳄、尼罗河鳄、新几内亚鳄、泽鳄、咸水鳄、古巴鳄、湾鳄、侏儒鳄、假食鱼鳄等。分布于非洲、马达加斯加、亚洲、澳大利亚、加勒比地区、美国佛罗里达。

大小：1.5~6.5米。

体征：当颚部闭合时，可以明显看到其下颚中的第4颗牙。口鼻部分短而宽、长而窄，各不相同。

食鱼鳄（长吻鳄科）

只有1种：恒河食鱼鳄。分布于印度、尼泊尔、巴基斯坦、孟加拉。

大小：雄性通常5米，最长可达6.5米；雌性3~4米。

体征：口鼻部很长，雄性的口鼻部顶端瓶状。

有大量鱼群进出的裂缝处捕食。鳄鱼喜欢的食物比较固定，但常常又被迫改变食谱。

鳄鱼常常把整个或大块的猎物一口吞下，使其在一个像袋子一样、肌肉厚实的胃里消化。胃里有一个个纵向生长的石状隆起，专门用于消化它们吞入的坚硬、不易消化的食物。这些"胃石"在促进食物分解的同时，也有"压舱"的作用。胃酵素的作用力非常强，其pH是所有已知的脊椎动物中最低的。食物在温暖状况下消化得相当迅速。最后排出的粪便通常为白垩质，杂有一些未消化的骨头或羽毛。

热量调节

同其他的爬行动物一样，鳄鱼也是依靠外部热源来调节体温的变温动物。每一次活动都来自无氧代谢所提供的动力，然后需要很长一段时间来恢复。鳄鱼的反应敏捷有力，但容易疲劳。鳄鱼的行为都倾向于是偶发性的，一次行动可能包含了几次从几分钟到几小时不等的停滞状态。鳄鱼的新陈代谢率很低，这样反过来又可以减少食物的需求量。如果体温一直保持较低的话，一个大型个体可以连续几个月不进食。

印度北方邦，一只年轻的雄食鱼鳄与两只雌食鱼鳄在河岸上晒太阳。雄鳄最突出的特征在于其口鼻尖部有一个显著的凸起，从该处发出的"嗡嗡"声既可赶走对手，又可吸引配偶。

温度选择（无论是寻找热还是躲避热）对所有的鳄鱼种类来说都是非常重要的日常活动。因为不论白天还是晚上，每只鳄鱼绝大部分时间都待在水里，水温的变化和季节的变换都会很大地影响热行为和鳄鱼的体温。美洲短吻鳄和其他一些种类的鳄鱼即使在有机会使自己体温变高的情况下，也会选择较低温度。例如，佛罗里达南部的短吻鳄在夏季最炎热的几个月里会在夜晚爬上岸来，把体温调节到比水温还低。而咸水鳄、新几内亚鳄、委内瑞拉凯门鳄、食鱼鳄、泽鳄以及南印度的咸水鳄也都会在夜晚爬上陆地，在清晨之前把体温调节至水温以下。

鳄鱼的热生物学与其他爬行动物的大相径庭。由于鳄鱼比其他爬行动物的体积更大，所以其体温升高或降低的过程就不单单是几分钟的问题，而是几小时甚至几天。它们两栖生活的习性和巨大的体型使它们有效地利用水作为热源和散热源。一只浮于水面的短吻鳄就像是一个热量分流器——在吸收直射的太阳光的热量的同时，又将热量散发至水中。最终，它们的热反应会因气候、社会性相互作用、年龄、体型大小、繁殖状态、消化状况、传染病等多种因素的改变而变得复杂起来。一只饱餐一顿的鳄鱼会花更多的时间晒太阳，这样，随着体温的升高，它们的消化会更快。感染了病原体的动物会选择升高体温，以增强对疾病的抵抗力。由于体温直接控制新陈代谢率和能量的利用，因此，诸如生长、繁殖等重要过程最终也由体温调节来决定。

社会行为

幼鳄和成年鳄不像新孵化出的鳄鱼那样喜欢群居，但它们也会结成松散的社会群体，包括美洲短吻鳄和尼罗河鳄的几种鳄鱼常常会在一天中的某个时刻集结成群享受日光浴。而在较干燥的栖息地，个体则会集结成群或根据体型或年龄分组集结在永久性水域附近。在委内瑞拉大草原，凯门鳄集中在少数几个永久存在的池塘附近。澳大利亚淡水鳄则聚集在一些孤立的死水潭中。

在野生种群中，占统治地位的雄性会把其他成年雄性排斥在自己精心划下的领地之外。防御性措施涵盖了诸多方面甚至多种设施，且因种类的不同而各异，其常常包括接近配偶的通道、筑巢处、食物供应地、日光浴的场所、越冬栖息处等，或者兼而有之。在繁殖季节，领地保卫战会很激烈，并经常持续一整年。为了竞争统治地位，占有领地的鳄鱼会产生争斗，它们会用头相互顶撞，比如用颚部角力、头部相互撞击，或抬起膨胀的身躯摆出威胁的姿势。

在澳大利亚北部海潮中生活的咸水鳄有全年的孵化领地。一只雄性鳄鱼的领地常常包括有几只雌性鳄鱼的巢居地。繁殖期间的鳄鱼不会形成群落，成年鳄鱼在一年中的任何时间都很少一起出现。生长在鲁道夫湖畔的尼罗河鳄会形成季节性的大型繁殖群落（有时高达 200 只以上），并由差不多 15 只雄鳄统领。在孵化期间，雄鳄和雌鳄生活在一起，而过后它们又在沿湖区分散生活。美国路易斯安那沿岸的短吻鳄一年中的大部分时间都独自生活，但在每年春季，10 只左右的鳄鱼会集结成小群落繁殖后代，之后，雌鳄会在靠近巢穴的地方和幼鳄待在一起。

支配现象在季节性繁殖期间最为明显。当鳄鱼密度较低时，占主导地位的鳄鱼会维持面积和地点不同的分割的领地。雌性和半成年雄性可以在雄性的领地中生活，而其他成年雄性则被拒之门外。鳄鱼密度较高时，要维持领地就变得困难了。在这种状况下，鳄鱼群中特有的等级制度便形成了。

南美宽吻鳄在巴西南部的潘塔纳尔河堤上享受日光浴。这种鳄在玻利维亚、巴拉圭和阿根廷东北部都有分布。尽管当地人大量捕杀它们以获得珍贵的鳄鱼皮，但它们在当地依然数量众多。

第6章

古灵精怪的鸟王国

鸵鸟

与普遍流行的说法相反，鸵鸟从不会把头埋入沙中。事实上，在受到威胁时，这种体型庞大、不会飞的鸟无一例外地都是依靠恰恰相反的策略，即借助它们的长腿逃离逼近的危险。"世界上最大的鸟"这一荣誉属于鸵鸟。

鸵鸟广泛分布于非洲平坦、开阔、降雨少的地区。有4个区别显著的亚种：北非鸵鸟，粉颈，栖息于撒哈拉南部；索马里鸵鸟，青颈，居于"非洲之角"（东北非地区）；马赛鸵鸟，与前者毗邻，粉颈，生活在东非；南非鸵鸟，青颈，栖于赞比西河以南。阿拉伯鸵鸟从20世纪中叶起便已绝迹。

形态与功能

鸵鸟的羽毛柔软，没有羽支。雄鸟一身乌黑发亮的体羽与它两侧长长的白色"飞"羽（初级"飞"羽）形成鲜明对比，这使它显得异常醒目，白天在很远的距离之外便能看到。雌鸟及幼鸟为棕色或灰棕色，这样的颜色具有很好的隐蔽性。刚孵化的雏鸟则为淡黄褐色，带有深褐色斑点，背部隐隐有一小撮刚毛，类似刺猬。鸵鸟的颈很长，且极为灵活。头小，未特化的喙能张得很大。眼睛非常大，视觉敏锐。腿赤裸，修长而强健。每只脚上仅有两趾。脚前踢有力，奔跑速度可达50千米/小时，是不知疲倦的走禽。因为步伐大、脖子长、啄食准，鸵鸟能够非常高效地觅得栖息地内分布稀疏的优质食物。它们食多种富有营养的芽、叶、花、果实和种子，这样的觅食与其说像鸟类，不如说更像食草类的有蹄动物。鸵鸟在多次进食后，食物塞满食管，于是像一个大丸子一样（即"食团"）沿着颈部缓慢下滑，由于食物团近200毫升，因此下滑过程中颈部皮肤会绷紧。鸵鸟的砂囊可以至少容下1300克食物，其中45%可能是砂粒或石子，用以帮助磨碎难消化的物质。鸵鸟通常成小群觅食，这时它们非常容易遭到攻击，所以会不时地抬起头来扫视一下有没有掠食者出现，最主要的掠食者是狮子，偶尔也有美洲豹和猎豹。

一群鸵鸟疾速穿越纳米比亚境内几乎为一片银白色的埃托沙盐沼。对鸵鸟来说，要在这片到处都有行动敏捷的肉食动物出没的大陆上生存下来，具备快速奔跑的能力无疑至关重要。

繁殖生物学

　　鸵鸟的繁殖期因地区差异而有所不同，在东非，它们主要在干旱季节繁殖。雄鸵鸟在它的领域内挖上数个浅坑（它的领域面积从2平方千米到20平方千米不等，取决于地区的食物丰产程度），雌鸵鸟（"主"母鸟）与雄鸵鸟维持着松散的配

非洲南部博茨瓦纳的奥卡万戈三角洲地带，两雌一雄3只鸵鸟在看护一个巢。由于鸵鸟的卵产于易受威胁的浅坑里，为了保证卵不受侵袭，成鸟必须担负起24小时轮流值班的任务。孵化期持续40多天。

偶关系并自己占有一片达26平方千米的家园，雌鸵鸟选择其中的一个坑，此后产下多达12个卵，隔天产1枚。会有6只甚至更多的雌鸵鸟（"次"母鸟）在同一巢中产卵，但产完卵后一走了之。这些次母鸟也可能在领域内的其他巢内产卵。接下来的日子里，主母鸟和雄鸟共同分担看巢和孵卵任务，雌鸟负责白天，雄鸟负责夜间。没有守护的巢从空中看一目了然，所以很容易遭到白兀鹫的袭击，它们会扔下石块来砸碎这些巨大的、卵壳厚达2毫米的鸵鸟蛋。而即使有守护的巢也会受到土狼和豺的威胁。因此，巢的耗损率非常高：只有不到10%的巢会在约3周的产卵期和6周的孵化期后还存在。

　　鸵鸟的雏鸟出生时发育很好（即早成性）。雌鸟和雄鸟同时陪伴雏鸟，保护其不受多种猛禽和地面肉食动物的袭击。来自数个不同巢的雏鸟通常会组成一个大的群体，由一两只成鸟护驾。仅有约15%的雏鸟能够存活到1岁以上，即身体发育完全。雌性长到2岁时便可以进行繁殖。雄性2岁时则开始长齐羽毛，3～4岁时能够繁殖。鸵鸟可活到40岁以上。

　　雄鸟通过巡逻、炫耀、驱逐入侵者以及发出吼声来保卫它们的领域。它们的鸣声异常洪亮深沉，鸣叫时色彩鲜艳的脖子会鼓起，同时翅膀反复扇动，并会摆出双翼一起竖起的架势。繁殖期的雄鸟向雌鸟炫耀时会蹲伏其前，交替拍动那对展开的巨翅，这便是所谓的"凯特尔"式炫耀。雌鸟则低下头，垂下翅膀微微振颤，尽显妩媚挑逗之态。鸵鸟之间结成的群体通常只有寥寥数个成员，并且缺乏凝聚力。成鸟很多时候都是独来独往的。

企鹅

企鹅为不会飞的海洋鸟类，生活于南半球，主要集中在南极和亚南极地区。企鹅是一个独特的群体，高度特化，适应于它们所生存的海洋环境和恶劣的极地气候。当然，它们长相可爱，充满活力，乃是一群惹人喜爱的鸟。

　　葡萄牙航海家瓦斯科·达·伽马和费迪南德·麦哲伦在他们的探险航行中（分别为1497～1498年和1519～1522年）最早描述了企鹅。两人分别发现了南非企鹅和南美企鹅。然而，大部分企鹅种类直到18世纪随着人类为寻找南极大陆而对南大洋进行探索时才逐渐为世人所了解。

形态与功能

　　企鹅的所有种类在结构和体羽方面非常相近，只是在体型和体重上差别较大。它们背部的羽毛主要为蓝灰或蓝黑色，腹部基本上为白色。用以种类区分的标志如角、冠、脸部、颈部的条纹和胸部的镶边等主要集中在头部和上胸部，当企鹅在水面游泳时这些特征很容易被看到。雄企鹅体型通常略大于雌企鹅，这在角企鹅属中相对更明显，但两性的外形极为相似。雏鸟全身为灰色或棕色，或者背部两侧及下层羽毛为白色。幼鸟的体羽往往已接近成鸟，仅在饰羽等方面存在一些细小的差别。企鹅的形态和结构都非常适于海洋生活。它们拥有流线型的身体和强有力的鳍状肢来帮助它们游泳和潜水。它们身上密密地覆有3层短羽毛。翅膀退

企鹅的代表种类

1.一只黄眼企鹅的成鸟和两只雏鸟；2.一对在育雏的凤头黄眉企鹅；3.上岸的小企鹅；4.两只孵卵的王企鹅，其中一只在将卵放到脚上；5.一对阿德利企鹅在相互问候；6.阿德利企鹅在滑行；7.阿德利企鹅跃出海面；8.阿德利企鹅在做"海豚式T泳"；9.一只站立的南非企鹅；10.准备上岸的南非企鹅。

化为强健、硬朗、狭长的鳍状肢，使它们在水中能够快速推进。企鹅的脚和胫骨偏短；腿很靠后，潜水时和尾巴一起控制方向。在陆地上，企鹅常常倚靠蹠来站立，同时用它们结实的尾羽做支撑。因为腿短，企鹅在陆上走路时显得步履蹒跚，不过一些种类能够用腹部在冰上快速滑行。并且，尽管它们的步伐看上去效率低下，但有些种类却能够在繁殖地和公海之间进行长途跋涉。企鹅的骨骼相对较重，大部分种类的骨骼仅略比水轻，由此减少了潜水时的能耗。喙短而强健，能够有力地攫取食物。皇企鹅和王企鹅的喙长而略下弯，也许是为了适应在深水中捕食快速游动的鱼和乌贼。

除了保证游泳的效率，企鹅还必须在寒冷、经常接近冰点的水中做好保温工作。为此，它们不仅穿有一件厚密且防水性能极佳的羽衣，而且在鳍状肢和腿部还有一层厚厚的脂肪，以及一套高度发达的血管"热交换"系统，确保从露在外面的四肢流回的静脉血被流出去的动脉血所温暖，从而从根本上减少热量的散失。生活在热带的企鹅则往往容易体温过高，所以它们的鳍状肢及裸露的脸部皮肤面积相对较大，以散发多余的热量。此外，它们也会穴居在地洞内，尽量避免直接暴露于太阳底下。

所有企鹅都具有出众的储存大量脂肪的能力，尤其是在换羽期来临前，因为在

知 识 档 案

企鹅

目：企鹅目
科：企鹅科

6属17种。种类包括：皇企鹅、王企鹅、白颊黄眉企鹅、斯岛黄眉企鹅、翘眉企鹅、黄眉企鹅、长眉企鹅、凤头黄眉企鹅、小企鹅、黄眼企鹅、阿德利企鹅、纹颊企鹅、白眉企鹅、加岛企鹅、秘鲁企鹅、南非企鹅、南美企鹅等。

赤道

分布： 南极洲、新西兰、澳大利亚南部、非洲南部和南美洲（北至秘鲁和加拉帕哥斯群岛）。

栖息地： 平时仅限于海洋，繁殖时会来到陆上的栖息地，如冰川、岩石、海岛和海岸。

体型： 身高从小企鹅的30厘米至皇企鹅的80~100厘米不等，体重从1~1.5千克到15~40千克不等（同样为上述种类）。

体羽： 大部分种类背部为深色的蓝黑或蓝灰，腹部白色。

鸣声： 似响亮而尖锐的号声或喇叭声。

巢： 最大的2个种类（王企鹅和皇企鹅）不筑巢，站立孵卵；其他种类都筑有某种形式的巢，巢材为就地取材。

卵： 窝卵数1~2枚，具体依种类而定；卵的颜色为白色或浅绿色。孵化期依种类33~64天不等。

食物： 甲壳类、鱼、乌贼。

换羽期它们所有的时间都待在岸上，不能捕食。有些种类，包括皇企鹅、王企鹅、阿德利企鹅、纹颊企鹅以及角企鹅属，在求偶期、孵卵期和育雏期也会出现长时间的禁食。育雏的雄皇企鹅的"斋戒期"可长达115天，阿德利企鹅和角企鹅属为35天。在这段时间内，它们的体重可能会减轻一半。相比之下，在白眉企鹅、黄眼企鹅、小企鹅和南非企鹅中，雄鸟和雌鸟通常每1~2天会轮换一次孵卵或育雏任务，因此在繁殖期的大部分时间内它们都不必进行长时间的禁食。然而，一旦育雏完毕，几乎所有种类的亲鸟都会在繁殖期结束时迅速增肥，以迎接2~6周的换羽期，因为在换羽期内，它们体内脂肪的消耗速度是孵卵期的2倍。秘鲁企鹅和加岛企鹅没有特别固定的

换羽期，换羽可出现在非繁殖期的任何时候。未发育成熟的鸟通常在完成繁殖行为的成鸟开始换羽之前便已完成换羽，但至少对角企鹅属来说，未成鸟的这种换羽时间会随着年龄的增长而不断推后，直到它们自己也开始繁殖。不同种类的企鹅在繁殖和换羽行为上的差异至少部分是因为栖息地之间的差别所造成的，尤其是栖息地更靠南的种类，它们的生存环境更寒冷，繁殖期相对很短。

繁殖生物学

绝大部分企鹅都是高度群居的，无论在陆地上还是在海里。它们通常进行大规模的群体繁殖，仅对自己巢周围的一小片区域进行领域维护。在密集群居地繁殖的阿德利企鹅、纹颊企鹅、白眉企鹅和角企鹅属中，求偶行为和配偶辨认行为异常复杂，而那些在茂密植被中繁殖的种类如黄眼企鹅则相对比较简单。南非企鹅尽管生活在洞穴内，却通常成密集的繁殖群繁殖，具有相当精彩的视觉和听觉炫耀行为。而小企鹅则因所居的洞穴更为分散，炫耀行为较为有限。这些企鹅的群居行为很大程度是围绕巢而展开的。相比之下，没有巢址的皇企鹅只对它们的伴侣和后代表现出相应的行为。企鹅号声般的鸣叫在组序和模式上各不相同，这为个体之间相互辨认提供了足够的信息，因此即使是在有成千上万只企鹅的繁殖群中，它们也能迅速辨认出对方。例如，一只返回繁殖群的王企鹅在走近巢址时会发出鸣叫，然后倾听反应。王企鹅和皇企鹅是唯一通过鸣声就能迅速辨认配偶的企鹅。

许多企鹅种类复杂的炫耀行为通常见于繁殖期开始时，即求偶期间。大部分企鹅一般都与它们以前的伴侣配对。在一个黄眼企鹅的繁殖群中，61%的配偶关系维持2～6年，12%维持7～13年，总体"离婚"率为年均14%。在小企鹅中，一对配偶关系平均维持11年，离婚率为每年18%。然而，在一项对阿德利企鹅的大型研究中，发现居然没有一对配偶关系能维持6年，年均"离婚"率超过50%。

长眉企鹅的初次繁殖至少要到5岁；在皇企鹅、王企鹅、纹颊企鹅和阿德利企鹅中，至少为雌鸟3岁、雄鸟4岁；小企鹅、黄眼企鹅、白眉企鹅和南非企鹅则至少为2岁。即使在种、属内部，首次繁殖的年龄也各不相同。例如，在阿德利企鹅属中，极少数种类在1岁时就踏上了繁殖群居地，有不少是2岁时在通常的雏鸟孵化时节过来

 企鹅的栖息地极为偏远蛮荒，这令它们中的许多种类得以避开人类的侵扰和威胁。

小住数日，而大部分第一次踏上群居地是在3岁和4岁时。长到约7岁时，阿德利属的企鹅种类每个季节到达群居地的时间开始变得越来越早，来的次数越来越多，待的时间越来越长。一些雌鸟初次繁殖为3岁，雄鸟为4岁。但大多数雌鸟和雄鸟的繁殖时间是往后推一两年，有些雄鸟甚至直到8岁才繁殖。

繁殖的时期主要受环境的影响。南极大陆、大部分亚南极和寒温带的企鹅在春夏季节繁殖。繁殖行为在繁殖群内部和繁殖群之间高度同步。南非企鹅和加岛企鹅通常有2个主要的繁殖高峰期，但产卵却在一年中任何一个月都有可能发生。大多数的小企鹅群体也是如此，在南澳大利亚州有些配偶甚至一年内可以成功育雏2次。皇企鹅的繁殖周期则相当独特，它们秋季产卵，冬季（温度可降至－40℃）在漆黑的南极大陆冰上育雏。王企鹅的幼雏也在繁殖群居地过冬，但这期间成鸟几乎不给它们喂食，其生长发育主要集中在之前和之后的夏季。在绝大部分企鹅种类中，雄鸟在繁殖期来临时先上岸，建立繁殖领域，不久便会有雌鸟加入，既可能是它们原先的伴侣，也可能是刚吸引来的新配偶。仅有皇企鹅和王企鹅为一窝单卵，其他企鹅种类通常一窝产2枚卵。在黄眼企鹅中（情况很可能更为普遍），年龄会影响生育能力。在一个被研究的群体中，2岁、6岁和14～19岁的孵卵成功率分别为32%、92%和77%。在产双卵的种类中，卵的孵化常常是不同步的，先产下的、略大的卵先孵化。这种优先顺序会引发"窝雏减少"现象（窝雏减少是一种普遍的适应现象，目的在于保证当食物匮乏时，体型小的雏鸟迅速夭折，而不致对另一只雏鸟的生存构成威胁），通常使先孵化的雏鸟受益。然而，在角企鹅属中，先孵化的卵远小于第2枚卵，但同样只能有1只雏鸟被抚养。唯独黄眉企鹅通常是2枚卵孵化后都生存下来。对于这一不同寻常的现象，尽管人们提出了数种假设来予以解释，却没有一种完全令人满意。

在绝大多数企鹅中，育雏要经历2个不同时期。第一个是"婴儿时期"，时间为2～3周（皇企鹅和王企鹅为6周），期间一只亲鸟留巢看护幼小的雏鸟，另一只亲鸟外出觅食。接下来则为"雏鸟群时期"，此时，雏鸟体型变大了，活动能力增强了，当双亲都外出觅食时便形成了雏鸟群。阿德利企鹅、白眉企鹅、皇企鹅和王企鹅的雏鸟群有可能为规模很大的群体。而纹颊企鹅、南非企鹅以及角企鹅属的雏鸟群较小，只由相邻巢的寥寥数只雏鸟组成。

在近海岸捕食的种类如白眉企鹅每天都给雏鸟喂食。而阿德利企鹅、纹颊企鹅和角企鹅类，由于一次离开海上的时间经常会超过一天，因而它们喂雏的次数相对就少。皇企鹅和王企鹅会让雏鸟享用大餐，但时间间隔很长，每三四天有一顿就不错了。小企鹅与众不同，它给雏鸟喂食是在黄昏后。作为企鹅中最小的种类，可以想象它的潜水能力也最为薄弱，因此它们更多地在傍晚时分捕食，那时候猎物大量集中在近水面处。

雏鸟生长发育很快，尤其是南极洲的那些种类。随着雏鸟年龄的增大，一餐摄入的食物量迅速增多，在体型大的种类中，大一些的雏鸟一顿可摄入 1 千克以上的食物。而即使是在小体型的企鹅中，幼雏的食量也十分惊人，它们能够轻松消灭 500 克的食物。很大程度上正是因为幼年的快速发育，使它们看上去长得像梨形的食物袋，下身大、头小。

雏鸟完成换羽后，通常开始下海。在角企鹅属中，会出现大批企鹅迅速从繁殖群居地彻底离去的现象（几乎所有的企鹅在 1 周内全部离开），亲鸟自然也不再去照顾雏鸟。而在白眉企鹅中，学会游泳的雏鸟会定期回到岸上，因为至少在 2 ~ 3 周内，它们还要从亲鸟那里获得食物。在其他种类中，也会出现类似的亲鸟照顾现象，但雏鸟由亲鸟在海里喂养则不太可能。

一旦雏鸟羽翼丰满，它们就会很快离开群居地，直至回来进行初次繁殖。企鹅的幼鸟成活率相对较低，特别是在换羽后的第一年以及繁殖期前这段时间，如仅有 51% 的阿德利企鹅的幼鸟能够在第一年中存活下来。不过，这种低幼鸟成活率因高成鸟成活率得到了弥补。如皇企鹅和王企鹅的成鸟成活率估计为 91% ~ 95%，与其他大型海鸟类基本持平。小型企鹅的成鸟成活率较低一些，如阿德利企鹅为 70% ~ 80%，长眉企鹅和小企鹅为 86%，黄眼企鹅为 87%。

天鹅、雁和鸭

数千年来，水禽类天鹅、雁和鸭不断为人类提供着蛋、肉和羽毛。人们将它们作为捕猎、娱乐和饲养的对象。在人类文化中，它们的影响范围涉及艺术、音乐、舞蹈、歌曲、语言、诗歌、散文等多个领域。然而，它们的湿地栖息地却遭人诟病，常常被描绘成危险可怕的人类疾病（如疟疾）之源。不过近年来，保护水禽及其赖以生存的湿地的重要性已为越来越多的人所认识。

与水禽和叫鸭亲缘关系最近的当数红鹳类、猎禽类、鹳类和琵鹭，但尚无足够的化石记录来揭示它们之间的确切关系及起源。在水禽类内部，虽然可分成多个族（拥有多达 400 个以上的杂交种便可说明这一点），但种与种之间的关系却很密切。大多数成员为人工饲养，也有部分为野生。有不少跨族的杂交种也为世人所熟知。

形态与功能

几乎所有的水禽类都营巢于淡水域的水面或水边，只有几个种类，包括黑雁、叫鸭和海番鸭，大部分时间生活在入海口和浅海中。水禽类基本上均为水栖鸟种，身体宽、下部扁平、颈中等偏长、腿较短、具蹼足。潜水的习性经过多次进化，那些擅长潜水的种类身体极富流线型。喙通常宽而扁，喙尖长有一角质"嘴甲"，在某些种类中微具钩。颌骨两侧有栉状的"栉板"，一些种类用以从水中滤食。舌头相当短且厚，成锯齿状的喙缘用以咬住和处置食物。

多数鸭类腿长得非常靠后（有些极为靠后），因此在陆上行动时缓慢笨拙。但也有不少在水下潜水和觅食的种类如潜鸭类、秋沙鸭类和硬尾鸭类，同样能够在地面快速灵活地活动。极少数种类如红胸秋沙鸭，在水下时会使用翅膀，但总体而言，水禽类在潜水时翅膀贴紧身体。雁类和草雁类通常更倾向于陆栖，尤其是在觅食时。它们的长腿更靠近身体的中部，因而站立姿势挺拔，行走起来轻松自如。

基于各个种类的内部特征如骨骼，外部特征如成鸟和幼雏（小于 3 周）的体羽模式和类型、行为特征以及最近的 DNA 分析，本篇将水禽类分为 15 个族（外加神秘的鹊鸭，暂时无法归入任何一族）。

天鹅和雁的代表种类

1.疣鼻天鹅，喙基部有黑色的瘤（雄鸟的较大），为该种类的典型特征；2.大天鹅在做胜利炫耀；3.红胸黑雁摆出具有攻击性的示威姿势；4.粉脚雁，在冰岛、格陵兰岛和斯瓦尔巴特群岛繁殖的北方种类；5.灰雁，在用喙的下侧将1枚卵滚入巢中；6.头部长有独特圆顶的澳大利亚鹊雁；7.一只飞翔的斑头雁加入迁徙群；8.在苔原巢中的帝雁；9.加拿大黑雁的典型休息姿势；10.一只黑颈天鹅背着小天鹅；11.一只雄夏威夷黑雁在送走对手。

天鹅、雁和鸭各族

鹊雁族（鹊雁）
仅鹊雁1种。

树鸭族（树鸭）
1属8种。种类包括茶色树鸭等。

白背鸭族（白背鸭）
仅白背鸭1种。

澳洲灰雁族（澳洲灰雁）
仅澳洲灰雁1种。

雁族（雁）
2属15种。种类包括：白颊黑雁、黑
雁、夏威夷黑雁、雪雁、白额雁等。

天鹅族（天鹅）
2属7种：小天鹅、黑天鹅、黑颈天鹅、
疣鼻天鹅、黑嘴天鹅、大天鹅、扁嘴
天鹅。

斑鸭族（斑鸭）
仅斑鸭1种。

硬尾鸭族（硬尾鸭）
3属7种。种类包括：黑头鸭、安第斯硬
尾鸭、棕硬尾鸭、白头硬尾鸭等。

湍鸭族（山鸭、湍鸭和船鸭）
3属6种。种类包括：山鸭、短翅船鸭、
灰船鸭、湍鸭等。

距翅雁族（距翅雁和瘤鸭）
2属3种。种类包括：瘤鸭、距翅雁等。

麻鸭族（麻鸭和草雁）
5属15种。种类包括：蓝翅雁、埃及
雁、棕头草雁、翘鼻麻鸭、黑胸麻鸭、
灰头麻鸭等。

红耳鸭族（红耳鸭和花纹鸭）
2属2种：红耳鸭、花纹鸭。

鸭族（水面觅食和潜水类鸭）
11属57种。种类包括：疣鼻栖鸭、棉
凫、奥岛鸭、坎岛鸭、桂红鸭、赤颈
鸭、绿翅鸭、凯岛针尾鸭、莱岛鸭、绿

头鸭、针尾鸭、斑头鸭、铜翅鸭、黑头
凫、鸳鸯、林鸳鸯等。

潜鸭族（潜鸭）
4属17种。种类包括：粉头鸭、帆背潜
鸭、凤头潜鸭、灰嘴潜鸭等。

秋沙鸭族（秋沙鸭）
10属20种。种类包括：黄嘴秋沙鸭、褐
秋沙鸭、普通秋沙鸭、红胸秋沙鸭、中
华秋沙鸭、棕胁秋沙鸭、斑头秋沙鸭、
欧绒鸭、黑海番鸭、拉布拉多鸭、长尾
鸭、鹊鸭、白枕鹊鸭等。

麝鸭族
麝鸭过去被归为硬尾鸭族中，最近研究
发现它与该族无亲缘关系。故有待重新
归类。

　　澳大利亚的鹊雁是鹊雁族的唯一一种。它在整体外形上与叫鸭颇为相似，特别是两者都具有长腿和长颈，并且趾间的蹼都退化。虽然澳大利亚鹊雁的喙在基部深而宽，却是典型的水禽类喙形——向上穿过笔直的额，直至进入头部宽大的圆顶中。翅宽，振翅缓慢，飞行稳定，路线直。鹊雁的体羽像许多水禽一样为黑白色，但翼羽却并不像几乎所有的水禽那样一次性换羽，因此，在翼羽脱换期间，鹊雁仍具有飞行能力。与大部分其他水禽不同的是，鹊雁的亲鸟会给雏鸟喂食，方式为将食物从亲鸟的嘴中送至雏鸟嘴中。一般的群居形式为1只雄鸟和与它配对的2只雌鸟，三者共同筑巢、孵卵、看雏和喂雏。而在其他水禽中，多配制是很罕见的。

　　近来对澳大利亚麝鸭的研究发现，该鸟与之前隶属的硬尾鸭族并没有亲缘关系。所谓的相似性很可能是趋同进化的结果，主要为后肢因潜水而都发展成重要的觅食工具。和鹊雁一样，麝鸭的雏鸟也由亲鸟喂食，雌雄鸟的体型相差很大（比其他任何鸭类都明显）。不存在配偶关系，相反，有一套"展姿场"繁殖机制——20只或更多的雄鸟聚集在同一个地方竞相炫耀，并使所有被吸引到展姿场内的雌鸟受精。雄鸟相互之间非常好斗，经常在水中追逐。

　　树鸭族广泛分布于热带和亚热带地区。但大多数种类限于相当小的分布范围内，不发生重叠。然而，茶色树鸭的分布却异常广泛，见于南北美洲、东非、马达加斯加和南亚地区。同时，在如此大范围而又不连续的分布区内，该种类的各种群在形态上并没有出现明显的变异。

↑ 一只短翅船鸭用翅膀来遮蔽它那些一身绒毛的雏鸟。短翅船鸭是3种翅膀丧失飞行功能的船鸭种类之一。

树鸭的配偶关系为长期性，双亲共同育雏。它们中大部分体型相当小，腿长，站立时姿态挺拔。树鸭的名字源于它们普遍栖于树枝上的习性，而它们的另一个名字"啸鸭"则是源于它们发出的鸣声为尖锐的呼啸声。它们的翅宽，飞行速度并不快。除了可以在陆上出色地行走，树鸭也会游泳和偶尔潜水。两性的体羽一样，颜色通常集中为褐色、灰色和浅黄褐色。茶色树鸭和其他3个种类在胁部的炫耀性饰羽很粗。长着绒羽的雏鸟浑身的羽毛与其他水禽类的雏鸟都不一样（扁嘴天鹅除外），其中最独特的是眼下方有一条浅黄色或白色羽线绕于头部，头顶羽毛为黑色。在进行交配后，树鸭配偶会陶醉于相互的炫耀中——双方做出相似的动作，如将靠近对方的那一扇翅膀展开等。

非洲的白背鸭（白背鸭族）与树鸭具有亲缘关系，雌雄鸟外形相似，维持长期的配偶关系，共同筑巢、孵卵和育雏。然而，白背鸭非常擅长潜水，这从根本上改变了它的体形。和麝鸭一样，它在外形上与硬尾鸭接近，但没有坚硬的尾羽。

澳大利亚灰雁（澳大利亚灰雁族）像雁族一样为食草类。它们的配偶关系也为长期性。雄鸟帮助筑巢，但不孵卵，这一点与天鹅族类似，与雁族不同。DNA分析表明，澳大利亚灰雁归属于一个古老的族，而与它亲缘关系最近的也许是扁嘴天鹅。

知识档案

天鹅、雁和鸭
目：雁形目
科：鸭科
50属162种。

分布：全球性，南极洲除外。

赤道

栖息地：主要在淡水域和沿海湿地。

体型：体长30～150厘米，体重0.25～15千克或以上。

体羽：各异。大多数为某种程度的白色，不少种类为黑色相间，少数为全白或全黑，灰色、褐色和栗色也较为常见。头部和翼斑常泛有绿色或紫色光泽。在某些属中，雄鸟色彩鲜艳，而雌鸟和幼鸟为具有隐蔽性的暗褐色；在其他属中则两性相似。

鸣声：一些属的种类鸣叫很活跃（常见的鸣声有嘎嘎声、咯咯声、嘘嘘声、嘶嘶声），其他的则大部分时候很安静，或在炫耀时有柔和的鸣声。

巢：植被性巢材，大部分筑于地面，偶有筑于岩脊或树冠者，约有1/3筑于洞穴中，或为树洞或为地洞。

卵：窝卵数4～14枚；白色、乳白色、浅绿色、蓝色或褐色，无斑纹。孵化期21～44天。雏鸟早成性，除鹊雁和麝鸭外自己进食。雏鸟长飞羽期为28～110天。

食物：多种动植物，如鱼、软体动物、甲壳类、昆虫及其幼虫、水生和陆地植物的叶、茎、根、种子等。

雁族为"真正的"雁。它们在交配前会相互炫耀，并且在成功将竞争者（1只雄鸟或1对配偶）驱走后，会举行一个胜利仪式。15个种类都分布在北半球，它们在南半球的生态位由草雁取而代之。雁类羽色不统一（尽管雌雄鸟相似），一些种类为黑色和白色，而其他种类以灰色或褐色为主。它们能够很好地行走和跑动，腿相当长，位于身体中部，颈中等偏长。雌雄鸟维持长期的配偶关系，但只有雌鸟单独筑巢和孵卵，雄鸟负责看护。

天鹅（天鹅族）拥有一身纯白的羽衣，有时为黑白相间，从体羽为白色、外翼为黑色至体羽为黑色、外翼为白色不一。各种类两性相似，亲鸟往往会照看雏鸟1年以上。7个种类中有4种限于北半球（人工引入除外），另外3种仅见于南半球，其中最古老的种类很可能是扁嘴天鹅。天鹅中有最大的水禽个体，翼展超过2米，体重逾15千克。天鹅颈非常长，但腿相对较短，陆上活动能力不强。它们以及雁类都是出色的飞行专家，有几个种类定期往北迁徙进行繁殖，常飞越数千千米。

斑鸭为斑鸭族的唯一代表，外形总体上与鸭相近，只是腿较短。两性体羽相似，全身带有灰褐色斑点，不过雄鸟的喙在繁殖期呈红色。雄鸟筑巢，但之后就不再操心"家庭事务"。由于与雁和天鹅无论在生理结构上还是行为模式上都存在许多相似性，故将斑鸭族置于紧随雁族和天鹅族后面的位置。

硬尾鸭（硬尾鸭族）绝大部分见于南半球，仅有2种出现在赤道以北。它们为体小、矮壮的潜鸟，尾羽短而硬，用以在水中掌舵。腿长得很靠后，因而在陆上行动受限。雄鸟的体羽主要为深栗色或褐色，头部常常为黑色或黑白相间，并且许多种类的雄鸟在求偶期间喙呈明亮的蓝色；雌鸟一般为暗褐色。翅膀短粗，飞行快速、笔直，但需较长的助跑方可起飞。雄鸟的炫耀行为相对比较复杂。大多数水禽的翼羽和尾羽每年脱换一次，期间不会飞，然而绝大部分（如果不是全部的话）硬尾鸭却每年换羽2次。

山鸭、澘鸭和船鸭可能只是暂时地同归于澘鸭族下，有必要进一步研究。船鸭限

水面觅食和嬉水类鸭的代表种类

1.埃及雁，它的拉丁学名的命名不正确，因为这种鸟事实上属麻鸭族；2.莱岛鸭，只分布于夏威夷的莱珊岛；3.翘鼻麻鸭的飞行特点为翅膀成弓形，拍动缓慢；4.针尾鸭，具有加长型的中央尾羽，因而得名；5.林鸳鸯，营巢于树洞中；6.棕硬尾鸭，一个北美种，繁殖地北起加拿大的不列颠哥伦比亚省和魁北克省，南至墨西哥边境；7.绿眉鸭，因其独特的白色头顶有时被称为"秃鸭"；8.一只雄鸳鸯，这一漂亮可爱的东亚种类被广泛引入西方进行人工饲养；9.白脸树鸭，热带树鸭族的一个种；10.云石斑鸭，因其湿地栖息地受到严重破坏，现被世界自然保护联盟列为易危种；11.一只雄赤麻鸭，该鸟为南欧种，其显著特点是身体呈橘黄色，头部为浅色；12.一只雄绿头鸭在进行仪式化梳羽。

于南美洲南部，绝大部分水栖，通常在海岸附近。4个种类中有3种翅膀极短，完全不能飞行，另外1个种类偶尔飞行，但飞行能力很弱。船鸭体格结实，颈短，腿短，喙有力。它们的英文名"steamer duck"源于它们在迅速逃离危险时腿和翅膀搅水的方式像轮船的轮子。船鸭的体羽主要为灰色，两性相似。山鸭和湍鸭生活在南半球的急流险滩中，以水生无脊椎动物为食，如石蛾（在北半球为鲑鱼的食物）。它们像船鸭一样有很强的领地性，配偶常年在一起，共同育雏。湍鸭有数个地理分布明显的亚种，它们适于在南美安第斯山区水流湍急的溪流中生存。它们的身体呈流线型，爪子锐利，可以抓住打滑的石头，尾长而硬，用以在急流中控制方向。山鸭在新西兰的栖息地与湍鸭的类似。

距翅雁和瘤鸭共同组成了分布于非洲和南美洲的距翅雁族。它们与雁族颇为相似，体羽相像。雄鸟通常明显大于雌鸟。羽毛以黑色和白色为主，为黑色时常泛有绿色光泽。配偶关系相当松散，雄鸟很少与后代在一起。

由麻鸭和草雁构成的麻鸭族包括1属7种麻鸭（1种很可能已灭绝）和4属8种草雁。麻鸭在中美洲和北美洲之外呈世界性分布，而草雁仅限于南半球，但非洲的蓝翅雁和埃及雁例外。它们体型中等，其中草雁可持站立姿势，但2类均可既在水中又在陆上觅食。体羽各异，但大部分种类有一鲜艳的绿色翼斑（为长于次级飞羽外面部分的一色斑），同时翼覆羽为白色。其他常见的羽色有白色、黑色、栗色和灰色。在一些种类中，两性相似，而在其他种类中，则对比鲜明。不过，其配偶关系持久，双方共同育雏。炫耀行为与雁族类具有某些相似之处。一些种类（如果不是全部的话）和鹊雁一样按序脱换翼羽，并且，翼羽的脱换可能会隔年进行一次。

共同组成红耳鸭族的红耳鸭和花纹鸭之间的亲缘关系也同样存在疑问，有待进一步研究。小巧的澳大利亚红耳鸭像斑马那样长有黑白相间的羽毛，头两侧各有一粉红色的小色斑，两性相似。喙大，边缘具栉板，非常适于在水面过滤微型有机物。新几内亚的花纹鸭栖息于多种河流中，但主要生活在水流湍急之处。这种鸟具有领域性，两性相似，体羽呈黑白条纹，喙呈鲜艳的黄色。

水面觅食和嬉水类鸭（鸭族）为水禽中最大的族，包括了许多进化非常成功、适应性很强的种类。绝大多数为水栖类，体型小，腿短，在水面觅食或采取倒立姿势——在水面下的浅水中嬉水。嬉水类鸭见于世界各地，包括在偏远的海岛上，人们也发现生活着数种非迁徙型的种类，如莱岛鸭和奥岛鸭。其他许多嬉水类鸭，诸如针尾鸭、绿翅鸭、赤颈鸭等为典型的候鸟，可进行长途飞行。小型种类几乎能从水面垂直起飞，同时在空中也非常灵活。另有少数种类可栖于树枝等物体上，这在其他所有水禽中极为罕见。约有1/3的种类营巢于洞穴中，它们的雏鸟长有锐利的爪子和相当坚硬的尾巴，出生不久后便可以爬离洞巢。大多数种类主要分布在热带和亚热带地区，少数种类见于温带，如鸳鸯。在更小的种类如棉凫中，两性差别很大，羽色各异，从暗褐色到浅栗色、绿色、白色均有。

在许多种类中，雄鸟羽色鲜艳，并有亮丽的翼斑，而雌鸟和幼鸟的羽色为具有保护性的褐色。不过，雄鸟在繁殖后会失去醒目的羽色，同时在翼羽脱换、不会飞行期间也为褐色。雄鸟的羽色通常有褐色、绿色、栗色、白色和浅蓝色。求偶炫耀主要是雄鸟做出一系列复杂的行为来展示它的羽毛、最大限度地吸引异性。雌鸟则很少炫耀，所以相互炫耀行为少而又少，甚至完全没有。雌鸟通常单独育雏，只有少数几个热带种类的雄鸟会帮助看护后代不被掠食。

潜鸭族的潜鸭为全球性分布。它们主要为淡水种，一部分种类在沿海过冬，均通过潜水来觅食。腿短，并且相对于肥胖的身体而言很靠后，故很少上岸。起飞时通常需要在水面进行助跑，翅膀快速拍动。虽然雄鸟的羽色有别于雌鸟，但并不是特别鲜艳，以灰色、褐色和黑色最为常见。它们不像麻鸭和其他该科的成员一样具有翼斑，不过翅膀上常有白色的条纹。鲜艳的颜色仅出现于胸部和深色的头部。它们的求偶炫耀相对简单。雄鸟在孵卵期一开始便离雌鸟而去，下个繁殖期则会向另一只雌鸟求偶。

在本篇中，秋沙鸭族除了秋沙鸭还包括绒鸭，后者有时被单独列为一族——绒鸭族。秋沙鸭族中大部分为海水域种类，通过潜水捕食动物性食物，仅有少数几种繁殖于淡水域边。绝大多数限于北半球，不过稀少的褐秋沙鸭见于南半球，而黄嘴秋沙鸭（现已灭绝）也曾生活在新西兰南部的奥克兰群岛上。许多种类身大体沉，起飞相当吃力，需要长距离助跑，但其中食鱼的齿喙类秋沙鸭则相当灵活迅速。

几乎所有的秋沙鸭都呈性二态，雄鸟以黑色或黑白色为主，尽管头部时常带有鲜艳的绿色或蓝色，或者全身泛有淡淡的绿色或蓝色。求偶炫耀由雄鸟表演，常常相当复杂，并且种类之间差别很大。雌鸟则与嬉水类鸭一样很少炫耀。雌鸟在暂时离巢时为了给卵保温，会从自己胸部拔下一些绒羽，这一现象在北方繁殖的绒鸭中最为常见。

分布模式

水禽类遍布除南极大陆外的世界各大洲，以及所有大的岛屿和许多小岛。不过，少数种类如夏威夷黑雁和褐秋沙鸭仅有数百只。一些岛屿种类如坎岛鸭，也同样稀少，甚至不足 100 只。其他种类如针尾鸭等则数量巨大，也许有成千上百万只，且分布十分广泛。

各种类的分布模式既可能是对多种栖息地和食物都具有很强适应性的结果，如绿头鸭；也可能与长途迁徙有关，如白额雁；或者是纯粹出于一种偶然，将某个海岛作为了群居地，结果丧失了迁徙本性，逐渐进化成仅适于当地条件生存的种类——这样的例子有太平洋上的莱岛鸭、印度洋上的凯岛针尾鸭和南大西洋上的短翅船鸭。

一群大天鹅聚集在日本的钏路湖

钏路湖位于北海道的北部，当地春季暖和，即使在大部分水面仍冰冻时，近海水域仍不结冰，可供鸟类活动。

鹰、雕和兀鹫

昼行性的鹰科是迄今为止世界上最大的食肉鸟群体。种类繁多，体型各异（小至如伯劳鸟那样的娇鸢和侏雀鹰，大至如天鹅般大小的虎头海雕和皱脸兀鹫），意味着该科无论在形态还是觅食习性上都呈现出广泛的多样性。

鹰科食肉鸟以壮观的空中炫耀表演而出名，但在领域炫耀中，有些种类（如蛇雕和非洲冠雕）只是做翱翔和鸣叫。领域炫耀行为既可以是模仿进攻，如一只鸟俯扑向另一只鸟；也可以演变成真正的攻击，即相互之间有接触行为；有时则会出现翻筋斗旋转而下的精彩场面。而求偶炫耀常常为反复的波状飞行，一般主角是雄鸟，先扇翅向上翱翔，然后合翅向下俯冲。一些种类如鱼雕，扇翅节奏会比平时慢，幅度则更大。另一些种类如非洲鹃隼，炫耀中会翩翩起舞。还有少数种类（如黑雕）向下俯冲时动作灵活多变，甚至会做出又翻圈又成环形飞行的动作。

在求偶期间一般是雄鸟给雌鸟喂食，通常在栖木上进行。然而，鹞类会进行壮观的空中食物接力——飞翔的雄鸟放下食物，雌鸟迎到半空中接住。

令人过目不忘的短尾雕

墨黑色的羽毛、醒目的红色脸部、黄色的喙，再加上短短的尾巴和长长的翅膀，使短尾雕很容易一眼就认出来。有时，这种鸟会连续飞上300千米的距离。

形态与功能

鹰科中最大的3个群分别代表了公众最熟悉的食肉鸟：鹰、鹭、雕。其中人们最耳熟能详的鹰类有6属58种，大部分为鹰属种类（科内最大的属），如苍鹰、雀鹰等。它们为中小体型的鹰，翅短而圆，尾长，善于在林地或森林中曲折穿行，快速追捕小鸟、爬行类和哺乳动物，这些是它们中许多种类的主要食物。大多数在栖息地相当隐秘，不容易观察到。但非洲的一部分鹰如浅色歌鹰，见于开阔的大草原，栖于显眼的栖木上，它们捕食各种地面小动物，此外还会食珠鸡。

鹭类同样为一个大群，甚至更细化，包括13属57种，主要以小型哺乳动物和某些鸟类为食。真正的鹭（即鹭属的鹭）分布非常广泛，如欧洲的普通鹭、北美的红尾鹭、南美的阔嘴鹭、非洲的非洲鹭等。鹭类在新大陆最具多样性。体型大者如南美森林中强健的角雕，主要捕食猴和树懒；体型中等者如食鱼的黑领鹰；体型小者如以食昆虫和小型爬行类为主的南美鹭系列。而后两者也均见于南美森林。在世界其他地方，鹭类的多样性则体现在诸如稀少而引人注目的菲律宾雕（具有长而尖的头羽和巨大的喙）、小巧的非洲蝗鹰鹭、新几内亚山地林中的长尾鹭等种类身上。

真正意义上的雕类以腿部覆羽而有别于其他的雕，共有9属33种。其中体型最大、也最为人熟知的便是雕属的雕，包括北半球的金雕和澳大利亚的楔尾雕。大部分在食哺乳动物和部分鸟类之外还会食一些腐肉。但所有这些"穿羽靴"的雕都以捕食活猎物为主，并且有许多种类如鹰雕系列是非常活跃的食鸟类，在森林或林地的树荫层飞翔捕猎。少数为特化种，如亚洲的林雕展翅翱翔在森林上空专门搜索鸟巢，非洲的黑雕则在凸出地表的岩石中间寻捕蹄兔。很多雕类一窝产2枚卵，但先孵化的雏鸟通常会攻击并杀死后出生的雏鸟，一如《圣经》里该隐杀死其弟亚伯的故事。残杀手

鹰科大型种类的代表种

1.斯氏鵟，从阿拉斯加迁徙至阿根廷，穿过中美地峡，以避免作长途海上飞行；2.棕尾鵟；3.白头海雕，是非常出色的捕鱼能手，但与鹗同处一地时会经常抢夺后者的食物；4.西班牙雕；5.饰冠鹰雕；6.黑雕；7a.一只兀鹫的脚，兀鹫能够在地面自如行走和跑动；7b.雕的脚爪强健有力，能够紧紧抓牢猎物；8.亚洲的白背兀鹫，栖息于印度的农田中；9.一只秃鹫在用喙给雏鸟喂水；10.胡兀鹫；11.棕榈鹫。

鹰科小型种类的代表种

1.黑胸短趾雕叼着它的猎物，几乎所有的蛇雕类都为非洲种；2.食螺鸢生活在美洲的沼泽地中，以大型螺为食；3.燕尾鸢，见于美国南部至南美洲；4.赤鸢和一只野兔的腐肉；5.一只鹃头蜂鹰捅了一个胡蜂窝；6.见于西非森林中的非洲长尾鹰；7.白头鹞；8.鹊鹞；9.灰歌鹰，在一个白蚁墩上鸣叫；10.雀鹰，栖息于旧大陆的温带森林；11.黑背鹰和它刚捕获的猎物；12.马岛鹥鹰在觅食昆虫。

足的现象在其他一些食肉鸟中也有发生，表现为本能行为或通过食物争夺来实现，然而其起源及优点所在仍有待研究。

鸢和蜂鹰类包括15属29种，具有某些极端的特化形式。鹃头蜂鹰专门用它的直爪挖掘胡蜂的幼虫，而为了避免被蜇，其脸部长有羽毛。食蝠鸢喜欢在黄昏时用翅膀捕捉蝙蝠，然后通过它异常大的咽喉一口吞下。黑翅鸢像隼一样盘旋寻觅啮齿动物，用强健的腿脚将其击晕而捕获。食螺鸢和黑臀食螺鸢用它们具钩的长长喙尖从螺壳里啄出螺肉。而黑鸢和栗鸢则在非洲、印度和亚洲其他地方的乡村和小镇上四处觅食（腐肉），因而成为最常见、最适应各种条件的猛禽。

兀鹫类（9属15种）特化为食腐，虽然食腐的方式多种多样。达尔文形容它们"沉湎于糜烂"。多数为大型鸟类，头和颈裸露或覆以绒毛，翅宽，用于翱翔寻找尸体残骸。有些种类的喙粗壮，用以撕碎肉、皮肤和肌腱，有些喙精巧，善于从骨骼缝隙间将少量的肉等啄出来。其他的则为特化种。白兀鹫是极少数会使用工具的鸟之一，会将其他鸟的卵摔到地上摔碎或者扔下石块将卵砸碎；胡兀鹫会将骨头扔到岩石上摔碎，然后用勺子状的舌头舔食骨髓；而棕榈鹫摄取的非洲油棕榈的果实比腐肉还多。

海雕和鱼雕类（2属10种），也食大量腐肉，不过它们的主食是鱼和水禽，这与它们的亲缘种叉尾鸢一样，只是后者体型较小，且为杂食鸟。最声名显赫的海雕便是作为美国国徽标志之一的白头海雕，这种鸟的数量曾一度大量减少，不过如今已得到恢复。相比之下，灰头鱼雕就没有这么幸运，栖息于亚洲一部分河流流域的它们在不断减少。而马岛海雕有可能是目前世界上最稀少的猛禽。

蛇雕和短趾雕类（5属16种）为大型猛禽，善于用它们的短趾和有大量鳞片的腿来捕杀蛇。它们头很大，像猫头鹰，再加上眼睛为黄色，因此很容易识别。它们像兀

鹰、雕和兀鹫

在鹰科内，将绝大部分种类分别归入几个不同的群中还是可以做到的，但少数种类则很难归类，而群与群之间以及群与所属种类之间的关系还有待进一步研究。鹰、鸢、鵟、雕等应当对应于不同群的俗名，但在使用上却并不一致，再加上复合名词如雀鹰、鵟雕、鹫鹰的使用也不统一，从而使上述关系更为错综复杂。

鹰

6属58种。种类包括：短尾雀鹰、尼岛雀鹰、苍鹰、古巴鹰、白腹鹰、拟雀鹰、蓝灰雀鹰、雀鹰、侏鹰、非洲鹰、栗肩鹰、褐肩鹰、多氏鹰、灰歌鹰、淡色歌鹰、非洲长尾鹰等。

鵟

13属57种。种类包括：灰鵟、黑领鵟、蝗鵟鹰、非洲鵟、普通鵟、红尾鵟、毛脚鵟、阔嘴鵟、王鵟、里氏鵟、夏威夷鵟、斯氏鵟、大黑鸡鵟、雕鵟、兕雕等。

雕

9属33种。种类包括：西班牙雕、楔尾雕、金雕、乌雕、格氏雕、白肩雕、茶色雕、黑雕、靴隼雕、林雕、长冠鹰雕、黑栗雕、猛雕、爪哇鹰雕、菲律宾鹰雕、华氏鹰雕、黑白鹰雕、非洲冠雕等。

鸢和蜂鹰

15属29种。种类包括：非洲鹃隼、凤头鹃隼、钩嘴鸢、燕尾鸢、黑翅鸢、澳洲鸢、纹翅鸢、娇鸢、栗鸢、黑胸钩嘴鸢、密西西比灰鸢、南美灰鸢、白领美洲鸢、方尾鸢、黑鸢、赤鸢、黑臀食螺鸢、食螺鸢、黑长尾鸢、长尾鸢、鹃头蜂鹰、食蝠鸢等。

兀鹫

9属15种：秃鹫、胡兀鹫、棕榈鹫、非洲白背兀鹫、白背兀鹫、南非兀鹫、西域兀鹫、高山兀鹫、印度兀鹫、黑白兀鹫、冠兀鹫、白兀鹫、黑兀鹫、皱脸秃鹫、白头秃鹫。

海雕

2属10种：白尾海雕、白头海雕、白腹海雕、玉带海雕、虎头海雕、所罗门海雕、非洲海雕、马岛海雕、鱼雕、灰头鱼雕。

蛇雕

5属16种：斑短趾雕、短趾雕、刚果蛇雕、马岛蛇雕、蛇雕、山蛇雕、尼岛蛇雕、安达曼蛇雕、短尾雕等。

鹃及鵟鹰

3属16种（包括鹃鹰）。种类包括：白尾鹃、马岛鹃、草原鹃、黑鹃、乌灰鹃、白头鹃、斑鹃、非洲鵟鹰、马岛鵟鹰、鹃鹰等。

空中食物接力

在白头鹞中，外出为雏鸟觅食的雄鸟并不返回巢中，而是雌鸟迎上前去，在空中仰面朝上接住由雄鸟扔下的猎物。

鹫一样一窝只产 1 枚卵，但与兀鹫不同的是，它们捕食活的猎物，衔在嘴中回到巢里吐出来，短趾雕便是如此。大部分栖息于森林或茂密的林地中，如刚果蛇雕和珍稀的马岛蛇雕，后者在绝迹半个多世纪后直到 1988 年才重新出现。

色彩鲜艳的短尾雕，虽然与蛇雕有明显的亲缘关系，但是有其独特的弓形翅和极短的尾，使之得以在非洲大草原上游刃有余地低空滑翔，寻觅尸体腐肉和活的小型的猎物。而非洲鬣鹰和马岛鬣鹰很可能与蛇雕的亲缘关系更近。它们具有细长的腿和与众不同的双关节"膝"，从而能够从树洞和岩脊洞中拖出小型的动物。同时，它们瘦小、光秃的脸便于它们慢节奏地滑翔、灵活地穿过林地的植被，从缝隙或叶簇中觅得食物。

南美的鹤鹰在形态和习性方面与鬣鹰如出一辙，但鹤鹰很可能属于另一个群体鹞类（3 属 16 种），因此这无疑是通过趋同进化实现生物相似性的绝佳例子。鹞类是一群相当统一的鹰，中小体型，尾长，翅宽，在草地上空（如乌灰鹞）和沼泽上空（白头鹞）缓慢地低空觅食。主要捕食小型动物和鸟类，另外也食某些爬行类和昆虫。它们的脸像猫头鹰，耳大，对藏于茂密植被中的猎物发出的声响非常敏感。绝大部分鹞营巢于深草丛中的地面或芦苇荡的水面上，但澳大利亚的斑鹞例外，它营巢于树上，通常远离水域。

大多数热带猛禽为定栖性，生活在永久性的领域内。而在温带地区，由于气候更带有季节性和不可预测性，绝大部分种类都会进行某种形式的迁徙，在繁殖地和非繁殖地之间做距离不一的迁移。最长的迁徙为每年飞行约 2 万千米，由那些定期在东欧和非洲南部之间（如普通鵟）或北美和南美两端之间（如斯氏鵟）往返的猛禽完成。

繁殖生物学

大部分鹰科猛禽 1 年内只有一个配偶，有些数年内保持同一个配偶，而少数大型的雕甚至被传称配偶为"终身伴侣"，但这尚未得到证实。一雄多雌制，即 1 只雄鸟在同一段时期内与 1 只以上的雌鸟进行繁殖，在鹞类中比较常见；而一雌多雄制，即 1 只雌鸟与多只雄鸟进行繁殖，则在中美洲的沙漠种类栗翅鹰中很常见。这两种繁殖机制偶尔也见于其他种类中。

鹰科的所有成员都筑有自己的巢，巢材为树枝和茎，常常衬以新鲜植被，一般筑于树上和岩崖上，有时营于地面或芦苇荡中。不同种类之间不时会互换巢址。而隼和猫头鹰则不自己筑巢，经常占用鹰的弃巢。

大多数猛禽在繁殖期有非常明确的分工。雄鸟负责外出觅食，雌鸟留守巢周围，负责孵卵和看雏。这一模式会一直保持到雏鸟发育过半，然后雌鸟也开始离开巢址，协助雄鸟捕猎。与其他大部分营巢鸟类的后代不同的是，猛禽类的雏鸟一孵出来便覆有绒羽，并且眼睛睁开，喂食时它们会很配合地迎上前来吞下食物。

在多数猛禽中，雌鸟最初会将猎物的肉撕成碎片，之后由雏鸟从它的嘴里啄取，但雏鸟在会飞前便须学会自己撕碎猎物。在兀鹫类和一些鸢类中，亲鸟履行职责更为平等，它们轮流营巢，自己的食物自己解决，并带一部分回巢吐喂给雏鸟。

猛禽在栖息地内给自己安排空间的方式各不相同，很大程度上取决于食物的分布情况。存在3种主要的机制。第一种是配偶划定它们的巢域，每对配偶维护巢边上外加周围一定面积的区域。约有3/4的猛禽采用这种模式，包括最大的群体鹰类、鸢类和雕类中的部分种类。无论猎食区或巢址为专属还是发生重叠，在栖息地内不同配偶的巢之间往往间隔相当大，小型的猛禽为将近200米，大型猛禽则可达30千米以上。以这种方式来安排空间的种类成员通常为单独猎食和栖息，捕食活的脊椎动物，每年在数量和分布上体现出相当的稳定性。

第二种机制是一些配偶成群聚集在一起，在空间有限的地点"邻里"营巢，外出去周围地区觅食。这一机制在诸如黑鸢、赤鸢、黑翅鸢和纹翅鸢以及蝗莺鹰、白头鹞、白尾鹞和乌灰鹞身上体现得非常明显。不同的配偶会在不同的时间或朝不同的方向捕猎，或数对配偶在同一区域内各自独立觅食，或是在不同的区域内进行轮换。繁殖群一般由10～20对配偶组成，巢之间的间隔为70～200米。有时也会发现规模更大的繁殖群。在鹞类中，群居营巢倾向有时因一雄多雌制而得到进一步强化，因为每只雄鸟会有2只或更多的雌鸟将巢筑在一起。

在合适的营巢栖息地不足时，群居营巢对于鹞类和鸢类而言往往都是十分必要的。因此，即使它们会普遍采取巢掩盖措施，但群居的习性还是显而易见的。这样的种类常常只能零星地获得丰富的食物来源，如局部的蝗虫或啮齿动物泛滥成灾。这也使得它们在某种程度上具有移栖性，结果每年在局部地区的数量可能会出现很大的波动。鸢和鹞在非繁殖期也经常成群栖息，其中鸢一起栖于树上，鹞栖于芦苇

知识档案

鹰、雕和兀鹫

目：隼形目

科：鹰科

62属234种。

分布：全球性（除南极），包括许多海岛。热带种类最丰富。

赤道

栖息地：从雨林至沙漠再到北极苔原。森林边缘带、林地和大草原最丰富。

体型：体长20～150厘米，体重75克至12.5千克。通常雌鸟大于雄鸟。

体羽：主要为灰、棕、黑和白色。雏鸟羽色有别于成鸟。两性成鸟略有区别，少数种差异明显。喙长，具钩；爪弯，一般呈黑色；腿、脚、喙基的肉质蜡膜常为黄色，有时呈橙、红、绿或蓝色。虹膜一般为深褐色，有些种类为米、黄或红色，极少情况下为灰或蓝色。

鸣声：各种啸声、喵喵声、呱呱声、吠声，通常很尖。大部分种除繁殖前一般较为安静，但一些林栖种类很嘈杂。

巢：树枝所搭的平台，常衬以绿叶，一般筑于树杈或岩崖。

卵：窝卵数1～7枚，颜色为白或浅绿色，常有褐色或紫色斑纹。孵化期28～60天，雏鸟离巢期24～148天。

食物：所有种类都喜食新鲜的肉，捕杀活的动物。部分种类会食腐肉，兀鹫为代表。多数种类会捕获从蚯蚓到脊椎动物的各种动物。但少数特化为专食螺、胡蜂、蝙蝠、鱼、鸟、鼠，甚至油棕的果实。

荡或深草丛中，不过每只鸟均各自拥有一块站立的平台。白天，它们分散在周围地区捕猎，晚上则数十只鸟聚在一起栖息。在非洲的一些地方，偶尔会有几个不同种类的数百只鸢和鹞栖息在一起。同一个栖息地每年都会被使用，但栖息的鸟类数量会差别很大。

第三种机制是配偶在密集的繁殖群中营巢，并群体觅食。这种机制见于食螺或食昆虫的小型鸢类，包括食螺鸢、燕尾鸢、娇鸢和灰鸢，但也出现在兀鹫属的大型种类中。在这些种类中，配偶营巢间隔非常近，通常不足 20 米，并且聚集成大的群体。一个群体一般至少有二三十对配偶，食螺鸢群体有时不止 100 对，而一些大型兀鹫则会超过 250 对。同时，这些种类还集体觅食，一般成分散的群体。兀鹫则是在空中分散飞行，然后聚集到有尸体腐肉的地方。觅食群体在规模大小和组成成员方面都不固定，而是随着个体的加入或离开不断变化。它们的食物来源很明显比较集中，但时间和地点难以预测，可能某一天在某一个地方会觅得大量的食物，而改天换个地方就截然不同了。另外，这些种类始终栖息在一起，非繁殖期会形成规模更大的群体。

无论分散还是集中，绝大部分猛禽都会选择一个特定的地方来营巢。可以是一处悬崖、一棵孤立的树、一片小树林，也可以是一片森林等。所筑巢很多都会长期使用，如一些金雕或白尾雕相继在某些特定的悬崖营巢已至少有一个世纪。一些雕类的巢，则会年年添砖加瓦，变得越来越大。如一个历史上著名的美国白头海雕的巢，面积达 8 平方米，巢材可以装满两辆货车；另一个在南非的黑雕巢则高达 4 米。而即使是一块地被植物，白尾鹞也可以营巢数十年。群居的猛禽倾向于年复一年地在同一个地区营巢，如在非洲南部，许多悬崖（至今仍在为南非兀鹫所用）从人们给它们取的名字中就可以看出之前数个世纪一直是南非兀鹫在那里营巢。和其他群居繁殖的鸟类一样，猛禽的每对配偶也只维护巢周围的一小块区域，因此只要有足够的岩面，许多配偶都会拥挤在同一个悬崖，而不会去其他同样合适的空悬崖。总体而言，筑在岩石上的巢比树上的巢更长久，筑于树上的巢则比草被上的巢更长久。

雉和鹑

地栖性的雉和鹑构成了鸡形目（松鸡和火鸡也属其中）最大的科。对于人类而言，雉科显得无比重要，因为它里面就有普通家禽的原种。普通家禽饲养始于至少 5000 年前，如今在地球上的数量据称有 240 亿只，几乎为全球人口的 4 倍。由于雉科的成员对人类而言具有很大的利用价值，因此许多种类目前面临威胁。

雉和鹑往往外表绚丽。在南亚许多地方被印度教徒崇拜的蓝孔雀以其美丽动人的身姿征服了全世界。另有数个种类，如山齿鹑和环颈雉，往往关系到价值达上亿美元的乡村产业的发展问题。

而有些种类则以它们的歌唱本领受到世人的喜爱（如鹑在巴基斯坦），还有些种类成为勇敢的象征（在古代中国，出征的将领会戴上褐马鸡的尾羽，即将军头盔上的雄鸡翎）。在爪哇，绿孔雀的尾羽乃是传统的服饰材料。而与之形成鲜明对比的是，该科中也有一些最不为世人所知的种类，尤其是喜马拉雅鹌鹑，至今只收集到 10 个左右标本，并且这些标本都是 1 个世纪以前的。阿萨姆林鹑同样在近年来未曾有过记录。

形态与功能

几乎所有的雉和鹑都为圆胖型的鸟，腿短，翅圆。从小型的非洲蓝鹑到高贵的蓝孔雀，均善奔走，疾跑肌肉发达，而极少飞行，除非为了逃离危险，从遮蔽物中冲出时才会迅速扇翅飞走。一些栖息于茂密森林中的种类如凤冠孔雀雉，倾向于穿过下层丛林偷偷溜走，只有在突然受到侵扰时方才奔跑。大部分种类不能远飞，为定栖性鸟，仅在出生地方圆数千米内活动。不过，有些鹌鹑类却会进行长途飞行，为迁徙性或移栖性鸟。例如，鹌鹑每年定期迁徙，花脸鹌鹑在非洲的一些种群则为移栖性，很可能是为了适应季节性的降雨模式，南亚的黑胸鹌鹑亦是如此。

新大陆鹑类为其中最典型的圆胖型小鸟，有明显的黑色、白色、浅黄色或灰色斑纹，有些具向前的硬冠羽。最出名的种类或许是山齿鹑，在美国是一种主要的猎物。

旧大陆鹑类栖息于非洲、亚洲和澳大利亚的草地中，虽然数量少，但分布广。其中有 6 个种类通常被两两归为一类，组成所谓的"超种"，表明它们之间的亲缘关系非常密切。它们是鹌鹑、西鹌鹑、花脸鹌鹑、黑胸鹌鹑、非洲蓝鹑和蓝胸鹑。

鹧鸪类是一个多样化的集合，主要为体型中等、身体结实的猎禽，见于旧大陆的多种栖息地。其中包括大型的雪山鹑，重 3 千克，栖息于中亚的高山苔原。在东南亚，有许多鲜为人知的鹧鸪种类栖息在热带雨林中，如华丽的冕鹧鸪。但鹧鸪类最常见于开阔的栖息地，如半干旱沙漠、草地、矮树丛。不少种类也适应在大片的耕田里生活，比较突出的是灰鹧鸪和石鸡，这两种鸟在欧洲许多地方的耕田中已很常见，并被引入了北美。然而，现代农业技术尤其是杀虫剂和除草剂的广泛使用，使这些鸟近年来在欧洲的数量持续下降。非洲仅有鹧鸪类的两个属，分别为像矮脚鸡的石鹑（石鹑属）以及鹧鸪属，后者包括 41 种，大部分限于非洲大陆。这些与鹑相似的鸟非常健壮，生活于多种栖息地内，往往很嘈杂。1992 年在坦桑尼亚的山区发现了一个新的种类：坦桑尼亚鹑。

雉类通常指该科中体型相对较大、色彩更鲜艳的成员。在 16 属 48 种中，仅有 1 种不分布在亚洲，那便是与众不同、楚楚动人的刚果孔雀，由 W.L. 查平于 1936 年发现，在鸟类学界轰动一时。雉类为林鸟，有些生活在东南亚的雨林中，其他的则见于中亚山区不同高度的森林中。虽然雄鸟色彩绚丽、鸣声响亮嘈杂，但大部分雉类很隐秘，难见其踪影。最突出的例子便是见于中国

居于美国西南部的甘贝尔鹑，头部有独特的黑色弯曲羽饰。雄鸟（如图）还会发出持续、有回音的鸣声。

见于喜马拉雅山的灰腹角雉，为5种亚洲山区雉类（角雉属）之一。这种鸟以它们的羽毛、食草性以及树上营巢的习性（为雉科中的唯一）而出名。

在东亚，可以看到一些最精彩的雉类炫耀行为。上图中的婆罗洲种类鳞背鹇拥有铁蓝色的肉垂和角，使其头部看上去犹如一把拔钉锤。这种鸟被世界自然保护联盟列为易危种。而更壮观的是红腹角雉（右图）的炫耀，一块色彩亮丽的肉垂从喉部垂下来，蓝色的底色和红色的条纹形成鲜明对比。

西部的红腹锦鸡和白腹锦鸡，这是两种有颈翎的雉。两者的雄鸟异常艳丽，其中雄红腹锦鸡的羽色为红、黄、橙，雄白腹锦鸡具白、绿、红和黑色。曾在很长一段时期内，欧洲的博物学家们认为中国艺术家所画的这些鸟纯粹是想象中的虚构之物，因为它们看上去实在太不可思议了。

雉科种类的群居结构体现出一种颇有意思的差异。大部分较小的鹑类和鹧鸪类为高度群居，但为单配制。较大的雉类有一些也为群居，如孔雀。但更多的尤其是栖息于茂密森林中的种类则为独居，它们通常为一雄多雌制（一只雄鸟拥有数只雌鸟作配偶）或为混交，即不形成配偶关系。

繁殖生物学

在鹧鸪类和鹑类中，基本的群居单位为"窝"，即一组家庭成员，或许再加上其他数只伴随性质的鸟。在那些居于开阔栖息地的种类中，如雪鸡、石鸡、山齿鹑，"窝"通常会融合成大的"群"。而另一个极端是，一些林栖性种类如马来西亚的黑鹑或者部分鹧鸪，成鸟全年都单独或成对生活。结偶一般发生在"窝"解散前，虽然雄

雉和鹑的分类

雉科习惯上分为4类：新大陆鹑、旧大陆鹑、鹧鸪和雉。近年来对鸡形目的整体进化史的研究越来越表明上述分类很可能需要修改。最受认可的观点是新大陆鹑与雉科中的其他种类存在显著差异，应当单独列为一科，即林鹑科。而最近又有人提出，雉与旧大陆鹑和鹧鸪之间的划分也可能是不恰当的，因为一些鹧鸪事实上就是雉，而一些雉就是鹧鸪。

新大陆鹑

9属32种，分布范围为阿根廷最东北部至加拿大南部。种类包括：山齿鹑、冠眼鹑等。

旧大陆鹑

3属14种，分布于非洲、亚洲和澳大利亚（西鹑鹑迁徙至欧洲）。种类包括：非洲蓝鹑、蓝胸鹑、花脸鹌鹑、黑胸鹌鹑、鹌鹑、西鹌鹑、阿萨姆林鹑、喜马拉雅鹌鹑等。另，新西兰鹑已灭绝。

鹧鸪

18属92种，见于非洲、欧洲、亚洲和澳大利亚。种类和属包括：雪鹑、黑鹑、石鸡、红眼石鸡、鹧鸪（鹧鸪属共41种）、红喉鹧鸪、灰山鹑、马岛鹑、石鹑、冕鹧鸪、四川山鹧鸪、雪鸡（雪鸡属，共7种）、坦桑尼亚鹑等。

雉

16属48种，除1种见于非洲外，其他均分布在亚洲。种类包括：黑头角雉、黑鹇、原鸡、棕尾虹雉、彩雉、褐马鸡、环颈雉、红腹锦鸡、白腹锦鸡、大眼斑雉、冠眼斑雉、凤冠孔雀雉、蓝孔雀、绿孔雀、刚果孔雀雉等。

鸟常常会加入其他的窝中去物色配偶。近来对鹌鹑所做的实验表明，这种行为很可能是为了避免"近亲繁殖"，尽管人们发现鹌鹑在择偶时往往对最初同一窝的"兄弟姐妹"一往情深，而不太选择"远亲"。

在相对更大、实行一雄多雌制的雉类中，求偶包含一系列持续时间长、场面壮观的炫耀仪式。其中非常独特但极为罕见的一幕是印度和尼泊尔的红胸角雉，雄鸟所做的炫耀将喉部铁蓝色的肉垂垂下，同时膨胀头顶两个细长的蓝角。喜马拉雅山的棕尾虹雉，色彩绚丽的雄鸟会在高高的悬崖和森林上空飞翔炫耀，并发出高亢的鸣声，着实令人惊叹。而最惊艳的求偶炫耀或许是来自马来西亚森林中的大眼斑雉之舞。雄性成鸟拥有巨大的次级飞羽，每根羽毛上都有一系列圆形的金色饰物，使之看上去成三维立体型。雄鸟会在森林中某个小丘顶上腾出一个舞台，用它那巨大的翅膀扫去落叶层以及其他的叶和茎。然后每天清晨，它都发出响亮的鸣声"号啕大哭"，以吸引异性。当一只雌鸟过来后，它便开始围着它起舞，在舞跳到高潮时，它会举起双翅，然后围成两个大大的半圆形扇形，露出翅上的千百双"眼睛"。而它真正的眼睛则通过2个翅膀中间的缝隙盯着雌鸟。

在斑雉的两个种类中，求偶炫耀以交配结尾，然后雌鸟离开，独自产卵育雏。而在原鸡类和环颈雉中，雄鸟与数只雌鸟结成配偶关系，并照看它的"后宫"直至它们

雉和鹑的代表种类

1.原鸡，见于东南亚，普通家禽的野生原种；2.白腹锦鸡，南亚山区一种美丽的鸟；3.石鸡，从地中海地区引入美国西部；4.西鹌鹑；5.山齿鹑，美国南部和东部一种常见的猎禽；6.灰山鹑；7.红腹锦鸡，源于中国的多山地带；8.红腿石鸡；9.山鹑；10.飞翔的环颈雉；11.蓝孔雀，为人们所熟悉的孔雀，起源于印度，被引入世界各地。

产卵。这种繁殖机制在其他鸟类中几乎不曾出现过（但在哺乳动物中很常见）。

除角雉类外，所有的雉和鹑都在地面营巢，通常在浓密的草本植被中筑一个简单的浅坑。窝卵数从斑雉的两枚至灰山鹑的近20枚（所有鸟类中最多的窝卵数）不等。由于卵经常被掠走，环颈雉的雌鸟每个繁殖期会营巢两次或两次以上。当产下两窝卵时，一窝雌鸟自己孵，一窝给雄鸟孵。除这种鸟外，其他雉科的雄鸟很少或根本不参与孵卵。曾发现过人工饲养的雌红腹锦鸡不饮不食（甚至不动）连续孵卵22天。有一回，当这种鸟如此静坐时，一只蜘蛛在它背上结了一个蜘蛛网。在野生界是否也会发生这样的情景尚不清楚。

雉科的雏鸟为早成性。一出生就能自己进食，数小时内便离巢，1周后就会飞。非洲蓝鹑的幼鸟仅有两个月大时便可以繁殖。由于繁殖能力强，雉和鹑能够在大量遭掠食的情况下依然生存下来。而人类也学会利用这一点来对它们进行捕猎。有许多种类都成为捕猎的对象，比较突出的是环颈雉。

11

9

知识档案

雉和鹑

目：鸡形目

科：雉科

47属187种。

分布：北美、南美北部、欧亚大陆、非洲、澳大利亚。此外，引入新西兰（在当地种类灭绝后）、夏威夷及其他岛屿。另有部分种类引入欧洲和北美。

赤道

栖息地：多种开阔、多林木的陆上栖息地以及灌丛、沙漠和耕田。

体型：体长12～122厘米，不包括炫耀用的尾羽；体重0.02～6千克。

体羽：一般为棕色、灰色，雄鸟的斑纹通常为醒目的蓝色、黑色、红色、黄色、白色等。性二态现象各异，有的种类雄可比雌鸟大30%，并有复杂的结构用于炫耀，且具距。

鸣声：短促而响亮的啸声、哀号声及嘈杂的啼叫声。

巢：主要为简易的地面浅坑。如果有衬里，为草。角雉类可能营巢于树上。

卵：窝卵数2～4枚，重4.8～112克。孵化期16～18天，雏鸟出生几小时或几天后离巢。

食物：多样性，主要为植物的种子和芽，也食无脊椎动物、根和掉落的果实。雏鸟大多食虫。

鹤

鹤是鸟类中的极品。它不但是最古老的群落之一，其起源可追溯至约6000万年前的古新世；而且寿命很长，人工饲养的鹤可存活七八十年。同时，鹤也是身高最高的飞鸟，其中一些种类直立达1.8米。

鹤以优美高雅而著称于世。长期以来，许多当地的人们对鹤都肃然起敬。但不幸的是，鹤已成为世界上最濒危的鸟类之一，目前15个种类中有9种面临威胁。人类无疑是导致它们近年来数量下降的始作俑者。

形态与功能

鹤的喙长而直，且强有力。所有种类都有修长的颈和腿。它们的鸣叫底气十足，声音洪亮、穿透力强，可传至方圆数千米之外。的确，在鸟类世界中很少别的鸣声能出其右。有些种类的气管通过在胸腔内盘绕而得以加长，这一结构大大增强了它们的鸣声。鹤飞行时，脖子前伸，腿绷直，通常高于短而粗的尾巴。不过，在寒冷的天气里，飞行的鹤会弯曲它们的腿，将足收放于胸羽下面。尽管鹤绝大多数都为水栖，但它们的脚并不是蹼足，而且它们仅在浅水域繁殖、觅食和夜间栖息。

分布模式

鹤一般栖息于开阔的沼泽地、草地及农田。大部分种类通常将巢筑于浅湿地的偏僻处，但蓑羽鹤属的两个种例外，它们经常在草地或半沙漠地带营巢。只有冠鹤属的两个种类栖息于树上。

食物

如今那些成功生存下来的鹤类都是见什么就吃什么的杂食者。这是在过去数千年间为了适应从农田里找到充饥之物而养成的习惯。鹤属中的几个种类、冠鹤属的两个种类以及蓑羽鹤属的两个种类都为短喙型，能够有效地捕食昆虫，从草的茎上啄取种子，或像鹅一样啃新鲜的绿色植物。而相比之下，大部分濒危鹤种都有着长而有力的喙，用以在泥泞的土壤中挖掘植物的根和块茎，或捕食小鱼、两栖类和甲壳类等水生动物。这样的种类以大型的鹤类为主，包括肉垂鹤、赤颈鹤、澳大利亚鹤、美洲鹤、白鹤、丹顶鹤和白枕鹤。

繁殖生物学

鹤为单配制。随着春季或雨季来临，成对的配偶退居偏僻的草地或湿地，在那里建立并维护自己的繁殖领域。可能有数千公顷大，具体依种类和地形而定。

成对的配偶会发出"齐鸣"二重奏，雄鸟和雌鸟各自的鸣声清晰可辨，同时又保持一致。在大多数种类中，当雄鸟每发出一串悠长而低沉的鸣声时，雌鸟就配合着发出数声短促的高音。从这种炫耀行为中可以区分鸟的性别。而这样的"齐鸣"有助于巩固配偶之间的感情，促进繁殖领域的维护。然而，当两只鹤之间的关系稳固下来后，这种齐鸣更多地成了一种示威行为。拂晓时分，一对对配偶纷纷开始齐鸣，表明各自的领域范围。邻近的配偶便报以更多的齐鸣，于是，齐鸣

鹤的代表种类

1.黑冠鹤; 2.蓑羽鹤; 3.白鹤。
另仅显示头部的为: 4.美洲鹤; 5.赤颈鹤; 6.沙丘鹤。

声回荡在方圆数千米内的湿地和草地上空。

一对关系稳定的配偶, 双方的生殖状况通过激素周期的调节而保持同步。激素周期会受到天气、白昼长短以及各种复杂的炫耀行为如"齐鸣""婚舞"等因素的影响。鹤在产卵前数周开始交配。为保证繁殖成功率, 雌鸟必须在产卵前2~6天内受精。

配偶会在湿地繁殖领域内某个偏僻的地方筑一个平台巢。冠鹤类通常一窝产3卵, 其他鹤类一般产2卵, 其中肉垂鹤例外, 更多情况下只产1卵。

雄鹤和雌鹤共同担负孵化任务。雌鹤一般负责夜间孵卵, 雄鹤则白天接班。不在巢内的一方通常在离巢较远的地方觅食, 有时和其他的鹤一起在"中立区"觅食。孵化期为28~36天, 具体依种类以及亲鸟投入的精力而定。冠鹤类总是等一窝卵全部产下后才开始孵,

因此雏鸟同时孵化。其他种类的鹤在第1枚卵产下后便开始孵, 雏鸟出生时间一般差两天。

鹤的雏鸟一孵出来便发育得很好 (即早成性), 跟随它们的亲鸟在浅水域四处活动。2~4个月后长

齐飞羽, 体型较大的热带种类如肉垂鹤和赤颈鹤的雏鸟长飞羽期较长, 而白鹤较短——因为靠近北极的气候使食物充足期变得很短, 雏鸟在这段时间里必须快速发育。虽然鹤的卵大部分情况下都能得到孵化, 但许多雏鸟会夭折, 而且很多被列为濒危的种类每次繁殖只能抚育1个后代。雏鸟会飞后, 仍与亲鸟生活在一起, 直到下一个繁殖期来临。在有些种类中, 新长大的鹤会跟随亲鸟南下飞往数千千米外的传统过冬地, 以熟悉迁徙路线。

知 识 档 案

鹤

目: 鹤形目

科: 鹤科

4属15种。种类包括: 蓝鹤、黑冠鹤、白鹤、肉垂鹤、黑颈鹤、灰鹤、丹顶鹤、沙丘鹤、赤颈鹤、白枕鹤、美洲鹤等。

分布: 除南美洲和南极洲外的各大洲。

栖息地: 繁殖季节栖息于浅湿地, 非繁殖期栖息于草地和农田。

体型: 高0.9~1.8米, 翼展1.5~2.7米; 最小的种类体重2.7~3.6千克, 最大的种类体重9~10.5千克。雄鹤体型通常大于雌鹤。

赤道

体羽: 白色或各种暗灰色, 头部为大红色裸露皮肤或细密的羽毛。次级飞羽长而密。尾羽长、悬垂, 或有褶边、卷曲, 在求偶炫耀时竖起。

鸣声: 音尖, 悠远。其中有12种可以从成鸟配偶的齐鸣中辨别雄雌。

巢: 筑于浅水域或低矮的草地上。

卵: 窝卵数1~3枚, 白色或深色, 重120~270克。孵化期28~36天。

食物: 昆虫、小鱼和其他小动物、块茎、种子以及农作物的落穗。

各种各样的鸟巢

① 几乎所有的鸟类都营巢。巢的类型从精心布置的复杂结构到仅为地面的一个浅坑，不一而足。不筑巢的仅为某些企鹅类（它们在足上孵卵）以及巢寄生鸟如牛鹂和某些杜鹃种类。最大的鸟巢之一便是鹳类的巢。图中为白鹳的巢，它们的巢会年积月累地不断增大。

② 隐蜂鸟类的小巢为锥形结构，由植被构筑，并缠以蜘蛛网。为了防止自己落巢时这个脆弱的巢倾覆，隐蜂鸟在锥底铺上了一些小泥块，用以平衡它的重量。

③ 许多洞巢类鸟亲自掘洞，然而有些鸟却坐享其成。如在美国西南部以及墨西哥，娇鸺鹠就经常占用希拉啄木鸟和北扑翅䴕在巨人柱仙人掌上掘好的洞。因巢离地面很高，这一种鸮类不必担心会遭到食肉类哺乳动物的袭击。

④ 白腹金丝燕将巢筑于洞穴内的陡峭岩面上。这种鸟主要的筑巢材料（巢材）为苔藓和泥。而其他种类则使用唾液，筑成的巢便是"燕窝汤"的原料。

⑤ 发冠拟椋鸟的巢堪称是最壮观的鸟巢之一。雌鸟用棕榈纤维和草编织成一个长达1~2米的吊巢，高高悬挂于雨林中的树冠上。

⑦ 这只斑鹟在林场工人头盔的保护下营巢育雏，充分体现了鸟类机智灵活和适应性强的特点。

⑥ 广泛分布于美国西部的崖燕所筑的碗状泥巢为群巢结构。以前这种鸟的巢址是天然的悬崖，如今则常常将巢筑于牲口棚或桥下。

鸽子

鸽子是生存最成功的鸟类之一，有成千上百万只原鸽的后代栖息于世界各地的城市里。在城市环境下，它没有天敌，因此可营巢和栖息于建筑物上，再加之人类经常给它们喂食，这一切使得鸽子极为繁盛。在乡间的鸽类则从农业发展中受益。有一些原鸽的后代还被用于赛鸽运动，展示它们的导航本领。

鸠鸽科为一个非常突出的科，全球性分布。它们生活于除南极之外的世界各大洲，几乎到处都可以见到两三种。不过，只有原鸽和灰斑鸠会出现在北极圈的极北端。鸠鸽科广布于温带和热带地区，但在撒哈拉沙漠中部和阿拉伯半岛的大部分沙漠地带，它们只是匆匆过客。鸠鸽科具有很强的扩散性，可见于大部分近海和远海的岛屿，在东南亚诸岛和南太平洋岛屿上有广泛分布。而大西洋中部的岛屿以及夏威夷则是少数连一个种类都没有的地方。全科可分成4个亚科。其一是鸠鸽亚科，主要为食种鸟，广泛见于其分布区内；其二是果鸠亚科，见于非洲热带地区和东方动物地理学区；其三为凤冠鸠亚科，含3个新几内亚的本地种类；最后，萨摩亚的齿嘴鸠单独成一亚科。

形态与功能

鸽子是相当结实的鸟，多数中等体型，羽毛柔软、生长很快。小至外形和行为似麻雀的地鸽，大至重达2千克以上的凤冠鸽。在大部分种类中，两性相似，只是雌鸟通常略显暗淡。有些种类的两性差异明显。如斐济橙色果鸠的雄鸟为鲜艳的橙色，而雌鸟为深绿色；非洲和马达加斯加的小长尾鸠雄鸟有黑色的面罩，但雌鸟没有。

翅膀肌肉占到了鸽子平均体重的44%，而在那些专门用于鸽赛的种类中甚至会更高。这些肌肉使鸽子能够垂直起飞。好的"赛鸽"平均飞行速度可接

见于撒哈拉南部的非洲绿鸠，喜居林地尤其是河边林地中，觅食无花果和其他树木的果实。

近70千米/小时。

大多数鸽子呈灰色、褐色或粉红色。许多在颈两侧、翼上或尾部有醒目的白色、黑色或彩色的块斑，其中有些块斑在炫耀中会变得更显眼。少数有小型的冠，其中铜翅鸠有长而尖的冠。

旧大陆热带森林中的食果类则显得色彩斑斓。在非洲和亚洲的绿鸠属种类中，体羽多数为柔和但相当惹眼的绿色，同时常常有黄色和紫红色做点缀；印度洋上的蓝鸠属种类则以蓝色为主；亚太地区的果鸠类体羽图案非常惹人注目，拥有多种鲜艳色彩。

3种凤冠鸠种类主要为浅灰色，下体和翼覆羽为粉红色或栗色，另外翅膀上有一块大的白斑。它们比其他种类大许多，并具有大而扁平的冠。

齿嘴鸠的头、颈、胸和翕为泛有光泽的深绿色，背和翅呈栗色，而喙为红色和黄色，非常强健，颇似猛禽的喙。

分布模式

几乎在所有的陆上栖息地，从热带和温带森林到草原和半沙漠荆棘丛，从平地到喜马拉雅山的雪线以上，都可以见到鸽子的身影。由于大部分食种子，需要经常性饮水，因此它们很少远离水域。鸽子一般为树栖，但也有一些地栖和崖栖种类。许多在树上营巢，在地面觅食。

大部分种类为定栖性，但飞行能力出色。少数种类做长途迁徙。有些种类，特别是干旱地区的种类如非洲的小长尾鸠和几个澳大利亚种类，会广泛移栖。其他一些种类为季节性候鸟。如鸥斑鸠在欧洲、中亚和北非的许多地方繁殖，然后飞越撒哈拉，迁徙至该沙漠南部的撒赫尔地区过冬。类似的，新大陆的美洲哀鸽从繁殖地南下至墨西哥越冬。

食物

鸠鸽类主要从地面啄食种子，然后在功能强大的肌胃里研磨，常常会吞入一些砂粒帮助消化。在有些季节，多数种类也会食绿叶、芽、花和某些果实。于是，一些种类因为偷食成熟的庄稼或刚发芽的作物而严重危害农业收成。果鸠类几乎仅食果实的果肉。在这些种类中，砂囊能够将果肉剥离而将种子完好地排出。这种适应性使它们成为出色的种子传播者，有大量事例表明它们与结果类植物共生。

有不少种类会捕食少量的蜗牛或无脊椎动物，特别是在繁殖季节；而在城市里的野生种类，有时几乎无所不食。

食种类需要经常性饮水。与其他大部分鸟类不一样，鸽子为主动式饮水，即将喙伸入水中至鼻孔，然后将水吸入而不仰起头。有些种类会飞相当远的距离前往水源，在那里大规模聚集成群，尤其是在清晨和黄昏时分。

🔽 **鸽的代表种类**
1.哀鸽，北美的常见种类；2.维多利亚凤冠鸠，鸠鸽科中最大的种类，雄鸟在做求偶鞠躬表演时会用上它的冠；3.欧斑鸠，在撒哈拉以南越冬，夏季回到欧洲；4.巨果鸠，成群觅食。

鹦鹉、吸蜜鹦鹉和凤头鹦鹉

美国前总统安德鲁·杰克逊的宠物鹦鹉曾留下了让人感到尴尬的一幕：在1845年杰克逊总统的葬礼上，这位黄颈亚马孙鹦鹉"政客"竟然口出污言秽语（也许是从说话不客气的主人那里学来的），结果引起公愤，被逐出庄严的葬礼仪式。不过，从中也可看到鹦鹉的活跃和聪明，只是有时过了头会使人难堪。

鹦鹉不仅以学舌出名，它们的长寿也同样颇有名气。一些饲养的大型种类（如凤头鹦鹉类和金刚鹦鹉类）可活到65岁。然而，尽管人类饲养鹦鹉的历史可谓悠久，但真正完全被驯化的只有澳大利亚的虎皮鹦鹉1种。在西方，它很可能是除狗和猫之外，最常见的家养宠物。

形态与功能

鹦形目特点显著，相当统一，下仅有鹦鹉科1科。多数种类体羽主要为绿色，辅以耀眼的黄色、红色或蓝色，其他种类主要为白色或黄色，少数为蓝色。鹦鹉科在大小上差异很大，小至侏鹦鹉，仅重10克，大至枭鹦鹉的雄性成鸟，重可达3千克，是前者的300倍。外形也各不相同，有许多种类优美细长，其他的则短粗矮壮。

虽然一些非典型种类（如澳大利亚的地鹦鹉）似乎主要为独居，但绝大部分种类为群居性鸟类，通常成对、成"大家庭"或成小群活动。偶尔，在条件适宜时，一些小型种类会成大群活动，如在澳大利亚的观鸟者有时可目睹不计其数的野生虎皮鹦鹉黑压压地密布于天空中。也许是基于"数大保险、人多安全"的原则，许多种类夜间栖息时也聚集在一起。集体栖息处通常位于传统的栖息地，会年复一年地使用；一般倾向为高大或孤立的树木，那里视野好，可以及时发现接近的天敌。亚洲的短尾鹦鹉

粉红凤头鹦鹉是澳大利亚最常见的鹦鹉，它们往往大规模成群觅食。

🐦 原产于中南美洲的金刚鹦鹉具有亮丽的羽色和嘈杂的鸣声，这也是大部分人对鹦鹉的典型印象。图中的金刚鹦鹉便展示了其鲜艳的色彩。

类像蝙蝠一样，栖息时倒挂在树上，从远处看，很难辨别一棵大量栖息着短尾鹦鹉的枯树和一棵正常长满树叶的活树。

鹦鹉科为非常喧嚣的鸟类，声音尖锐刺耳。鸣声包括咔嗒声、吱吱声、咔嚓声、咯咯声、尖叫声等多种声音，其中许多非常响亮而难听。不过，澳大利亚的红玫瑰鹦鹉鸣声悦耳，似口哨声；而另一个澳大利亚种类红腰鹦鹉会发出婉转动听、抑扬顿挫的鸣啭，是最像在歌唱的鹦鹉。在一些种类中，配偶之间会一唱一和，交替发出鸣声。

鹦鹉各亚科

鹦鹉亚科（鹦鹉）

57属265种。种类包括：桃脸牡丹鹦鹉、澳洲王鹦鹉、帝王鹦哥、白眶绿鹦哥、波多黎各鹦哥、红尾鹦哥、灰绿金刚鹦鹉、琉璃金刚鹦鹉、褐喉鹦哥、灰顶鹦哥、卡罗来纳鹦哥、马岛小鹦鹉、穴鹦哥、小蓝金刚鹦鹉、纯绿鹦鹉、南鹦哥、红胁绿鹦鹉、金鹦哥、红肩鹦哥、红尾绿鹦鹉、蓝顶短尾鹦鹉、虎皮鹦鹉、灰胸鹦哥、蓝翅鹦鹉、岩鹦鹉、黄耳鹦哥、地鹦鹉、红玫瑰鹦鹉、黄头鹦鹉、金肩鹦鹉、红腰鹦鹉、毛里求斯鹦鹉、紫头鹦鹉、红领绿鹦鹉、青头鹦鹉、大紫胸鹦鹉、非洲灰鹦鹉、蓝喉鹦哥、巨嘴鹦鹉等。

吸蜜鹦鹉亚科（吸蜜鹦鹉和吸蜜小鹦鹉）

12属54种。种类包括：黑鹦鹉、巴布亚鹦鹉、威氏鹦鹉、紫顶鹦鹉、杂色鹦鹉、鳞胸鹦鹉、施氏鹦鹉等。

啄羊鹦鹉亚科（啄羊鹦鹉）

啄羊鹦鹉属4种：啄羊鹦鹉、白顶啄羊鹦鹉、诺福克啄羊鹦鹉、蓝帽鹦鹉。

枭鹦鹉亚科（枭鹦鹉）

1种：枭鹦鹉。

凤头鹦鹉亚科（凤头鹦鹉）

5属20种。种类包括：葵花鹦鹉、红冠灰凤头鹦鹉、粉红凤头鹦鹉、棕树凤头鹦鹉等。

鸡尾鹦鹉亚科（鸡尾鹦鹉）

1种：鸡尾鹦鹉。

侏鹦鹉亚科（果鹦鹉和侏鹦鹉）

3属11种。种类包括：红脸果鹦鹉、棕脸侏鹦鹉、德氏果鹦鹉等。

由于存在诸多与众不同的特化特征，因此很难判定鹦鹉与其他鸟类之间的亲缘关系。它们经常被认为介于鸽形目和鹃形目之间，但鹦形目与这两目的关系显得有些牵强附会。虽然近年来基因技术迅速兴起，但至今仍无法破解鹦鹉的进化历程。这说明它们可能是从鸟类进化早期的某个谱系分化而来，是一个古老的群落。历史最悠久的鹦鹉化石源于 5500 万年前的一种名为 Pulchrapollia gracilis 的鸟。它的遗骸发现于英格兰埃塞克斯郡沃尔顿岬角的始新世伦敦黏土层中。此外，在美国怀俄明州的兰斯组白垩纪土层中，人们发现了另一块可能源于某只类似鹦鹉的鸟的化石。

鹦鹉科种类最具代表性的特征是它们独特的喙：下弯而微具钩的上颌与相对较小而上弯的下颌相吻合。上颌与头骨之间通过一个特殊的活动关节相连，从而具有更大的活动空间及杠杆作用。鹦鹉的喙为一种适应性很强的结构，它既可用于完成梳羽等细致活，同时在许多种类中可以有力地咬碎最硬的坚果和种子。此外，鹦鹉的喙还可以当作第 3 只"脚"——像一只抓钩，和两只脚一起协助它们在树顶攀缘。而印度尼西亚的巨嘴鹦鹉则拥有一张异常巨大而呈大红色的喙，这一醒目的结构被认为是用以视觉炫耀的。

鹦鹉以羽毛华丽而著称，一些大型的热带种类如南美的金刚鹦鹉系列，无疑是世界上最绚烂亮丽的鸟类之一。然而，尽管体羽鲜艳，但多数种类却能惊人地巧妙隐藏于树叶之间，它们的羽色与花和斑驳的光线融为一体。不过，澳大利亚的大型凤头鹦鹉却非常惹眼。它们一般呈白色、橙红色或黑色，大多数头顶具有醒目的竖起羽冠。多数鹦鹉的雌雄鸟在外形上相似或相同，但也有一些明显例外的种类。如澳洲王鹦鹉

鹦鹉的代表种类

1.紫蓝金刚鹦鹉，正用它的对趾爪抓住一颗巴西果；2.彩虹鹦鹉；3.费氏牡丹鹦鹉；4.红顶鹦鹉；5.蓝顶短尾鹦鹉；6.红玫瑰鹦鹉；7.圣文森特鹦哥，这种鸟曾一度面临灭绝的威胁，幸亏及时采取保护措施，才止住了数量急剧下降的势头，但目前仍为易危种；8.红胁绿鹦鹉；9.黑顶鹦鹉，具有适于吸食花蜜的舌；10.夜鹦鹉，为濒危种；11.啄羊鹦鹉。

的雄鸟体羽为艳丽的猩红色，而雌鸟和幼鸟几乎完全为绿色。见于新几内亚和澳大利亚的红胁绿鹦鹉，雌雄鸟羽色差异极大，以致在很长一段时间里它们被认为是不同的种类：雄鸟体羽为翠绿色，翼下覆羽和胁羽为猩红色；而雌鸟体羽为鲜艳的大红色，腹羽和下胸羽为蓝紫色。这种鸟也是鹦鹉中唯一雌鸟比雄鸟更醒目艳丽的种类。鹦鹉的脚也与众不同：两个外趾后向，两个内趾前向，成对握。这种（对趾）结构不仅使它们抓握非常有力，而且可以将脚当成手一样来使用，即抓住东西递到嘴边。这种"动手"能力是其他鸟类难以望其项背的。不过，一些习惯于地面觅食的种类不具有这种能力。像人一样，鹦鹉也分左右手（对它们来说，为左右脚）。一项研究发现，在56只褐喉鹦哥中，28只始终用右脚抓食，其他28只则一直用左脚抓食。沿着栖木或在地面走动时，大部分鹦鹉都是趾向内翻，摇来晃去的步态着实滑稽。

鹦鹉在飞行能力方面也各异。总体而言，小型种类飞起来轻松自如，大型种类飞行相对缓慢费力。不过，同样也有不少例外。如南美的金刚鹦鹉虽身体庞大，飞行起来却非常迅速。虎皮鹦鹉及许多吸蜜鹦鹉具高度的移栖性，在觅食过程中能飞行相当远的距离。鹦鹉一般不做长途迁徙，但红尾绿鹦鹉和蓝翅鹦鹉例外。这两种见于澳大利亚东南部的鹦鹉均为候鸟，每年飞越200千米宽的巴斯海峡前往塔斯马尼亚繁殖。其中，红尾绿鹦鹉一如它的英文名"Swift"（迅速的），飞翔时异常灵活迅速。

鹦鹉飞行能力的差异与各种类不同的生态需求有关，而不同的生态需求又反过来体现在翅膀结构的差异上。总体来说，飞行迅速的种类其翅膀狭长，飞行缓慢的种类其翅膀相应宽而钝。新西兰的鸮鹦鹉具很短的翅膀，是唯一完全不会飞的鹦鹉。

鹦鹉的尾部结构也变化多端。如金刚鹦鹉和巴布亚鹦鹉的尾特别长而优美，几乎占到这些鸟总长的2/3。长尾可能起着重要的炫耀功能。而另一个极端是，蓝顶短尾鹦鹉的尾异常短钝，几乎为尾覆羽所遮盖。印度尼西亚和菲律宾的扇尾鹦鹉有

知识档案

鹦鹉

目：鹦形目

科：鹦鹉科

80属356种。

分布：中南美洲、北美洲南部、非洲、南亚和东南亚、大洋洲和波利尼西亚。

栖息地：主要为热带和亚热带低地森林和林地，偶尔也栖息于山地林和开阔的草地。

体型：体长9～100厘米。

体羽：呈丰富的多样性，许多种类色彩鲜艳，其他种类以浅绿色或浅褐色为主。雌雄鸟通常在外形和着色上相似或相同，但也有一些种类明显例外。

鸣声：各种嘈杂声和刺耳的鸣声，一些饲养种类能够进行出色的效鸣。

巢：通常为树洞，极少数营巢于悬崖和土壤的洞穴中或白蚁窝里。有些种类群体营巢，巢材为草或细树枝。

卵：窝卵数一般1～8枚，具体取决于种类；一律为白色，相对较小，长16～54厘米。孵化期17～35天，雏鸟留巢期21～70天。

食物：主要食植物性食物包括果实、种子、芽、花蜜和花粉。偶尔也食昆虫。

醒目的加长型中央尾羽，由长而裸露的羽干组成，尖端扁平成勺形。其功能尚不清楚。新几内亚的侏鹦鹉的尾羽末端也为裸露的羽干，不过短而硬，类似啄木鸟的尾羽，帮助这些小型的鸟类在沿着树干攀缘和觅食时支撑身体。

　　除了人类，鹦鹉最主要的天敌为鹰和隼，而猴子和其他树栖性哺乳动物也会掠走许多卵和雏鸟。在成群觅食时，鹦鹉往往非常嘈杂，看上去似乎很危险。然而，一旦威胁逼近，整个群体会顿时鸦雀无声，然后突然集体从树顶一起冲出，飞散逃离，同时伴以刺耳的尖叫声。大多数掠食者对此都显得措手不及。

繁殖生物学

　　鹦鹉的繁殖时期和持续时间很大程度上取决于具体的地理位置和食物类型。总体而言，生活于非热带地区的种类因食物供应往往呈季节性，因而较之于热带种类有更加明确固定的繁殖期。如澳大利亚南部的紫顶鹦鹉，繁殖期为 8 ~ 12 月，而生活于澳大利亚北部热带地区的杂色鹦鹉则一年内任何时候都可以繁殖。

　　绝大部分鹦鹉为单配制，雌雄鸟通常结为终身伴侣。双方始终在一起，配偶关系在相互喂食和梳羽中得到进一步巩固。关于求偶的细节，迄今只有数个种类有描述。在交配前，大部分雄鸟会用多种相对简单的动作和姿势在雌鸟面前炫耀，如屈身、跳跃、拍翅和扇翅、摇尾和踱步等。此外，通常还会炫耀体羽中鲜艳的部位，并且在不少种类中，色彩绚丽的眼虹膜会变大，这种现象被称为眼睛的"放电"。当雌鸟准备交配时，会采取典型的蹲伏姿势，让雄鸟骑在上面。而准备交配的雄鸟会在雌鸟背上做

凤头鹦鹉的代表种类

1.橙冠凤头鹦鹉，为濒危种；2.葵花鹦鹉；3.黑凤头鹦鹉；4.棕树凤头鹦鹉；5.粉红凤头鹦鹉。

鹦鹉互相梳羽可以巩固配偶关系。研究表明，鹦鹉用于求偶炫耀的羽毛中有很多都有荧光性，以吸引潜在的异性。

出奇怪的踩踏动作，意义何在尚不清楚。

大多数鹦鹉，无论大小，都在树干或树枝的洞里营巢，通常距地面有一定高度。它们一般入住其他洞穴营巢种类（如啄木鸟或拟啄木鸟）所掘的树洞中，或居于因树变腐朽或某根树枝掉落而形成的窟窿中。绝大部分种类不筑巢，通常只是在洞内刮擦出一层朽木屑作为产卵的平台。非洲的牡丹鹦鹉和亚洲的短尾鹦鹉会在巢内衬以草、叶和树皮，在一些牡丹鹦鹉种类中，雌鸟通过将这些衬材夹于腰羽下运至巢中。有些鹦鹉种类会在白蚁聚居地挖一个洞，如澳大利亚的金肩鹦鹉将它的巢穴筑于地栖的白蚁墩中，而新几内亚的棕脸侏鹦鹉则营巢于树栖的白蚁窝里。也许白蚁在某种程度上可以保护鹦鹉远离天敌。

2个新西兰种类——啄羊鹦鹉和枭鹦鹉，均为多配制。在前者中，雄鸟有时会在同一段时期内与数只雌鸟交配，并分担亲鸟义务。而夜行性的枭鹦鹉则有不同的交配机制：雄鸟于夜间聚集在特定的地方，即展姿场，用响亮而带回音的鸣声进行炫耀；雌鸟听到后来到这些地方，选择雄鸟与之交配。据所知，雄性枭鹦鹉不履行亲鸟职责。

大部分鹦鹉在第2年至第4年间达到性成熟。窝卵数从1枚至8枚不等，通常大型种类少于小型种类。孵卵自第1枚卵产下后开始，因此一窝雏大小不一。当食物短缺时，有可能出现的情况是小的雏鸟夭折。亚马孙河流域的金鹦哥则采取不寻常的繁殖策略——数只雌鸟产卵于同一巢中。

除少数种类外，在其他所有的鹦鹉中，卵都完全由雌鸟负责孵化。不过，雄鸟负责这期间的食物供应。雏鸟出生时眼未睁开，无行为能力，并且发育缓慢。在小型种类中，如虎皮鹦鹉，雏鸟在3～4周后离巢，而在琉璃金刚鹦鹉等大型种类中，雏鸟留巢期可长达三个半月。亲鸟双方一般共同负责给雏鸟喂食。鹦鹉的幼鸟普遍明显小于两性成鸟，羽色也往往较黯淡。

鸦

鸦科的成员对大多数当地人来说都相当熟悉，因为这些鸟通常又大又嘈杂，很引人注意。有些种类，如家鸦，特化为与人类共存，已经在大城小镇生活了数个世纪。也有些种类，包括短嘴鸦和澳洲鸦，近年来才进入城市，但如今在那里已有大批定居者。冠蓝鸦是北美地区最经常光顾人工喂鸟装置的鸟之一，得益于人类的友好，这种鸟的分布范围正在向西扩展。

鸦的体型、着色、智慧及食腐习性使它们频频出现在民间传说中。在欧洲，乌鸦和渡鸦常常被认为是不祥的征兆，很可能是由于它们在战场上的食腐行为所造成的。渡鸦在北美土著民族的传统中则具有积极的象征意义，被视为缔造者和民间英雄的化身。

时至今日，人们对鸦的态度仍有明显的分歧。许多人认为它们是有害的掠食者，需要加以控制；而其他人则钦佩它们拥有像人一样的智慧和群居性。

形态与功能

鸦科中有体型最大的雀形目种类渡鸦类，此外还有多种相对较小的鹊类、蓝鸦类等。有些被认为是鸟类界最具智慧的种类。许多种类栖息于林地，事实上，亚洲和南美的大部分蓝鸦类和鹊类几乎仅限于森林。而欧洲和北美众多为人熟悉的种类则喜居开阔的栖息地，非洲和澳大利亚则没有森林种类。

鸦科中分布最广、最为人们熟知的无疑是鸦属的乌鸦类和渡鸦类。这些鸟体型大，尾短或中等长度，体羽为全黑、黑白相间、黑色和灰色，或浑身乌褐色。该属在欧洲的代表种类有渡鸦、小嘴乌鸦、羽冠乌鸦、秃鼻乌鸦和寒鸦；在南亚有家鸦和大嘴乌鸦等种类；在非洲包括非洲白颈鸦和非洲渡鸦。在北美和澳大利亚有多种一身黑的乌鸦，在结构和外形上都很相似，只是鸣声不同。因此，北美的短嘴鸦、鱼鸦、西纳劳乌鸦和墨西哥乌鸦更容易通过声音而非外形来区分，澳大利亚的澳洲鸦、小嘴鸦、澳洲渡鸦等种类则几乎只能靠鸣声来辨别。在向偏远岛屿扩张方面，该属也比科内其他各属更为成功，在西印度群岛、印度尼西亚、西南太平洋和夏威夷都有局部分布。

红嘴山鸦和黄嘴山鸦两种山鸦拥有和鸦属种类相似的全黑式光滑体羽，只是喙较细长，下弯，呈红色或黄色。过去它

在印度尼西亚的巴厘岛上，一只塔尾树鹊在炫耀它那刮铲形的长尾，这样的尾使它成为鸦科中最具特色的种类之一。这种鸟栖息于东南亚许多地方的森林边缘地带。

鸦的代表种类

1.秃鼻乌鸦这一欧亚种类以其繁殖群庞大而著称；2.渡鸦，鸦科中体型最大的成员，由于遭枪击和中毒，如今这种鸟在人口稠密的地区已不常见；3.松鸦见于从英国至日本的温带林地中；4.一只冠蓝鸦衔着一枚橡果，这是它最喜爱的食物；5.一只喜鹊衔着一枚浆果。

们被认为与鸦属种类具有密切的亲缘关系，但近来的基因研究表明，山鸦与科内其他种类都不同。它们主要为山鸟，分布范围可达喜马拉雅山近9000米的峰顶，同时在某些地方也见于海边岩崖附近。

两种星鸦分别生活在欧亚大陆和北美。其中，欧亚大陆的星鸦主要呈栗色，有白色条纹，而北美星鸦以灰色为主。两个种类都主食种子或坚果，冬季则依靠贮藏的食物储备过冬。

许多长尾的鸦都被称为"鹊"，虽然它们之间似乎并没有密切的亲缘关系。这些鸟中既有呈斑驳色的欧洲、亚洲和北美的鹊类，也有不少着色鲜艳的南亚种类如蓝绿鹊以及中国台湾蓝鹊。这些鹊类都具有短而强健的喙、变异的长尾，亚洲的鹊类尾上有黑白斑。亚洲的鹊和鸦之分主要依据尾的长度，但这些种类之间真正的关系

仍有待进一步研究。东南亚的树鹊类上喙相对较短却明显弯曲，长尾的中央尾羽末端呈圆形，在有的种类中微向外展，有的则张得极开。塔尾树鹊变异的尾羽末端均外张，形成与众不同的刮铲形。

美洲的蓝鹊类（不包括灰噪鸦，它是旧大陆种类）有别于科内的其他种类。其中许多种类体型相当小，有些甚至和鸫一般大小。但褐鸦较大，与小型的乌鸦差不多。两种鹊鸦的尾极长且华丽，很像亚洲的鹊类。大部分种类体羽为蓝色，少数为褐色或蓝灰色。

在科内的异化种类中，中亚地鸦类的不同寻常之处在于它们基本生活在地面。它们栖息于干旱的半沙漠地带和草原地带，遇有危险时通常跑离而非飞走。体型小许多的褐背拟地鸦曾被认为与地鸦类有亲缘关系，如今被归入山雀科。

然而，除了地鸦类和其他极少数特例外，鸦科整体而言相当统一。体型大，身体结实，腿、喙强健；外鼻孔由须状羽毛覆盖，这一点使绝大部分鸦有别于其他鸣禽。某些椋鸟、卷尾鸟和极乐鸟也有类似特征。鼻须一般相当明显，而塔尾树鹊的鼻须特别密、短，似一团天鹅绒。只有蓝头鸦终生都没有鼻须。秃鼻乌鸦和灰乌鸦在雏鸟时鼻孔覆须，但随着发育长大，鼻须逐渐消失，最后脸部只剩裸露皮肤。

鸦的适应能力和聪明才智在它们的食物和觅食行为中体现得最为突出。大多数种类既食动物性食物也食植物性食物，尤其是大的昆虫和小坚果。许多种类能迅速适应对新的人工食物源的利用。鸦普遍具有强健、通化的喙，对付食物游刃有余。多数种类在撕裂食物时还会使用脚来抓持。许多只用下颌骨来啄食持在脚上的食物，而蓝鸦类则在下颌骨上长有一个特别的骨质突，使这一行为变得更为高效。不少种类都有过

"浸泡"或"清洗"食物的记录，也许是为了去除黏性物质或软化硬质食物。贮藏食物在鸦科种类中也很普遍。新喀鸦则会制作工具来帮助获取食物，它们会对树枝和树叶进行处理后用来探入树洞中寻找昆虫蛹。这种鸟会在不同的地方制作不同类型的工具，有些甚至能制作钩来钩取猎物，实为动物世界中的一绝。

人们常常认为鸦几乎能以食任何食物为生，然而许多人工饲养个体虚弱的身体状况表明它们的营养需求与其他绝大部分鸟类并无多大差别。事实上，杂食性并不代表就能始终获得食物，许多种类的鸦在雏鸟全部孵化后无法找到足够的食物来喂雏。

鸦的长寿也可能被粗心的观鸟者们高估了。由于鸦往往会在适宜的领域内一代一代地生生不息，所以会有古老的民间说法认为"乌鸦的寿命是人的3倍，而渡鸦的寿命是乌鸦的3倍"。实际上，人工饲养的渡鸦有记录的最长寿命是29年，而且那只渡鸦为自然老死，说明野生的渡鸦通常活不到那么久。对几种乌鸦个体做以标记进行跟踪研究发现，有1/3～1/2的雏鸟在出生第一年内死亡，并很少有成鸟能活10年以上。不过，这样的存活率在鸟类中也已经是相当高的了。因此，一些大型的鸦以雀形目鸟的标准来衡量的话似乎确实属长寿之列。

数项对做以标记的鸟的研究表明，多数种类的鸦至少出生2年后才开始繁殖，有些短嘴鸦个体直至六七岁才繁殖。不过，小嘴乌鸦和喜鹊在出生后次年便会成对维护领域。这种性成熟的延后现象可以反映出繁殖机会的不足或是为了让雏鸟在开始繁殖前积累更多的经验。

繁殖生物学

鸦科多数种类会维护它们各自营巢繁殖的领域。如渡鸦、松鸦和西丛鸦的配偶双方都会向进入领域的入侵者发出威胁。少数种类实行群体营巢，比较突出的有寒鸦，松散的群体营巢于洞穴中；秃鼻乌鸦较为密集的群体在树顶营巢。营群巢的种类终年群居，而许多维护繁殖领域的种类在非繁殖期会成群，其中一些会形成大的栖息群体。其他种类，如佛罗里达丛鸦，则长年坚守自己的领域。短嘴鸦虽然也长年维护领域，但在一年的某些时期内会组成大的觅食群和栖息群，它们在白天维护领域，夜间则加入领域外的栖息群中。对数个种类的个体做标记后进行跟踪研究发现，这些鸦会年复一年地长期占据同一领域，而配偶关系常常维系终身。有些佛罗里达丛鸦个体一生都不离开它们亲鸟的领域，并且就在它们出生的地点进行繁殖。

一只小嘴乌鸦（最常见的欧亚种类）正在从一只死兔子身上撕取碎肉来喂给它那两只几乎已羽翼丰满的幼鸟。这种鸟的成鸟通常独居，故有"一只乌鸦为小嘴乌鸦，一群乌鸦为秃鼻乌鸦"的说法。

有数个种类的繁殖期与食物供应的高峰期吻合，以利于雏鸟的发育。如秃鼻乌鸦在英格兰为3月产卵，正好赶上4月蚯蚓的繁盛期；松鸦在4月末至佛罗里达丛鸦为美国西部丛鸦的一个孤立亲缘种，如今被世界自然保护联盟列为易危种，原因是房地产业和柑橘种植业大量介入这种鸟在"阳光地带"的栖息地，至2000年，该丛鸦的数量仅为1万只左右。

5月产卵，随后迎来5月底、6月初树上食叶毛虫的高峰期。

许多种类实行协作繁殖，有2只以上的鸟照看一窝雏并帮助喂食。最常见的是协助方为繁殖配偶的后代，在巢域内已生活1年或1年以上。这种情况在松鸦中尤为普遍。而在乌鸦类中，已知的仅见于短嘴鸦和小嘴乌鸦的某些种群。短嘴鸦的"大家庭"可包括15个成员，均为一对配偶的后代，它们留在巢域内生活可长达6年或更长时间。在灰胸丛鸦中，会出现数对配偶同时在一个群体领域内营巢的现象，那些领域内的其他个体会给几个巢的雏鸟喂食，而那些繁殖配偶在自己的雏鸟离巢后也会给其他巢的雏鸟喂食。DNA检测研究发现，一个巢中的雏鸟事实上会是数对配偶的后代。相比之下，在与灰胸丛鸦有密切亲缘关系的佛罗里达丛鸦中，协作繁殖模式则要简单得多，一个巢内的所有雏鸟全部是一对繁殖配偶的后代。

在绝大部分种类中，雌鸟独自孵卵（在两种星鸦中为双亲孵卵）。在巢中孵卵的雌鸟通常由雄鸟和协助者喂食。由于孵卵一般始于最后一枚卵产下前，因此一窝雏会在数天里陆续孵化，致使各雏鸟大小不一。当食物匮乏时，最小的雏鸟往往死亡。在有些乌鸦种类中，最小的雏鸟会在出生后即被抛弃，以减少雏鸟对有限的食物供应的竞争。双亲喂给雏鸟的食物常常贮藏于喉部带回巢。绝大多数种类（倘若不是全部的话）的雏鸟在会飞离巢后仍由双亲喂养数周，并且至少在部分种类中，它们完全独立后会继续在亲鸟的领域内逗留数月；而在协作繁殖种类中，它们则会留下来生活若干年，或者在离开数周至数月后重新返回。

知 识 档 案

鸦

目：雀形目

科：鸦科

24属118种。

分布：全球性，除北极高纬度地区、南极、南美南部、新西兰及多数海岛。

赤道

栖息地：多种栖息地，包括森林、农田、草地、沙漠、草原、苔原。

体型：体长19～70厘米（包括某些鹊类的长尾），体重40～1500克。

体羽：一般为全黑，或者黑色带白色或灰色斑纹；许多种类的翅和尾有醒目的斑；不少蓝鸦类有亮丽的蓝色、栗色、浅黄色或绿色斑纹。两性在羽色方面通常相似。

鸣声：多种刺耳的声音，也有些相对悦耳的鸣声。有些种类能够效鸣。

巢：由树枝筑成的碗状结构，位于树上，衬有柔软物质。有些筑圆顶巢或营巢于洞穴中。

卵：窝卵数一般为2～8枚；白色、浅黄色、米色、淡蓝色或浅绿色，常有深色斑。孵化期16～22天，雏鸟留巢期18～45天。

食物：丰富多样，包括果实、种子、坚果、昆虫、地面无脊椎动物、小型脊椎动物、其他鸟的卵或腐肉。许多种类（或许为大部分种类）会贮藏食物。

燕

燕子几乎受到所有人的喜爱，因为它们飞行能力突出，模样吸引人，是夏天的使者，食昆虫，喜欢在离人很近的地方营巢。

最新的分类体系中燕科含14属89种。然而，由于燕通常生活在空中，对其进行形态研究受到限制，因而难以做出精确的评估。

形态与功能

燕很容易识别：修长的身材，狭长而尖的翅，叉形尾，外侧尾羽通常很长，似长条旗。这些特征与它们在空中觅食无脊椎动物的特化生活方式相吻合，同样也见于其他与它们并没有亲缘关系却具有类似生活方式的鸟类，如雨燕。

细长的身体可减少飞行过程中的阻力。燕的翅形呈高展弦比，意味着能产生很大的举力而所受的阻力很小。但这种符合空气动力学的高效率以降低

机动性为代价（如与短而宽的翅相比），不过这一劣势又由叉形尾得到部分的弥补，因为这样的尾可提高鸟的机动能力。

部分种类具有长尾羽，可增加举力，其功能犹如飞机的襟翼，保证气流平稳地通过翅膀，而在燕准备着陆时可延缓气流通过，从而使燕在不增大阻力的情况下实现飞停。大多数种类跗骨短、腿小而弱，适于栖息而非行走，但自己掘穴或营巢于悬崖岩面的种类具有强健的爪。

上述对燕科种类形态的概括性描述不适用于河燕属的河燕类。它们看上去与其他雀形目鸟更相似，可能其原种介于燕科和其他雀形目鸟之间。河燕类

的腿、脚相对较大，相关肌肉组织无论从面积大小、肌肉数量、复杂程度而言都较少退化。与其他燕宽而扁的喙相比，它们的喙显得更粗壮、厚实；鸣管中的支气管环则明显不如其他燕的完整。此外，毛翅燕属和锯翅燕属的毛翅燕类在外侧初级飞羽的边缘有一系列羽小支，形成钩状的增厚层，但其具体功能尚不清楚。

分布模式

冬季，燕在温带地区的食物供应大为减少，因而许多种类进行迁徙。但与其他大部分雀形目候鸟不同的是，燕在昼间迁徙，而且为低空飞行。此外，它们还经常在迁徙途中觅食，因此脂

燕的代表种类
1.崖沙燕，这种鸟营群巢；2.红领毛翅燕，见于中南美洲；3.蓝燕，被列为易危种；4.双色树燕。

肪储备量较同等大小的其他候鸟低。在非洲繁殖的种类常随降雨模式而进行迁徙，但具体情况鲜为人知。而其他一些种类如灰腰燕，则似乎到处"流浪"，并没有固定的迁徙路线。

近年来，许多燕科种类的分布得到了扩展，原因是随着它们越来越多地使用建筑物作为巢址，这些鸟被不断引入以前它们不被人知的地区。如红额燕的分布范围向南扩大到了肯尼亚和坦桑尼亚，穴崖燕则从墨西哥进入了美国南部。而环境的变化同样会引起分布模式的变迁。如家燕的英国种群在南非过冬，如今它们在那里的范围已向西扩张，原因是西部降雨量增加。

食物

所有燕科种类几乎都只食空中的无脊椎动物，主要是昆虫。植物性食物仅见于少数种类的食物中，而且摄取量很少。只有双色树燕会经常性摄入植物性物质（以浆果为主），而这也仅出现在昆虫匮乏期间。

燕不是那种机会主义觅食者，不会漫无目的地四处飞行、张着嘴巴随机食入空中的浮游生物。相反，它们主动出击捕食特定的猎物。同域分布的种类往往特化为捕食不同体型级别的无脊椎动物。而就某一种类的个体而言，它常常会选择所能获取的最大猎物。候鸟种类在过冬地的食物通常有别于它们在繁殖地的食物。如家燕在非洲越冬时，食物中的蚂蚁比例会增加。此外，一个种类所偏爱的觅食程度在过冬地和繁殖地也会有所不同。上述变化被认为是这些候鸟与过冬地的留鸟种类进行竞争的结果。

繁殖生物学

燕普遍实行群居、单配。雌雄鸟共同育雏，筑巢和孵卵则通常由雌鸟负责。然而，雄鸟经常进行混交，热衷于寻找机会与配偶以外的雌鸟发生交配。在有些种类中（如紫崖燕），会出现一雄多雌现象，1只雄鸟与两只雌鸟结成配偶。

知识档案

燕

目：雀形目

科：燕科

14属89种。属、种包括：家燕、蓝燕、穴崖燕、美洲燕、红额燕、灰腰燕、红海燕、褐胸燕、白尾燕、线尾燕、崖沙燕、巴哈马树燕、金色树燕、红树燕、双色树燕、白腹燕、河燕类（如白眼河燕等）、崖燕类（如紫崖燕等）、毛翅燕类等。

分布：全球性，除北极、南极和某些偏远的岛屿。

栖息地：各种开阔区域，包括水域、山区、沙漠、森林树阴层上方。

体型：体长10～24厘米，体重10～60克；典型体长为15厘米，体重20克。

赤道

体羽：上体通常为金属质的蓝黑色、绿黑色，或为褐色；有些种类的腰部具有对比鲜明的颜色；下体一般着色较浅（常为白色、浅黄色或栗色）。两性通常具细微差异，但雄鸟有时比雌鸟着色醒目且尾较长；幼鸟一般较成鸟黯淡、尾更短。

鸣声：鸣啭为简单而快速的啁啾声或喻喻声，平时鸣声则持续时间较长、音节顺序多变。

巢：泥巢（或敞开或封闭）或由植被筑成的简单杯形巢。泥巢一般附于建筑物上、悬崖岩面或筑于洞穴中。此外也会经常使用自然洞穴（如树洞）和地洞（常为自己所挖）。

卵：窝卵数在大部分热带种类中为2～5枚（有些多达8枚），在大多数热带种类中为2～3枚；一般为白色，有时带红色、褐色或灰色斑。孵化期11～20天，平均为14～16天，天气恶劣时会延长。雏鸟留巢期16～24天，但在体型较大的河燕类中为24～28天，当食物稀少时雏鸟留巢期也会延长，特别是有些种类的雏鸟在恶劣气候下会休眠。

食物：几乎仅食空中的无脊椎动物。

莺

莺是一个极为考验观鸟者辨别力的鸟科。有许多种类外形极为相似，让无论是初入门者还是有经验的观鸟者都眼花缭乱、难以区分。不过它们的鸣声往往有着显著的差异。莺是一类小型鸟类，常常隐匿于茂密的植被中，只有在觅食它们喜爱的昆虫时才会偶尔乍现，但随之又消失得无影无踪。当然，这一大科中也有许多色彩亮丽、容易辨别的种类，它们主要生活于热带。

总体而言，莺为小型鸟类，喙尖细，脚强健，对于适应栖木生活绰绰有余。有些种类如波纹林莺，具有很长的尾，有助于它们在浓密的叶簇间穿梭和在枝、叶间不停地搜寻昆虫时保持身体的平衡。

形态与功能

莺科可分为数个大类。苇莺类包括在大属苇莺属中，共有32种。这些莺通常见于沼泽、芦苇荡和湿地中，一般体羽均为褐色，身材结实，脚和喙都很大，使它们得以在芦苇丛中自如攀缘。其鸣声为刺耳的啁啾声，很容易区别。蝗莺类的颤鸣声似昆虫发出的声音，"蝗莺"一名由此得来。林莺类包括篱莺属的7个种类和林莺属的24个种类，后者的两性体羽明显不同，这在莺科中非常罕见。柳莺类囊括了科内第二大属柳莺属，共有46种，为绿色的小型莺，喙短，各种类之间外形酷似，倾向于在树荫层栖息，在树叶下啄食昆虫。多样性丰富的非洲树莺类包括了娇莺属、拱翅莺属、孤莺属和森莺属的部分种类。最后一属为长相奇特的莺，觅食时沿树干和枝干上下活动，

莺的代表种类
1.一只黑顶林莺在灌木上；2.一只蒲苇莺在芦苇荡中；3.芦莺；4.东南亚的稻田苇莺；5.红脸森莺。

用结实的喙伸进树缝里探食，过去被称为"鸸莺"。此外，还有不少更为另类的莺，如东南亚森林中的地莺类，几乎没有尾巴；还有马达加斯加的两种短翅莺和新西兰大尾莺，它们尾羽的羽支不连在一起，看上去像一枚枚钉子。

莺科最大的属扇尾莺属约有 45 个种类，组成了扇尾莺类的一部分。这些鸟栖息于非洲的草地中，体羽多条纹，很难区分，最好的识别办法是借助它们的鸣声。事实上，鸣声的差异从它们的名字中便可见一斑，诸如哨声扇尾莺、噪扇尾莺、颤声扇尾莺、沸声扇尾莺、颤鸣扇尾莺、铃声扇尾莺等，而这些还仅仅只是其中的一小部分。扇尾莺类的特点有：繁殖期尾会增长，一年换羽两次，两性在体型上的性二态现象突出，雄鸟明显大于雌鸟。山鹪莺属的多种鹪莺是扇尾莺类的另一主要组成部分，这些鸟鸣声嘈杂，色彩黯淡，尾长而渐尖。

还有一个大类是印度和东南亚的缝叶莺类，共有 15 种。这些鸟的名字源于它们会使用植物纤维或蜘蛛网将大的树叶缝在一起形成一个锥形结构，并将巢筑于其中。缝叶莺类的喙尖锐，相对较长，向下弯，它们正是用喙在树叶边缘啄出一个个孔，然后将"捻线"穿过去。此外，它们的尾以一种独特的方式翘起，雄鸟的尾比雌鸟的长。

分布模式

莺科绝大部分种类见于欧亚大陆或非洲。其中有些分布广泛而且十分常见，如欧柳莺是在英国繁殖数量最多的候鸟，同时在北欧至俄罗斯东部的广阔地域内也有高密度的分布。然而，全科 64 个属中至少有 33 个属只含有一个种类。它们中有些归类关系多年来一直不明确，不过，在 DNA 分析的基础上借助西比利和阿尔奎斯特的分类体系，有效地澄清了其中一部分属和种的分类问题。即便如此，有些莺的俗名如鹛莺、鹪莺、雀莺等，大大增加了其分类难度。

而森莺科新大陆莺的存在，则进一步加大了这种难度。虽然该科与莺科并没有密切的亲缘关系，前者具 9 枚初级飞羽而后者有 10 枚，但部分莺科种类确实出现

知 识 档 案

莺

目： 雀形目

科： 莺科

64 属 389 种。

分布： 主要在欧洲、亚洲、非洲，少量在新大陆。

赤道

栖息地： 从草地到森林的各种类型植被中。

体型： 绝大部分种类体长 9～16 厘米，体重 5～20 克。有数个种类明显例外，如草莺最长可达 23 厘米，重约 30 克。

体羽： 主要为褐色、暗绿色或黄色，常有深色条纹，有些热带种类（如白翅娇莺）着色鲜艳。在大多数种类中两性相似，例外的包括黑顶林莺和某些缝叶莺。

鸣声： 鸣声多样，在较大的种类中通常刺耳。有些种类具简单而固定的鸣啭，而在其他种类中鸣啭复杂多样、优美动听。

巢： 精心编织的复杂杯形结构或球形结构，位于茂密植被的低处。缝叶莺类和其他一些种类会用蛛丝将树叶缝合起来形成一个锥形结构，然后将巢筑于里面。

卵： 窝卵数通常为 2～7 枚；底色为浅色，具深色斑。孵化期 12～14 天，雏鸟留巢期 11～15 天。雏鸟也有可能提前离巢（从出生后第 8 天开始），但不会飞，因此会由亲鸟继续照顾数日。

食物： 以昆虫为主，有些种类也食果实。许多莺偶尔会食花蜜。

在新大陆。如极北柳莺的繁殖区域从西伯利亚一直延伸至阿拉斯加西部，尽管在阿拉斯加繁殖的个体也会回到旧大陆的南亚过冬。澳大利亚的本土大陆上有8个留鸟种类，其中包括富有特色的刺莺。新西兰只有一个种类即新西兰大尾莺。此外，太平洋和印度洋群岛上生活着多种独特的莺，通常数量很少。

莺对昆虫的依赖性成为大部分在高纬度地区繁殖的种类具高度迁徙性的主要原因。多数欧亚大陆北部的莺会在非洲或热带亚洲越冬，所以有些会做惊人的长途迁徙。如在西伯利亚营巢繁殖的欧柳莺前往非洲亚撒哈亚地区过冬，意味着它们每年要飞越两个12000千米。在它们启程前，这些长途候鸟会积蓄大量的脂肪储备，体重翻一倍的现象并不少见。全球气候变暖则使一部分候鸟种类提前回到繁殖地，因此有些种类现在的繁殖期比过去几十年早了1~2周。然而，气候变化也有可能给长途迁徙的种类带来负面影响，如倘若撒哈拉等沙漠进一步扩张，或者倘若迁徙途中的食物供应时间发生变化而导致这些莺的活动与之不再同步等。

极少数留在寒冷地区过冬的莺有时会因天气恶劣、食物匮乏而遭受重创。如英国的波纹林莺在严冬期间数量经常会大幅下降。不过，有迹象表明，这些鸟能够充分利用近年来气候变暖的现象，数量迅速增长。

黑顶林莺是人们研究迁徙遗传学的重点对象。通过对这种鸟的大量研究，人们发现了许多重要事实，可能同样适用于其他莺类以及其他鸟科的候鸟。详细周密的繁殖实验表明，它们的繁殖方向感和迁徙距离均受遗传基因控制。因此，当一只表现出往东南方向迁徙倾向的个体与一只倾向于往西南方向迁徙的个体结成配偶后，它们的后代便会表现出朝正南方向迁徙的倾向。此外，当基本不做迁徙的加那利群岛上的黑顶林莺与德国的候鸟黑顶林莺结偶后，它们的后代表现出中等强度的迁徙倾向。

德国的黑顶林莺很好地体现了自然选择在一种新的迁徙行为发展过程中的作用。如今有越来越多的黑顶林莺不再像过去那样南下迁徙至伊比利亚半岛，而是向西前往不列颠群岛过冬。在那里，日渐变暖的气候，人们在花园的喂鸟装置中为它们提供的更多的食物，都使它们有可能更好地生存，而且，因为迁徙路程更近，它们会比那些在伊比利亚过冬的个体更早地回到德国的繁殖地。于是，它们也更有可能与具有同样遗传倾向的异性结为配偶，从而促进了这种迁徙行为在整个种群中的普及。

↑ 一对芦莺在照看后代
它们的巢筑于高草秆中间。这种鸟生活的地方一般位于湖边或水流缓慢的河边。

第 7 章

洋洋大观的哺乳家族

狮子

几千年以来，凭借强壮和凶猛，狮子赢得了"兽中之王"的美誉。在古代的埃及、亚述、印度和中国，狮子的形象不断地出现在艺术作品中。

一直以来，狮子强大有力的形象诱惑着各个国家的猎人。有时，他们为了猎取一头非洲雄狮而不惜花费巨额资金。由于一些武装捕猎者能在短短的几天内射杀几十头狮子，导致这种动物的数量急剧减少。幸运的是，现在对狮子的武装捕猎已经被禁止，大多数游客也更愿意通过更文明的方式，如仅仅观看和拍照，来表达他们对这种动物的喜爱和迷恋之情。

体型与官能

和其他猫科动物一样，狮子也有一副柔韧、强壮、胸部厚实的身体。它们有短而坚硬的头骨和下颚，这可以使它们很容易地捕食猎物。它们的舌头上长有很多坚硬的、向里弯曲的突起物，这非常有利于它们进食和梳理皮毛。它们寻觅猎物主要靠视觉和听觉。也许是因为雄狮之间要争夺配偶的缘故，和大多数猫科动物一样，成年雄狮要比成年母狮重30%～50%，外形上也更大一些。无论是什么样的原因（可能是生物进化）造成了狮子的二态性，总之，在与其他狮子一起进食的时候，雄狮总是可以凭借它们强壮的身体独占猎物，并且雄狮捕获的猎物要比母狮捕捉到的大很多。

尽管狮子在捕猎上享有"合作"的美名，但这种"合作"只是在猎物比较少的恶劣环境下或者猎物比较大又比较危险的情况下才会发生。另外，当一只狮子单独捕猎的成功概率小于10%的时候，为了使捕猎成功，狮子们也会合作。在集体捕猎的时候，狮子会散开，有些包围猎物，有些则切断猎物逃跑的退路。

但是在绝大多数情况下，一群狮子中只有一只或者两只真正在捕猎，其他的狮子只是在安全的地方观望。当猎物很容易捕获的时候（单独捕猎的成功概率大于或等于20%），它们就采取这种"不合作"的方式。尽管它们都很想和同伴分享猎物，但是由于捕猎太容易成功了，同伴并不需要它们的配合，所以其他狮子只是在一边观望而已。

作为合作捕猎团队的一部分，母狮们正在悄悄地接近猎物，试图包围并切断其退路。由于与牛羚相比，母狮在速度上并不占有优势，所以它们只能在发起最后的进攻之前尽量地接近猎物。

狮子在奔跑的时候，速度能够达到每小时 58 千米，但它们要捕捉的猎物的速度却能够达到 80 千米/小时，因此，它们需要悄悄地接近猎物，隐藏在距猎物 15 米的范围内，然后再突然冲出，抓住或拍击猎物的侧身。狮子捕猎的时候根本不考虑风向，甚至在逆风的时候成功率会更高一些。需要指出的是，狮子捕猎的成功率平均只有 25%。它们先把大型猎物击倒，然后再咬紧猎物口鼻部或脖子，使其窒息而死。

对于捕猎，雄狮处于支配地位，母狮主要负责照料幼崽和尚未发育成熟的小狮子。在分享猎物的时候，狮子们经常发生争斗。为了保护自己应得的那一份，狮子会用牙齿紧紧咬住猎物的尸体，同时用爪子击打同伴的面部，甚至在争夺食物的时候会互相咬住对方的耳朵。通常，捕猎成功的狮子由于太专注于咬住猎物不放，以至于在它进食前，其他狮子已经把它捕到的猎物的大部分给吃掉了。成年母狮每天需要吃肉 5～8 千克，成年雄狮则需要 7～10 千克。但是狮子的进食量极不规律，一头成年雄狮有时一天会吃掉多达 43 千克的食物，这种情况甚至会一连持续三四天。

在出生后的两年时间内，小雄狮会陆续长出鬃毛。通过鬃毛的生长情况，我们能看出小雄狮身体的生长发育水平，但是直到四五岁的时候，小雄狮的鬃毛才能长到成年雄狮的应有水平。一般来说，到 9～10 岁的时候，雄狮鬃毛的颜色会变得很深。

知识档案

狮子

目：食肉目

科：猫科

有5个亚种：安哥拉狮，亚洲狮，马赛狮，塞内加尔狮，德兰士瓦狮。

分布：撒哈拉以南到南非；印度古吉拉特邦的吉尔国家森林公园有零星分布。

赤道

栖息地：比较广，从东非的热带或亚热带稀树大草原到位于非洲南部的喀拉哈里沙漠。

体型：雄狮体长1.7～2.5米，母狮体长1.6～1.9米；雄狮肩高1.2米，母狮肩高1.1米；雄狮和母狮的尾长都在60～100厘米之间；雄狮体重150～240千克，母狮体重122～182千克。

皮毛：颜色从浅茶色到深茶色；腹部和四肢内侧颜色较浅；耳朵外侧为黑色。

食性：主要捕食有蹄类哺乳动物，如瞪羚、斑马、羚羊、长颈鹿、野猪，还有大型哺乳动物的幼崽，如幼象、幼犀牛，有时也会捕食一些小的啮齿动物、野兔、小鸟、爬行动物等。

繁殖：小母狮大约需要36～38个月性发育成熟；母狮的怀孕期是100～119天，每胎产2～4只幼崽；幼狮出生两年半后会完全独立生活。

寿命：野生狮子18年，人工圈养的则能够活25年。

食性

狮子捕食最多的猎物是那些体重 50 ~ 500 千克的有蹄类动物，但是我们知道，它们还吃一些啮齿类动物、野兔、小鸟、爬行动物等，有的时候，狮子也会捕食大型哺乳动物的幼崽，如幼象、幼犀牛等。尽管在白天的时候，它们可以埋伏在水边，利用天气干旱猎物需要喝水的有利时机进行捕猎，但它们主要是在晚上进行捕猎。母狮捕捉最多的是小到中型的猎物，如疣猪、瞪羚、跳羚、黑尾牛羚以及斑马等；雄狮则喜欢捕捉一些体型大的、跑得比较慢的猎物，如水牛、长颈鹿等。

狮子的栖息地经常和其他肉食动物的栖息地重合，如豹子、野狗、斑鬣狗等——它们也都捕食大致相同的猎物。所有 5 种豹属动物捕食的猎物的体重一般都不小于 100 千克，如疣猪、瞪羚等，但是只有狮子捕捉大于 250 千克的猎物，如水牛、大羚羊和长颈鹿等。体型比较大而且喜欢在夜间行动的鬣狗在捕食方面是狮子强有力的竞争者，两者都喜欢捕食羚羊和斑马，但是狮子却一贯地喜欢偷吃鬣狗的猎物，而且雄狮尤其喜欢吃腐烂的猎物。狮子不仅喜欢"抢劫"豹子和野狗的猎物，而且有时还会直接吃掉豹子和野狗。这一情况经常发生在狭小的领地内，如果豹子和野狗数量很少的话，狮子就会向它们发起攻击进而吃掉它们。

一头成年雄狮正和一头年轻的母狮在一起。大多数猎物都是由母狮捕获的，然而一旦猎物被分配之后，狮子就会极力维护自己的那一份，在吃饱之前会把其他的狮子都驱赶开，使它们不能接近自己的食物。

社会行为

在所有猫科动物中，狮子是最具有社会行为的，狮群就是一个小型的社会。最典型的狮群一般有 3 ~ 10 头成年母狮，一些需要母狮照料的幼狮，以及 2 ~ 3 头成年雄狮。人们曾经观测到，有些狮群甚至能达到 18 头成年母狮、10 头成年雄狮的规模。与狼群或猴群不同，狮群的社会秩序很混乱。每头狮子并不是和狮群中的同伴一直保持联系，相反，每头狮子都可能独自活动几天甚至几个星期，而不与其他同伴联系；或者在比较大的狮群中，有几头会组织一个更小的次级群体，它们就生活在这样的次级群体里。

狮群中的母狮通常与其雌性亲属保持密切的联系，与狮群中的雄狮则联系很少，只是在小群体或相对隔离的群体中，母狮才会和雄狮联系。雄狮们之间可能有联系，也可能没有联系。如果一头雄狮发育成熟，在没有和其他雄狮联系之前，就会在独行期间去寻找另一头独立的狮子，组成一对。然后通过一些偶遇，找到第三个同伴。按这个方式进行下去，再吸收新的成员，组成一个狮群。由于在一个地区，大部分的狮子年龄相仿，故将要组成的新群体中会有 9 ~ 10 个是"兄弟"或是"表亲"，只有 3 ~ 4 个没有血缘关系。在一个更大的群体中，年龄的差异会更大，这就更有利于接纳更多的母狮，能比小的群体养育更多的后代。

在一个狮群的持续期间，会有一些幼崽被繁育出来，但是每个狮群中的亲子关系都是复杂多样的。居于主导地位的是雄狮，它们之间的关系比较微妙。由于母狮通常会同时达到发情期，因此，在一个小团体中，雄狮之间获得与母狮交配的机会是相等的。然而，在比较大的群体中，这种平衡会被打破，许多雄狮不能获得交配的机会，它们只能寄希望于"侄子和侄女"间接地保留自己的遗传基因。

尽管血缘关系是狮群存在的基础，但是具有讽刺意味的是，没有直接血缘关系的雄狮之间的合作却是所有哺乳动物中最成功的。在一个狮群中，相互配合的两头雄狮（虽然并没有血缘关系）都能够从合作中获得直接收益，而且相互关系非常融洽。小组合作期间没有血缘关系的雄狮互相支持，其配合并不逊于"亲兄弟"之间的合作。

小母狮在长到 30 ~ 38 个月之后，性发育成熟。这之后，任何时候都能够交配。发情期一般持续 2 ~ 4 天，而且每隔 2 ~ 3 周就有一个发情期。母狮的怀孕期只有 110 天的时间，对于这种庞大的哺乳动物来说，这个时间应该算是非常短的了，因此新生的幼崽一般非常小，重量只有成年狮子的 1%。每胎的幼崽数在 1 ~ 6 只，平均 2 ~ 3 只。野生母狮的最长寿命是 18 岁，但是需要指出的是，它们在 15 岁的时候就会停止生育。

如果来自同一个群体中的母狮生育幼狮的时间间隔很短，它们就会把自己的幼崽放在一起共同抚养，甚至会给对方的幼狮喂奶。当然了，母狮认得自己的幼崽，并会把大部分乳汁喂给自己的幼崽。幼狮出生 3 个月后开始吃肉食，但是仍然需要母狮再喂养 3 个月。幼狮的死亡率很高，特别是在严酷的年景，在长到 1 岁之前会有高达 80% 的幼狮死亡。但是在比较好的年景中，幼狮的死亡率会降到 10%。幼狮长到 18 个月大的时候，就会表现出独立性，而这个时候母狮正在准备生育下一胎。当小狮子 2 岁的时候，第 2 胎才出生。当然，如果第 1 胎的幼狮全部死亡，母狮就会迅速地再次交配生育。

雄狮和母狮都会保护它们的领地。当遇到另外一群狮子侵入的时候，狮子会保持长时间的合作，它们一般通过倾听叫声来接近同性入侵者。雄狮在外围保护自己的群体，而母狮则保护领地的核心区域并与外来群体内的母狮进行战斗。雄狮通过吼叫、撒尿做标记和巡逻来维护领地，同时让母狮留在狮群的中间。从另一方面来说，母狮

一群母狮和一群幼狮正在近距离地观察一头正在休息的犀牛。

比雄狮更有警惕性。当陌生者出现在领地的时候，母狮会更多地做出反应，而不仅仅是巡逻。快发育成熟的时候，年轻的雌狮变得更加愿意行动，会帮助自己的母亲来驱逐入侵的母狮；与它们相反，青春期的雄狮却对入侵的母狮漠不关心。

尽管在保卫领地方面，母狮们更善于合作，但是在捕猎或是在喂养自己的幼崽的时候，这种合作的策略就会出现变化。当两个不同的狮群相遇的时候，有些母狮总是在前面带头，而另一些总是跟在后面"压阵"。当一个狮群达到某个数量的时候，或是在最需要的时候，某些母狮会表现得很活跃，它们是"临时的朋友"；当一个狮群中狮子的数量大大超过其对手的时候，某些母狮是最善于合作的，它们是"全天候的朋友"。

一般来说，当两个狮群相遇时，合作与否和狮子的数量有很大的关系，狮子数目多的那个群体能够压制那个比较小的群体。如果自己群体中的母狮的数量比对手多至少两个，那么这个群体中的母狮就比较乐意合作。另一方面，对雄狮们来说，除非自己群体中的数量至少超出对方 1 ～ 3 个，否则它们是不会合作一起去接近入侵者的。

一旦见到某个领地的主人，入侵者通常会立刻撤出。但是拥有这块领地的狮子却会对入侵者主动发起攻击，有机会的话，还会杀死入侵者中的一头狮子。可能大多数的狮子都会在群体间的血腥厮杀之中死亡，不管是单打独斗，还是"群殴"。在大多数旨在杀死对方的撕咬中，狮子们都会直接咬向对方的后脑或脊椎。

如果狮群中狮子的数量和食物的丰富程度不同，那么狮群领地的大小就会有所不同。一般来说，狮群的领地大概在 20 ～ 500 平方千米。一个狮群的领地可能与它们相邻的狮群的领地有部分重合，但是，双方都会尽量避免进入对方的领地核心。

老虎

和其他动物比起来，老虎在人们的心目中具有举足轻重的地位。到了后来，老虎们则成了"保护者"的象征。而老虎在这个星球上的生存状态，也代表了人类在努力协调与其相互矛盾的需求和欲望。

一般说来，人们认为老虎和狮子是猫科动物中体型最大的，事实上也是如此，老虎和狮子的体型大小的确差不多。在印度次大陆和俄罗斯都曾经发现过世界上最大的老虎，在那些地方，雄性老虎的体重平均在 180 ～ 300 千克。但是在印度尼西亚苏门答腊岛上，雄性老虎的体重平均只在 100 ～ 150 千克。

体型和官能

在猫科动物家族中，动物们大多善于追踪猎物，而且还能把自己隐蔽得很好，最后一下子把猎物抓到。除它们的体型和皮毛的颜色以外，这些技能和特征就是猫科动物和其他动物之间最大的区别。

老虎和其他的大型猫科动物一样，要靠捕猎才能生存下去，而这些猎物往往比老虎本身的块头还要大。老虎的前肢短而粗，有着长长的锋利的爪子，而且这些爪子是可以收缩的，一旦老虎"看上"了一只大型的猎物，这些外在条件就能保证它把猎物捕获。老虎的头骨看上去像缩短了一样，这让它本来就很强大的下颚更增加了力量。它们通常会从猎物的背后袭击，在脖子上咬上致命的一口。有的时候，它们还会紧紧地咬住猎物的咽喉处，使猎物因窒息而死。

一头老虎正迈着中等的步伐向猎物进攻，向我们充分展示了这种顶级肉食动物的力量和杀气。为了寻找猎物或保护领地，老虎经常在一天之内长途奔袭 10 ~ 20 千米。

然而，完完全全属于老虎独一无二的特征的，还是它们背上黄白相间的皮毛、黑色的斑纹——事实上，每只老虎的身上都有它自己特殊的图案，通过这些图案就能分辨出单个的老虎。如果你去过动物园，就知道白老虎通常是最不常见的。这种老虎可不是靠科技上的白化变出来的，它们都是一只名叫"莫汗"的老虎繁衍出来的后代——"莫汗"是被印度中央邦雷瓦地区的王公捉住的一只雄性孟加拉虎。也有报道说，在印度其他地区曾经出现过全身几乎都是黑色的老虎。然而，不管是全身白色的老虎，还是全身都是黑色的老虎，这样的种类在野生动物界中都是极为罕见的。

尽管老虎的种类出现了皮毛上的变异，但令人惊奇的是，所有的老虎都拥有垂直的斑纹。这些斑纹为它们提供了非常好的伪装，借助这身伪装，老虎就能一直跟踪着猎物，直到距离猎物足够近的时候，再向猎物发动猛烈而致命的攻击，最后成功地捕获猎物。

在捕猎的时候，老虎必须一开始就尽可能地接近猎物，这样才有成功的机会。接近猎物之后，老虎会绷紧身体，在地上连续跳跃几次，然后猛地扑向猎物。一般来说，老虎向猎物下手的时候，总是先从其后部开始，然后到背，到肩，再到脖子。通常捕猎成功的概率只有 5% ~ 10%。

社会行为

　　狮子和猎豹的栖息地比较开阔，没有厚密的树林，所以它们在捕猎的时候，不会过度地隐蔽自己；老虎则不同，它们是最善于隐蔽自己和埋伏捕猎的肉食动物。在环境相对狭小而猎物又相对分散的情况下，老虎捕猎就很少合作，所以，老虎的社会体系相对松散。虽然它们相互之间保持着联系，但个体之间的距离却比较遥远。

　　多项无线电通信的追踪调查研究表明，在尼泊尔和印度，雌性老虎和雄性老虎都有各自的领地，而且会阻止同性老虎进入。母虎的领地相对比较小，而且与这个地区食物和水的丰富程度以及要抚养的幼虎个数有很大关系。一头雄性老虎总是负责保护几头雌性老虎各自的领地，并且总是在试图扩大领地。一头雄虎的成功与否以及其领地大小，都取决于它的力量和战斗能力。通常，雄虎不承担幼虎的具体抚养责任，它只负责保护好这块领地不受其他雄虎的侵犯就行了。

　　对老虎来说，在保住自己领地的过程中潜藏着危险，即便打赢了也可能受伤，甚至有失去捕猎能力的可能，最终导致饿死。因此，老虎会留下标记，暗示其他老虎这个地方已经有主人了，以尽量减少无谓的"战争"。其中一种标记就是尿液（但是混合了肛门附近的腺体分泌物），老虎把这种混合液撒在树上、灌木丛里和岩层表面等处；还有一种标记就是粪便和擦痕，老虎把它们留在常走的路上和领地中所有明显的地方。

知 识 档 案

老虎

目：食肉目

科：猫科

尽管形态学的研究表明虎的亚种之间存在一种渐变群变异的情况，人们仍然分辨出了虎的8个亚种，分别是：（1）孟加拉虎，分布在印度、孟加拉国、不丹、中国、缅甸西部和尼泊尔；（2）印支虎，分布在柬埔寨、中国、老挝、马来西亚、缅甸东部、泰国、越南；（3）苏门答腊虎，分布在印度尼西亚的苏门答腊岛；（4）阿穆尔虎（又称西伯利亚虎，中国称东北虎），分布在俄罗斯、中国、朝鲜（尚未确认）；（5）华南虎，分布在中国；（6）里海虎，曾经在阿富汗、伊朗、中国、俄罗斯、土耳其发现过，但是现在已经绝种；（7）爪哇虎，印尼的爪哇岛曾经有分布，现在已经绝种；（8）巴厘虎，印尼的巴厘岛曾经有分布，现在已经绝种。

赤道

和巽他群岛的热带雨林中曾经发现黑色的老虎；阿穆尔虎的颜色比较浅，而且在冬季和夏季的颜色有所不同；在印度中部曾经出现过白色的老虎（有棕色条纹），这可能是亲代中存在某种隐性基因的缘故，但在野外状态下这种白色老虎是比较少见的。

分布：印度、东南亚、中国、俄罗斯的远东地区。

栖息地：极其广泛，从中亚的芦苇地到东南亚的热带雨林，再到俄罗斯远东地区的温带落叶、针叶林都有老虎的栖息地。

体型：体长：孟加拉雄虎2.7～3.1米，雌虎2.4～2.65米；体重：雄性180～258千克，雌性100～160千克。

皮毛：整体上呈橘黄色，在背部和腹部两侧的皮毛上间隔着黑色的条纹，腹部下侧基本上是白色的；雄性老虎的额头上具有显著的"王"字条纹；在东南亚热带雨林

食性：主要捕食大型有蹄类动物，如各种野鹿、野牛、野猪等；有时也捕食比较小的猎物，如猴子、獾类，甚至还会捕捉鱼类为食。

繁殖：雌性老虎在3～4岁的时候性发育成熟，雄性稍微晚点，约在4～5岁的时候；成熟后每年的任何时候都能交配，孕期平均约103天；每胎产崽在1～7只，通常是2～3只；幼虎在出生1.5～2年之后开始独立生活。

寿命：在尼泊尔皇家吉特旺国家公园里一头野生老虎曾经活到了15岁，动物园里人工喂养的老虎寿命最长可达26岁。

这些标记的作用可能是告诉其他老虎，这个地盘已经有主人了；也可能是传递另外一些信息，如其他老虎可以通过这种气味辨别出这是哪一只老虎留下来的。通常，当一头老虎已经死亡而不能再继续拥有那块地盘的时候，外边的另一头老虎会在短短的几天或几个星期之内占领这块已经没有主人的地盘，并释放出某种气味信号。

通过嗅闻雌虎留下的尿痕，雄虎就能辨别出是哪一头雌虎留下的，然后会做出一个不常见的表情，就像上图显示的那样：抬起头，伸出舌头向后弯曲，脸部扭曲，使尿味和其他化学成分的味道不至于一直留在鼻孔里。

老虎在 3 ~ 5 岁的时候性发育成熟，但是建立自己的领地和开始繁殖后代则需要更长的时间。母虎在一年之中的任何时候都可能生育幼崽，甚至在冬天也有老虎交配生崽。母虎到了发情期，会频繁地发出吼叫，而且加快某种气味标记释放的频率，以这种方式来告诉雄虎它要交配。交配期通常会持续 2 ~ 4 天。母虎平均怀孕 103 天后就会生产，通常每胎产 2 ~ 3 只幼崽。幼崽刚生出来的时候不能睁开眼睛，需要精心的照料。至少在出生后第 1 个月的时间里，虎崽需要吃母虎的奶才能存活，而且要待在虎穴里保证安全。遇到某种危险的情况时，母虎会用嘴轻轻地叼着虎崽在两个巢穴之间转移。

虎崽长到一两个月大的时候，母虎就开始带着它们离开巢穴过野外生活，但当它们遇到追杀的时候，也会逃回原来的巢穴。当虎崽 6 个月大时，母虎就开始教给它们如何捕猎、如何进行隐蔽、如何杀死猎物等各项本领。雄虎一般是不参与抚养虎崽的，但是偶尔也会参加进来，甚至让母虎和虎崽们分享它捕到的猎物。当一头雄虎占领了一头母虎的地盘后，它就会杀死这头母虎原来所生的幼崽（也就是"杀婴行为"），然后迫使这头母虎的发情期提前到来，跟它交配，从而尽快地生出自己的后代。

虎崽一般至少要跟着母虎生活 15 个月的时间，然后才会逐步开始独立生活。这个时候，尽管幼虎的身体还没有完全发育成熟，但是要主动地离开母虎，否则只能被母虎赶走，因为母虎通常已经开始准备生育下一胎幼崽了。

在热带地区，老虎大多数时间都待在河边或者其他水域边上，而且为了降温，常常躺在水里或站在水里。老虎是一个熟练的游泳者，它能毫不费力地游泳通过 7 ~ 8 千米宽的大河。

猎豹

猎豹的奔跑速度非常快，它们的整个身体结构简直就是为了快速奔跑而特别设计的。它们有轻巧的体格、纤细的腿、窄而深的胸膛、小巧精致而且呈流线型的头部，这些"装备"能使它们的奔跑速度达到 95 千米 / 小时。因此，猎豹是陆地上奔跑速度最快的动物。

你能非常容易地区分开猎豹和其他猫科动物，这是因为它有着与众不同的特征，如灵活而修长的体格、小巧的头部、位置靠上的眼睛和小而扁平的耳朵。猎豹经常捕捉的猎物是瞪羚（特别是汤氏瞪羚）、黑斑羚、出生不久的黑尾牛羚以及其他体重在 40 千克以上的有蹄类动物。一只独立生活的成年雄猎豹捕猎一次就可以吃好几天，而一只带着几只小猎豹的母猎豹则几乎每天都要捕猎一次，否则食物就会不够吃。猎豹捕食的时候，先是隐蔽地接近猎物，然后在离猎物约 30 米的地方突然启动，迅速奔向猎物，这种迅速出击约有一半次数以成功地捕获猎物而结束。

平均起来，猎豹每次奔跑持续约 20 ~ 60 秒，长度约 170 米。猎豹每次奔跑的距离不超过 500 米，如果与猎物的初始距离太大的话，它就很难捕到猎物了，这也是猎豹经常捕猎失败的原因之一。一般说来，野生猎豹每天要吃大约 2 千克的肉食。

社会行为

在分娩之前，母猎豹要选择一处地方作为产崽的巢穴，一个突出地面的岩洞或一片生长着高草的沼泽地，都可能被选择用来作为巢穴。猎豹每胎会产下 1 ~ 6 只幼崽，每只的体重约 250 ~ 300 克。母猎豹都是在巢穴里给幼崽喂奶，当它出外捕猎的时候就把幼崽单独留在巢穴里，而雄猎豹是不负责照料小猎豹的。幼崽在前 8 个星期的时

出生 8 个星期之后，小猎豹们就要跟着母猎豹一起出去寻找猎物了。在这个过程中，它们以母猎豹捕到的猎物为食，跟着母猎豹学习捕猎技巧。

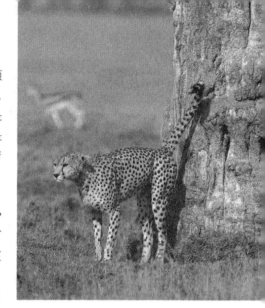

一只猎豹正在一棵树上做嗅觉标记。一般来说，据有领地的雄猎豹常常在它领地范围内的显著地点撒尿做标记，以阻止其他雄猎豹前来侵犯；没有领地、到处游荡的雄猎豹是很少做这一类标记的。雌猎豹也做气味强烈的标记，其目的是吸引雄猎豹前来交配。一旦雄猎豹发现了这种标记，就会顺着这些标记很快地找到雌猎豹。

间里都是和母猎豹待在一起的；从第 9 周开始，小猎豹开始试着吃固体食物；到它们三四个月大的时候，就会断奶，但是仍然要和母猎豹待在一起；在 14 ~ 18 个月大的时候，它们就会离开母猎豹。

小猎豹们在一起互相玩耍打闹，并且在一起练习捕猎的技巧，它们练习的"道具"是母猎豹捕捉回来的仍然还活着的猎物。当然，如果这个时候它们单独捕猎，仍然会显得水平非常"业余"。出于安全保障的原因，同胞小猎豹发育到"青春期"之后，仍然要在一起再待上 6 个月。然后，"姐妹们"都会分离，各自过着自己独立的生活，而"兄弟们"则有可能一生都待在一起。成年母猎豹除喂养小猎豹的时候和小豹待在一起之外，其余时间都是单独生活，而成年雄猎豹可能单独生活，也可能两到三只组成一个小的团体共同生活。

保护现状及生存环境

从基因多样性上来说，猎豹的基因多样性水平很低，这说明现代猎豹的祖先在 0.6 万 ~ 2 万年前可能是一个比较小的群体，这种遗传基因的单一形态可能会导致幼豹的大量死亡。因为一旦一种病毒找到了某种遗传隐性等位基因的弱点，并且攻克了一只幼豹的免疫系统，该病毒就会通过一些途径传染给其他的小猎豹，而小猎豹的基因序列差不多一样，这样就会攻破一个群体中所有小猎豹的免疫系统，从而导致小猎豹的大量死亡。一项初步研究结果表明，在北美猎豹繁育中心的保护区里，由于猎豹群比较封闭，缺乏与外面猎豹的联系，导致猎豹缺乏遗传基因的多样性，进而导致猎豹群疾病暴发，猎豹生育和捕猎出现困难。这就要求人们想出某种办法来使保护区里的猎豹走出困境。

但是，在完全野生状态下的猎豹与在保护区里的猎豹并不相同，它们的繁殖速度很快。野生母猎豹平均每 18 个月就生一窝幼崽；如果幼崽过早死亡的话，母猎豹就会很快地再生一窝，根本用不了 18 个月。在完全野生状态下生长的猎豹群很少暴发疾病，迄今为止还没有猎豹群大规模暴发疾病的报道。另外，野生的成年猎豹能够成功地克服交配和抚育幼豹的困难。因此，猎豹在保护区内出现的种种困难在野生状态下可能并不会那么严重，因此并不能证明遗传基因与生育困难有明确的关联。之所以在保护区内出现困难，大概是猎豹对新环境的适应能力不太好。由于人口扩张对猎豹栖息地产生了很大的影响，其他大型猫科动物也对猎豹的生存环境产生了巨大的影响和改变，而猎豹对于这些改变没有很好地适应。

猎豹的爪子坚硬僵直，不能完全缩回去，这就能起到"跑鞋"的作用，有助于它们在追捕猎物的过程中疾速转弯、抓住猎物。

知 识 档 案

猎豹

目：食肉目

科：猫科

有两个亚种，即非洲猎豹和亚洲猎豹。另外，曾经有人称南非的某些猎豹为"王猎豹"，并把它定为一个亚种，但现在证明这是不正确的，那些猎豹只是发生了某种基因突变，并不是一个真正的亚种。这种"王猎豹"浑身布满了小斑点，皮毛上有条纹。

分布：非洲、中东。

赤道

栖息地：稀树大草原、较干旱地区的森林。

体型：体长112~135厘米，尾长66~84厘米，体重39~65千克。雄性比雌性在各方面都大15%。

皮毛：大部分是茶色的，有黑色的小圆点，面有两条明显的"泪痕"从眼角垂向嘴边；出生不到3个月的幼猎豹皮毛上略带黑色，而且颈部和背部有一层烟灰色的鬃毛。总体上说，每只猎豹身上的斑点都各不相同。

食性：在非洲，主要捕食中等体型的羚羊，包括汤氏瞪羚、瓦氏赤羚、黑斑羚，有的时候也捕食野兔和新生的小羚羊。

繁殖：母猎豹在24个月大的时候就能生育，一年中有多次发情期，每隔12天就有一次；雄猎豹在3岁的时候才能交配。

寿命：野生猎豹最大12岁，而人工圈养的可达17岁。

对于大型的食肉目动物来说，猎豹幼崽的死亡率实在是很高。现在，人们发现这种高死亡率在很大程度上是由于其他更为大型的肉食动物控制的结果。例如，在坦桑尼亚的塞伦盖蒂平原，狮子经常跑到猎豹的窝里把小猎豹杀死，致使这一地区95%的小猎豹在没有长大独立生活之前就死了。在非洲所有的猎豹保护区里，狮子密度高的地方猎豹的密度就低，这表明在物种之间存在着某种程度的生存竞争。

因此，从食物链上说，猎豹处在食肉目动物的中级，它的种群受到了更大型肉食动物的控制。对于猎豹的保护，仅仅在生态系统中去除其他顶级肉食动物是不行的，因为这样会产生新的生态系统变化。许多专为保护猎豹的国家公园和保护区里已经没有了狮子和斑鬣狗等猎豹的天敌，但是，猎豹的数量仍然没有恢复到安全的水平，其中一个主要的原因就是人类活动的影响，所以还必须把人类的牧场和农田从保护区里撤出来。

狼

在北欧文明的许多神话里，狼经常被作为神明供奉在寺庙中，而且狼在所有被供奉的动物中是最多的。《伊索寓言》中屡次提到狼的狡黠。在诸多的罗马神话中有一则神话说，罗马城的缔造者罗穆卢斯和瑞摩斯两兄弟就是由狼养大的。现在，有些地方的人们正在想办法重新引进狼，因为狼在他们那个地方已经消失多年了，而有些地方的人们正在努力地把狼永远地驱逐开。

几千年来，狼一直在和人类争夺猎物，而且经常咬死人类喂养的家畜。有意思的是，被人类驯化的狼，也就是家犬，却成了人类最忠实的朋友。令人奇怪的是，人类和这种最大的犬科动物的关系有些自相矛盾的地方。许多故事讲到，狼经常在世界上的各个地方攻击人类，而牧人们却非常需要一种强壮、警觉的驯化的狼来保护他们的家畜，赶走那些危险的动物。狼群能够咬死大批没有家犬保护的家畜。常常有报道说，欧洲和北美的牧羊人一个晚上就会损失几十只羊，而且这些坏事都是狼干的。

体型和官能

以前狼遍布在世界各个地方，但现在却被限制在了比较小的范围内。现在有狼的地方主要包括：东欧大块的森林地区、地中海周边山区的个别地方、中东的山区和半荒漠化地区、北美地区、俄罗斯和中国的荒野之地。现在人们发现，俄罗斯境内狼的数量最多，据估计有4万～6万只。加拿大声称其境内大约有4万只野狼，美国的阿拉斯加大概有6000只。

在所有的犬科动物中，狼的种类相对来说还算是比较多的。由于狼有很强的适应能力，各个地方的气候环境又有所不同，因此导致了狼有很多亚种。最典型的成年狼体重约38千克，肩高70厘米，这就是德国一种大型的牧羊犬（可以说犬是狼的一个

尽管单个的狼可以捕食小型的猎物，但是要捕捉到大个的猎物还得靠狼群一齐上。尽管一只成年狼每顿能吃9千克的肉，但一只体型很大的猎物可以够美国蒙大拿州森林的一个狼群吃上好几天了。

人们常说"狼喜欢在夜里对着月亮嗥叫",但事实上,它们这样嗥叫只是为了向其他狼传递信息,表明自己的存在。一般来说,狼发出嗥叫的目的是警告附近的狼群,避免互相敌对的狼群碰面,以减少冲突。而单个生活的狼是很少嗥叫的,因为这样的嗥叫会引来其他狼群的攻击,是非常危险的。

亚种)。栖息在沙漠和半沙漠地区的狼体型最小,栖息在森林中的狼体型为中等,而生活在北极地区的狼的体型最大。

狼的皮毛颜色有很多种,白色、灰色、黑色都有。当然最多的还是灰色,而且会带着黑色的斑点。栖息在沙漠和北极地区的狼的皮毛颜色最浅;北美和俄罗斯的狼常常是棕色或黑色;欧洲地区黑色的狼则极少。是什么导致了狼有这么多的毛色,人们现在还不是很清楚。

食性

狼捕食的猎物范围非常广,而且大部分猎物的体型都比狼自身要大。它们的主要猎物是大型的有蹄类动物,如驼鹿、麋鹿、鹿、绵羊、山羊、北美驯鹿、麝牛和美洲野牛属的两种野牛等。尽管狼有足够的能力杀死成年且健康的大型猎物,但是专家们在野外进行的多项调查显示,它们杀死的猎物中有60%以上是幼小、病弱或年老的动物。由于狼有很高的警觉性,善于观察形势,所以,人们很难直接观察到它们的捕食行为,专家调查到的结果中显示的狼捕食老弱病残猎物的比例可能比实际要低。实际上,身体健壮的猎物往往能逃脱狼群的追捕,甚至有时还能在与狼群的战斗中占得上风。如驼鹿、美洲野牛、麋鹿和其他鹿偶尔会占据比较高的有利地形,甚至会杀死追捕它们的狼。

狼用肢体语言和面部表情来向同类传递信息。图上标号为"1"的是一只红狼，它的这个姿态表示自己地位低下，正向地位高的狼致敬问候；标号为"2"的是一只阿拉伯狼，它的这个姿势表示它正在发出威胁的信号，要进行防御；标号为"3"的是一只墨西哥狼，它的这个姿势表示要开始主动进攻。下面一排是狼的面部表情，a图是带侵略性的防御表情，b图是极强的防御表情，c图是极强的进攻表情，d图是玩耍时候的表情，e图表示顺从，f图表示友善。

有的时候，狼会捕捉一些小型的哺乳动物作为食物的补充，如野鼠、河狸和野兔等。在某个季节，如果可能的话，狼还会以鱼类、浆果甚至腐肉作为食物。在加拿大北极地区栖息的狼夏季会以小型哺乳动物和鸟类为食，因为在这个时候它们的主要猎物美洲野牛会迁往南方。每到夏天，北极地区的狼群就会解体，除一些个体与处在生育期的一对头狼保持松散的联系之外，其他的个体都会离开。当野外的食物很少的时候，狼甚至也会跑到人类居住区的附近，在垃圾堆里捡一些腐肉和人类扔掉的其他东西来吃。在欧洲的罗马尼亚和意大利的一些城镇近郊，就会时不时地跑来一些野狼，"打扫"人类丢弃的腐肉。

社会行为

尽管狼的行为存在着某种程度的差异，但是也表现出了高度的相似性，它们都通过视觉、听觉和嗅觉来保持联系。与家犬一样，当狼翘起尾巴，竖起耳朵，就表示它正在保持高度的警觉，而且准备好了要发起进攻。狼的面部表情，特别是嘴唇的位置以及是否露出牙齿，是最显著的交流信号。如果狼翘起嘴唇，露出牙齿，就表示它们在互相联系。狼发出的声音包括以下几种：长而尖的叫声、短促而尖厉的吠声、刺耳短促的咆哮声和长长的嚎叫声。这些声音能传到8千米远的地方，狼能通过这些叫声来保持联系。当年轻的小狼单独行动的时候，它们会压低自己的嚎叫声，使得这种声音更像是一只成年狼发出的，这样可以减少一些危险。狼的尿液和其他排泄物会散发出气味，而且可以表明这只狼在狼群中的地位身份和它的生育情况，也可以表明这块领地的占有情况。狼的尾巴上靠近臀部的地方有一个腺体，可以发散出一些化学物质，这种化学物质也是狼进行联系的手段。

通过对捕获的狼进行的研究表明，狼的智商相当高，集体生活的程度也非常高。尽管存在着一些单独生活的狼，但是大部分的狼都生活在狼群里。狼群基本上是一个扩大了的"家庭"，通常有5～12名成员，具体的成员个数由食物的丰富程度决定。

在加拿大西北部的栖息地里，有时候一个狼群的成员个数很多，特别是在捕食大型的北美野牛的时候，参加进来的成员个数能达到 20 ～ 30 名。

一个狼群通常包含这么几种成员：占主导地位的一对狼"夫妻"、几个狼崽、前两年出生的年轻小狼，以及其他一些有血缘关系的狼。很显然，这个狼群的核心就是那对狼"夫妻"，它们常常负责交配和生育后代，一般每年都会生育一窝幼崽。尽管小母狼在出生 10 个月之后就能怀孕生崽，但是大部分的狼都会在出生 22 个月之后才交配生育。

狼群的社会等级结构非常严格。通常，母狼和公狼有各自的等级体系，每只母狼或公狼都知道自己在各自体系中确切的地位，但是由于生育关系的不同，狼群中的交配关系比较复杂。母狼等级体系中有一只地位最高的母狼，公狼等级体系中也有一只地位最高的公狼，地位最高的母狼或公狼充当这个狼群的最高首领。动物行为学家指出，狼群中这个最高首领的责任包括维持狼群的等级次序，决定捕猎的地点方位，等等。需要指出，狼群的等级次序并不是一成不变的，狼之间存在着激烈的竞争，尤其是在每年冬季狼交配怀孕的季节里，竞争会更加激烈，最后会导致狼群权力结构的"重新洗牌"。

两个狼群相遇的时候，极有可能爆发一场"战争"。一场战争的典型场景之一就是一只将要死的狼倒在战场上，发出最后的吼叫，然后死去，战争也以这种残酷的场景结束。但是这种破坏力极大的相遇非常少，为了尽量减少这种相遇，狼群常常严格限制自己的活动范围，在一个相对"排他性"的领地内活动。领地范围一般为 65 ～ 300 平方千米，不过领地最外面宽 1 千米左右的地区是和相邻的狼群或单独行动的狼共同拥有的。狼很少到这种领地外围地区，因为到这个外围地带就难免要碰上敌对的狼群，这是相当危险的，要尽量少去。

为了进一步减少"战争"爆发的危险，狼常常在领地上制作出许多气味标记。在狼群活动的路上，为首的狼会向一些物体或在明显的地方撒尿做出气味标记，平均每 3 分钟就撒一次尿。领地四周的气味标记密度通常是领地内部的两倍，这是因为领地的四周常常有陌生的狼做下的标记，为了使自己的标记超过陌生者的标记，它们会加快在领地四周做标记的频率。这些领地四周高密度的标记，不管是自己做的还是陌生者做的，都有助于一个狼群认出自己领地的范围和四周的边界，这样就会减少进入危险地带的机会，从而减少狼群之间发生残

图中的这只狼是一只母狼，它正在用鼻子爱抚它的幼崽。当小狼崽断奶之后，它就开始吃固体食物，往往先是吃从母狼嘴里回吐出来的东西，狼群中其他狼也可能会喂给小狼崽这样的食物。对于刚断奶的小狼来说，吃这种已经经过充分咀嚼的食物，比那些"未经加工"的生肉更容易消化。

酷战争的概率。

当然，只有气味标记还不能完全避免两个狼群无意的相遇。当两个狼群同时在领地共同的边界上巡逻的时候，它们之间的相遇就很有可能了。在这种情况下，狼群可能要发出嗥叫声，以示警告，但这却是一个非常危险的策略。因为嗥叫的时候就难免被对方听出音量的强弱，进而判断出嗥叫的狼群成员的个数以及狼群实力的大小。如果对方的成员多于嗥叫一方狼群的数量，而且对方具有侵略性的话，仍然会招致一场"战争"。因此，只有在极少数的情况下，狼群才会发出嗥叫声，而且在嗥叫的时候，每个成员都要一齐发声，尽量不让对方听出来自己的实力。对方狼群如果觉得有足够的实力抗衡，或者正在防卫自己的资源（比如一只刚杀死的新鲜猎物）而且不准备放弃的话，就会对正在嗥叫的狼群也发出嗥叫进行回应。

保护现状及生存环境

野生的狼需要野外的生存环境。如果一个狼群生活在猎物非常丰富的地区，如美国的黄石国家公园，只需要一块占地约 150 ~ 300 平方千米的"排他性"领地就行；如果一个狼群生活在北极地区而且以美洲野牛为主要猎物，则需要一块占地 4 万平方千米，甚至更大的领地才行。为了维持生存，一个狼群领地内的猎物至少要达到每 100 平方千米有 40 头马鹿或相当于 40 头马鹿的食物。但在我们人类主宰的这个地球上，这些狼群的要求越来越难以得到满足。

要想使保护狼群的努力获得成功，必须满足两个条件：一是当地人都必须认识到保护狼群的重要意义，当地社会要普遍接受保护狼群的观念；二是必须切实保护当地的生态系统，满足狼群的生存需要。在世界上的大多数地区，土地所有者和当地政府以及动物保护组织必须心怀善意地联合起来，共同采取保护狼群的措施，确保狼群的生存需要。但是，具有讽刺意味的是，曾经被人们认为对人类的生存构成威胁的狼群正在成为检验人们善良和诚意的试金石，正在检验我们能在多大程度上愿意"与狼共舞"，以及如何"与狼共舞"。毕竟，狼也是大自然中的一员。

棕熊

棕熊是人们公认的最能代表熊科动物的熊。现在 3 个大洲（欧洲、亚洲和北美洲）都有棕熊的身影，可以确定，棕熊是地球上分布最广泛的熊科动物。

现在棕熊基本上生活在北方，其生存地主要在俄罗斯、加拿大、美国阿拉斯加的一些地区。但是以前棕熊的栖息地范围更大，在 19 世纪中期北美洲南部的广大地区都有棕熊的身影，直到 20 世纪 60 年代，墨西哥中部地区还有棕熊；中世纪时期，欧洲大陆和地中海地区及英伦群岛到处都有棕熊的栖息地，但现在这些地区都没有棕熊了。现在，由于过度猎杀、栖息地减少、公路建设以及把现存的棕熊分隔在一些互不相连的地点等原因，棕熊的分布更加分散。历史上，由于棕熊的多样分化和广泛分布，使得现存的棕熊有 232 个种群及亚种（已经灭绝的棕熊有 39 个种群及亚种），这其中包括现在生活在北美的灰熊（由于尾尖处为银灰色而得名，现在被许多人认为是一个独立的种）。

棕熊的分布

除俄罗斯外，亚洲的棕熊很零散地分布在喜马拉雅山区和青藏高原以及中东地区某些国家的山区里，在中国和蒙古国的戈壁沙漠地带也有少量的棕熊。在很多地方，棕熊和黑熊的栖息地都相互重合，不过棕熊会尽量与黑熊避开，或者二者在一天中于不同时段出现在共同的领地上。在许多岛上，则没有发现二者栖息地相重合的情况，尽管阿拉斯加外海的一些岛屿上有棕熊或黑熊，但是同一座岛上很少有二者共同存在的情形。在体型上，棕熊比黑熊要大，因此，栖息地也比黑熊大。在大陆上，每头雄性棕熊的栖息地平均为 200 ~ 2000 平方千米，雌性棕熊平均为 100 ~ 1000 平方千米；每头雄性黑熊的栖息地平均为 20 ~ 500 平方千米，雌性黑熊为 8 ~ 80 平方千米。尽管有些岛上有棕熊，但是如果一个岛的面积过小的话是无法养活一头棕熊的，所以小岛上没有棕熊。

⬆ 一只灰熊（棕熊的一个亚种）正在撕咬一只地松鼠，地松鼠是灰熊常捕的猎物之一。

一些面积比较大的岛上有黑熊而没有棕熊，只有面积非常大的岛上才有棕熊。如日本最大的本州岛上曾经发现棕熊的化石。但是可能由于亚洲大陆的黑熊通过朝鲜陆桥到达本州岛后，把棕熊取代了，所以现在本州岛上已没有棕熊的身影了。不过在日本最北的大岛北海道岛上现在还有棕熊，却没有记录表明有过黑熊。

社会行为

与所有北方地区的熊一样，棕熊也有一个显著的行为特性，那就是冬眠。所有熊类的最早的祖先都是犬科动物，进化成熊后，由于食物上更多地依赖水果，因此它们就必须面对一个非常严重的问题，那就是冬季里食物会很缺乏。解决这个问题的一个办法就是像某些啮齿类动物和蝙蝠一样在冬天里睡大觉，也就是进行冬眠。冬眠的动物在冬季里体温会大幅降低，甚至常常会接近冰点，以此来大幅降低能量的消耗。进行冬眠的一些小型哺乳动物在冬眠期会定时地醒来，这个时候体温会上升，然后吃掉喝掉一些以前贮存的食物和水，以补充能量，并排泄废物。与这些小型哺乳动物相反，一些常食果实的北方地区的肉食动物，如浣熊和臭鼬，在冬天到来之前体毛会变多变厚，体内会贮存很多脂肪变得很胖，因此可以在相对隔离的洞穴中度过严酷的冬季，而且身体还能保持相对正常的温度。冬眠于洞穴里的棕熊，体温会稍微下降一些，从38℃下降到34℃，心跳和呼吸次数也会有一定程度的下降，而且在冬季熊还会表现出一些其他的独特特征。综合这些因素，熊完全可以被称作一种真正的冬眠动物。

熊是唯一一种可以在半年甚至更长的时间里不吃、不喝、不排尿、不排粪的哺乳动物，冬季里维持必要体内活动的能量来自体内存储的脂肪。冬眠开始的时候，储存的脂肪越多，冬天消耗的体内肌肉组织就会越少，也就是说对肌体的损害也越小。体内的尿液在冬眠期间能循环利用，可以推动血液和氨基酸的循环。尽管熊冬眠的时候一动不动，但是其骨骼功能并不会退化。这些特征能充分保证熊在冬眠时期内不至于死亡。真正饿死的情形是有的，不过更多地发生在春季，因为那时熊的新陈代谢功能恢复，如果不能得到充足的食物，确实会发生饿死的事情。

太平洋大马哈鱼到产卵期的时候，经常沿河流逆流而上到达产卵地，在北美西北部的沿海地带，这种鱼是棕熊的一种重要食物，棕熊能非常容易地捕到它们。棕熊通常把一段大马哈鱼当作诱饵，放到小溪中，用它"钓"来另一条鱼。在这个季节，棕熊往往能大饱一顿"全鱼宴"，甚至会吃到肚子发胀。

知识档案

棕熊

目：食肉目

科：熊科

有的时候把棕熊分为几个相对独立的亚种，包括北美灰熊、科迪亚克熊（又叫阿拉斯加棕熊，分布在美国阿拉斯加州外海的科迪亚克岛、阿福格纳克岛、舒亚克岛等岛屿上）、指名亚种欧亚棕熊。

分布：北美的西北部，欧亚大陆上从斯堪的纳维亚地区到俄罗斯再到日本，另外零星分布于南欧、西欧、中东、喜马拉雅山区、中国、蒙古国。

赤道

栖息地：森林、亚高山带的灌木丛、开阔的高山苔原、沙漠和半沙漠。

体型：体长1.5～2.8米；肩高0.9～1.5米；雄性体重135～545千克，在美国科迪亚克岛和阿拉斯加海岸附近以及俄罗斯堪察加半岛偶尔能发现重达725千克的雄性棕熊；雌性体重80～250千克，极少数能达到340千克；不管是雌性还是雄性棕熊在不同的季节和不同的地区体重变化极大，在秋季做窝生育之前体重最大，在食物丰盛尤其是鱼类和其他肉类食物丰盛的地区体重也比较大。

皮毛：体色一般为棕色，也有比较白的颜色，尾尖处为银灰色；北美内陆地区的棕熊为灰色；东亚地区的接近黑色。

食性：吃植物的根部、块茎以及草类、水果、松子、昆虫、鱼类、啮齿类动物、有蹄类动物（包括家畜）。

繁殖：每年的5～7月份交配，之后受精卵发育成胚泡，然后延迟一段时间，直到11月份开始着床进一步发育，之后再过6～8周幼崽出生。每胎产崽1～4只，平均2～3只。整个怀孕期6.5～8.5个月。

寿命：野外的平均为25岁，曾经有记录显示能活到36岁，人工圈养的能达到43岁。

北极熊

北极熊是目前生活在世界上的体型最大的熊类。它们有一种非常特殊的能力，即在食物丰盛的季节能吞食大量的食物，迅速地在体内存储大量的脂肪；当食物缺乏的时候，它们就靠这些脂肪渡过难关。它们体内的新陈代谢也是独一无二的，当食物比较匮乏的时候，新陈代谢率能从一个正常的状态迅速地降下来，就像冬眠那样，而且一年当中有好几次，而其他动物只能一年冬眠一次。

在晚更新世，棕熊的一支进化成了北极熊。现在已知的最早的北极熊化石是在伦敦的邱园发现的，至少有 10 万年的历史了。北极熊的臼齿和前臼齿比起其他熊类来说要尖锐得多，这可以说明为什么北极熊迅速从食草转向了食肉。尽管从外表上来看，北极熊一点都不像棕熊，但实际上两者之间有很近的亲缘关系。

体型和官能

北极熊生活在环北极由冰川覆盖的岛上或者是漂浮的冰川上。现在北极熊有 20 个种群，种群之间很少发生交配的情况，每个种群包含的北极熊数量很不相同，小的只有几百头，大的有几千头。据估计，现存的北极熊数量为 2.2 万~ 2.7 万头。北极熊更喜欢栖息在靠近大陆海岸的"冰岛"（这是些比较大的漂浮的冰川，夏季会消融）上，因为这些地方环斑海豹的分布比较密集，北极熊最喜欢捕食这种动物了。在一些食物比较匮乏、比较厚且几年都不会消融的北冰洋中心区的"冰岛"上，偶尔也会有北极熊。在冬季，北极熊向南到达的地区多有变化，可以扩展到比较靠南的白令海、拉布拉多海、巴伦支海上季节性的"冰岛"上，这些"冰岛"会在夏季完全消融不见；也可以到达哈得逊湾、巴芬岛地区，在那里的海滨区度过几个月。这个时候它们不吃不喝，靠以前存储在体内的脂肪维持生命，然后到秋季海水结冰时，才会返回更北的地方。由于随着季节的变化，北极熊会迁来迁去，所以其栖息地范围很不相同，小的仅有几百平方千米，大的可达 30 万平方千米。

北极熊用脚掌着地行走，它们每只掌上有 5 个趾，趾上有爪，这些爪不能缩回。北极熊的两只前掌很大，像船桨一样适宜游泳，但是趾间并没有相连的蹼。北极熊在水里游泳的时候，两条后腿只起到控制方向的作用，并不用力划。它们的身体非常强壮结实，但是缺少肩弓，这与棕熊是不同的。从脖颈长度与身体长度的比例来说，北极熊在所有熊

 环斑海豹是北极熊最主要的猎物。

224

两只未成年的北极熊在玩耍打闹。

类里是最大的，也就是说北极熊的脖子相对要长些。它们的耳朵比较小，体毛是白色的，但是毛下面的皮却是黑色的。

北极熊的主要食物是环斑海豹，还有体型比较小的髯海豹。当海豹露出水面换气的时候，北极熊就趁机抓住它们。即使海豹在厚达 3 米的冰雪层以下的水里，北极熊也能确切地找到它们。北极熊的嗅觉太灵敏了，可以闻到几乎 1000 米以内的所有气味，这在哺乳动物中几乎是最棒的了。只要机会合适，它们还会捕食海象、白鲸、一角鲸、水禽、海鸟等。北极熊一年当中进食最多的季节是 4 月下旬到 7 月中旬，这个时候刚断奶的小环斑海豹非常多，而且没有防范北极熊的经验，北极熊正可以大量地捕食它们。这个时候的小环斑海豹体重的 50％都是脂肪，所以，北极熊在这个时期能在体内储存大量的脂肪。

当北极熊进入不吃不喝的类冬眠期的时候，它们体内的生物化学反应就能合成蛋白质和水的化合物，体内还能循环利用新陈代谢产生的"废物"，这样，北极熊能维持最低的生命活动。在哈得逊湾，那些季节性的冰川在每年的 7 月中旬至 11 月中旬完全融化。在这前后，怀孕的雌性北极熊能长达 8 个月不进食，而且后期还要喂养新生的幼崽。在这个时期，其他年龄段没怀孕的雌性北极熊以及所有的雄性北极熊都要临时找一个洞穴，在洞穴里待几个星期，以保存能量，度过特别寒冷的时期。

社会行为

北极熊在大多数时间里是独自行动的，当然在交配季节会进行配对，养育幼崽的时候还会组成一个"家庭"。在每年的夏秋季节冰块完全消融的时候，十几头甚至更多的雄性北极熊会在海岸线附近某个理想的地点挤在一起，进行类似冬眠的"夏

知 识 档 案

北极熊

目：食肉目

科：熊科

分布：环北极地区。

赤道

栖息地：北冰洋附近的海面冰川、水体、海岛和北冰洋沿岸地区。

体型：雄性体长为 200～250 厘米，雌性体长为 180～200 厘米；雄性体重为 400～600 千克，雌性体重为 200～350 千克，有些偶尔能达到 500 千克甚至更高。

皮毛：通常为白色，特别是在夏季，由于身体上海豹油的氧化而有黄斑。

食性：食物主要为环斑海豹，也常捕食体重比较轻的髯海豹、琴海豹、冠海豹，以及海象、白鲸、一角鲸、小型哺乳动物、迁徙性的水禽、海鸟等。

繁殖：怀孕期（包括延迟着床期）约 8 个月，一般每胎产崽 2 只。

寿命：雌性一般 25 岁左右，有的可以达到 30 多岁；雄性一般 20 岁稍多一点儿，偶尔也能达到将近 30 岁。

眠"，从而形成一个临时性的小团体。在这个时候，雄性北极熊体内的睾丸激素分泌水平比较低，因而不会为争夺雌性北极熊而产生竞争，而且这个时期食物很少见，也不用为之争夺，因此，一些雄性北极熊能够待在一起，共同"夏眠"。

由于幼崽出生后，雌性北极熊要一直照料它们两年半，因此，雌性北极熊每3年才交配一次。为了喂养幼崽，雌性之间的竞争非常激烈，这也是雌性体重比雄性小一倍的原因之一。雌性不能自动排卵，必须进行刺激，因此，在交配季节里，雌性要在几天内交配多次，才能被刺激排卵并进而受孕。在交配季节里，雌雄两性要维持配对关系1～2个星期，才能保证交配怀孕的成功。对于雌性来说，如果第1个交配对象被取代，它们就会和另外一头雄性继续交配，因此，在一个交配季节里，雌性北极熊可能不只与一头雄性北极熊交配。

大熊猫

自从法国的博物学家皮尔·大卫于1869年在中国西南部四川省的偏远地区首次发现大熊猫以来，这种动物就在世界范围内成为人们关注的一个焦点。人们喜欢大熊猫，不仅仅是因为大熊猫独一无二的黑白相间的皮毛，而且因为大熊猫极度稀少。由于大熊猫在野外面临着严重的灭绝危险，所以，它们也成为国际野生动物保护组织的一个象征、一种标志物，如世界自然基金会就把大熊猫作为它的标志物。

大熊猫尽管是人们努力保护的重点动物之一，被赋予了受保护动物的地位，但是有些人为了得到大熊猫皮，仍然会盗猎大熊猫，因此，它们仍然面临着盗猎的威胁。盗猎大熊猫以前曾经被判处死罪，现在仍然是一种重罪，可以被判罚长达14年的监禁，但即使这样，仍然没有杜绝人类对大熊猫的盗猎。另外，当地猎人为了捕猎其他动物，如麝香鹿、羚牛等，常常设下陷阱，而大熊猫有的时候也会误入其中而被杀死。

体型和官能

对于大熊猫在分类学上的位置，过去一个世纪以来，人们一直无法确定，对大熊猫做出的分类甚至自相矛盾。直到最近，通过对大熊猫遗传基因的研究，才知道它们是在进化过程的早期从熊科分出的一个分支。由于与其他熊分离的时间很长，大熊猫成了一种很有特色的熊。它们冬季不用冬眠；腕关节的一部分进化成了一种类似于人的大拇指的"伪拇指"，可以用来抓住竹枝；其幼崽出生的时候特别小，体重只有100～200克，大约仅为其母体体重的0.001%。

大熊猫也是独一无二的吃竹子的熊类，因此，当地人有时把它们称为"竹熊"，但是如果可以吃到肉的话，它们偶尔也会吃。竹子能够提供大熊猫生存的足量营养，但是由于消化率过低，所以需要吃大量的竹子。野生的大熊猫每天平均花费14个小时用来吃竹子，每天消耗的竹子总量达12～38千克，可达它们体重的40%。

在中国陕西的秦岭山区，人们曾经发现少数大熊猫的体色为棕白相间，这与通常的黑白相间是不同的。作为一个物种，尽管现在大熊猫的总量已经大大减少，而且分布也呈碎片化状态，但人们还是发现自然分布的大熊猫的基因是比较多样的。

社会行为

在许多动物园里，圈养的大熊猫很难生育繁殖后代，这是一个事实，由此使很多人产生了一种错误的观念，认为所有的大熊猫在生殖上都遇到了麻烦。实际上，野外的大熊猫根本没有生殖上的困难。

不管是单独生活的还是"带孩子"的大熊猫，都很少聚集在一起。每一只成年的大熊猫都有一块边界明确的领地，雄性的一般为30平方千米，雌性的为4～10平方千米；雄性的领地一般全部或部分包含几只雌性的领地。交配季节为每年的3～5月份，在交配季节里，雌雄大熊猫聚集在一起，但是聚集的时间很短，只有2～4天。在雌性的发情期内，雄性之间为了获得与雌性的交配权，会爆发激烈的争斗。一个取得主导地位的雄性大熊猫往往获得交配的优先权，但这并不是说其他雄性就没有机会了，那些占据次一级地位的雄性大熊猫有时也有交配的机会。

大熊猫的怀孕期大约为5个月，但是包括了1～3个月的胚泡延迟着床期。雌性大熊猫从4岁开始生育，至少到20岁才结束生育，一般每隔2～3年生育一胎。大熊猫幼崽在发育很不完善的阶段就出生了，因此，出生的时候体型非常小，眼睛不能睁开，不能活动，显得很无助。雌性大熊猫在产崽前往往选择一个树洞或是一个山洞，以作为产崽并抚养幼崽的"基地"。大熊猫产崽后要在洞里待1个月以上，仔细地照料它的幼崽，用它的大掌保护幼崽。

大熊猫幼崽一般在出生大约一年的时候才断奶，但是会一直跟随着母亲，直到雌性大熊猫再一次怀孕的时候才离开。独立生活之后，年轻的大熊猫会确立自己的领地，

知识档案

大熊猫

目：食肉目

科：熊科，但是有的时候被划分为浣熊科
大熊猫属的唯一物种。

分布：中国中部和西部的四川、陕西、甘肃等省。

栖息地：在海拔1500～3400米之间的凉爽、潮湿的竹林中。

体型：肩高70～80厘米；站直的时候身长可达约170厘米；体重100～150千克，雄性比雌性大10%。

皮毛：耳朵、眼圈、口鼻部、前腿、后腿和肩部为黑色，其他地方为白色。

食性：主要以竹子为食，但是野生的大熊猫还吃植物的鳞茎、草类，偶尔还吃昆虫、啮齿类动物。

繁殖：怀孕期为125～150天。

寿命：野生的大熊猫通常不会超过20岁，人工圈养的可以超过30岁。

竹子几乎是大熊猫全部的食物来源，新生的竹叶和嫩芽营养丰富而且纤维素含量最低，非常有利于消化。但是每隔30～100年，不同种类的竹子就要开花并进而死亡，对于以前的大熊猫来说，由于它们有很大的栖息地，一种竹子开花死亡之后，可以转移到另外的地方，吃另外一种竹子。现在由于栖息地大量减少，大熊猫没有了足够的选择，一片竹子开花死亡之后，由于没有其他的地方可以转移，因而就要面临饿死的危险。

有的时候一些个体会与其母的领地重合；但是大多数的年轻大熊猫，特别是雌性年轻大熊猫会远远地离开出生地，到很远的地方建立自己的领地。

研究人员长期在中国秦岭的调查表明，在大熊猫的栖息地不再受到破坏并且对大熊猫的盗猎活动受到严格控制的情况下，野外大熊猫的数量会有缓慢的增长，或至少能够保持稳定。

鬣狗科动物

鬣狗从来就没有受到过人们的好评，人们常常把它们描述成为丑陋的、懦弱的和用心险恶的动物，但实际上它们是最聪明、最有意思的动物，也是群居性的并且社会体系高度发达的动物。尽管现在生存于地球上的只有4种鬣狗科动物，但是它们所处的生态系统和它们的社会行为各不相同，表现出很复杂的多样性。

体型和官能

3种真正的鬣狗——斑鬣狗、褐鬣狗和缟鬣狗从外表上看起来与犬类很相似，有硕大的头部和强而有力的前身。这3种鬣狗的牙齿和下颚也非常有力，可以咬碎除了斑马和捻角羚身上最大块骨头外的其他所有骨头，从而吸取骨髓里丰富的营养。它们胃里的盐酸浓度非常高，因此比其他哺乳动物的消化能力要强，可以更好地吸收骨头里的营养。与强而有力的前身相反，它们的后身显得比较柔弱，好像发育不全似的，这也使得它们总体上看起来

这个特写镜头显示的是一只雄性缟鬣狗正在轻咬一只雌性缟鬣狗，这个动作是缟鬣狗漫长的见面仪式的一部分。举行见面仪式的时候，通常由地位比较高的缟鬣狗轻咬并晃动地位较低者的喉部和颈部。

图中表现的是鬣狗科中两种鬣狗不同的捕食方式：标号为"1"的是两只年轻的褐鬣狗正在玩耍，附近一只成年褐鬣狗则刚捕获了一只大耳狐；标号为"2"的是一群斑鬣狗，它们正在合作捕猎一头斑马。

向前倾。褐鬣狗、缟鬣狗和土狼的体毛非常长，遇到敌人的时候可以直立起来，这样就使它们的体型显得非常大，可以吓唬住敌人。斑鬣狗的体毛比较短，但是它们本身就很高大有力，因此并不需要长毛的帮助。

雌性斑鬣狗的外生殖器比较奇怪，从外表上看起来几乎与雄性的外生殖器没有差别，因此许多神话故事把斑鬣狗描述成一种雌雄同体的动物。事实上，只是因为雌性斑鬣狗的阴蒂很大，与雄性的阴茎很像，而且外阴唇融合在一起，看起来像雄性的睾丸。雌性斑鬣狗生育幼崽的产道是外表像阴茎的那个阴蒂，这在哺乳动物中是很奇怪的。当两只相互认识的斑鬣狗相遇的时候，它们常常要举行一种仪式来互相打招呼，而生殖器官就在这种仪式中扮演很重要的角色。这个时候，斑鬣狗的头部和尾巴都会伸直，然后抬起内侧的后腿，互相嗅和舔对方立起来的阴茎或像阴茎的阴蒂。这种仪式在斑鬣狗社会中有很重要的作用，它可以巩固社会联系和稳定社会等级次序。其他几种鬣狗的生殖器官很正常，当它们相遇打招呼的时候，往往互相嗅肛门部位，这与斑鬣狗是不同的。

社会行为

概括起来说，鬣狗与周围的生态环境有很大的关系，两者互相影响。由于所处的捕食环境不同，褐鬣狗往往是独自出去觅食，而斑鬣狗则常常成群结队地出去觅食。对褐鬣狗来说，它们主要吃的腐肉很容易通过鼻子嗅到，因此觅食的时候不需要合作；更为重要的是，大多数的腐肉只够一只褐鬣狗吃一顿，如果觅食的时候成群结队的话，会引起矛盾和冲突。而人们了解很少的缟鬣狗，据说其生活方式与褐鬣狗差不多。

在非洲恩戈罗恩戈罗火山口地区的斑鬣狗常常组成一个大群体，这对于放倒一头大斑马是必要的；但是在南部非洲喀拉哈里沙漠南缘，单个的斑鬣狗放倒一头大羚羊幼崽的成功概率与几只斑鬣狗合作的成功概率几乎相同，而大羚羊的幼崽是这个地区斑鬣狗的主要食物，因此在这里它们很少成群结队地捕食。可见斑鬣狗成群结队捕食的一个更重要的原因是，它们的猎物体型往往很大，足够一群斑鬣狗吃上一顿。

知识档案

分布：除撒哈拉沙漠和刚果盆地以外的非洲，中东到阿拉伯地区、印度、尼泊尔南部。

该科共有4属4种

赤道

缟鬣狗

有5个亚种：巴巴里亚种，分布于非洲西北部；东北非亚种，分布于非洲东北部；叙利亚亚种，分布于叙利亚、小亚细亚和高加索地区；指名亚种，分布于印度；苏丹亚种，分布于阿拉伯地区。**体型**：头尾长1.2～1.45米，肩高66～75厘米，体重26～41千克。**皮毛**：体毛比较长，白灰色到浅褐色；躯干上有5～9条纵向条纹；喉部有黑色斑块。**食性**：主要吃哺乳动物的腐肉，有时也吃无脊椎动物、鸟卵、爬行动物的卵、野果和人丢弃的有机废物。**繁殖**：一年当中任何时候都能交配，怀孕期为90天，每胎产息1～4只，通常为3只；幼息出生10～12个月后断奶，雌性幼息2～3岁时性发育成熟。

褐鬣狗

广布于南非，尤其是南非西部地区，安哥拉南部也有分布；主要栖息于干旱地带。**体型**：头尾长1.26～1.61米，肩高72～88厘米，体重28～49千克。**皮毛**：毛发粗浓杂乱，为深棕色到黑色，脖颈及肩部为白色。**四肢**：上有横向的白色条纹。**食性**：与缟鬣狗相似，每天要消耗食物约2.8千克。**繁殖**：一年当中任何时候都能交配，怀孕期为90天，每胎产息1～5只；幼息出生12个月后断奶，18个月后才能离开出生的巢穴；雌性幼息2～3岁的时候性发育成熟。

斑鬣狗

除撒哈拉沙漠、刚果热带雨林和非洲最南端外的非洲大陆其他地区都有分布；栖息于从沙漠到热带雨林边缘的各类地形中，尤其是非洲热带亚热带稀树大草原上密度最高。**体型**：头尾长1.3～1.85米，肩高70～95厘米，雄性体重45～62千克，雌性体重55～82.5千克。**皮毛**：体毛比较短，为沙黄色、淡赤黄色或暗灰色及棕色，背部、腹部两侧、臀部、四肢有暗色斑点。**食性**：主要吃腐肉和自己捕食到的大中型有蹄类哺乳动物；每天消耗肉类3～6千克。**繁殖**：一年当中任何时候都能交配，怀孕期约为90天，每胎产息1～2只；幼息出生12～16个月后断奶，雌性幼息2～3岁时性发育成熟。

土狼

有两个亚种：指名亚种，分布于南非；北方亚种，分布于东非。两个亚种主要栖息在年平均降水量为100～600毫米的草原开阔地带。**体型**：头尾长0.85～1.05米，肩高0.45～0.5米，体重8～10千克。**皮毛**：体毛比较长，为浅黄白色到红褐色，喉部和腹部下侧为苍白色；躯干上有3～5条纵向黑色条纹，前半身和后半身有1～2条斜纹，四肢上有不规则的横向条纹。**食性**：主要食白蚁。**繁殖**：交配期与前3种不同，是有季节性的，怀孕期为90天，每胎产息1～4只；幼息出生约4个月后断奶，然后离开巢穴。

　　如果仔细考察这些斑鬣狗群的构成情况，可以发现，在一个群体内，成员之间都有很近的血缘关系。实际上，群体成员亲缘关系的选择有一个过程，也就是说，组成群体的时候，会更多地选择与自己亲缘关系更近的个体而非关系比较远或没有血缘关系的个体。这样选择群体成员的一个好处就是，当大家通过努力成功地捕获一只猎物并分享美味的时候，因为大家都是"亲戚"，感觉总比分给"非亲非故"者要好。

　　群体是鬣狗社会的基本组织，缟鬣狗、褐鬣狗和斑鬣狗都生活在群体里。群体的成员共享一块领地，共同保卫领地以防止邻居的侵入。斑鬣狗的群体是靠严格的等级次序维持的，等级次序由雌性主导，即使是等级次序最高的雄性其地位也低于等级最低的雌性。一般来说，雄性幼息将要成年的时候会离开它们出生的群体，加入一个新的群体中，并在新群体中不断提升自己的等级地位，当升到雄性的较高的地位时就可以获得和雌性交配的机会。雌性幼息通常会一直待在出生的群体内，接替自己母亲的等级地位。褐鬣狗看起来没有"性别歧视"，将要成年的雌性和雄性都有一部分离开出生的群体，剩下的一部分则待在出生的群体内，时间可能很长，甚至一生都待在出生的群体里。离开出生地的雄性可能成为"流浪者"或者加入一个新的群体，但是流浪的雄性和加入新群体的雄性都有机会与雌性交配。

一只斑鬣狗即使独自行动的时候，也会和群体中的其他成员保持某种直接的联系，如靠某种叫声保持联系，而这些声音人类只有在扩音器和耳机的帮助下才能听到。人类离开那些扩音设备的帮助，能听到的斑鬣狗叫声只有高叫声、吼声以及一种连续不止的"咯咯声"，因此，人们又把斑鬣狗称作"笑鬣狗"。

高叫声是一种很好的长距离联系方式，这种声音可以传递好几千米远。每一次高声叫都要重复好几遍，以便让倾听者准确地确定其位置，而每一只斑鬣狗都有各不相同的声音。在南非德兰士瓦地区蒂姆巴维奇野生动物保护区内生活的斑鬣狗，如果人们播放其同伴的叫喊声录音，它们也会做出反应，常常会接近录音机放置的地方，或是对录音进行"唱和"，做出回答。但如果录音机中播放的是陌生斑鬣狗的叫声，当地的斑鬣狗就会快速地成群结队地跑来，表现出很兴奋紧张的样子，鬃毛竖起，尾巴翘起很高，突出肛门附近的腺体，表示要准备战斗以保护领地。斑鬣狗的幼崽也会对事先录好的其母亲的高叫声做出反应，但是不会对群体中其他成员的录音声做出反应。

3种鬣狗中，每个群体中包含的成员个数是不相同的，一般来说，斑鬣狗的群体最大，但在不同的地区，其群体中成员个数也不同。在喀拉哈里沙漠的南缘，一个斑鬣狗群有5个以上成员，在恩戈罗恩戈罗火山口地区，一个斑鬣狗群则可能有多达80个成员。一个褐鬣狗群可能只有1只雌性褐鬣狗和它最近生育的几只幼崽，也可能多达15个成员。在各种鬣狗中，不但群体成员个数不同，群体的领地大小也很不相同。在恩戈罗恩戈罗火山口地区，拥有80个成员的斑鬣狗群的领地可能只有40平方千米；在喀拉哈里沙漠的南缘，只有5个成员的斑鬣狗群的领地却可能大至1000平方千米。领地的大小主要与其中的食物丰富程度有关，食物丰富的地区，鬣狗群的领地就小，食物较贫乏的地区，鬣狗群的领地就大。在恩戈罗恩戈罗火山口地区，生存着大量的黑尾牛羚和斑马，可以在小片地区内为大量的斑鬣狗提供足够的食物；在喀拉哈里沙漠南缘地区，一群斑鬣狗可能长途奔袭50千米甚至更远，才能杀死一只猎物。

所有的鬣狗都把幼崽放在巢穴内。巢穴通常是由一系列的地下洞穴构成的，一般很小，只有幼崽才能进去，这样，当成年鬣狗长时间出去捕猎时，幼崽待在这样的洞穴里就很安全。幼崽在洞穴里待的时间可能长达18个月。在斑鬣狗的群体内，所有的母鬣狗都把自己的孩子放在一个公共的巢穴内，共同抚

这是生活在南非喀拉哈里国家公园内的一只褐鬣狗。当褐鬣狗表现出侵略性的时候，往往把背部的长毛竖起。但在褐鬣狗同伴之间进行见面仪式的时候，也常常竖起背部的长毛。

养；在大部分的褐鬣狗群体内，一般只有1只母鬣狗生育幼崽，即使有时一个群体内有2～3只母鬣狗生育幼崽，它们也是分开巢穴各自抚养。

与多数食肉目动物不同的是，斑鬣狗的幼崽出生时眼睛就能睁开，牙齿也发育良好。斑鬣狗每胎通常产2只幼崽，幼崽出生几分钟就能表现出很强的侵略性，每只幼崽争着占据领导地位，以便控制喝母斑鬣狗奶汁的权利。尤其是在食物短缺、很难养活2只幼崽的情况下，幼崽会表现出更强的侵略性，互相之间会对主导权进行激烈的争夺。

鬣狗喂养幼崽的方式很不相同，放在公共的巢穴里共同喂养幼崽的斑鬣狗通常在幼崽约9个月大时，才会让幼崽吃肉食，因为那个时候幼崽可以跟着母斑鬣狗奔走捕食了。但即使到了这个时候，幼崽也还是主要靠母斑鬣狗的奶汁生活，直到15个月大的时候才会完全断奶。褐鬣狗的幼崽也在1岁多的时候才断奶，但是幼崽在出生3个月时就能吃群体成员带回巢穴里的其他食物了。

为什么斑鬣狗和褐鬣狗喂养幼崽的方式如此不同呢？我们需要再一次讨论两者不同的捕食方式才可以做出回答。第一，如果一只褐鬣狗得到了一大块食物，它只能吃掉其中的一部分，然后它就可以把剩下的带回到巢穴里。而如果拥有5个成员的斑鬣狗群得到了一块同样大小的食物，很明显它们马上就可以吃完，而根本没有什么可带回去的。第二，一只褐鬣狗巢穴里的幼崽通常只有1窝，体型和年龄几乎相同；而在一个斑鬣狗的公共巢穴里，通常有好几窝幼崽，不但个数很多，体型大小和年龄也不相同，即使带回食物也往往由年龄比较大的幼崽控制，许多比较小的幼崽吃不到。第三，在许多地区，斑鬣狗的捕食范围很大，往往离其巢穴很远，即使找到了足够的食物，"搬回家"也很费力。而在褐鬣狗中，它们会表现出某种"英雄气概"，顽强地把食物带回去，如有一次人们就观察到一只褐鬣狗把一块约7千克重的肉带回了15千米远的巢穴中。第四，由于褐鬣狗群中的幼崽都有很近的亲缘关系，成年褐鬣狗就很愿意把食物带回来给它们吃。而斑鬣狗群中的幼崽亲缘关系可能比较远，因此会影响成年斑鬣狗带回食物的积极性。

这是在博茨瓦纳乔贝国家公园内的一群斑鬣狗，它们正聚集在一头已死大象的尸体旁边。虽然群体一块儿"吃饭"时常常显得吵闹杂乱，但是一般很少发生严重的冲突。斑鬣狗吞食食物的速度非常快，如果有足够多的食物的话，一只斑鬣狗一次可以吃掉15千克重的肉食。

鳍足目动物

海狗（又称"皮毛海豹"）、海狮、海象、"真海豹"（或称海豹科海豹），这一组主要在海洋中生活的哺乳动物被称作鳍足目动物（或称鳍脚类）。"鳍足"源自拉丁文，意为长着"像鳍一样的脚"或"有蹼的脚"。现存的鳍足目动物共有33种，另外的第34种即被称作加勒比僧海豹的物种现在可能已经灭绝了。

所有的鳍足目动物都有流线型、纺锤状的躯体和鳍状肢，成年鳍足目动物的躯体相对都很庞大，成年雌性体型最小的是海狗，但是体重也有将近30千克；成年雄性体型最大的是南象海豹，体重能超过4吨。

相对于在陆地上生活的食肉目动物来说，长期以来，鳍脚类动物被看作生活在水中的食肉目动物。但是它们与真正的水栖哺乳动物不同，它们从未切断过与陆地的联系。尽管它们一生中大部分时间都是在水中度过的，但是它们必须返回到陆地上或是冰面上生育幼崽，因此，它们也许更适宜被称作"水陆两栖的肉食动物"。

鳍足目可以分成3个科：海狮科（或称作有耳海豹类），包括9种海狗和5种海狮；海象科，只有1个物种，就是海象；海豹科（或称无耳海豹类），就是"真海豹"类，有18种。

有耳海豹类是高度群居性的动物，常常在一个地区聚集起一大群。图中是一大群加州海狮，它们在水中滑行的时候姿态非常优美，几乎像跳芭蕾舞一样。

海豹科与其他两科的区分很明显，因为它们的后鳍脚顺着身体向后贴，不能向前折叠，在陆地上后鳍脚使不上劲，肚皮贴着地面，行走靠后鳍脚和肚皮的蠕动，显得很笨拙（而海狮科的后鳍脚可以向前折叠，在陆地上行走的时候，四肢可以将身体支离地面，显得比较灵活）。此外比较明显的差别还有：在水中前进的时候，"真海豹"主要靠滑动后鳍脚作为向前的驱动力，而有耳海豹类在水下主要靠前肢推动；"真海豹"没有可见的外耳，而其他两科有可见的外耳。所有的"真海豹"皮下都有一层厚厚的脂肪，像鲸的皮下脂肪一样，可以起到很好的隔水作用。

海狮科动物的后鳍脚可以向前折叠，在陆地上行走的时候可以在体下支起身体；在水中前进的时候，主要靠前鳍脚推动，而后鳍脚几乎不动。海狮科外耳口附近有一段软骨，是退化的翼状物残余。它们有显著的外耳，皮毛比海豹科动物要厚，外层有很长的护毛，内层接近皮肤处有一层很厚很密的绒毛。在水下的时候，海狮科动物的皮能够起到很好的隔水、隔气功能，但是它们的皮下脂肪比海豹科动物的要少。

鳍足目

现存的共3科21属33种

有耳海豹类（海狮科）

共7属14种

包括南极海狗、加州海狮、北海狗、斯氏海狮（又称北海狮）、南美海狮等。

海象（海象科）

只有1属1种，即海象。

真海豹类（海豹科）

共13属18种

包括：地中海僧海豹、北象海豹、南象海豹、豹海豹、威德尔海豹、港海豹（又称普通海豹）、贝加尔环斑海豹、灰海豹、琴海豹、髯海豹、食蟹海豹、冠海豹等。

海象科现存的唯一物种海象的很多特征都介于海狮和海豹之间。它们的鳍脚呈三角状，与海豹科有些像，但是能向前折叠，这又与海狮科有些像。当海象在冰面上移动的时候，后鳍脚常常拖在后身的下面，靠后身向前蠕动，这也与海豹科相像。在水中的时候，海象也靠后鳍脚推动前进。与海豹科相似，海象也没有明显的外耳。海象躯体的表面上几乎光洁无毛，这与其他两科是不同的。另外，海象还是所有的鳍足目动物中雄性在交配季节睾丸明显地垂下来露在体外的唯一物种。另外，雌雄两性的海象都有一对很长的犬齿。

现存鳍足目动物的分布

整体上来说，现存的鳍足目动物主要栖息在地球南北极和亚南北极的海域中，其中分布最集中的地区是亚北极地带（即北大西洋和北太平洋）和南大洋。

现代的鳍足目动物大多数分布于食物丰富的海域，并且那里海面的温度全年中任何时候都不能超过20℃。这也是在中南—马来半岛以西海域中没有鳍足目动物存在的一个主要原因，因为那里的海面温度从古至今一直都很高。

鳍足目动物中唯一一类生活在不同时具备上述两个条件的海域中的物种，是3种现代的僧海豹。其中两种——地中海僧海豹和夏威夷僧海豹近几十年来的数量下降很快，前者只幸存约500只，后者则为1400只；而第3种僧海豹——加勒比僧海豹据估计已经在近50年内的某个时间灭绝了。

这是鳍足目中特征各不相同的3个科。1.南非海狗。1a处显示它有卷轴状的外耳和浓密的毛发，而且这是一只雄性南非海狗，有突出的浓重的鬃毛；1b处显示海狮科动物在陆地上行走的时候，后鳍脚能够向前折叠在身体下方，帮助前鳍脚支撑身体向前进。2.海象。2a处显示它有一对长而突出的牙齿；2b处显示这对长牙常常用来帮助它们在陆地上的时候支撑身体。3.港海豹。3a处显示它有光滑的毛发，但是没有明显的外耳；3b处显示海豹科动物在地面上行走的时候身体比较笨拙。

鳍足目动物的历史扩展

所有的鳍足目动物都是从一种生活在北太平洋的共同祖先进化而来的，如果这个假定成立的话，那么就会产生一个问题，即现代的鳍足目动物是通过什么途径而扩散到世界各地的？现在搜集到的化石可以推测：几百万年前海狮科物种就出现在太平洋海盆中，随后向北、向西扩散到了太平洋两岸的近海海域中。后来，随着美洲中部的自然合拢（在古代，北美洲和南美洲之间曾经存在一片狭长的水域把两者隔开），现代海狗类的近期祖先从南美洲的西海岸进入南太平洋。在这里，它们通过南美最南端进一步到了南大西洋，并一直向北，直到海水温度过高它们才停下来。其他种类的海狮科物种则扩散到了非洲南部近海，并遍及南大洋，也就是环南极洲海域；在环南极洲的海岛上，它们遇到了合适的繁殖地。离现代更近的海狮类近期祖先的化石，出现在了太平洋海盆的两岸，在一个相对比较短的地质时期内，它们穿越赤道到达了南太平洋，并随着海狗进一步向西迁移。随后海狮类也越过南美洲南端进入南美洲东海岸的南大西洋海域，另外的一支则进入澳大利亚和新西兰海域，并且一直生活到现在。

敏锐的感觉器官

与其他海洋哺乳动物相似，鳍足目动物也是从生活在陆地上的祖先进化而来的。其早期祖先可能为了适应新的生态变化而从陆地上第1次进入近岸海域。但是与其他海洋哺乳动物不同，鳍足目动物仍然需要回到地面上或冰面上生育幼崽。这种两分性的生活方式是陆生哺乳动物进入水里后为更好地适应环境而进化出来的，因此它们需要一系列独特的改变，使得这种原来生活在陆地上、在地面上呼吸、恒温的哺乳动物成功地适应寒冷、食物丰富的海洋生活。这些变化需要进行一系列的改进，总体上使得鳍足目动物具有了一些独一无二的特征。

这是一只加州海狮，它的躯体柔韧易弯，口中正含着一只多刺的海胆。它的食物种类非常广泛，有多种鱼类、乌贼和其他无脊椎动物。

本来哺乳动物在陆地上已进化出了一套高度灵敏的感觉器官，但是进入海洋之后，生活方式需要进行调整，感觉器官于是进行了成功的改变，充分满足了水中生活的需要。但同时也保留了一些原来的特征，如还需要在水面之上进行呼吸。

对于鳍足目动物来说，视觉信息可能是其最重要的感觉信息来源，因此，它们一般都有大大的眼睛。眼睛外层的角膜为内里部分提供了精妙的保护，泪腺分泌的泪液则为角膜提供了及时的润滑，使其免受盐水或沙子的伤害。与那些陆生哺乳动物不同，鳍足目动物的眼睛构造使得它们非常适宜在水下捕食猎物。图中就是一只北象海豹的幼崽，你可以看到它的瞳孔是多么巨大，因此可以在黑暗的水底清晰地看见周围的情况。由于鳍足目动物的眼内缺乏眼泪的排送管，不能把眼泪陆续排送出去，只能从眼睛周围的皮毛上渗出，因此，当它们在陆地或是冰面上的时候，你会以为它们正在"哭泣"呢。

鳍足目动物的眼睛中缺少眼泪的排送管，不能把眼泪逐渐地排送出去。

鳍足目动物的眼睛不但要在水中、空气中发挥作用，还要在多种光亮强度下发挥作用，如要在日光照耀下的冰层周围使人眩晕的光亮强度下或深水下几乎无光的环境中发挥作用。

在空气中的时候，典型的哺乳动物眼睛内有一层感光细胞与眼球后部相连，这可以在视网膜集中成清晰的图像，图像通过外层的角膜和内部的晶状体集中成像。而在水里的时候，角膜就会失去作用，变得看不见东西了，就像一个玻璃珠放到盛水的玻璃杯里就会看不见一样。这其实是水的折射率与角膜的折射率相同的结果，也就是大多数哺乳动物在水下看不见东西的原因。但鳍足目动物却不一样，它们进化出了很大的、几乎呈球形的、与鱼类的晶状体相类似的晶状体结构，可以使眼睛聚集起更多的光，所以在水下它们的视力很好。

鳍足目动物眼睛的改进提高了它们在水下的视力，是对它们在水外视力损失的补偿。在空气中的时候，它们眼睛内的角膜和比较大的晶状体使光线弯曲，造成了一种近视的效果，至少在某种光线条件下会是这样。但是在比较亮的光线下，鳍足目动物的瞳孔会眯成窄窄的垂直的一条线，"线"的顶部有一个小孔，光线通过这个小孔进入眼内，可以降低角膜和晶状体弯曲光线的能力，从而使它们近视的程度降到最低。

在光线比较暗的情况下，鳍足目动物的瞳孔张开得比较大，成为一个宽大的圆环，可以使尽量多的光线进入其中。当它们在水面以上比较暗的光线下活动时，由于它们比较大的角膜的弯曲，再加上散光作用造成的视觉模糊，它们就会变得更为"近视"。

鳍足目动物的视网膜也适应了暗光条件下的水下生活。与夜行性的哺乳动物相似，它们的视网膜上也有很多对光非常敏感的细胞，叫杆状感光细胞，可以增加眼睛的敏感度，接收到各种细微和多种颜色的视觉信息。而且鳍足目动物杆状感光细胞内沉淀有对光敏感的色素，对水下的颜色最为敏感。这样，生活在海岸附近的物种如港海豹的眼睛对绿光最敏感；生活在深海里的物种如南象海豹其眼睛对蓝光最敏感。为了提高眼睛的敏感度，鳍足目动物像猫类和其他夜行性的哺乳动物一样，眼睛内视网膜的后侧有一层反射层，叫脉络膜层。当光线穿过视网膜射到脉络膜层时，就会反射回来，这样有两次到达杆状感光细胞，因此增加了视觉敏感度。

在鳍足目动物的眼内，还有少许的锥状感光细胞（人类和一些其他哺乳动物眼内这类细胞比较多，在亮光下能够精确地分辨出各种颜色），因此有一些证据表明，某些海豹和海象能够辨别出少数几种颜色。

就像长期生活在陆地上的哺乳动物一旦到水下其眼睛就不能很好地发挥作用一样，陆上哺乳动物的耳朵一旦到水下也会完全听不见。当它们到水里的时候，声波不再通过长满了毛的耳道进入内耳，而是通过头部的各块骨头从各个方向进入内耳，必然导致声音的扭曲和特定方向声音的损耗。

鳍足目动物在漫长的进化过程中，耳朵在水下的功能有了显著的改进。内耳结构进行了调整，可以增大声音的接受量；内耳上的骨头只与头骨上的一处相连，而与其他骨头隔离，这样可以减少穿过头盖骨的声音总量（也就是可以减少接收对其无用的"杂音"）。

鳍足目动物耳朵内还有一个特殊的组织把耳道和中耳腔连接起来，当它们潜入水下的时候，这个特殊组织能够自动地调整水对耳朵产生的压力。另外在进化过程中，它们耳朵内部各个部位的大小也进行了调整，可以阻止水下过多的刺激造成的伤害——在水下声音的传输速度是空气中的5倍，过快的速度会给耳朵造成伤害。

通过这些调整，鳍足目动物的耳朵在水下发挥的实际功能比在空气中更棒。当它们在陆地上时，能够听到的音频范围与人类相似，只是灵敏度不如人类；但是当它们在水下的时候，能够听到的音频范围却是非常宽的，能够听到的高频率声波远远超过人类。

由于鳍足目动物能够听到相对比较高的音频，能够辨别出某些种类的动物口中发出的多种声音包括脉冲声，使得很多生物学家认为海豹、海象与一些有齿鲸类和蝙蝠一样，能用回声定位的方法收集信息。尽管实验室得到的某些验证数据确实能够表明海豹能用脉冲声区分出各种不同的物体，但是在野外海豹是否拥有这种重要的能力还不得而知。

所有的鳍足目动物都有发达的触须，一排排水平排列在口鼻两侧，但其

这是一只威德尔海豹，它正在南极地区一处小岛的岩石上晒太阳。威德尔海豹是南方的海豹科海豹，这类海豹大多数都有长而宽的鳍脚，前鳍脚能够灵活地向前折叠。

数量和形式在各个物种中有所不同。一些海豹科物种，如琴海豹和冠海豹，其触须在结构上呈珠状，而鳍足目中少数其他物种（包括僧海豹和髯海豹）则不呈珠状，不过很光滑。

鳍足目动物的触须与神经纤维、血管和肌肉相连，看起来"装备良好"，可以为大脑提供外部世界的许多感觉信息。尽管人们现在还不能完全地、精确地了解触须的功能，但是有一点可以肯定，这些触须能像猫类和犬类的触须一样为它们提供触觉信息。例如，对于那些在冰面上生育幼崽的海豹来说，触须有助于它们在冰面上寻找"呼吸孔"（就是冰层上的小圆洞，海豹在冰层下面的时候要通过这些小洞来呼吸换气）。当它们在陆地和冰面上的时候，触须有助于确认目标或是其他动物。人们还认为，这些触须对低频率的水下振动比较敏感，可以用来确定鱼类和其他水生生物的运动轨迹，尤其是在能见度很低的水底时，触须的这一功能更有用。当海豹在水下的时候，触须还有助于它们判断滑行的速度，此外还起到传递信息的作用，例如当两只海豹在水下相遇并显示敌意的时候，触须就向前倒并竖立起来。由于鳍足目动物中各个物种之间触须的长度、直径、表层结构以及在口鼻的分布等情况多有不同，因此人们认为触须传递信息的功能也多有不同。

海豹和海狮的触须都在鼻部两侧，非常灵敏。每根触须的毛囊都与神经纤维相连，可以用来确定猎物游动时在水中造成的轻微振动，从而有助于捕捉猎物。

鳍足目动物大脑上负责嗅觉的区域很小，也就是说，它们的嗅觉不太灵敏，但这并不意味着气味在它们的生活中不重要。实际上，气味在它们的社会生活中也起着相当重要的作用，某些鳍足目动物如冠海豹主要靠气味辨认自己的幼崽，雄性海狗和雄性海狮也靠气味来辨认雌性的生育状况。但当它们在水下的时候，鼻孔内的瓣膜会自动地、紧紧地关闭（防止水进入），从而嗅觉不再起作用。

食物及觅食行为

自从2500万年前鳍足目动物第1次在地球上出现，它们在地球上的分布经历了很大的变化，一个重要原因就是世界各地食物的丰富程度有了很大变化。由于气候巨变或是地壳运动，加快了海底的海水上升到海面的速度，使得海底的营养物到了海表，增加了海洋生物的数量。在地球的高纬度地区，海水的上升流沿着西海岸运动并产生多个分支，使食物非常丰富，因此在这些地区能够看到大群大群的鳍足目动物。

通常来说，鳍足目动物的捕食范围非常广，能够捕食各种各样的猎物。海豹在海面捕食的猎物体型比较大，在水下捕食的猎物体型比较小。

但并不是所有的鳍足目动物都是宽泛的捕食者。有些种类，如食蟹海豹就是高度的"专门捕食者"；栖息在北极地区的环斑海豹几乎只捕食甲壳类动物；南象海豹和罗斯海豹的大部分食物是乌贼；海象和髯海豹的大部分食物是海底无脊椎动物，如蛤蜊南美海狮 10 ~ 12 月份生育幼崽，这个时候，它们常常会大群地集结在某一处海滩。在集结的海滩上，活动最激烈的时候是次年的 1 月份，这个时候，成年雄性海狮会对母海狮进行激烈的争夺，并全力保护自己已占有的母海狮。一只雄海狮有时可以占有 18 只母海狮，但是在多数情况下远没有这么多。

等。某些种类还捕食恒温动物，多数海狮则时常捕食鸟类，有时还吃其他海豹的幼崽。

鳍足目动物的牙齿和颌骨适宜抓住猎物，而不适宜嚼碎猎物，因此，大部分猎物都是囫囵吞下去，体型比较大的猎物则撕成几片吞下去。像食蟹海豹和环斑海豹等吞食浮游生物的物种，牙齿上都有精致的齿尖，可连水带食物一块儿吞到口中，然后将水通过这些齿尖排出去，食物则留在口中被咽下去。多种海豹，甚至是食磷虾的海豹，其负责咀嚼功能的臼齿和前臼齿也已退化，失去了咀嚼的功能。

鳍足目动物的胃部结构比较简单，与躯体的中轴排成一线，这有助于它们大量吞食猎物。它们的小肠通常很长，一只雄性成年南象海豹的小肠可达 202 米，而人类的小肠相对要短得多，大约只有 7 米。海豹的大肠中，盲肠、结肠和直肠都相对要短。

科学家对野生海豹的进食速率了解不是很多，但是可以确定，水温和活动量大小对其有很大的影响。科学家曾经计算过北海狗每天的进食量，发现仅仅维持生存，北海狗每天就要吃占自身体重 14% 的食物；年轻北海狗每天要吃掉的食物量占自身的比重比成年者还要大，这样才能保证身体成长和弥补比较多的热量损失。大多数种类的鳍足目动物在交配和生育期、换毛期，吃的食物更多，进食速率也更快。它们的体表下有一个脂肪层，可以用来储存能量，但更重要的是起隔水作用，这一点对它们非常重要。

体温的维持

由于海水的温度通常低于体温，在水中热量流失的速度大大快于在空气中，因此海豹在进化过程中就需要对身体结构进行调整，以避免热量过多流失。最大限度地减少热量流失的一个最有效的方法，就是尽可能地减小体表面积，海豹身体的流线型结构就是朝这个方向努力的证明。减小体表面积的另一个有效方法就是充分利用表面积和体积的关系。结果是，你会发现所有的鳍足目动物身体都很庞大，与之相反，多数的啮齿目动物、食虫目动物和陆生肉食动物身体则相对要小。

控制热量流失的另一个有效方法，就是与水保持隔绝。鳍足目动物的皮毛下有一个空气层，当它们在陆地上的时候，能有效地减少热量向空气中散失，但是在水中，皮毛保持热量的功能会下降很多，因为一旦皮毛湿了之后，它下面的空气层中的空气就会排出。尽管如此，皮毛下的空气层仍或多或少稳定地成为"隔水层"，仍然不失为减少热量流失的重要手段。

然而有一组鳍足目动物发展出了一种更为先进的隔水方式。所有的鳍足目动物的皮毛有多个"板块"构成，每一块都包含一束束的毛发和相互联系的皮脂腺，每一束毛发都包含长长的、硬实的、扎根很深的护毛，以及许多纤细的、比较短的绒毛。真海豹和海狮的每根护毛周围只有比较少的绒毛（1 ~ 5 根），但是海狗的绒毛却要多得多，而且绒毛的毛尖和皮脂腺的分泌物能起到很好的"隔水"作用。

虽然皮毛在一定程度上能有效地阻隔热量流失，但是它有一个缺点，就是当鳍足目动物在潜水时，每下潜 10 米皮毛下的空气层在厚度上就会压缩一半，其隔水的功效也随之降低。因此，鳍足目动物就发展出了另外一种隔热方式，就是在皮下还有一层厚厚的脂肪，在禁食期和哺乳期也可以阻挡能量的流失。脂肪特别不善于导热，在空气中，脂肪层的隔热功效大约是皮毛的一半，在水中这一功效降到大约是在空气中时的 1/4，但其功效却不受下潜深度的影响。鳍足目动物的脂肪层厚度一般高于 7 ~ 10 厘米，能够较为有效地阻止体内热量的散失。一般来说，真海豹的脂肪层厚度大于有耳海豹。

在较为寒冷的情况下，热量易于从鳍肢流失，因为那里缺少阻隔热量流失的脂肪层，只能通过减少流经此处的血液来尽量减少热量的损失，因此，流经鳍肢的血液在保证鳍肢不被冻坏外，不会有更多的血液流经。在鳍肢的毛细血管床下，有特殊的通路把小动脉和小静脉连接起来，我们可以把这个连接的体系简称为 AVA。一旦这个 AVA 打开，更多的血液就能通过表层流经于此，当它们体温过高必须要散热的时候，这个体系就能做到。

海豹阻隔热量流失的"隔离层"不但在水下极为有效，就是在空气中也照样发挥作用，当然，在太阳的照射下它们皮肤表面的温度要大大高于气温。大多数海豹能够

对海豹来说，下潜时把肺叶折叠起来可能并不是一个好办法，但是要想在深海里自由地活动又不得不这样做。一旦它们把肺叶折叠起来，下潜的时候就只能靠身体其他部位储存的氧气维持新陈代谢。

一只灰海豹正要登陆一片海滩。这个时候它头部的特征特别明显，而且每只灰海豹的头部都不同，研究人员就抓住这种偶然的机会对它进行拍照以便研究。

很容易地应付寒冷的气候，而且水温也从不会低于 −1.8℃。

并不是所有的鳍足目动物都生活在气候寒冷地区，对于那些生活在温带和热带地区的鳍足目动物（主要是海狗、海狮和僧海豹）来说，如何在离开水之后应付过多的热量是一个大问题。生活在夏威夷的僧海豹就从来不敢在阳光照射下的干燥海滩上出现。

海狗进行较为剧烈的活动后，身体就会产生过多的热量，这可能会造成较为严重的问题，因为这些热量只能通过光洁无毛的鳍肢排送出去。为了解决这一问题，它们就会启动 AVA 系统，并提高其运行效率，使更多的血液进入其中（我们知道血液能够传导热量），这样，热量就能够通过黑色的鳍肢表层而散出。为了加快散热的速度，它们还会把鳍肢尽量地展开或者扇动鳍肢，也可以通过排尿而从尿液里把热量散出一部分。

真海豹的 AVA 系统不仅仅在鳍肢上有，而是遍布全身。它们的脂肪层内也有血管，可以把血液传送到皮肤表面从而加快散热。不但能够散热，当需要热量的时候，它们还能通过这个系统在充足阳光的照射下吸收热量，即使在气温很低的情况下也照样可以。海象的身体表面也有 AVA 系统。

每一种鳍足目动物都必须定期地更新毛发和表层皮肤。海狗和海象更新的过程相对比较长，它们总是首先更新绒毛（但是海狗毛孔里的某些绒毛不会掉落），紧接着是更新护毛。但每一次更换并不是把所有护毛全部换掉，而是分几次。

对于真海豹来说，更换皮毛的速度要快得多，尤其是象海豹的表层皮肤会大片大片地脱落。为了长出新毛发，供给到皮肤的血液必须增多，热量也会消耗得更多。正因为如此，大多数真海豹在更换皮毛的时期都待在水里，某些种类如象海豹会聚在一起扎成一大堆，互相紧挨着以减少热量的损失。

海豚

从古希腊神话中海豚从海盗手中将游吟诗人阿里农救出，到好莱坞电影《威鲸闯天关》中那条同样非常著名的英雄鲸，海豚类总是引起人类极大的关注。海豚类的智慧和发达的社会组织被认为和灵长类动物相似，甚至已经达到人类所具有的水平。另外，它们的温顺友好和没有攻击性也深受人类的喜爱。

近年来，以人类为中心的观点需要有所转变，举个例子，我们对海豚的学习能力、社会技能及它们在波浪之下的生活了解得越多，就越会惊叹于不同的种群或种类之间为适应当地环境条件而产生的巨大的行为和社会结构差异。

外形和功能

海豚科是在大约 1000 万年前的中新世晚期进化形成的一种相对现代的种类群体，它们是所有鲸类中种类最丰富和具有最大多样性的种群。

多数海豚属于小到中型动物，具有发育良好的喙和一个向后弯曲的居于身体背部正中的镰刀状背鳍。它们头顶上方有一个新月形的呼吸孔，呼吸孔前面是凹陷的，在双颌上有彼此分离且功能不同的牙齿（牙齿的数量为 10 ~ 224 个不等，但多数海豚的牙齿为 100 ~ 200 个）。多数海豚都有一个额隆，但也有些种类如土库海豚的额隆并不明显，而在喙头海豚属中额隆完全消失。花纹海豚和 2 种领航鲸的额隆向前突出，形成一个明显的喙。在虎鲸和伪虎鲸中，额隆呈锥形，形成一个钝鼻吻。虎鲸还具有圆形的桨形鳍状肢，而领航鲸和伪虎鲸具有狭长的鳍状肢。

不同种类之间的身体颜色图案具有巨大的差异，这可以通过几种方法进行分类。一种分类方法可以分成 3 种类型：统一色彩图案型（图案色彩单一或分布均匀）、补缀色彩图案型（各种色彩图案之间界限分明）以及混乱色彩图案型（黑色和白色）。身体颜色的差异有助于个体间的彼此辨认，颜色还有助于隐蔽自身以躲避捕食者的捕杀。海豚在光线暗淡且均一的海洋深处进行捕食，而海表面的捕食者则趋向于反向隐蔽的色彩图案（上面是暗色的，而下面是亮色的），从上面看时，它们能够融入背景中。有些种类的色彩图案可以当作反捕猎伪装。某些种类的鞍形图案可以通过色彩反向隐蔽而获得保护，斑点图案

宽吻海豚主要生活在热带和亚热带水域中。图中的宽吻海豚明显地展示了它们这个种类所独有的特征，即短喙。宽吻海豚通常在下颌的末端有一块白色的斑块。

可以和阳光在水中反射出的光斑融合在一起；十字交叉型图案则具有反向隐蔽和混乱色彩的作用。

海豚和其他齿鲸一样，主要依靠声音进行交流，它们的声音频率很低，声音范围通常从 0.2 千赫的低语到 80～220 千赫的超声波，可以通过电磁回声定位来追踪猎物，也可以用来击晕猎物。尽管海豚的声音已经被辨认并划分出不同的类型，并且这些不同的声音类型都与特定的行为有关，但是目前还没有证据表明这是一种具有一定句法的语言。

海豚可以完成相当复杂的任务，并且具有很好的记住长距离路线的能力，尤其是当它们通过耳朵进行学习时。在有些测试中，它们与大象划分为同一级别。宽吻海豚可以归纳规律并发展出抽象概念，相对于体型而言，海豚具有非常巨大的大脑。体重在 130～200 千克的成年宽吻海豚的大脑约有 1600 克；相比之下，体重在 36～90 千克的人类的大脑为 1100～1540 克。它们同时还具有高度折叠的大脑皮层，与灵长类动物的大脑皮层相似。这些特征都被认为是高智商的标志。

大脑器官的产生需要付出高昂的代谢代价，因此除非这些器官是非常有用的，否则将不会进化。一些鲸类动物所具有的巨大大脑（并非所有的种类都具有巨大的大脑，例如须鲸的大脑就相对较小）可以被归结为几个不同的作用。一种观点认为处理声音信息比处理视觉信息需要更大的"储存"空间。另一种解释是鲸类可能在完成相同的任务时相较于陆地哺乳动物而言需要更大的大脑。第三种假设是大脑功能在群落进化中具有重要的作用，可以加深亲情，增进在捕食和防卫过程中的合作，有助于形成联盟，并且个体对社会的认同可能对于鲸类的发展具有重要作用。

通常认为的海豚缺乏攻击性其实是被夸大化了。被捕捞囚禁起来的宽吻海豚（可能也包括刺豚）之间会建立起等级制度，在整个等级群落中，领头的海豚可能会通过

知识档案

海豚

目：鲸目

科：海豚科

该科共有 17 个属，至少 36 个种类，包括：普通海豚或鞍背海豚（海豚属，3 个种类）；刺豚、斑豚和条纹豚（原海豚属，5 种）；白边豚和白喙豚（斑纹海豚属，5～6 种）；南部豚或花斑豚（喙头海豚属，4 种）；驼背豚（中华白海豚，3 种）；宽吻海豚（瓶鼻海豚属，2 种）；露脊海豚（露脊海豚属，2 种）；领航鲸（领航鲸属，2 种）。

分布：分布在所有的海洋中。

栖息地：通常生活在大陆架，但有些种类生活在外海中。

赤道

体型：头到尾的长度范围从希维斯特海豚的 1.2 米到虎鲸的 7 米，体重范围从希维斯特海豚的 40 千克到虎鲸的 4.5 吨。

外形：有喙状吻（相对于小鲸的钝形吻）以及铲形牙齿（相对于小鲸的锥形牙齿）。身体细长并呈流线型。腹鳍和背鳍为镰刀形、三角形或圆形，背鳍位于身体背部的中部附近，露脊海豚没有背鳍。

食物：主要以鱼类或鱿鱼为食，虎鲸也以其他的海洋哺乳动物和鸟类为食。

繁殖：妊娠期为 10～16 个月（虎鲸、伪虎鲸、领航鲸和斑纹海豚的妊娠期为 13～16 个月，其他的种类为 10～12 个月）。

寿命：50～100 年（虎鲸）。

威胁其他海豚显示出攻击性，它们会张开大嘴或者是叩击上下颌以展示自己的权威。也曾经观察到野生海豚之间会发生战争，在战争中一头海豚会用自己的牙齿刮咬另一头海豚的背；有些种类例如宽吻海豚可能会攻击其他较小种类的海豚（例如斑豚和刺豚）；人们还曾观测到宽吻海豚攻击并杀死鼠海豚。

社会行为

　　虽然大多数种群拥有开放式的社会组织结构，个体可以在特定的时间段内随时入群、离群，但有一些种群，诸如巨头鲸和虎鲸，它们看起来则拥有着更为稳定的组群关系。长鳍巨头鲸的遗传数据以及短鳍巨头鲸的观测数据显示：群落主要由有亲缘关系的雌性以及它们的后代组成，但是当有交配机会时，会有1只或多只没有血缘关系的成年雄性加入组群之中。长大的后代，不论雄性还是雌性都会与其母亲待在一起，但是成年雄性在返回其出生的群落之前，可能会游动于其他群落间进行交配。宽吻海豚群落的家庭由雄性、雌性和幼豚组成，或者由母亲—幼仔组合构成，这样就会聚合形成较大的群落，有一些海豚也许会按照性别和年龄进行分类。在宽吻海豚之中，存在强壮的雄性与雄性相结合的现象。它们的交配体系人们还不甚了解，但是通常都很混乱。在某些种群之中，雄性身上常见的明显伤痕说明，为了得到与雌性交配的机会，雄性与雄性之间会相互斗争。也存在一夫多妻的现象，但是无论处于哪种交配体系，雄性与雄性的结合以及雄性与幼仔的结合，相对而言都较为病态。

　　尽管繁殖高峰通常出现在夏季的几个月之中，但其性行为会贯穿整年，即使在纬度较低的地方也一样。小生命出生之后，要待在母亲身边数个月，母亲要持续喂奶长达3.5年。因此很多种群都有至少2～3年的繁殖间隔（虎鲸和巨头鲸的繁殖间隔可能会长达7～8年）。性成熟年龄为5～7岁（康氏矮海豚、飞旋海豚、真海豚），雄性虎鲸要到16岁，而绝大多数种群会在 8 ~ 12 岁时进行繁殖。

很多种群为了寻找食物而进行季节性迁移；尽管这种迁移沿着纬度进行，但通常都是远海岸到近海岸之间的移动。如果繁殖区域离散，它们会变得行踪不定，它们可能会留在较深的远海岸水域，在那里来自近海岸的激流会比较少。某些种群的成年海豚与幼年海豚会游到较浅的水域，捕食聚集于暗礁和海山周围的猎物。

虽然海豚是群居动物，但是由 1000 只或更多的海豚组成的大群一般只会出现于远程迁移的时候，或出现在主要食物源的集中地。在大多数情况下，群落成员并不固定，个体可以入群或离群超过数周甚至数月的时间，仅有少数成员会长时间留在群落之中。在这种种群之中，像

典型灵长类种群那样稳定且发展完备的群落组织几乎不存在，但在个别种群中（如虎鲸），家族关系则可以维系一生。在幼崽抚育以及猎物捕食方面，确定海豚相互之间的合作范围并非易事，但我们认为一些高群居性的种群中确实存在这些合作，这种行为在灵长类、肉食动物和鸟类中也能够见到。

➡ **13 个海豚种类的特征**

1. 宽吻海豚；
2. 皱齿海豚；
3. 大西洋斑纹海豚；
4. 大西洋斑点原海豚；
5. 真海豚；
6. 北露脊海豚；
7. 暗色斑纹海豚；
8. 大西洋驼海豚；
9. 瓜头鲸；
10. 康氏矮海豚；
11. 伪虎鲸；
12. 虎鲸；
13. 里氏海豚。

抹香鲸

赫尔曼·麦尔维尔不朽的小说《莫比·迪克》，将对抹香鲸的描述推向了极致。它们是最庞大的有齿鲸，长着地球上最大的脑袋，两性形态差异明显（雄性体重是雌性的3倍），也许还是动物王国所有生物之中潜水最深最远的一个种群。

很久以前，水手们都认为他们透过船只外壳所听到的间隔规律的滴答声，来自被他们称为"木工鱼"的鱼类，因为听起来就好像锤子敲击的声音。而实际上，他们所听到的正是抹香鲸发出的声音。至于"抹香鲸"这个名字，其由来是因为捕鲸者在它们硕大的前额中，发现了被称为鲸脂的油滑物质，而这一说法又曲解了鲸脂的本意。

外形与功能

抹香鲸科的古代家族看来是在早期的鲸类进化时（大约3000万年以前），从主要的海豚总科中分离出来的。现存的唯一抹香鲸种群——抹香鲸以及比抹香鲸小很多的侏儒抹香鲸和小抹香鲸（小抹香鲸科）——都长着桶形的头部，长长窄窄的、长有整齐牙齿的垂吊下颚，船桨形的鳍肢，以及长在左侧的呼吸孔。小抹香鲸的出现要晚很多，大约在800万年以前。

抹香鲸呈方形的大前额长在上颚的上方、头骨的前边，占有其体长的1/4 ~ 1/3。这里长着抹香鲸脑油器，一个椭圆形的结构包含在一个由结缔组织构成的外壳之中。脑油器本身与结缔组织外环绕的是稠密的鲸油——一种半流体的、光滑的油脂。气囊束缚着抹香鲸脑油器的两端。包围着抹香鲸脑油器的头骨与气道都非常不对称。两个鼻腔无论在外形上还是功能上都差异极大，左侧的用于呼吸，右侧的用于发声。

至于抹香鲸为什么长着如此笨拙的巨大脑壳则不得而知了。原因之一可能是有助于聚焦滴答声——滴答声的作用是在漆黑一片的深海中利用回声定位判断猎物所在。抹香鲸也会通过这种滴答声来进行交流，它们是3种抹香鲸种群中利用声音最多的一种。

抹香鲸棒形的下颚包含20 ~ 26对大牙齿，而侏儒抹香鲸有8 ~ 13对，小抹香鲸

当抹香鲸群列队向前行进时，其力量显而易见、令人瞩目。有点类似于潜水艇的背部在这里也清晰可见，右边的个体正在展示它的斜向喷水技术。

有 10 ~ 16 对。这些牙齿似乎并非用于进食，因为据发现，进食充足的抹香鲸都少有牙齿，甚至没有下颚；而且，直到抹香鲸性成熟时，牙齿才会"进出"（长出来）。一般来说，没有一个种群的抹香鲸上颚会长牙，即使长了，牙齿通常也不会进出。小抹香鲸科的牙齿细小，非常尖锐、弯曲，且没有釉质。

抹香鲸的皮肤除了头部与尾鳍之外，都是起皱的，形成了不规则的波浪形表面。低低的背鳍如同覆盖着一层粗糙的白色老茧，成熟的雌性尤为明显。

抹香鲸会多次潜入深海捕食，其平均深度约为 400 米，持续 35 分钟左右，尽管它们能够潜至 1000 多米深，并持续 1 个多小时。抹香鲸在潜水间歇会浮到水面呼吸，平均呼吸时间为 8 分钟左右。下潜时，抹香鲸把尾鳍直直地伸在水外，身体几乎与水面垂直。

不论是雌性抹香鲸还是雄性抹香鲸，鱿鱼都为其重要食物。雌性抹香鲸会花费约 75% 的时间用来进食。尽管雌性的进食量要小于雄性，但是它们偶尔会捕食巨型鱿鱼，鱿鱼吸盘所造成的伤痕会留在它们的头部，作为水下战斗的见证。雄性抹香鲸喜欢捕食雌性吃剩的、更大型的猎物，另外，雄性还会吃相当多的鱼，包括鲨鱼和鳐。

小抹香鲸和侏儒抹香鲸的头部更倾向于圆锥形，就其与整个体长的比例而言，比抹香鲸要小得多。这 2 个小抹香鲸种群看起来很像鲨鱼——垂吊的嘴部，尖锐的牙齿，以及头部侧面类似鱼鳃裂口的弧形痕迹。因为主要捕食鱿鱼和章鱼，所以小抹香鲸种群长着扁平的吻部。由于它们还捕食深海鱼类和螃蟹，所以偶尔也会成为海底掠食者。除此之外，它们的猎食对象与抹香鲸的无异。

知 识 档 案

抹香鲸

目： 鲸目

科： 抹香鲸科与小抹香鲸科

2 属 3 种

分布： 世界范围内纬度约为 40° 的热带水域以及温带水域，成年雄性抹香鲸分布至极地冰缘。

栖息地： 主要在远离大陆架边缘的深水区（超过 1000 米）。其幼仔以及未成熟的小抹香鲸栖息于较浅的水域，超过大陆架外缘的近海岸水域。

赤道

抹香鲸

雄性体长 16 米，最长 18 米；雌性体长 11 米，最长 12.5 米。雄性体重 45 吨，最重 57 吨；雌性体重 15 吨，最重 24 吨。**皮肤：** 深灰色，但是通常嘴部会有条白线，腹

部有白色的斑纹；除头部与尾鳍之外，全身褶皱。**繁殖：** 雌性的性成熟年龄为 9 岁左右；雄性的青春期是 10 ~ 20 岁，但是直到接近 30 岁时，它们才会活跃于后代繁殖。经历 14 ~ 15 个月的妊娠期之后，一只幼仔会于夏季出生；抚育幼仔时间很长，哺乳期要持续 2 年或更久。**寿命：** 至少为 70 岁。**保护状况：** 易危。

小抹香鲸

雄性体长 4 米，雌性最长 3 米。体重 318 ~ 408 千克。**皮肤：** 背部呈蓝灰色，侧面的灰色较浅，腹部呈白色或粉色；头部侧面的浅色痕迹形似"弧线"或"假腮"。**繁殖：** 夏季进行交配；妊娠期为 9 ~ 11 个月，春季生产。幼仔出生时约 1 米长，需要哺育 1 年左右；雌性连续 2 年生产。**寿命：** 约为 17 岁或更长一些。

侏儒抹香鲸

体长 2.1 ~ 2.7 米。体重 136 ~ 272 千克。**皮肤：** 背部呈蓝灰色，侧面的灰色较浅，腹部呈白色或粉色；头部侧面长着浅色的"弧线"或"假腮"。**繁殖：** 其幼仔出生时小于小抹香鲸的幼仔。**寿命：** 未知。

须鲸

在这个鲸目组群之中，生活着迄今为止最大的动物——庞大的蓝鲸，其体重达 150 吨，相当于 25 只 6 吨的雄性非洲象的重量。须鲸还包括一种鸣声优美且灵活轻快的鲸类——大翅鲸，它们不仅能够发出奇异的宽频声音，而且还能够表演不同凡响的杂技：有时头朝下从水中跃出。

"须鲸"这个名字源自挪威语，其字面意思是"有深沟的鲸"——指的是位于嘴部后下方皮肤上的纵向折痕，这是该种群的一个独有特征。很多须鲸每年都会穿越世界上众多大洋，迁移非常远的距离，从热带的繁殖区到极地地区的进食区迁进迁出。在过去的 100 多年中，较大的种群一直被大量捕杀，数量因此急剧减少。

外形与官能

须鲸外形呈流线型，除塞鲸之外，其他种群皮肤上部有一组凹槽或折痕，从下颚处向下一直延伸至腹部下边的肚脐处。进食时，这些凹槽会扩展开，增大嘴部的扩展幅度。须鲸死后的照片显示其喉部松垂，这一点有助于证明，过去认为这种动物有着奇特扭曲的形象的观点实际上是对它们在水下身体光滑这一事实的荒诞解释。

南半球的须鲸比北半球的须鲸要稍微大一些，而在其所有种群之中，雌性又要比雄性稍微大一些。头部占身体全长的 1/4，大翅鲸长有明显的中央背脊，

从呼吸孔向前延伸至吻部；而布氏鲸还长有副背脊，分别位于中央背脊的两侧。所有种群的下颚都呈弓形，从吻部的末端伸出。

所有须鲸的鳍肢都如同窄窄的柳叶刀一样，除大翅鲸之外，其他须鲸鳍肢的前缘上都长有圆齿，鳍肢长度接近于其体长的 1/3。背鳍位于背部非常靠后的位置。尾鳍宽厚，中间有明显的缺口，大翅鲸的缺口尤为宽广。须鲸通过其头部顶端由 2 个呼吸孔构成的一个喷管来进行呼吸，不同种群之间，喷

5 种不同的须鲸种类，图为用相同的缩放比例展示该科鲸类巨大的尺寸差异：

1.长须鲸；2.小布氏鲸；3.蓝鲸；4.北方小须鲸；5.大翅鲸。

知识档案

须鲸

目：鲸目

科：须鲸科

2个属，8个物种。须鲸属（7个物种），包括蓝鲸以及长须鲸；大翅鲸属（1个物种），大翅鲸。

分布：所有主要的海洋。

赤道

栖息地：除了小布氏鲸与布氏鲸之外，所有种群都来回迁移，夏季到极地附近的进食区，冬季到温暖水域的繁殖区。

体型：从北方小须鲸的9米长至世界上最大的鲸类——蓝鲸的27米长。在相同的2个种群之中，体重范围为9~150吨。在须鲸的所有种群之中，雌性要比雄性长得稍微大一些。

外形：外观呈流线型，上部呈黑色或灰色，通常腹部和鳍肢下表面颜色较浅。属滤食动物，从上颚两侧向下长有250~400根鲸须。进食时，折痕或凹槽从下颚后部向下扩展到腹部。尾鳍宽厚，中间缺口明显。

食物：磷虾、桡足类动物、鱼类，食用比例各不相同。布氏鲸主要以鱼类为食，而蓝鲸则专门食用磷虾。

繁殖：交配10~12个月之后产出1只幼仔。大多数须鲸种群有2年的怀孕间隔。

寿命：从小须鲸的45岁到较大种群的100岁或更高龄不等。

管的高度和形状各不相同。

社交行为

蓝鲸、长须鲸、塞鲸、小须鲸以及大翅鲸的生活圈与其季节性的迁移线路紧密相关。不论是在南半球还是北半球，须鲸都会于冬季时，在低纬度较为温暖的水域中进行交配，之后会向它们所钟爱的极地进食区进行迁移，在那里待3~4个月，以其食物的主要构成部分——丰富的浮游生物为食。在这次集中进食期之后，它们会再次迁移回到较为温暖的水域，在那里，雌性在交配完成10~12个月之后，会产下一只幼仔。怀孕与生产在一年中的任何时候都有可能发生，但是相对较短的繁殖高峰期则局限在3~4个月。

刚出生的幼仔长度大约是其母亲体长的1/3，是其母亲体重的4%~5%。在春季迁移时，幼仔会随母亲一起向极地海域游动3200千米或更远的距离。这段时间，幼仔以其母亲营养丰富的乳汁为食，须鲸乳汁的脂肪含量高达46%，而人类与奶牛的乳汁只含有3%~5%的脂肪。当幼仔含住母亲2个乳头中的1个时，母亲会借助乳腺周围的肌肉收缩，将乳汁喷入幼仔口中。由于这种高能量的饮食，幼仔的成长速度飞快，每天能长90千克之多，因此，在6~7个月，蓝鲸的幼仔将会在其出生体重（2.5吨）的基础之上，再增加大约17吨的重量。幼仔在7~8个月时断奶，断奶时大约为10米长。

由于鲸类生态与人类掠夺行为的微妙交互，近几年来，须鲸的繁殖年龄已经发生了变化。出生于1930年之前的长须鲸，其性成熟年龄大约为10岁左右，但是后来其平均性成熟年龄则降至6岁左右。1935年之前的塞鲸，直到11岁左右时才会进行繁殖，而如今在某些地区，塞鲸7岁时就已经准备好要繁殖了。至于南方小须鲸，它们的成熟年龄降幅达8年之多，从14岁降至

6 岁。

关于这些变化，最可信的解释是：由于鲸类的总数量骤降，个体成员就能享受到更多的食物，这样就使得幸存者能够更快地成长。由于繁殖开始时间与其体型密切相关，成长加快则意味着在其年龄更小时，便能够达到繁殖后代所需的体型。

环境与保护

目前，须鲸的未来在很大程度上取决于近年来为保护它们所施行的禁止过度捕杀措施的成功与否。某些种群的数量呈现出增长趋势，但因为它们的出生率极低，想要完全恢复，还需要数十年的时间。如果不受干扰，在 10 ~ 20 年中，鲸类的族群数量可翻倍。但是，南极蓝鲸的数量大概仍然只占其原始数量的 5 % ~ 10 %，而且

这只南方小须鲸正在澳大利亚大堡礁周围的水域游动。它在这个种群中属于侏儒型，仅长 7 米，与巨大的蓝鲸相比简直是小巫见大巫。在 20 世纪早期，人们测量过一只南极水域的雌性蓝鲸，其长度为 33.58 米。

其繁殖速度并不快。

由于气候变化与污染而导致的海洋环境的恶化引起了越来越多的重视。虽然水温的升高似乎不会对鲸类产生什么直接的影响，因为它们的鲸脂将其与目前所处的环境隔开，但是，它们赖以生存的食物，例如磷虾和鱼类，则会因为这些环境变更及洋流变化而转移。同样，极地区域臭氧层的破坏可能会使大量的紫外线辐射到水中，因而改变这片海域

的物产量，而这片海域长期以来一直被鲸类当作进食区。有害化学污染物造成的直接污染，以及一些不可降解的物质，如塑料袋、塑料瓶，还有其他垃圾，可能会被鲸类吞食，因而堵塞鲸类的食道，这应当引起重视。还有声音污染，这会严重侵扰鲸类的感官与交流能力。另外还应该加上由捕鱼用具所造成的危险，以及在日益繁忙的海洋航路中，鲸类与船只碰撞的危险。

在阿拉斯加的落日余晖中，大翅鲸潜入水中觅食。

长尾猴、猕猴和狒狒

活泼，群居，吵闹，善于模仿而又十分好奇，猕猴亚科的动物正是人们传说中的"典型猴子"。它们之所以广为人知，是因为分布状况和生活方式使得它们和人类多有接触。许多猴科动物是适应性很强的多面手，它们懂得充分利用人类邻居遗弃的废物或是慷慨的施舍来维持生存，甚至还会利用"精妙"的偷窃"技术"来和不情愿的人类分享尚未收割的庄稼或者贮藏的食物。

以前，当一个实验科学家谈及"猴子"时，他们所指的几乎都是恒河猕猴——一种长期以来引发我们强烈好奇心的猴科动物。直到最近几年，动物学家才充分认识到猴科动物中庞大的物种数量，并开始把目光投向这个年轻而又可能是进化最快的灵长类亚科，从而对它们的种群生活动态以及已经发生、正在发生和将来可能发生的种种变化有了全新的认识。

分布模式

现代猕猴亚科起源于非洲，它们类似猕猴的祖先出现在距今1500万～1000万年前的中新世末期的化石记录中。猕猴的分布逐渐向北和向东扩散，在上新世（500万～180万年前）到达欧洲，在更新世（约200万年前）到达亚洲。在同一时期里，它们在撒哈拉以南的非洲地区灭绝了，或者进化并演变成现代只生活在非洲的几个属——狒狒、长尾猴和白眉猴。就遗传分子和一些解剖学细节来看，北非猕猴和亚洲猕猴似乎有所区别，或许北非猕猴身上存留了更多的原始特征。

长尾猴群落在非洲的扩散是最近的事情，似乎从最近的冰川期开

猕猴亚科中体型最大的种类（或亚种）（图中所示均为成年雄性）。1. 山魈；2. 鬼狒；3. 狮尾狒；4. 阿拉伯狒狒；5. 几内亚狒狒；6. 黄狒狒；7. 橄榄狒狒；8. 南非大狒狒。

一只正在展示其与众不同的白色胡须和额上橙色"王冠"的德氏长尾猴。

始它们才作为独立的种类出现（这种过程我们称之为物种形成），当时整个非洲变得更加寒冷而且非常干燥，森林也退却到了赤道附近一些离散的地区，即沿着东西海岸以及环绕喀麦隆山和鲁文佐里山分布。1.2 万年前，当气候开始变湿变暖时，森林开始扩张，森林里分化出来的猴子们也随之扩散开来。同样地，在亚洲，冰川期带来的寒冷和干燥限制了猕猴的栖息范围和种群的扩张，其中种群扩张的方式和非洲有所不同，因为海平面的变更使得猕猴们能够从东南亚的一个海岛迁移到另一个海岛。

在非洲，狒狒的历史和草原演化的历史密切相关。在 500 万～200 万年前，最常见的狒狒是今天狮尾狒狒的近亲，它们专门吃撒哈拉以南非洲草原上茂盛的青草。随着 200 万年前左右气候剧烈地变冷变干，原先的草原开始向山区的高海拔地区转移，并逐渐被一种更干的草原所取代，这种草原在今天我们称之为非洲稀树大草原。也许稀树草原的狒狒曾经一度是生活在森林边缘的物种，它们伴随着树荫覆盖下大草原的前进步伐而扩张开来，并最终在除埃塞俄比亚高原以外的非洲各地取代了狮尾狒狒的位置。

所有的猕猴都属于单一的猕猴属，这个属的动物遍布于除高纬度地区以外的整个亚洲。大部分地区都只有一个单一的种类，这个种类具有与以前环境相适应的特征。在非洲存活下来的一种猕猴即北非猕猴长有厚厚的毛皮，而且没有尾巴，这些显著特征使得它能够在阿特拉斯山脉多雪的寒冬中维持生存。类似的适应性改变对生活在日本北部的日本猕猴和西藏高山上的藏酋猴来说同样非常有用。身强体壮的恒河猕猴生活在喜马拉雅山麓丘陵、印度北部以及巴基斯坦，但在印度南部，它们被一种体型较小、更加灵活、尾巴更长的绮帽猕猴所取代；在更往南的斯里兰卡，恒河猕猴同样得给一种十分相似的猕猴——斯里兰卡猕猴让路。

小型和中型的猕猴亚科动物。1. 灰颊白眉猴（西部的亚种有两个"冠"）；2. 阿氏沼泽猴；3. 髭长尾猴；4. 侏长尾猴，体型最小的旧大陆猴类；5. 黑毛白眉猴；6. 赤猴。

赤道热带雨林有着充足的微生态环境来让两个种类的猕猴安家落户——在印度西南部的森林里居住着更习惯于陆栖生活的绮帽猕猴，而在它们的头顶上则生活着树栖的狮尾猕猴；在苏门答腊岛，矮小的长尾猕猴和身强体壮、短尾、更习惯于陆栖生活的猪尾猕猴生活在同一片森林中。在苏拉威西岛，许多不同种类的黑色短尾猕猴大量繁衍，直至占据了这个岛每一块突入海中的半岛。

在非洲任何一个有水源的地方都生活着惹人注目而且颇具"魅力"的狒狒。它们的口鼻部很长，和狗差不多，而进化后的大腿使得它们能够在地面上长途跋涉：黄狒狒群体通常一天能行走 5 千米，而阿拉伯狒狒平均每天能走上 13 千米。黄狒狒也称普通狒狒是分布比较广泛的一大类狒狒，在过去，因为这几类在外观上差别比较大，因此人们把它们划归到相互独立的种类当中，但是现在基本上把它们看作狒狒的几个亚种。它们生活在草和灌木丛覆盖的土地上，同时也在沿着森林边缘的地区"安家落户"。

在埃塞俄比亚东北沙漠以及阿拉伯半岛，阿拉伯狒狒亚种取代了所有的黄狒狒亚种。阿拉伯狒狒的面部和臀部是红色的（而不是黑色），加上一身长长的灰色皮毛"斗篷"，使得它们看起来很不一样。

然而，这两个不同的亚种是沿着埃塞俄比亚狭长的边界区域混居在一起的。这个混居区域的产生是黄狒狒领地扩张的结果，它们的栖息范围扩大到了更沙漠化的地区，而这类地区更受阿拉伯狒狒的喜爱。然而这种混居现象的形成本身，主要在于雄性阿拉伯狒狒，是它们进入了黄狒狒的群体中，并与其中的雌性进行交配的结果。而外面的雄性狒狒想进入阿拉伯狒狒群里则难得多，因为雄性阿拉伯狒狒会结成一个类似"兄弟会"的组织，通过共同行动把陌生的雄性狒狒阻挡在外。

有两种猴类占据了中非西部的森林地带：鬼狒和山魈。在喀麦隆，这两个种类分别生活在萨纳加河两岸的森林里。绝大多数狒狒的身体大部分是黑色的，而且尾巴短小，它们生活的环境可能与猕猴中体型最大的猪尾猕猴类似。

狮尾狒狒是毛比较长的一个种类，它们栖居在埃塞俄比亚凉爽的高地地区，仅以草为食。在灵长类里，狮尾狒狒是较罕见的真正草食动物。由于草比起深受其他猴科动物喜欢的果树来说要丰富得多，因此大量的狮尾狒狒可以聚集在一个地方。由多达500只组成的群体——灵长类当中自然产生的最大群体——在狮尾狒狒中并不少见。

白眉猴（白眉猴属和白脸猴属的种类）中的4个种类通常被看作体壮、尾长的狒狒，但是只有其中的2个种类符合这种描述，另外2个种类事实上与鬼狒和山魈的关系更近。白眉猴只在枝叶繁密的森林中生活。灰颊白眉猴和黑毛白眉猴十分习惯于树栖，而冠毛白眉猴和白毛白眉猴通常行走在森林的地面上。陆栖和树栖的种类可以在同一片森林中共生，灰颊白眉猴和冠毛白眉猴就是这样的例子，它们共同出现在喀麦隆南部的德贾森林保护区中。

长尾猴属中的主要成员是长尾猴，但是这个属中也包括了一些比较古怪的种类。我们可以通过毛色来识别这些不同的种类，而这些种类可能是来自6个生态型的区域性变种。虽然大部分的森林只能容纳一个变种，但是最富饶的栖息地可能会有4～5种猴子"安家"，而它们来自不同的变种。例如，蓝长尾猴和斯氏长尾猴在体型和习性上相似，因此它们一般不会同时出现。与之相比，蓝长尾猴和红尾长尾猴在体型以及进食习惯上各不相同，因而它们通常生活在同片森林里。

长尾猴属的其他种都生活在森林当中，其中包括分布最广的斑鼻长尾猴和蓝长尾猴种群。这些大体型的猴子吃树叶，无论什么地方，只要有一片茂密的森林，它们就能繁衍生息。接下来是红尾长尾猴——髭长尾猴和红尾长尾猴群体，这些体型比较小的猴子似乎对森林的条件有更多要求，它们需要更加层层叠叠的树冠和盘根错节的匍匐植物，或许这为它们躲避像鹰一样的掠食者提供了一把保护伞，因为在这些敌人面前，它们显得太脆弱了。白腹长尾猴的体型更小，也更多地以昆虫为食。这三类常常和不止一个种类的猴子有所关联，例如在刚果的热带雨林中。德氏长尾猴栖居在森林里的潮湿地带，特别是那些长满棕榈树的地方；习惯于地面生活的尔氏长尾猴则能够生活在森林里相当高的地方。只要有活动范围的重叠，就有不同种类之间杂交的存在。例如，红尾长尾猴和蓝长尾猴就在乌干达西部的基巴莱森林当中杂交。

当橄榄狒狒休息的时候，它们的群体会分成一些更小的有亲缘关系的亚群体。

其他的 4 个长尾猴属每个属中只有 1 种。分布最为广泛的是长尾黑颚猴——也叫作素领猴或者翠猴，这种猴子在整个非洲大草原上的变种多达 16个。它们从不会远离水源，大部分时间都在沿着河岸排开的金合欢树上度过。赤猴由于已适应地面生活，骨骼发生了变化，而与其他猴类区分开。绝大多数的长尾猴拥有长腿、橘黄色皮毛、白色胡须，它们快速跳跃着从开阔的草原上飞奔而过，这让它们赢得了一个美名——轻骑兵猴，因为它们飞奔的样子让人联想起 19 世纪大批轻装骑马旅行者冲锋的情景。这些猴子生活在空旷的金合欢树林以及赤道森林北部比较干燥而且更显季节性的丛林中。它们的栖息地常常与长尾黑颚猴相邻，虽然它们体型比较大，但是遇上长尾黑颚猴时往往也要避让三分。

绮帽猕猴能同时栖息在树上和地面，这使它们能够与树栖程度更高的猕猴共享领地。

　　侏长尾猴是旧大陆猴类当中体型最小的，它们生活在中非西部洪泛区的森林中。而阿氏沼泽猴正如它的名字所使人联想到的一样，会频繁地出入刚果盆地的沼泽中。这两种猴子都被划分到独立的属中，部分原因在于它们当中雌性的会阴部长有肿块，其他属的雌性则没有这个特点。

食性

　　猕猴亚科动物主要靠果实为生，但它们也是机会主义的进食者。它们的食物包括：种子、花、芽、叶子、树皮、树脂、根、球根和球茎、昆虫、蜗牛、螃蟹、鱼、蜥蜴、鸟类甚至哺乳动物，任何能够被消化而且没有毒的东西都可能成为它们的美餐。大部分的食物是通过它们的前掌捕获或采集到的。食物的选择和处理工作最初是由猴群中的母猴们做的，然后其他成员再通过观察而学会。通过这种方式，当地猴群的食物处理经验能够得到发展和传承。成年狒狒会阻止幼狒狒吃一些不熟悉的食物，另一方面，幼猴会根据已有经验识别新的食物，发明出属于它们自己的食物处理方法。其他幼猴和成年母猴会向这些开创者学习，但是成年雄性则不太愿意这样做。这种信息的传播是群居生活的一个至关重要的功能，因此猴群还是一个教育性的组织。

生活在水边的猴类会利用水中的食物。居住在海边的日本猕猴群最近把海藻列为了它们食物的一部分，而食蟹猕猴的名字和它们所吃的东西也确实有很大的关系。生活在非洲南部海岸的狒狒会从礁石上采集贝壳类动物，而侏长尾猴据说能潜入水中抓鱼。

以西非森林为例，当几个种类的猴子互有联系地生活在一起时，体型比较小的种类更趋向于吃昆虫，尤其是像蚱蜢这种活跃的昆虫，而体型比较大的种类则更多地趋向于吃毛虫、叶子以及树脂。白眉猴拥有强有力的门齿，能够咬开坚硬的坚果，而长尾猴很难做到这一点。

赤猴习惯于在草原及金合欢树林中奔跑，在这些地方，它们以果实、树叶和树脂为食，同时也吃昆虫和小型脊椎动物，它们的食物和生活在森林里的长尾猴没有太大不同。与之相比，狒狒的食物中包含了大量的草，它们长长的下巴给臼齿提供了足够大的空间来咀嚼那些坚韧的草叶。它们勺状的前掌十分强壮，能够用来挖洞，在极其干旱的季节，它们会挖出某些草类和百合科植物的球状根及球茎并以此维持生存。狮尾狒狒的臼齿相对较大，齿冠也较高，它们不仅能够磨碎草叶当中的纤维，还能保护牙齿不受到快速的磨损。它们可以通过拇指和食指的快速运动"收割"草皮，就好比修剪羊毛一般。狒狒也吃小型食草哺乳动物，它们会将隐藏在草丛中的瞪羚幼崽杀死然后吃掉，还会去捕捉野兔。在捕猎的时候，狒狒会进行简单的协作，它们散开阵型，一起拦截小猎物，就像驱赶猎物的猎人一样，不过对于最终抓住猎物的狒狒来说，它们是极不情愿分享战利品的。

许多猴子也把人类的粮食包括进了它们的食物种类当中。猴子的诸多行为清晰地表明，学习在它们获取食物的活动中扮演了重要角色。它们能够计算时间，在食物刚好出现的时候到达取食地点。它们往往在确信人类不在的时候才"作案"，比如在暴风雨中或者人午休的时候，狒狒还会在女人们耕作的时候闯入田地里，而尽量躲避男人，因为男人们通常持有武器。同样，当人们在森林的河边洗刷或者钓鱼的时候，侏长尾猴可能会聚集在离人很近的地方，却会避开那些准备捕猎的人们。这些例子都表明，猴子对人类的各种行为有着相当老练的解读。

社会行为

猴科动物成熟和繁殖的速度较为缓慢，但它们能活相当长的时间。在营养良好的人工养殖种群中，雌性恒河猕猴通常会在 3.5 岁时第一次怀孕，然后在 4 岁时产崽；大概有 10% 的猴子成熟期

在阿拉伯狒狒中，梳毛是最占用时间的社会活动。雌性之间的攻击行为几乎总会受到雄性的注意，而且它们会为了争夺给雄性梳毛的权利而互相打斗。

要早一年，10%则要晚一年。赤猴通常在2.5岁左右第一次怀孕，它们是迄今为止有记录的猴科动物中成熟最快的。另外，长尾猴类中体型最小的侏长尾猴的雌性直到4~5岁才能怀孕，其他森林中的长尾猴，比如斯氏长尾猴和德氏长尾猴也是如此。猴类所能获取的食物对其生长发育影响显著，例如，人工养殖的雌狒狒可能在3.5岁左右就能怀孕，但是如果生活在自然环境恶劣的地区，比如肯尼亚的安博塞利，就有可能直到7.5岁才能怀孕。生活在安博塞利地区的雌性长尾黑颚猴第一次怀孕大概是在5岁，但人工养殖的长尾黑颚猴在2.5岁左右就能怀孕了。雄性开始产生

长尾黑颚猴的幼猴不能对报警行为做出适应性的调整，因为它们的父母从来没有专门"告诉"过它们这些知识。

精子的年龄差不多和雌性第一次怀孕一样，但是它们还没有完全长大，从社群关系上看它们依然没有成熟。因此，当实际开始交配的时候，雄性总是会比雌性大上几岁。

绝大多数猕猴亚科动物只在一个十分有限的交配季节中怀孕。在高纬度地区，交配发生在秋季；在热带地区，长尾猴在干燥季节怀孕；而在干燥的国家，赤猴在雨季里怀孕。狒狒和白眉猴在全年的任何时候都有可能产崽，但是某些生态压力，比如引起多个幼崽死亡的长期干旱，可能会对来年同一时期重新怀孕的母猴产生影响。实际上，正是气候对食物供给的影响导致了繁殖期的季节性。交配期可能持续好几个月（比如长尾黑颚猴），也可能集中在几个星期里（比如赤猴和侏长尾猴），而在这一年一度的繁殖季节中，母猴很可能只有一次排卵。雌性个体通常会在连续几天里交配多次，已经怀孕的母猴也有可能再进行交配。雄性恒河猕猴同样表现出季节性变化，在非繁殖期里，它们的睾丸激素分泌水平会下降，睾丸体积也会相应缩小。

由于配偶之间往往相互比较熟悉，而且它们只关注表示可以交配的信号，所以求爱过程通常十分短暂。不过雌性赤猴的求爱方式则要复杂许多：它们会卷曲着尾巴，探出下巴，噘起嘴唇，弯腰低头地跑；它们还会鼓起腮，一只前掌握着外阴部，有时还会用另一只前掌拿着树枝在上面摩擦。它们会频繁地求爱，而一对"情侣"会一起在猴群边缘亲密地待上几个小时或者几天。在某些种类中，一次交配过程就能导致射精，而在其他种类中，数次交配才能让这一过程发生。交配中的配偶们时常会被幼猴干扰，尤其是雌猴的后代。它们之所以热衷于此，很可能是想推迟自己的"弟弟或妹妹"降生的时间，因为它们的出世将会使母亲的注意力分散。这种干扰足以使配偶们不得不交配多次，以便使雄猴完成射精。

经历5~6个月的怀孕期后，会有1只幼崽降生（双胞胎极其少见）。猴子分娩的过程比人类短得多，而且母猴可以在任何地方分娩。刚出生的猴子全身被软毛覆盖，眼睛是睁开的，常常会紧紧抓住母猴的毛发，甚至在四足没有完全从母体出来的时候。

幼崽出生后会立刻紧贴在母猴的腹部，通常它们都能支持住自己的体重，但母猴一般还是会用一只前掌扶着幼崽的背部，以便在最初的几个小时里能在自己行走时支撑住小猴。刚出生的猴子经常把乳头含在嘴里，即便在不吃奶的时候。大部分猴子都是在夜里出生，出生的地点往往是母猴睡觉的树上。母猴生下小猴后会把胎盘吃掉，并在早晨到来之前把小猴舔干净。而赤猴的幼崽们通常在地面上降生，出生时间一般在白天。似乎分娩时间的选择和来自掠食者的压力有关，因为赤猴夜里通常睡在低矮的树上，这使得它们极易受到掠食者的攻击。虽然母猴在分娩时发出的声音几乎不会吸引猴群其他成员的注意力，但幼崽一旦降生便会成为群落里其他成年猴子以及幼年雌猴的焦点，它们可能通过竞争来获得幼崽母亲的许可，从而取得抚摸和照顾猴崽的权利。

随着小猴独立行走的能力逐渐增强，母猴对它的照顾行为也会发生相应的改变。虽然在几个月过后，哺乳变得不是那么频繁，但是哺乳行为一般还是会持续到下一个幼崽降生。对于大部分猕猴、长尾黑颚猴、赤猴、侏长尾猴来说，哺乳行为在小猴出生大概一年后仍有可能发生，而对于生活在森林当中的长尾猴，比如蓝长尾猴来说，这种行为甚至会持续两年或更长时间。狒狒分娩的时间间隔经常发生变化，一般在15～24个月，这很可能是因为不同时期所能获取的食物量不同。如果幼崽流产或者夭折，分娩间隔期可能会缩短，不过，分娩间隔期的变化在季节性繁殖的猴类中并不明显。

猴类中"母女"之间的联结一般会持续一生。与之不同，"母子"之间的联结一般只持续到雄性幼猴性成熟，这时它会离开自己出生的群体并加入其他群体，或者单独生活一小段时间。过了婴儿期后，母猴与后代的关系主要体现在互相梳毛或者坐在一起的频率上。幼猴也会和自己的同胞们形成联结关系，它们之间的等级关系很明显，一只雌性幼猴的等级可能仅次于母猴而在它的"姐姐"们之上。离开出生的猴群

猕猴的面部表情（图上展示的是成年雄性）。1. 北非猕猴，正冲着幼崽咂嘴；2. 摩尔猕猴，正张开嘴，表示威胁；3. 绮帽猕猴，正打哈欠，显露出犬齿；4. 长尾猕猴，正展示表示害怕的咧嘴；5. 短尾猕猴，正张开嘴，表示威胁；6. 猪尾猕猴，正接近噘嘴，出现在交配或攻击甚至是互相梳毛之前；7. 恒河猕猴，正展示攻击性的凝视。

一只生活在坦桑尼亚的长尾黑颈猴和它的年轻后代。长尾黑颈猴的幼崽会一直受到照顾，直到下一个后代出生为止。长尾黑颈猴是长尾猴当中分布最广泛的，和其他主要树栖的长尾猴不同，长尾黑颈猴生活在整个非洲大草原的许多不同地形之中。

后，雄猴便失去了其继承的等级地位，但是雄猴可以在它"兄长"的介绍下加入其"兄长"所在的一个猴群当中。

当一个猴群中有超过 1 只母猴可以受孕时，雄猴似乎更喜欢和年长的雌猴交配，因为年长的雌猴受孕的时间更长。类似的，雌猴也倾向于同年长的雄猴交配。狒狒们可能有自己钟情的配偶，它们会花一些时间待在一起，即使雌狒狒不在受孕期。在那些一只雄猴和一群雌猴生活在一起的猴类中，如果有数只母猴同时可以受孕，那些正独自生活的雄猴可能加入该群体当中，这样雌猴们便多了一个交配的选择。在"一雄多雌制"的红尾长尾猴中，雄猴的生存状况不如雌猴好，所以那些能够活到成年的猴子为后代贡献了更多基因。

在狝猴亚科动物中，阿拉伯狒狒似乎是个例外，在这种猴类当中，雄狒狒们会待在一起并结成联盟，反倒是雌狒狒常常游走于群落之间。虽然以前，人们似乎可以确定某个种类中典型的群落规模、领地范围、社群组织，但最近的研究却表明，即使在同一种猴类当中，随着时间的推移和领地所处位置的不同，猴群也会发生相当大的变化。在适宜的条件下，一只单独的雌性可以依靠它的"女儿"们生存，而它的"女儿"们往往也已经分别是它们自己母系的首领，不过它们仍然生活在一个大的猴群中。在比较严酷的条件下，它们生存的概率是如此低，以至于我们必须通过对猴群数年的观察研究才能发现其中的母系群体组织之间的关系。

猴群规模的上限可能取决于食物的数量，狝猴群会频繁地分化成几个更小的群体，这种分化主要是沿着母系进行的，但通常只有在猴群成员数量远远超过自然条件所能承受的规模时才会发生。猴群间的合并或者融合则要罕见得多，但是在比较贫瘠的栖息地上，当一些致命性的大规模死亡导致猴群规模小于生存所需的最小规模时，这种情况也有可能出现。比较小的猴群在合并中受益总是比较少，其中的成员往往处于群体组织的底层，而且生存状况也不好。群体生活的方式也有它的代价，因为越大的群体所面临的食物压力就越大，因此群体成员可能需要长途跋涉以获取食物。

总体而言，猴群生活在一个明确的栖息地范围之内。长尾猴和狝猴可能会保护领地不受掠食者的侵犯，而狒狒和赤猴却常常因为领地范围过大而无法进行防护，而且还会因此导致相邻群落的领地有相当大的重叠。对于作为猴群永久核心的雌猴来说，领地就是它们的财产，在蓝长尾猴和红尾长尾猴中，正是那些带有小猴的母猴经常会卷入边界纷争。雄猴在猴群中待的时间相对要短暂得多，它们待在一个猴群里的时间可能短到几周，也可能长达 2 ~ 3 年，但极少会更长。雄猴会大声吼叫，这种叫声不同种类有不同的特性，同时也有个体的特点在其中。这种叫声可以起到标示集合地点的作用，同时也告知了竞争对手群落里居住着一只雄猴。

猕猴亚科动物组成单雄群体或多雄群体。狒狒、白眉猴、猕猴的雄性能够相互容忍猴群里其他雄性的存在，但一个小的猴群可能只有一只完全成熟的雄性。当猴群中的雄性少于 4 只时，处于统治地位的雄猴将能垄断绝大部分的交配权，前提是不要有太多的雌猴在同一时间发情。当有超过 4 只雄性时，处于统治地位的雄猴无法把所有雄性跟雌性隔开，因而交配参与者会变得更加广泛。

长尾黑颚猴和侏长尾猴生活在多雄群体中，这在长尾猴中并不常见，而赤猴和其他大部分森林长尾猴都生活在单雄群体当中。在这些猴类中，雄猴的"任期"只有 2 ~ 3 年，在交配季节，当有许多雌猴可以受孕时，其他雄猴也可能加入该猴群中并参与交配。

在许多狒狒和长尾猴种类中，新到来的成年雄猴会杀死它们在猴群中发现的幼崽。虽然这并不是所有猴群在所有时期的必然现象，但这种行为很常见，足以表明这是雄猴为了繁殖所采用策略的一部分。

人们发现，那些不属于某一猴群的雄性长尾猴经常"孤身一人"，不过雄性赤猴会结成临时性的小群体。在人工养殖的情况下，一只以上的雄性可以快乐地生活在一起，但前提是雌性不在场。侏长尾猴生活在非常庞大的多雄群体中，但是在非交配季节，雄性则生活在一个次级群体中，极少同雌性来往。阿拉伯狒狒和狮尾狒狒在猴群中设有"后宫"，每个"后宫"由 3 ~ 6 只带着小猴的成年母猴和一只雄猴组成，但是偶尔也可能有 2 只雄猴；单身雄猴则生活在猴群外围的次级群体中。狒狒以队列的方式行动，通常在队伍的前头和尾部都有雄猴，成年雌猴也会出现在队伍的头尾（包括那些带着幼崽的母猴），幼年的猴子则处于队伍中部。

在博茨瓦纳的莫瑞米野生动物保护区内，一群长尾黑颚猴正待在一棵树的树枝上面。长尾黑颚猴和其他某些种类的猴子能够面对不同的掠食者发出不同的警报声。

黑猩猩

大部分的科学团体现在都认为黑猩猩和倭黑猩猩是我们人类现存最近的"亲戚"。遗传学证据显示，我们和它们最近的一个共同祖先出现在大约 600 万年前，比现代大猩猩的分化时间要稍晚一些。

倭黑猩猩是在大约 150 万年前脱离黑猩猩的，当时可能有一些黑猩猩的祖先穿过了刚果河，来到了河的南岸并被隔离在此。倭黑猩猩仅仅生活在低地的热带雨林，包括那些位于非洲西南部大草原边缘的森林，在现今的刚果（金）境内。黑猩猩也是雨林栖居者，但是它们的分布则更广，其中还包括山地森林、季节性干燥森林和热带大草原的一些林地，在这些地区，它们的种群密度非常低。

体型和官能

随着时间的推移，已识别的黑猩猩的种类和亚种数量有了很大的变化。人们以前一致认为黑猩猩只有 1 个单独的种，包括 3 个亚种，但现在黑猩猩的分类法又有了新的变化。由于黑猩猩在进化上和我们很接近，而且它们的行为与我们的行为有着惊人的相似，因此它们被当作最好的例子来与早期人的进化对比，并用来解释我们行为的生物学根源。然而，最近对倭黑猩猩的研究表明，黑猩猩和倭黑猩猩两者也存在着重要的差别，因此它们之间的互相比较也是需要重视的。

两个种类的黑猩猩都具有很好地适应树栖生活的身体。它们的手臂要比腿长得多，手指也比人类的长，而且肩关节高度灵活。

中非的倭黑猩猩正在吃瓜。倭黑猩猩的食物与黑猩猩的十分相似，不过它们更少吃脊椎动物，最常见的猎物是它们偶然捕获的小型羚羊。

再加上骨骼和肌肉组织等其他方面的特征，黑猩猩能够依靠手臂挂在树枝上面，而且也很擅长攀爬树干和藤蔓植物。当然，两种黑猩猩差不多都在树上进食，而且晚上都是在树上的巢中睡觉——这些巢是通过折断和折叠树枝建造而成的。它们都能在地面行走，行走的方式和大猩猩一样，都是四足并用并以"指关节着地"的方式走路。它们的身体有很多适应这种行动方式的特征，比如在前臂的桡骨和腕骨的结合处有一块脊，在指关节承受身体重量的时候能够防止手腕弯曲。

倭黑猩猩也被称为"小黑猩猩"，但这属于用词不当。它们的身体比黑猩猩瘦长，头骨也有些不同，体重在两种黑猩猩的所有亚种中是最小的。黑猩猩和倭黑猩猩都能够直立，它们经常以这种姿势攀爬或摘取食物，但与我们的双足行走相比，还是很笨拙的。

黑猩猩和倭黑猩猩的大脑容量约有 300 ~ 400 毫升，其绝对大小和与体重相比的相对大小都是很大的。它们在实验室背景下解决问题的能力十分出色，而且在经过强化训练或给予大量学习机会的情况下，它们能够进行一定的符号交流。在野外，它们会使用各种各样的声音和视觉信号进行交流。两种黑猩猩都十分擅长预测和操纵"他人"的行为，无论是同类还是人类研究者。

雄性的黑猩猩和倭黑猩猩要比雌性大 10% ~ 20% 左右，而且也要强壮许多；它们作为武器的犬齿也更大。除此之外，雄性和雌性在身体比例方面都比较相似。

从青春期开始，雌性生殖器附近的皮肤就开始周期性地发胀。刚开始时间隔很不规律，一次会持续许多周，但是成年以后，雌性的月经周期开始变得规律。黑猩猩的月经周期大约是 35 天，倭黑猩猩 40 天左右，而肿胀发生在该周期的中间，一般持续 12 ~ 20 天。发胀的雌性处于发情期，它们不仅对雄性发起的行动感兴趣，还会主动靠近雄性并发起性活动。在野外，雌性在 13 岁左右生下第 1 个幼崽。幼崽发育很慢，一般到 4 岁时才断奶，如果幼崽存活，那么两胎之间的平均间隔为 5 ~ 6 年。与其他灵长类动物相比，雄性黑猩猩的睾丸相对于身体来说十分大，能够频繁地和雌性交配。雄性在 16 岁左右达到成年体型，不过在此之前它们就已具备了生殖力。

食性

黑猩猩和倭黑猩猩一般从黎明活动到黄昏，在它们的赤道栖息地则差不多有 12 ~ 13 个小时，而其中有一半的时间都在进食。两种黑猩猩都主要吃果实，辅以树叶、种子、花、木髓、树皮和植物其他部位。黑猩猩一天能吃 20 种植物，一年吃过的植物差不多有 300 种。它们栖息地的随着季节的变化，黑猩猩的食物种类也在变化。它们的食物一半以上是果实，剩下的大部分也是植食。图中一只黑猩猩正直接从树上摘果实吃。黑猩猩也吃肉，不过肉食只占到了其食物总量的不到5%。它们还吃多种昆虫，白蚁是其最重要的昆虫类食物。

食物产出在一年中变化很大，在某些时期，它们几乎只吃一种数量丰富的果实。它们常年都能吃树叶，但只是在果实数量不多的时候才更多地吃树叶和其他非果实的食物。倭黑猩猩似乎比黑猩猩更多地依靠植物的茎和木髓，而且它们的栖息地能够更加持续地提供水果。这些差异对它们的社会生活产生了重要的影响。

黑猩猩和倭黑猩猩也吃动物性食物，包括像白蚁这样的昆虫和多种脊椎动物的肉。黑猩猩比倭黑猩猩更常捕猎，它们捕杀很多种猎物，包括猴类、野猪、林栖羚羊和各种各样的小型哺乳动物。猴类是它们最常见的猎物，而生活在黑猩猩附近的红绿疣猴则是其主要的猎物。黑猩猩大部分情况下是群体捕猎，而且雄性比雌性更多地捕猎。倭黑猩猩捕食最多的是小型羚羊，还没有关于它们捕食猴类的记载，而且它们大多是机会主义的单独猎手，不会群体捕猎。

黑猩猩各个群体的捕猎成功率是不同的，其中有很多原因。在树木高耸的原始森林捕捉猴类要比在树冠低而不连续的森林困难得多，因此在两种森林都有的地区，黑猩猩更愿意在树冠不连续的森林捕猎。猎手的数量与合作的程度也会影响捕猎结果，如果有更多的雄性参与，而且它们相互合作的话，捕猎行动则更有可能成功。对于捕猎红绿疣猴的行动来说，不同栖息地的成功率在50% ~ 80%，这与大多数食肉目动物相比是一个相当高的值了。

随着时间的推移，捕猎的频率也会变化。至少在某些栖息地，果实丰富的时候它们会更频繁地捕猎，雄性通常组成大型的团体，而且可能会行走数千米去寻找红绿疣猴等猎物。

在大部分情况下，黑猩猩都是各吃各的，但吃肉时却明显例外。有时，雄性黑猩猩在捕获猎物之后会立刻为猎物而打架，地位高的雄性有时还会从"下属"那里"偷"肉，不过在一般情况下它们都会分享肉食。大部分的分享行为都表现为占有者允许其他黑猩猩获得部分猎物，有时占有者也会主动将肉分给别的黑猩猩。黑猩猩中的肉食占有者通常是雄性，而且同它们共享的伙伴主要也是雄性，特别是它们的盟友和主要的梳毛伙伴。

雌性一般能够从雄性那里取得一些肉，发情期的雌性比其他雌性成功率更高，但是雌性用性交换肉的说法并没有得到证实。雄性有时会在分享肉食的时候与雌性交配，但是发情期雌性的出现并不总会促使雄性去打猎，而且肉食分享行为对雄性是否能交配成功只有很小的影响。倭黑猩猩通常由雌性占有相对较多的肉食，而且它们也经常控制着数量巨大的果实。与黑猩猩相比，倭黑猩猩中的食物共享行为大多发生在雌性之间。

黑猩猩的手臂很长,当其直立时可以垂到膝盖以下,这是黑猩猩宝贵的"财富"。黑猩猩之所以能够在森林栖息地中迅速而灵活地移动,就是依靠其手臂。

社会行为

黑猩猩和倭黑猩猩的社会具有"分裂—融合"的特点。所有的个体都属于拥有15～150只的群落,这些群落似乎具有社会边界,不过其中仍然具有一些不确定性,比如某些雌性黑猩猩是否会与两个邻近群落的成员发生关联。所有的群落都或多或少有一些友好的社会关系,但相对于倭黑猩猩来说,黑猩猩群落之间的敌意更强。在同一个群落内,成员会结成大小和结构不同的小群体以行动和进食,而某些成员可能很少或根本不会聚到一起。小群体的规模受到了食物可得性的显著影响,特别是果实的可得性。当果实充足的时候,小群体的规模更大,而且大的群体也会聚集到大的果树周围;当果实稀缺的时候,成员会为了减小食物竞争而组成比较小的群体。雄性身边有发情期的雌性时,它们也会组成大型群体,而不管果实是否容易获得。倭黑猩猩的平均群体大小(6～15只)要比黑猩猩的(3～10只)稍大,而且与黑猩猩相比,倭黑猩猩群体之间规模的差别比较小,这可能是因为倭黑猩猩栖息地的食物数量变化比较小。

雄性黑猩猩比雌性更喜欢群居,而雌性黑猩猩通常和它们的未成年后代单独待在一起。倭黑猩猩中的群居性则没有明显的性别差异。雄性黑猩猩的活动范围比雌性广,而且它们通常会利用它们整个群落的活动范围;带有未成年后代的雌性通常会更多地把它们的行为限制在群落活动范围的中心部分。不过,性别的差异程度似乎在不同栖息地也不同。另外,发情期的雌性会走得更远,而且通常还有许多雄性陪伴。

雄性的黑猩猩和倭黑猩猩终生都待在出生的群落中。与它们相比,还未开始繁殖的雌性通常在青春期的时候就要迁往邻近的群落。成年雌性偶尔也会迁移,不过这种情况很少见。迁入的雌性在建立自己的核心区域时会遭到本地雌性的侵犯,它们依靠雄性来保护自己不受这种骚扰。对于倭黑猩猩来说,刚迁入的雌性面临的侵犯要少一些,而且它们也会努力地与当地的特定雌性发展社会连带关系,然后这些当地的雌性会帮助它们获取群体的接纳。

黑猩猩和倭黑猩猩在社会关系方面存在着显著的差异。黑猩猩的社会是一种雄性联结的社会,雄性黑猩猩主要与其他雄性发生关联。最主要的关联是统治关系,这可以导致统治层级的出现,尽管在拥有许多雄性的群落中,这种统治层级并不明显。它们为争夺高的统治层级而进行的竞争通常是惊人的,不过雄性也有许多友好的互动。它们之间的梳毛活动十分普遍,而且它们互相梳毛的频率比与雌性相互梳毛的频率或雌性之间相互梳毛的频率都要高。某些雄性会组成联盟,以对抗那些争夺层级的雄性,而且雄性的首领可能就是依靠盟友的支持而获得自己的地位的。雌性不会常规地与其他雌性或特定的雄性发展强力的社会联结。某些雌性占有统治的地位，但它们并不形成统治层级。所有雄性对于所有的雌性都是占据支配地位的。

与黑猩猩相比，倭黑猩猩中的雌性会更多地进行互相联系并建立强力的社会联结，尽管它们之间通常不是很近的亲戚。梳毛活动在某些雌性之间是很平常的事情，而且通常还会在一起摩擦它们的生殖器以减轻压力和维持相互接纳的关系。雌性有时会组成联盟对抗雄性并使雄性表现得顺从，而且雄性在进食时通常也会服从于雌性，而不是试图占领进食地或抢夺食物。当雌性倭黑猩猩的成年雄性后代与其他雄性竞争时，它们会支援自己的后代并对其社会层级产生影响；在野外，雌性黑猩猩则不会影响到雄性之间的竞争。雄性倭黑猩猩也经常相互梳毛，但是雄性倭黑猩猩明显不会像黑猩猩一样组成联盟。

雄性黑猩猩在群落之间的争斗中也会相互合作，这其中有两种形式。当来自两个邻近群落的群体在普通活动中相遇时，它们通常表现得很兴奋，而且还会相互追逐，但如果一方的数量明显少于另一方时，它们会悄悄地逃走。有的时候，雄性在边界地区巡逻时甚至会入侵邻居的领地。巡逻者十分安静、机警，并时刻寻找着邻居。如果它们听见或遇到某些邻居，它们会很大程度上根据数量对比做出反应。如果它们的数量明显处于劣势的话，它们会悄悄地离开，甚至逃离；如果它们的数量远远多于对手，它们就会发动攻击。这种攻击十分猛烈，甚至可能是致命的，人们就已知它们杀死过成年雄性、幼崽，甚至是未生育的成年雌性。

在哺乳动物中，由雄性联盟发起的致命攻击并不常见；在灵长类中，这只发生在黑猩猩和人类中。为什么这会发生在黑猩猩中，原因还不完全清楚，可能群落之间的竞争胜利会使雄性获得更多接近雌性的机会，但也有可能是为了让群体中的雌性更容易地获得更多、更好的食物，由此增加它们繁殖的成功率，这也很重要。巡逻和成功的地盘防卫也有助于保护雌性不受外来雄性"杀婴"的威胁。

当来自邻近群落的倭黑猩猩群体相遇时，它们也会相互展示并追逐。有时相遇者却很平静，而且边界的巡逻和严重的攻击从来没有出现过。这种与黑猩猩的差异最可

一个黑猩猩群体正在穿越西非的一个湖。在觅食的时候，黑猩猩群体每天能够行进多达 15 千米的距离。

265

能来自下面的事实：倭黑猩猩通常以大群体行动，所以群体之间由于实力悬殊而进行危险性攻击的机会十分少有。

黑猩猩的交配行为很复杂，而且变化也很多。它们大部分的交配行为都是机会主义的：发情期的雌性会和群落中的大部分或所有的成年雄性交配，而且还经常与未成年雄性交配。与许多雄性交配或许能够搞混"父子"关系，从而防止雄性的"杀婴行为"。然而，在雌性接近它的发情期尾声并增大排卵可能性的时候，高层级的雄性有时会保护它们并防止它们与其他雄性交配。垄断交配的意图会引发相当大的侵犯行为，这些行为主要是指向雌性的。交配成功率与雄性的统治层级有正向的相关，而且高等级似乎能够带来某些关于繁殖方面的优势，但我们目前对它们的"父子"关系了解很少。有时候，雄性能够"说服"一只雌性和它做伴（一种临时的殷勤关系），期间它们会试图避开其他雄性并待在一起数周。黑猩猩的怀孕期持续 7.5 个月左右。一旦雌性怀孕，只要它的幼崽存活下来，它们在 4 年甚至更久的时间内都不会恢复常规的发情周期。

倭黑猩猩的发情期比黑猩猩的长，它们更有可能在怀孕期显示出类似发情的行为，而且它们在分娩后 1 年之内生殖区就开始膨胀。因此，与黑猩猩相比，倭黑猩猩的性行为与受孕的关系要小一些，这也有助于解释为什么倭黑猩猩中不会出现交配保护行为或"杀婴行为"。倭黑猩猩的性行为比黑猩猩较为常见，而且具备许多社会功能，它们通常在冲突之后或分享食物的时候相互摩擦生殖器或进行交配。

捕猎、雄性联盟、群体间的协作突击、制造和使用工具，这些特征是黑猩猩和人类共有的，而且可能也是我们最近的共同祖先所具备的特征。如果是这样，那我们就需要解释为什么雄性联盟和群体间的冲突并不存在于倭黑猩猩当中。答案可能是这样的：倭黑猩猩的食物分布更加平均，食物的供应也更加可靠，再加上雌性的性功能更强，这就消除了冲突的机会，减小了雄性之间激烈的交配竞争，也使得雌性比较不容易受到雄性的侵犯。

大猩猩

大猩猩是现存体型最大的灵长类动物，它们同两种黑猩猩是与人类血缘关系最近的猿类。事实上，来自化石和生物化学的数据都表明，与猩猩相比，黑猩猩和大猩猩与人类的关系更近。

除人类以外，猿类应该是陆地上最聪明的动物了，至少依照我们的标准来看是这样。它们至少可以学会 100 个用聋哑手势表示的"单词"，甚至能将某些词串成简单而合乎文法的双词"短语"。然而，大猩猩可怕的外表、巨大的力气和捶打胸膛的动作，却使猎人认为它是凶残的动物。事实上，雄性成年大猩猩只有在互相争夺雌性大猩猩，或者保护它们的家庭成员不受掠食者和猎人伤害的时候才具有危险的攻击性。

体型和官能

大猩猩与黑猩猩的不同之处在于，前者体型要远远大于后者，而且身体的比例（与腿相比，手臂更长，手和脚也比黑猩猩的短和大）和颜色模式也不同。特别是大猩猩需要更大的牙齿（特别是臼齿）来处理大量的食物，从而维持它那庞大的身躯，这就还需要更强大的咀嚼肌，特别是颞骨肌——该肌肉一般与雄性头骨的中线汇合，并与弧形的头顶相连。雌性大猩猩和黑猩猩的头盖骨比较小，然而头骨后面更大的一块骨头才是辨别雄性大猩猩的典型特征，它显著地影响了头部的外形。

除此以外，雄性大猩猩的犬齿比雄性黑猩猩和雌性大猩猩的更大，大猩猩可以利用犬齿给对手甚至是掠食者造成严重的伤害。从进化的角度看，这可能是因为那些赢得雌性以及为雌性提供最好保护的雄性，正是那些拥有最强大武器的雄性。雄性的头骨比雌性大是因为它们需要更多的食物，需要有更强大的肌肉去碾碎粗糙的食物，同时它们也需要更大块的肌肉来增加它那巨大犬齿的伤害力。大猩猩的耳朵比较小，鼻子上有宽大的脊一直延伸至上嘴唇，从而扩大了鼻孔。

大猩猩主要生活在地面上，用四足行走——用后脚底和前肢的指关节走路。然而，由于西非的果树数量比东非更多，那里的成年大猩猩——包括巨大的雄性——会花不少时间去吃高挂在树上的果实，体重比较轻的个体甚至可以用它们的上肢从一棵树荡到另一棵树，而幼年大猩猩则会在树上嬉戏。虽然大猩猩偏好吃果实，如无花果，但在很难获得果实的地区或时期，它们也会吃树叶、木髓和茎干。莎草、香草、灌木、藤蔓等构成大猩猩后备食物的植物在沼泽、山区和次生林里生长得最好，因为这些地方没有森林顶篷的遮盖，充足的阳光可以到达地面。

大猩猩巨大的体型和食果的习性意味着它每天必须花很长的时间进食，以维持自己的体重，这就阻止了大猩猩进行经常性的长途迁徙。虽然大猩猩群体的活动范围可达 5 ~ 30 平方千米，但它们通常的移动范围每天只有 0.5 ~ 2 千米。就群体的活动范围和每天移动的距离而言，东部大猩猩都要比西部大猩猩少，因为在东非的森林里果树的种类更少。因此，东部大猩猩的食物种类中树叶的比例比西部大猩猩的大，它们每天可以不用走太远去寻找食物。

每天行进很短的距离意味着大猩猩不可能是地盘防卫性的动物。因为即使一块只

一只雌性山地大猩猩在吃带刺的荨麻。东部非洲大猩猩的食物主要包括树叶和其他植物，而不是果实。大猩猩从来不会在一个进食地停留太久，而是会留下足够的植被使之快速地恢复。

像图中这样的大猩猩群体与其他群体之间很少进行社会性接触。虽然在群体相遇时它们通常会显示出攻击性，但有时也会忽略对方的存在并暂时地混合在一起。

有 5 平方千米大的范围，它的周长也有 8 千米，或者说至少是每日普通行进距离的 4 倍，因此它们的活动范围是无法有效防卫的，所以邻近的大猩猩群体才会有大片重叠的活动范围。事实上，即使是使用最频繁的核心区域也是可以重叠的。

大猩猩通常在早上和下午进食，中午有一两个小时的休息时间。像所有的大猿一样，它们在晚上筑巢——将树枝和树叶扯下并折弯后当作台子或垫子放在身下。这种巢可以将大猩猩与寒冷的地面隔开或者将它们支撑在树上，而且也能防止它们滚下悬崖。这种习性在非洲东部尤其有用，因为对大猩猩进行普查的人可以通过它们巢穴的数量以及周围粪堆的大小来测量大猩猩家庭成员的数量和体型。在西非，大猩猩通常不筑巢。

大猩猩没有明确的繁殖季节。它们通常每胎产 1 崽，这和大部分体重超过 1 千克的灵长类动物一样。生出双胞胎的概率很小，即使生出来了，通常也会因为体型太小（而且对于母亲来说，要把所有幼崽带到几个月大实在太难了）而总会死掉一只。新生幼崽的体重一般为 1.8 ~ 2 千克，粉红色的皮肤上几乎没有什么毛。它们 9 周之后开始爬，30 ~ 40 周之后开始行走。与人类相比，大猩猩断奶的时间更晚，因而雌性大猩猩产崽的间隔约为 4 年。然而，在出生的头 3 年内大猩猩的死亡率高达 40%，这就意味着一只成熟的具有生育能力的雌性大猩猩在 6 ~ 8 年中只能成功带大 1 只幼崽。雌性大猩猩在 7 ~ 8 岁时达到性成熟，但它们通常在 10 岁左右才能生育。雄性成熟得稍晚，由于激烈的竞争，它们很少在 15 ~ 20 岁以前参与生育。

社会行为

在所有的大猿（人科）中，大猩猩的群体关系最为稳定，同一批成年大猩猩会一起活动好几个月甚至好几年。和果实特别是成熟果实不同，大猩猩所需要的树叶数量丰富，因此可以养活大群的大猩猩。在西非，由于大猩猩的食物种类中果实的比例比东非的高，它们的群体通常会分成临时的亚群体，这样群体成员可以在较大范围内寻找相对稀少的成熟果实。

大猩猩的群体数量最多为 30 ~ 40 只，但通常是 5 ~ 10 只。在东非，一个群体一般包含 3 只成熟的雌性，4 ~ 5 只年龄不等的幼崽和 1 只雄性。这只雄性大猩猩通常被称为"银背大猩猩"，因为它们的背部通常有银白色的鞍状斑纹。在西非，一个群体似乎很少超过 10 个成员，而在东非，15 ~ 20 只的群体并不少见，而且根据记录，有的群体数量超过 30 只。

任何一只银背大猩猩的"妻妾们"都是没有血缘关系的，它们之间的社会联系很弱，这方面和许多旧大陆猴类很不一样。通常，雌性大猩猩在青春期时就离开它们出生的群体，加入其他的群体。因此，和很多其他灵长类相反，将群体维系在一起的是雌性和雄性之间的联结，而不是雌性之间的联结。

3/4 的年轻雌性最终会迁出它们出生的群体。它们之所以这样做，是因为继续留下来根本没什么好处，同时也是为了避免近亲繁殖，因为它们的父亲在它们成熟以后还需要继续繁殖。在离开以后，它们会立刻去寻找附近的银背大猩猩，这些银背大猩猩通常不会超过 200 ~ 300 米远。然而，它们通常不会与刚刚迁移到此的雄性大猩猩待在一起，最终决定雌性选择哪一只雄性的因素是雄性的领地范围和战斗的能力。战斗的能力是很重要的，因为银背大猩猩必须保护雌性及其后代免受掠食者和其他雄性的侵害。这是一种严重的潜在威胁，因为雌性大猩猩的防御能力很弱——它们的体型比雄性小得多，而且那些非"亲戚"的伙伴是不愿意为了"别人"的利益而拿自己冒险的。

大约有 1/3 的幼崽是被非父亲的其他雄性杀死的。对这种"杀婴"现象最合理的解释就是一旦幼崽被杀，它的母亲就会停止分泌乳汁并很快恢复生育。如果一只雄性大猩猩杀死一只 1 岁的幼崽，它就可以提前 2 年交配。在很多"杀婴"率高的物种中，例如狮子和哈努曼叶猴，"杀手"就是进入群体并取代统治者的雄性。这种"杀婴"现象一般发生在雌性加入非父亲的雄性群体时，这可能是因为以前的常驻雄

大猩猩

目：灵长目

科：人科

大猩猩属，有2（或1）种

分布：非洲赤道地区。

赤道

西部大猩猩

有2个亚种：西部低地大猩猩和克罗斯河大猩猩。分布在喀麦隆、中非共和国、刚果（布）、加蓬、刚果（金）、赤道几内亚、尼日利亚。

栖息在沼泽、石灰岩地区和热带次生森林。雄性体长为170厘米，偶尔高达180厘米，雌性最高150厘米；雄性体重140~180千克，雌性90千克。**外形**：皮毛棕灰色，雄性有银白色的宽大鞍状图案，一直延伸至臀部；西部低地大猩猩有独特的红色前额，特别是雄性；背部毛发短，其余地方的长；从出生开始皮肤即为黑色。**繁殖**：怀孕期250~270天，每胎产1崽。**寿命**：在野外约35岁（人工圈养的约50岁）。

东部大猩猩

有3个亚种：山地大猩猩，东部低地大猩猩，第3种至今还没有被命名。分布在刚果（金）的东部、卢旺达和乌干达。栖息在沼泽、山区和热带次生森林；山地大猩猩生活在海拔1650~3790米的地方。**外形**：皮毛黑色，随着年龄的增长而变灰；雄性有银白色的宽大鞍状图案，但没有西部大猩猩延伸得宽；背部毛发短，其余的很长，特别是山地大猩猩；一出生皮肤即为黑色。**繁殖和寿命**：和西部大猩猩一样。

性死亡了，也可能是因为它带着它的幼崽主动迁移到了新的雄性那里。然而，当这个群体的首领还在时，这种事情很少发生，因为一旦一个雌性认定了一个雄性很有力量，就会一辈子跟着它。

大约一半以上的雄性都会在青春期离开自己出生的群体。它们单独行动或者跟着其他的群体，有些时候会持续几年，直到它们从其他的群体内找到了自己的伴侣并建立了自己的一个家庭。一个雄性是留下还是离开它的出生群体，主要取决于群体中雌

在花费了一上午进食后，大猩猩习惯性地在中午休息。这个时候，群体成员都会围在"银背大猩猩"（1处）的周围。带着幼崽的雌性（2处）一般最靠近银背大猩猩，而没有幼崽的雌性（3处）则待在群体的外围。虽然未成年雄性（4处）仅仅只能让银背大猩猩容忍，但幼崽（5处）却能在银背大猩猩的保护范围内玩耍。

性的数量以及首领的统治力。如果雄性首领正值壮年，而且群体也很小，那么从属的雄性就很难再找到配偶，于是它就会离开。如果雄性首领已经老了，雌性的数量也很多，从属的雄性就很可能留下来。一只雄性到底拥有多少雌性，现在还不是很清楚，这可能要等到父子关系的 DNA 结果出来才能知道。虽然有半数的雄性会离开出生的群体，但在东非和西非，有 1/3 多一点的群体会包含两只雄性大猩猩。

雄性很明显是通过展示它们的战斗力量来引诱雌性离开它们的家庭群体的。单身的雄性似乎会为了得到雌性而比已经建立家庭的首领更加卖力，因此它们对同伴的威胁也更大。当两只雄性相遇的时候，它们会精心"导演"一场展示它们力量的表演，人们可以看到著名的捶胸动作、相互吼叫、咆哮、撕扯树叶，而所有的这一切都是用来恐吓竞争者的。

很明显，一旦一只雄性建立起一个家庭，它们将一生都待在这个家庭里。有些雄性有永久的固定伴侣，而有些则没有，所以雄性对雌性的争夺是非常激烈的。群体的领袖和单身雄性之间的战斗很可能会导致一方死亡——通常为单身的雄性。这种战斗的频繁程度和大猩猩的密度以及单身大猩猩的数量有关。一只成年雄性一生至少会遇到一次致命的战斗，而它们每年都会战斗一次。很明显，大个子在战斗中占有很大的优势，而且在"表演赛"中也能领先于其他的同类。雄性之间的战斗很可能是导致出现体型、犬齿大小和咀嚼肌等方面的性别二态性的原因之一。在这一方面，大猩猩和其他"一雄多雌制"的哺乳动物是一致的。巨大而凶猛的雄性能够获得比小型而温驯的雄性更多的雌性。大猩猩是所有灵长类中性别二态性最显著的，雄性的块头大约是雌性的两倍多（而且颜色也不一样）。

保护现状与生存环境

大猩猩如今在野外幸存的数量无法通过数量普查精确获悉，但可以通过对平均密度的合理评估和残余栖息地的数量来进行估计。已有的估算表明，至少还有 11.2 万只西部大猩猩，超过 1 万只的东部低地大猩猩，但仅有几百只山地大猩猩和克罗斯河大猩猩。总的来说，世界上的大猩猩数量在 12.5 万只左右。在拥有大片森林和人口数量很低并增长缓慢的加蓬和刚果（金），那里生活着世界上 3/4 的西部大猩猩（每个国家有超过 4 万只），约占整个大猩猩总量的 2/3。

在大猩猩的分布范围内，人们为了木材和耕地，正在砍伐它们赖以生存的森林。在以前，森林砍伐不是一个突出的问题，因为那时的人口密度很低，人们可以实施移动性的农业，而且大量生长着次生林的遗弃土地也能为大猩猩提供充足的食物。然而在 20 世纪的后半叶，在大猩猩生活的地区内人口迅速增长，达到了以前的 3 倍甚至 4 倍。随着人口的增长，人类对农业用地的使用也变成永久性的了。

另一个威胁来自狩猎。在西非，由于和家禽的肉比起来，人们更喜欢野生动物的肉，因此对野味的需求也是每年大量野生动物死亡的原因之一，其中就包括几百只大猿。虽然拥有野生大猩猩种群的 9 个非洲国家都制定了控制猎杀和捕捉大猩猩的法律，但和世界上任何地方一样，这些法律是很难被贯彻实施的。

按照这样的森林破坏速度和人口增长速度，150 年后我们就只能在国家公园里看到大猩猩了。然而还是存在希望的，比如在饱受战火的刚果（金）、乌干达和卢旺达，山地大猩猩的数量几十年来一直保持在几百只左右；更值得庆幸的是，贫穷的非洲国家反而比富有的西方国家更加努力地保护自然遗产。

在所有还生活着大猩猩的国家，政府很难抽出大量的资金建立一个很好的保护机制，因为还有其他更加紧迫的事情要做。然而，大猩猩对旅游者的吸引力有可能成为拯救它们的优势，或许来自游客的收入能够阻止当地的居民侵犯大猩猩和它们的栖息地，并最终促使当地的居民学会估算大猩猩和它们所居住的森林给他们带来的利益。因此，为环保教育计划和旅游业的发展建立基金是至关重要的，特别是在农业比旅游业能获得更有保障的收入或收益相近的地区。

然而，这些措施更像是一种孤注一掷的防卫性战斗。从长远看，大猩猩和它的人类邻居的安康必须依赖于阻止对非洲森林的持续性跨国开发，并增加现有农田的生产力。

一只年幼的山地大猩猩正在树上玩耍。即便是最大的雄性大猩猩有时也会在树上攀爬，特别是在果实丰富的地区。然而，只有那些年轻的、体重比较轻的大猩猩才能在树与树之间轻松地来回摇晃跳跃。

大象

现代大象是现存最大的陆生哺乳动物。在动物王国中，它们拥有最大的大脑，和人类的寿命相当；能学习和记忆，适合被驯化以为人类工作。现代象的祖先磷灰象是最早的长鼻类动物，生活在约5800万年前；始祖象名称源于埃及莫里斯湖，在其附近仍然可以发现生活于大约3400万年前的象的踪迹。

大象的力量极大，1000年来通常被驯化供农业和战争使用。现在，特别是在印度次大陆，大象仍然有重要的经济价值，并且是文化的象征。人们对象牙的需求已经在过去的150年造成大象数量的骤减。现在，人口数量的增加导致对大象生存范围的侵占，已经威胁到了大象的生存。

体型和官能

尽管非洲象和亚洲象在生态学上非常相似，但两者之间存在着外形和生理上的差异。除了一些可见的区别以外，非洲象还比亚洲象多一对肋骨（21 ∶ 20）。在非洲象中，比起森林象来，人们更了解热带草原象（即普通非洲象），因为在非洲东部开阔的草原上研究象的习性远比在浓密的丛林中简单。热带草原象也是所有大象中最大且最重的，已知最大的大象于1955年死于安哥拉，现在华盛顿的史密斯学会展览。它重达10吨，肩高4米。大象在一生中会不停地生长，这样看来，一群大象中体型最大的很可能也是年龄最大的。

大象灵巧的鼻子有多种用途，包括从高的树枝上摘取多汁的树叶和嫩芽。树叶可作为热带草原象主要食物的补充，却是森林象的主要食物。

象的头骨、颚、牙齿、长牙、耳朵以及消化系统的形态特征很复杂，以适应庞大身躯的进化。头骨的大小与脑容量不成比例，逐渐进化以便支撑长牙和沉重的齿系。它们的头骨相对比较轻，这是由于头盖骨中联结有气囊和空腔。

长牙是伸长的上门齿，它们与生俱来，一生中不停地生长，因此，到60岁时，公象的长牙能达到60千克重。如此大的长牙也容易成为猎人的重要目标，所以当今野外存活的巨象的数量极少。象牙是象牙质和钙盐的特殊混合物，长牙横断面上规则的钻石图样在其他任何哺乳动物的长牙中都还没有发现。在进食时，长牙用于折断树枝或者挖掘树根，在同类相遇时则作为展示的工具和武器。

大象的上唇和鼻子伸长，能形成强健的象鼻。与其他植食动物不同，大象的嘴无法触到地面。事实上，早期的长鼻类动物没有伸长的鼻子，可能是因为其很重的头盖骨和下颚结构。象鼻除了能使大象在进食时从乔木和灌木中折断树枝，摘取叶、芽、果实，还能用于饮水、问候、爱抚、威胁、喷水以及扫除灰尘，并形成和增强发声。象用鼻子吸水，然后灌入嘴中；它们也将水洒在背上冲凉。在缺水时期，有时它们会将存在咽喉中的袋状物里的水喷出来冲凉。象鼻还可作为气管，便于它们在水中活动时呼吸。当眼睛或耳朵发痒时，大象会用鼻子来挠痒，另外象鼻还可以用来对付敌人、投掷东西或者用棒子类的工具给皮肤挠痒。

　　大象最常见的发声是来自它们咽喉的咆哮。这种咆哮声可传播1千米远，可作为警告声，或者保持与其他大象之间的联系。当它们在稠密的矮丛林中觅食时，群体的成员能通过这种低沉的次声波构成的咆哮声互相监视。当丛林开阔或者成员们可以看到彼此时，这种咆哮声发出的频率将会降低。象鼻作为形成共鸣的空腔能扩大音量或者发出高亢的尖叫，以表达不同的情绪。新的证据显示，另一个器官——位于鼻子深处的直系软骨，也能够改变它们的声音。这种软骨分开象鼻顶端的骨头，可以用来引导气流。当大象兴奋、惊讶、准备攻击或者运动、互相交流的时候，它们会大声地鼓噪。

　　除了前面描述的象鼻在沟通时起到的次要作用，尾巴、头部、耳朵、鼻子姿态的变化，也可向外界传达可见的信息。尽管象鼻非常强壮，能举起整棵大树，但同时也是一种非常敏感的嗅觉和触觉器官。

嗅觉在群体间交往以及察觉外在的危险中发挥着重要的作用。作为触觉器官的时候，象鼻上有两个便于抓取的隆起的唇状物，上面有很好的感官触毛，可以"拿"起非常小的物品。此外，大象常常用鼻子触摸其他的象，母象则通过它不断地引导自己的幼

知识档案

大象

目：长鼻目
科：象科
2属3种

分布： 撒哈拉以南非洲，亚洲东南部。

赤道

热带草原象

分布在撒哈拉以南非洲的东部、中非；栖息于热带大草原。**体型：** 雄性体长为6～7.5米，雌性短0.6米；雄象肩高3.3米，雌象2.7米；雄象体重达6吨，雌象体重3吨。**外形：** 皮肤最厚可达2～4厘米，上面覆盖着稀疏的毛发。热带草原象通常前脚只有4个脚趾，后脚有3个脚趾。**繁殖：** 怀孕期平均656天。**寿命：** 60岁（某些人工圈养大象的寿命可长达80岁）。

非洲森林象

分布在非洲中部和西部；栖息在浓密的低地丛林中。**体型：** 体长、肩高、体重类似于热带草原象。**外形：** 象牙比热带草原象更直，耳朵更圆；同亚洲象一样，前脚有5个脚趾，后脚有4个脚趾。森林象的一个亚种——侏儒象，体长2.4～2.8米，重1800～3200千克，出现在塞拉利昂共和国。

亚洲象

分布在印度次大陆和斯里兰卡、中南半岛、马来半岛部分地区以及亚洲东南部岛屿。栖息于常绿林和干燥的落叶林、荆棘灌木丛林、沼泽地及草地，在海拔0～3000米处都能生存。**体型：** 体长5.5～6.4米，肩高2.5～3米；雄性重5.4吨，雌性2.7吨。**皮毛：** 皮肤深灰色到深棕色，有时前额、耳朵和胸部有肉色的斑点标记。**繁殖：** 怀孕期615～668天，通常一胎生一只小象，重约100千克。**寿命：** 人工饲养的75～80岁。

在印度次大陆交通不便的地区，如安达曼群岛、尼泊尔，亚洲象在搬运原木、清除植被等工作中仍然发挥着关键作用。图中的看象人正在尼泊尔的奇旺国家公园内骑着他的象，通过茂密的丛林。

象。当大象相遇的时候，它们常常用鼻子的前端触摸其他大象的嘴，以此表达相互间的问候。

雌性大象的大脑重 3.6～4.3 千克，而雄性大象的大脑重 4.2～5.4 千克。象的脑皮层甚至比人的大脑还复杂，因而扩大了脑皮层的面积。其大小可能与必要的信息存储空间有关，因为象脑需要区别身份，记录和回忆其他大象的行为，储存旱季的时间、危险的地方和情形，并预先判断食物的地点。一些社会行为表明，它们能通过思维来想象其他大象的感受。由于年龄最大，统领家庭的雌性统治者拥有足够的生存经验，在危险和旱季来临时，可以作出正确的决策和行动。所有这些因素都有利于智力的开发。

除了用于沟通，大象的大耳朵还可以作为散热器，以防止体温过高，而过热常常是体型巨大而紧凑的动物的一大危险。象的耳朵上血液供应充足，可以用来扇动，以便增加身体周围的气流；在有风的热天里，大象有时会展开耳朵，以便让凉风吹向身体。观察象的耳朵中部的血管可以发现：当周围凉爽时，它们的血管就不会从皮肤上突起；但当温度高时，它们的血管就会舒张开来，从皮肤上突起。大象也有敏锐的听觉，主要通过发声来沟通，尤其是森林象。

象沉重的身躯由柱子般的粗腿支撑，粗腿里则有粗壮结实的骨头。前脚骨头的结构是半趾行类动物结构（马的站立姿态属于趾行动物姿态，脚跟远离地面），而后脚骨是半蹠行动物结构（人类站立姿态属于蹠行动物站立姿态，脚跟紧贴地面）。大象平时保持漫步的姿态，但据说大象冲锋时的速度可以达到 40 千米 / 小时——短距离以此速度很容易超越一名短跑选手，但是测量的精确度仍然值得怀疑。

大象不反刍，与马相似。体内微生物促使食物在盲肠中发酵——盲肠是位于大肠和小肠交界处的一个扩大的囊。

大象至少花 3/4 的时间来寻找和消化食物。在雨季，热带草原象主要吃草以及少量的各种乔木和灌木的叶子，雨季结束后，草木枯萎，它们就开始食用乔木和灌木的木质部分。它们也食用大批量的能得到的花和果实，还会挖树根吃，尤其是在雨季第一次降雨后。

亚洲象食物的种类繁多，包括上百种植物，但食物量的 85% 以上来自 10～25 种它们喜爱的食物。当大象栖息的地方以农业区为主时，庄稼也占它们食物的一部分。例如，因为蛋白质等营养含量高而被人类选择种植的谷物、小米实质上是草类植物，大象通常觉得它们比野草更具有吸引力。

由于庞大的身躯和快速的"吞吐"量，所有的大象都需要大量食物：按一只成年大象每天需要 75 ～ 150 千克食物计算，每年能达 50 吨以上，但这些食物只有不到一半被彻底消化。大象依靠它们肠道中的微生物来消化，小象的肠道中没有微生物群，一般通过食用比较老的家庭成员的粪便来获得。

此外，大象每天需要消耗 80 ～ 160 升水，不到 5 分钟就能喝光。在旱季，它们用象牙在干涸的河床上挖掘洞穴，以便寻找水源。

社会行为

关于大象活动范围的大部分信息目前来自无线电追踪，自 1969 年以来，这种方法在非洲一直被采用。此外，利用在 20 世纪末出现的全球定位技术，能够获取更为精确的位置信息。

每头大象每天平均累计走动的距离有很大的差异。在肯尼亚的一项研究中，生活在水源良好的森林中的大象每天仅行走 3 千米，而住在北部干旱地带的大象每天行走达到 12 千米。一般大象每天累计游走距离约 7 ～ 8 千米。

大象运动的一个显著特点就是被称为"裸奔"的行为。这是相对较快运动的代名词，速度一般在 3 ～ 4 千米 / 小时，有强烈的方向感，沿着连接它们领地不同部分的通道狂奔。"裸奔"是相当罕见的，通常发生在夜间，可以让大象从一个安全地带迅速穿越危险地区，来到另一个避风港。

大象也会对突然降雨作出迅速反应，并可能远行 30 千米到达下雨的地方，以享用不久后长出的丰美的草。在森林中，它们也会长途跋涉，寻找难得的结有果实的树木。当大象进入危险地带例如农田寻食时，往往只在夜间。大象似乎能够知道何处安全，并恰好冒险到达保护区的边缘，在边界处回头。反复行走常常会开辟出"大象专用大

成群的大象常常将鼻子举高，迎着风，利用其敏锐的嗅觉，争取提前预警任何威胁。

年轻的非洲雄象在嬉戏、打斗。它们学习的"格斗"技巧在以后的"雄象发情狂"期会派上用场，因为成年雄象们为了接近雌象会激烈打斗。

道"，即便在浓密的丛林中，它们也会开出新道，而这以后可被其他许多动物包括人类所利用。

有些大象的领地竟然有复杂的结构。除领地外围的一些地区外，可对其领地面积做粗略的计算比较。在这范围之内，可能有离散的部分，由通道和大象从未尝试过的空白区域相连。领地范围有小至 10 平方千米的，如已被记录的坦桑尼亚的一片森林，而在纳米比亚一片沙漠中，发现了多达 18000 平方千米的领地。人们在肯尼亚的一项研究中发现，在拥有丰富食物和水的地方，热带草原象的领地面积平均为 750 平方千米，而在比较干旱的地区，领地面积可达 1600 平方千米。对非洲森林象各种行为的详细研究开始于 20 世纪初，初步结果显示，其领地长度可达 60 千米，远远长于原先的设想。对亚洲象无线电遥感测试的研究显示，生活在印度的雌性群体的活动范围达到了 180 ~ 600 平方千米，甚至更大，而雄性群体通常活动的面积约 160 ~ 400 平方千米。

大象生活在群体里，而且表现出了复杂的社会习性。群居的优点在于联合防御，共同教育幼象，增加交配的机会。雌性大象常生活在家庭单位里，这种单位通常包括与之密切相关的成年象和它们未成熟的后代。典型的家庭成员包括两三个"姐妹"以及它们的后代，或者一只老年大象与一只或两只成年雌象以及它们的后代。当雌性幼象达到成熟年龄时，仍将留在家庭中，并在那里繁殖下一代。当家族逐渐庞大，年轻的成年象将组成新的子群，离开原来的家族。这些子群虽然与家族分离了，但往往还是以协调的方式共同行动。一起活动的 2 ~ 4 个子群一般有相同的血缘关系或者是联结的群体。

最年长的雌象是家族的统治者，统领整个家族。家族成员间的社会联系非常强，当危难时，家族成员会围成防御圈，把小象围在中间。最年长的雌象或其他成年雌象通常会检查危险来源，而危险通常来自人类。面对人类的威胁，最年长的雌象通常会退缩，但有时也会站出来面对危险，还会张开耳朵、发出雷鸣般的咆哮声，以此做出威胁状。但是这种威胁仅仅在有些情况下管用，而且不幸的是，这种防卫行为会将"女首领"暴露在危险之中，所以，它常常是第一受害者，而剩下的家庭成员将失去领导者。

如果家庭成员被枪击或受伤，其余的成员可能会前来援助，这个时候会十分喧闹而骚动，它们将设法抬起受伤者的腿，把它搬走，所有的家庭成员都会前来支持，站在两边出力。

亚洲象的基本社会结构也是由 2 ~ 10 只雌象及其"子女"组成家庭，这种家庭平均包含 6.7 个成员。印度北部的拉扎吉国家公园的集中研究表明，成年母象和它们"子女"的关系一般非常稳定，90% 以上的时间会待在一起。这些团体将与其他群体（或许有亲缘关系的）在某些时间和地点相遇，而关于非洲大象之间热情地问候的描述还没有记载，更大的群体似乎只是短暂性的。

与它们的"姐妹"相反，年轻的雄象到了青春期会离开或被强制离开它们的家庭。成年雄象之间往往组成相互联系的小群体，其数量和结构保持不变；它们也

图中，一头公象正测试母象的接收能力。同远距离通信一样，近距离的互动是生殖周期中的一个关键部分。

会在短时期内独自生活。传统的观点认为，雄象之间联系甚少，很少协调行动，但最近在肯尼亚的研究显示，分开一段时间后，雄象会相互介入，在短期内反复发生频繁的联系。在博茨瓦纳北部，几百只小雄象通常保持密切的联系，在当地野生动物保护部门提供的水源处活动。

雄性亚洲象 6 ～ 7 岁左右开始离开家族。成年雄象与雌象群很少有来往，除非有雌象处在发情期。当年满 20 岁时，雄象开始成熟，进入"雄象发情狂"阶段，准备开始为交配展开激烈的竞争。"雄象发情狂"（印地语或乌尔都语中的单词，意为"极度兴奋"）这个词确切地描述了这种生理状况，在这个时期，雄象体内血液的睾丸激素水平可能会增加到平时的 20 倍以上。此刻，雄象一般会表现出强烈的敌对或侵略性行为。拉扎吉国家公园的研究显示，最大的成年雄象进入"雄象发情狂"期间时，大部分雌象正好处于发情期。全面成熟的雄象（达到 35 岁）"发情狂"期持续约 60 天，在此期间，它们广泛游走以搜索发情期的雌象。

非洲象也经历"雄象发情狂"期，只是表现得较不明显。在非洲大陆，肯尼亚的安博塞利公园对非洲象的社会习性研究得更加深入，发现雄象一般到 29 岁时才进入"雄象发情狂"期。这个时期通常持续 2 ～ 3 个月，而这时正是雨水充足的时期。

"雄象发情狂"期的雄象比其他象更容易参与打斗，常常以打斗一方的死亡而结束。在"雄象发情狂"期内，雄象会急剧减少它们的摄食量，靠消耗体内储存的脂肪维持生命。雄象在"发情狂"期会发出信号，通知领域内的其他大象。它们的眼睛和耳朵之间的颞腺膨胀起来，释放出一种芳香的黏性分泌物。它们还会持续地排出含有脂溶性激素的尿液。雄象"发情狂"期的态势也比较明显：头比平时昂得更高，耳朵高高竖起并张开，声音也独具特点，是一种极度兴奋期的咆哮声。这种咆哮声低沉而颤抖，有点像一台低转速的柴油发动机的声音。

"雄象发情狂"的目的似乎是为了暂时增强其地位，并帮助它们在打斗中获胜。因为即使是一只小雄象，在"发情狂"期，通常也能战胜一只比较大的非"发情狂"期的雄象。在雌象发情周期内，只有 2 ～ 4 天发情，如果雌象没有怀孕，发情周期会持续约 4 个月。如果雌象怀孕，每隔 4 ～ 5 年会成功分娩一次，生养一只幼崽。在雌象

发情期，雄象必须能迅速找到雌象。雄象在"发情狂"期内，每天比其他雄象能够走更长的距离，发情的雌象也会发出非常响亮的叫声来吸引雄象。雌象看起来更喜欢找体型大的兴奋期的雄象来交配，如果雌象不想与某只雄象交配，就会跑开，即便雄象追上它们，它们也会拒绝站立，不让雄象交配成功。

雌象的发情期通常在雨季，这个时候最高级别的雄象也会进入"发情狂"期。体型比较大的处在"发情狂"期的雄象存在与否会明显影响其他雄象进入"发情狂"期的年龄，也会影响其他雄象处在"发情狂"期的时间长短，这主要通过胁迫效果来实施影响。在南非的一个大象种群中，引入了年龄比较大的雄象，结果其征服了具有高度侵略行为的年轻雄象，而这些年轻雄象原来会杀死当地的犀牛。

大象达到性成熟的年龄约为10岁，但在旱季或种群密度高的地方，可能会推迟数年。一旦雌象开始繁殖，每隔三四年可产下一只幼崽，但有时也可能延长。雌性生殖力最旺盛的年龄是25～45岁。

大多数大象每年会表现出与食物和水的季节性供应相适应的生殖周期，在食物短缺的旱季，雌象则会停止排卵。下雨后，食物供应好转，但约需要1～2个月的良好进食，才能使得雌象体内的脂肪达到排卵所需的水平。因此，雌象会在雨季的后半期和旱季的头几个月内进入发情期。

大象的怀孕期异常漫长，平均630天，有时甚至长达2年，这意味着幼象会出生在雨季初期，这时的环境适宜它们生存下来。特别是这个时候丰富的绿色植物能够确保母象在最初几个月内成功地分泌乳汁。通常认为，70%～80%的小象在第一年内能够得以幸存，但对跟踪调查的13只携带小象的母象的研究数据表明，超过95%的后代在出生后第一年内能够得以幸存。

非洲象出生时的体重约120千克。经历漫长的孕期之后，母象还会抚养小象相当长的一段时间。小象吮吸（用它们的嘴而非象鼻）母象前腿之间的一对乳房，它们的乳房与人类乳房的大小和形状相当。小象成长迅速，6岁的时候，体重就能达到1吨。15岁后，体重增长的速度逐渐下降，但终生会不断增长；雄性比雌性的体重增加得更快。

小象出生时，其他雌象，即所谓的"接生员"，会聚集在小象旁边，帮忙除去胎儿身上的隔膜。此后，这些被称为"异体妈妈"的其他雌象在抚养小象过程中仍将发挥重要的作用，它们会努力增加小象生存的机会，同时为将来自己生育后代积累经验。

雨季开始后，成群的不同年龄的大象团体会聚集在一起。

马、斑马和驴

很少有像一群马、野驴或者斑马如惊雷般掠过广阔平原这样的景象，能让人浮想联翩，给人以有力、优雅、狂野和自由的深刻印象了。然而，如果不能进一步推进旨在让不稳定的马科种群稳定下来的保护措施，这样的景象可能以后只会出现在记忆中。而且，保护野外马科动物的栖息地，也有益于那些和马科动物同属一个生态系统的其他多种面临威胁的物种。

体型和官能

所有的马科动物都是中型或者大型的草食动物，它们有着长长的脑袋、脖子以及修长的四肢，全身的重量依靠每只蹄中间的趾头来承受，并保证能够轻快地活动。它们拥有用于夹取植物的上下门齿，以及用于磨碎草的一排高冠的脊状的颊齿。

马科动物取得生态上的成功以及拥有广阔的地理分布范围要归功于它们以下的4个特征：轻快的步伐、用于碾磨食物的牙齿、大的体型以及休息时可以将腿固定的特性。其支撑器官使得马不用收缩肌肉，就能将腿保持固定，从而大大降低了休息、进食以及观察掠食者这些耗时但又非常重要的活动所带来的能量消耗。通过降低相关的营养需求，它们的大体型不仅使得它们取食范围更广，而且可以很

经济节省地四处漫游。

马有着长度适中的笔直的耳朵，可以通过活动耳朵对声音进行定位或发送可视的信号。它们的颈项上有鬃毛，家驯马的鬃毛是分向两侧的，而其他的马的鬃毛是笔直向上的。所有的马科动物都有长长的尾巴，马尾上覆盖着长长的毛发，不过斑马和驴的尾巴仅仅在末端处有短的毛发。这些物种之间最惊人的差别是它们皮毛的颜色：斑马有着最生动的特定"服装"，而马和驴的颜色则比较统一单调。

这些物种的两性体型稍微有些差异，雄性一般比雌性大10%。雄性还有大的犬齿，表明"性选择"使得雄性之间争夺交配机会的战斗很惨烈。

马科动物的"表情"通过耳朵、嘴巴和尾巴位置的可见变化显现出来，嗅觉则能够帮助它们了解

19世纪70年代，俄国探险家尼科莱·普尔热瓦斯基在蒙古西部发现了普氏野马。1968年以后，在野外就再也没有发现普氏野马。

邻伴的踪迹，因为尿和粪便可透露群居的信息。例如雄性利用嗅尿和卷起嘴唇的反应来判定雌性的性状态。然而，大部分的社会联系都是依靠声音的。在马和平原斑马中，马驹和母马分开时会嘶叫，而

母马会通过嘶鸣提醒马驹危险的到来。雄性也通过嘶叫表示对一个异性的兴趣，尖叫则用于警告竞争者冲突即将来临。事实上，雄性统治者和下级雄性的尖叫声是不同的。那些雄性统治者的尖叫声通常要多延续 50 % 的时间，而且以嘹亮的语调结束，而"下级"是特有的单音的口哨声；最主要的不同是在开始阶段，统治者一开始就能发出高频率的语调，而其他的则不能。这表明居统治地位的马比那些"下级"能够更有力地呼出空气，于是，声音成为强者显示其有氧能力的手段，借以警告其他雄性不要因为逞强而陷入真正的战斗。在驴和细纹斑马中，雄性通常在争斗或者远距离召唤同伴时发出叫声。

食性

尽管现在的马主要吃草和莎草，但当这些食物稀缺的时候，它们也会吃诸如树皮、芽、叶子、水果和树根这些驴常吃的食物。马科动物的囊状的盲肠中，有用于分解植物细

知 识 档 案

马、斑马和驴

目：奇蹄目

科：马科

1属7（或9）种

分布：东非，近东地区至蒙古。

赤道

普氏野马

又称亚洲野马或野马。分布于蒙古的阿尔泰山附近地区，栖息在开阔的平原或半沙漠地区。**体型**：体长（包括头部，下同）210厘米，尾长90厘米，体重350千克。

外形：腹侧和背部为暗褐色，腹部下侧是略带浅黄的白色，有深棕色能竖直的鬃毛，腿的内侧为浅灰色；有厚重的头部、矮壮的腿。被认为是真正的野马，一些权威人士则将它们归为家马的一部分。

家马

分布于北美、南美及澳大利亚，栖息在开阔或者多山的温带草原，偶尔也出现在半沙漠地区。**体型**：体长200厘米，尾长90厘米，体重350～700千克。**外形**：皮毛浅黄色到深黄色；鬃毛倒向颈部两侧。有几十个变种。野外类型有厚重的脑袋和矮壮的腿；家养的种类分布全球，有着优雅的身形。

非洲野驴

分布于苏丹、埃塞俄比亚和索马里，栖息于多岩石的沙漠。有3个亚种。**体型**：体长200厘米，尾长42厘米，体重275千克。**外形**：皮毛浅灰色，腹部白色，背部有深条纹；努比亚亚种的肩部有十字架条纹，索马里亚种的腿上有条纹。是最小的马科动物，有最窄的脚。

亚洲野驴

分布于叙利亚、伊朗、印度北部、西藏，栖息于高地或者低地沙漠。有4个亚种。**体型**：体长210厘米，尾长49厘米，体重290千克；比非洲野驴要大。**外形**：皮毛夏天为略带浅红的棕色，冬天变成光亮的棕色；腹部白色，有着突出的脊纹。是驴中最类似于马的物种，有着又宽又圆的蹄。一些权威专家认为，西藏野驴和中亚野驴为单独的物种。

平原斑马

又称普通斑马。分布于东非，栖息于草地或稀树大草原。有3个亚种。**体型**：体长230厘米，尾长52厘米，体重235千克。**外形**：身体上有光滑垂直的黑白条纹，臀部有水平条纹。看起来胖而粗，腿短而粗。

山斑马

分布于非洲西南部，栖息于山区草地。有2个亚种。**体型**：体长215厘米，尾长50厘米，体重260千克。**外形**：皮毛比平原斑马更为光滑，条纹更窄，腹部为白色；更瘦，蹄子更窄，脖子下方有赘肉。

细纹斑马

又称格氏斑马或者皇家斑马。分布于埃塞俄比亚、索马里、肯尼亚北部，栖息于沙漠边缘的草原和干旱的多树丛的草地。**体型**：体长275厘米，尾长49厘米，体重405千克。**外形**：身上有狭长垂直的黑白条纹，臀部的毛向上弯曲；腹部为白色，笔直的鬃毛很突出。看起来像骡，有着长而窄的脑袋，耳朵宽大而突出。

胞壁的细菌以及原生动物，食物通过胃之后开始发酵，因此它们的排泄率并不像反刍动物那样会受到限制，使得它们可以大量进食低质的草料，因此能生存在比反刍动物更恶劣的栖息地中。即使在植物快速生长的时期，马科动物一般也会花白天60%的时间用于进食，条件恶化的时候，甚至需要80%的时间。

水对于马科动物的日常活动、季节性活动的成型起着关键性作用。这些马类的每个个体每天都要饮水一次，抚养幼驹则需要更频繁地饮水。实际上，处在不同繁殖时期的雌性对水的需求导致那些适应干旱和适应湿地的物种中出现了不同的牧食类型和群体关系类型。在干旱地区，最佳的觅食地点在离水源很远的地方，因此，哺乳期的和非哺乳期的雌性野驴和细纹斑马在白天的部分时间里都不得不从群体中分离出来。在更加湿润的地区，食物和水源通常相距不远。

马科动物和其他物种之间的接触也是多种多样的。它们的栖息地很少出现重叠，但当出现物种共存的情况时，例如一些细

图为一群西藏野驴。人类在偏僻的西藏高原野驴的栖息地里定居下来，这威胁到了这个亚洲野驴亚种未来的生存安全。

纹斑马和平原斑马在同一个牧食区中，则其相互竞争就在所难免了，不过这种竞争并不是十分明显。

社会行为

马科动物是高度群居的，表现为两种基本的群居组织类型。其中一种类型以两种马以及平原斑马和山斑马为代表，成体生活在永恒持久的群体中，由一个雄性及在整个成年生活阶段一同作为它的"妻妾群"的那些雌性构成，每个"妻妾群"的家庭生活范围和邻居有重叠。第二种群居系统以驴和细纹斑马为代表，它们组成那种持续时间仅为几个月的短暂的团体。同性或者异性的暂时性聚集现象很常见，但大部分成年雄性独居于大的领地中。对细纹斑马而言，领地的大小

在2～10平方千米，而驴则可以达到15平方千米。领地有着以大大的粪堆作为标记的边界，"主人"对于漫步在它们领地中的那些发情的异性有着独占的交配机会。在两种体系中，那些剩余的雄性则生活在"单身汉"群体中。

暂时性的群体和独居的有领地的雄性群居系统通常存在于那些干旱的资源零星分布的栖息地。在那里，水源和最佳的觅食区是分开的。随着哺乳的雌性在一段时间不能和那些不哺乳的同伴保持联系，这些栖息于湿地的物种之间明显的群居结合也就中断了。由于发情的或性活跃的雌性构成了两种雌性群体，雄性如果是领地统治者，会争相控制去往水源的路径，而那些非统治者的雄性则会竞争离水源

.281

在肯尼亚的安博塞利国家公园，两只雄性平原斑马正在激烈争斗。为了赢得与雌性斑马的交配权，它们有时会爆发异常惨烈的争斗，包括凶狠的撕咬和踢踹。

性待在一个永久的群体里一起行进的情况，这也导致了"妻妾群"的形成。

哺乳动物群一般是由近亲的雌性构成的，因为"女儿"总和"母亲"待在一起。但马科动物的群体是由一些没有亲缘关系的成员组成的，因为无论雌雄都会离开它们的出生地。雌性大约2岁达到性成熟时开始迁徙，那些邻近的"妻妾群"或者单身的雄性会试图拉拢它们。雄性在

4岁的时候加入"单身协会"，在这样的群体中待上很多年之后，它们才具备保卫领地的能力，才能强占雌性或者取代原来占有"妻妾群"的雄性。那些离开"单身汉群"的无能的雄性则会联合一些有类似地位的雄性，从而获得一些交配机会。

这种"妻妾群"形式的物种中的雌雄关系也是很特别的。一般而言，那些关系密切的雌性群体能

很远的地方的优越觅食区。只有在那些食物和水源很近的资源丰富的地方，才会出现不同生殖状态的雌

马、驴和斑马的代表性物种。1.普氏野马，所有家驯马的祖先，正在展现种马的撕咬性威胁。2.雌性非洲野驴两耳向后，展示它们踢的威胁。3.雄性中亚野驴（亚洲野驴的亚种）筑起粪堆，作为领地的标志。4.西藏野驴——亚洲野驴体型最大的亚种，闻过雌性的尿之后，做出"性嗅反应"。5.一头年轻的雄性山斑马对成年斑马表现出顺从的面孔，请注意它颈部下垂的赘肉和格状的臀部。6.雄性平原斑马两耳冲后，以低头的姿势驱赶母马。7.一头发情的雌性细纹斑马表现出接受的姿态，后腿稍微张开，尾巴扬向一侧。

够更好地觅食和抵御掠食者，因此，"妻妾群"形成了。在马和平原斑马中，雄性为一道而来的雌性提供了实实在在的好处：更长的觅食时间，能更好地保护幼崽，更少的性活动折磨。将冲突最小化实现了对雌性至关重要的社会稳定性，这也最终使得它们的繁殖能力有所增强。由于雄性所能提供好处的能力不同，因此雌性相当挑剔，它们会用脚来决定是否需要改变它们的群体。

在平原斑马的体系中，"妻妾群"本身会结合成大群，有时会加入50只甚至更多的单身雄性。这种多层次的社会体系更类似于灵长类的狒狒，而不是有蹄动物。尽管可能是由于食物资源、严重的猎杀以及雄性需要应付"单身汉"或雄性侵犯者等各种原因造成的，但这种复杂的社会形式还没有被人们充分认识清楚。

母马通常一次只能生1只幼崽，只有细纹斑马的怀孕期超过1年。由于雌性在分娩后的7～10天就会再次发情，因此，伴随着新鲜植物的生长，分娩和交配发生在同一个季节里。雄性之间为争夺那些发情雌性的竞争非常激烈。竞争的初期表现为一些可见的展示，诸如摇头、将脖子弯成弓形、跺脚或者象征性地排便及发出擤鼻声，甚至发出尖叫声。

这些冲突多半会升级，诸如个体之间的推搡，抬高身体，互相撕咬脖子，用"膝盖"猛戳对方，或者用后腿踢对手的胸和面部。相比之下，雌性之间则通过友好的相互"打扮"来增进感情。但雌性群体中也存在统治权和等级划分，那些地位高的雌性能享有很多好处，包括能首先进入水源地和那些优越的觅食区。

幼崽在出生后1个小时内就能站立起来，几周之内就能开始觅食，但是通常8～13个月才会断奶。雌性每年都可以繁殖一次，但因为喂养幼崽带来的压力使得它们通常会间隔一年。

犀牛

犀牛有庞大的身躯、坚韧的皮肤、突出的触角，这些使得人们一看到它们，就容易将其和恐龙家族而不是随后出现的哺乳动物联系在一起。实际上，这也有一定的合理之处，因为犀牛确实有着古老的祖先。

犀牛和大象以及河马都是那些幸存下来的曾经繁荣且多样化的巨型草食动物的代表性物种。4000万年前的第三纪有很多种犀牛，而直到1.5万年前的最后一次冰川期，欧洲才出现了羊毛犀牛。尽管那些灭绝的犀牛有着不同数量和排列类型的触角，但它们都是很庞大的。目前在5种幸存下来的犀牛中，两种处在灭绝的边缘，另外3种也正在遭受越来越严重的威胁。

体型和官能

犀牛因为它们那与众不同的身体特点而被命名。和羚羊、牛、绵羊的触角不一样，犀牛的触角没有多骨的核，其触角由位于头骨上粗糙区域集中起来的角蛋白纤维组成。黑犀、白犀（两种非洲种类）和苏门犀有一前一后两个触角，前面的通常大一点；

白犀有着宽的非钩状的上唇，使得它们更愿意啃草而不是吃嫩枝叶。它们曾经遭到过度猎杀，后来由于采取了一些保护措施，数量才有所回升。

印度犀和爪哇犀在其口鼻部末端只有 1 个触角。

犀牛有短而结实的四肢，以支撑它们巨大的身体重量。每只脚上的 3 个趾常使它们留下特殊的梅花状的印迹。印度犀皮肤上有着突出的褶皱及块状物，所以看起来有装甲板的感觉。白犀颈背有着突起的肉块，使得韧带可以支撑住其巨大头部的重量。成年雄性白犀和印度犀比雌性要大很多，相比之下，其他种犀牛的雌雄大小很相似。黑犀有着适于抓取东西的上唇，可用于握住木质类植物的枝梢，而白犀则有着延长的头骨和宽大的唇，来获取它们所喜爱的短草。这两种犀牛的颜色没有多大的改变，它们得到的通用名字很可能起因于当地的土壤颜色渗到了那些首先被发现的样本个体身上。

犀牛的视力很差，在超过 30 米的地方就无法侦察到静止不动的人。它们的眼睛长在头的两侧，所以，为了看清正前方的东西，它们首先用一只眼凝视，然后用另一只。它们有着很好的听觉，通过转动管状的耳朵，收集细微的声音。但它们几乎都是凭借嗅觉来感知周围的事物，它们嘴中嗅觉管道的容积超过了整个大脑的体积。

在没有人类干扰的情况下，犀牛有时能发出嘈杂的多种声音。不同种的犀牛发出不同的喷鼻息、噗噗声、吼叫、尖叫、抱怨声、长声尖叫以及类似雁的叫声。喷鼻声大多数时候被用来维持个体间的距离，而尖叫声被这些笨重家伙用来作为寻求救护的信号。雄性白犀会通过长声尖叫阻止母犀牛离开它们的领地，而当公犀牛教训其他个体时，通常会发出尖锐的气喘声。另外公犀牛示爱时会发出柔和的嗝喘声。

犀牛比较特殊的一点是：雄性的睾丸并没有沉入阴囊中，其阴茎在收缩状态下是朝后的，因此，无论雌雄，都是直接尿向后方。雌性位于后腿之间的地方有 2 个奶头。

食性

所有的犀牛都是依靠树叶等植物的植食动物，它们每天都要摄取大量的食物来维持它们庞大的身体。一头有腹膜炎的雌性白犀死时胃里的草料总湿重达 72 千克，是自身体重的 4.5%，这大致是其一天要吃掉的食物数量。由于庞大的体型及强大的大肠发酵能力，它们能够容忍相对高纤维含量的食物，但在可能的情况下，它们更钟爱有营养的叶状的食物。两种非洲犀牛都没有门齿和犬齿，只用它们的嘴唇去吃草。亚洲种类依然有门齿，而苏门犀还有犬齿，但这些都更多地用来争斗而不是采集食物。白犀宽大的嘴唇使得它们吃东西时可以咬一大口，因此在一年中的大部分时候，它们都能从所钟爱的草地上采集到足够多的食物。在干旱季节，当短草都已经枯萎时，它们在树荫遮蔽的地方寻找那些主要包括大黍草的植物，最后再转向那些高高直立的以黄背草为主的食物。黑犀能用它们适于抓取的唇来获取木质的食物，它们喜欢的种类包括金合欢树、大戟属植物，还包括那些有乳状汁液的多汁植物；非草本植物也是其食物中的重要部分，但很少吃草；数量丰富的非洲吊瓜树是它们的水果食物来源。

印度犀用它们灵活的上唇采集比较高的草和灌木，但当需要吃短草时，它们也可以把唇折叠起来。它们更喜欢比较高的草类，尤其是甘蔗属植物，但在冬天，其 20% 的食物都是木质的；它们也寻找滑桃树上掉下来的水果。爪哇犀和苏门犀是特有的吃嫩枝叶者，它们经常弄倒小树来吃枝叶；和非洲黑犀一样，它们也吃某些特定的果实，苏门犀常吃的水果包括山竹和杧果。

所有的犀牛都离不开水，在条件许可的情况下，它们几乎每天都在小池塘和河流中喝水。在人工圈养的情况下，一头白犀每天要喝 80 升的水，但在野外，这个数字可能要小一些。在干旱的条件下，两种非洲犀牛可以不喝水而存活 4 ～ 5 天。

知 识 档 案

犀牛

目：奇蹄目

科：犀科

4属5种

分布：非洲，亚洲热带地区。

赤道

黑犀

从南非到肯尼亚都有分布；栖息于山区雨林一直到干旱的灌木林地；吃嫩枝叶；夜间活动多于白天。**体型**：体长 2.86 ～ 3.05 米，肩高1.43 ～ 1.8 米，尾长60厘米；前触角长42 ～ 135厘米，后触角长20 ～ 50厘米；体重0.95 ～ 1.3吨。**皮毛**：从灰色到带浅褐色的灰色；无毛。**繁殖**：16 ～ 17个月的怀孕期后产下1只幼崽。**寿命**：40岁。

白犀

或称方唇犀牛。分布于非洲南部和东北部；栖息于干旱的稀树大草原；吃草；白天和夜间都出没。**体型**：雄性体长3.7 ～ 4 米，雌性3.4 ～ 3.65米；雄性肩高1.7 ～ 1.86米，雌性1.6 ～ 1.77米；尾长70厘米；雄性前触角长40 ～ 120厘米，雌性50 ～ 166厘米；后触角长16 ～ 40厘米；雄性体重可达2.3吨，雌性可达1.7吨。**皮毛**：身体呈灰色，因土壤的颜色而不同；大部都是无毛发的。**繁殖**：16个月的怀孕期后产下1只幼崽。**寿命**：45岁。

印度犀

或者称大独角犀。分布于印度（阿萨姆邦）、尼泊尔和不丹；栖息于洪泛区的平原草地；主要食草；白天和夜间都活动。**体型**：雄性体长3.68 ～ 3.8米，雌性3.1 ～ 3.4米；雄性肩高1.7 ～ 1.86米，雌性1.48 ～ 1.73米；尾长70 ～ 80厘米；触角45厘米；雄性体重2.2吨，雌性1.6吨。**皮毛**：身体呈灰色，无毛发。**繁殖**：16个月的怀孕期后产下1只幼崽。**寿命**：45岁。

爪哇犀

或者称小独角犀。分布于亚洲东南部，栖息于低地雨林；吃嫩枝叶；夜间和白天都活动。**体型**：肩高可达1.7米；体重可达1.4吨。**皮毛**：身体呈灰色，无毛发。

苏门犀

也称亚洲双角犀或多毛犀牛。分布于亚洲东南部，栖息于山区雨林；吃嫩枝叶；夜间和白天都活动。**体型**：体长2.5 ～ 3.15米，肩高可达1.38米；前触角长达38厘米，体重达0.8吨。**皮毛**：身体呈灰色，覆盖着稀疏的长毛。**繁殖**：7 ～ 8个月的怀孕期后产下1只幼崽。**寿命**：32岁。

犀牛经常会在水坑中打滚，印度犀尤其会花很多时间躺在水里，而非洲犀牛经常用湿泥涂满它们的身体。水可以带来清凉，而湿泥则主要用于保护它们免受飞虫的叮咬（尽管犀牛有厚厚的皮肤，但它们的血管只在一层薄薄的表皮之下）。

社会行为

对于大型的诸如犀牛这样的哺乳动物来说，生命历程较为持久。雌性白犀和印度犀在大约5岁时开始经历第一个性周期，6～8岁时经过16个月的怀孕期后，会产下第1只幼崽。在体型小一些的黑犀中，雌性要比白犀和印度犀提前一年繁殖后代。犀牛每胎只能产1只幼崽，产崽的间隔期最短也需要22个月，大部分是2～4年不等。刚出生的小家伙相对很小，只有母犀牛体重的4%（白犀和印度犀幼崽只有65千克，黑犀幼崽只有40千克），雌性在哺育期间与别的犀牛是隔离的。白犀幼崽出生后3天就可以跟在母犀后面行动了，而印度犀中的母犀有时会在离幼崽800米远的地方觅食。白犀和印度犀的幼崽一般会在母犀的前面跑，这样可以得到更好的保护，而那些栖息在矮树丛中的黑犀幼崽通常跟在母犀的后面。在受到威胁的情况下，母白犀会站在其幼崽身边保护它们。

在野外，雄性犀牛7～8岁就已经成熟了，但直到10岁左右，它们拥有自己的领地或者取得统治地位时，才能得到交配机会。

幼崽在一年中的任何时候都可以出生，但雨季是非洲犀牛的交配高峰期，因此大部分幼崽会在旱季初期出生。母犀牛可以用母乳给幼崽提供营养，以便度过那段艰难的时光。尽管白犀的幼崽3个月大时就可以啃草了，但却需要由母犀看护到1岁大小。

成年犀牛大部分都是独居的，但母犀会一直和最近出生的幼崽待在一起，直到幼崽2～3岁时，为了下一个幼崽的出生小犀牛才会被迫离开。然而那些不成熟的雌雄个体或者还没有生育幼崽的成年雌性有时也会成双结对，甚至组成更大的群体——在白犀中这种临时群体通常包括10个甚至更多的个体。带着一只幼崽的雌犀牛，加上一只大一点的小犀牛而组成三成员群体，在白犀牛中也并不罕见，虽然这只雌犀牛一般不是那只比较大的小犀牛的母亲。没有幼崽的成年雌性犀牛也十分乐意带着那些年轻的小犀牛。除和发情的雌性短暂地在一起待一段时间之外，几乎所有的成年雄性都是独居的。

白犀和印度犀一般的生活范围是10～25平方千米，而在低密度分布地区，可能会达到50平方千米，甚至更大。雌性黑犀的生活范围从3平方千米的森林小块地，到高达近90

雌性黑犀之间友好的"鼻碰鼻的会议"。虽然基本上所有的犀牛都是独居动物，但通过这样的接触和联系，它们和共享一片家园的其他个体可以彼此熟知。

5种犀牛：1.印度犀；
2.爪哇犀；3.苏门犀；
4.黑犀；5.白犀。

平方千米的干旱地区不等。

所有种类的雌性其生活范围都在很大程度上重叠，因为它们不需要占有领地。雌性白犀通常参加"鼻碰鼻的友好会议"，它们可以很文雅地互相摩擦触角，而印度犀则对任何密切的接触都很抵触。然而，它们中快要成年的个体都会接触那些成年雌性、幼崽及其他未成年的个体，进行"鼻碰鼻的友好会议"或者顽皮的摔跤较量。

所有种类的雄性都会加入会导致严重受伤的残酷的争斗中，两种非洲犀牛通过它们前面的触角来较量。在种内战斗可能导致毁灭性后果的物种中，黑犀最为典型——大约50%的雄性和33%的雌性由于战斗留下的创伤而死亡。它们为什么如此好斗，人类不得而知，但不管怎样，有着高死亡率的犀牛的数量恢复很慢。亚洲的犀牛会张开大嘴，用它们长尖的下门齿来进行攻击，而苏门犀则是用它们的下犬齿。

黑犀以具有无缘由的进攻性而闻名，然而它们通常只是以盲目的疯跑来赶走入侵者。印度犀受到骚扰时，经常充满进攻性地狂奔；在一些犀牛占据的避难所，它们还时不时地攻击大象。

形成对比的是，白犀尽管体型庞大，但其实很温和，天生没有攻击性。包括那些快要成年的白犀在内的一群白犀，经常臀部互相紧贴，朝着外面的不同方向站立，形成保护阵形。这样或许可以成功地保护那些小犀牛不受诸如狮子和鬣狗这样的肉食动物的攻击，但是对付装备了武器的人类却无能为力。

河马

河马是非同寻常的双物种现象的一个典型例子——双物种现象即两个有很近血缘关系的物种分别适应不同的栖息地（其他例子包括森林象和草原象以及两种野牛）。大一点的河马栖息在草地上，小一些的则生活在森林里。

河马因其生活被划分和隔离的方式而显得不同寻常，如繁殖和觅食发生在不同的栖息地；白天在水里活动，夜间在地上活动。生活区域的划分被认为和它们独特的皮肤结构紧密相关，当它们暴露在白天的空气中时，皮肤的失水率很高，因此它们白天花大部分时间待在水里是十分必要的。事实上，河马的失水率比其他动物要多好几倍，每5平方厘米的皮肤每10分钟就要失掉12毫克的水，其失水率是人的3～5倍。

河马的眼睛、鼻子和耳朵的位置使得它们在水中也能看、听和闻。

体型和官能

普通河马有着大的桶状的身体，靠它们那看上去似乎难以支撑体重的相当短的腿来平衡，实际上，河马大部分的时间都是浮在水里的。它们的眼睛、耳朵和鼻孔都在头的顶部，使得它们在水中的时候可以看、听和呼吸。由于水栖性比较差，倭河马的眼睛长在头部更靠边的地方；此外，它们的脚也很少有蹼，而是有着更短的侧趾。河马的身体两侧的前部是倾斜的，使得它们可以通过那些矮层的丛林；普通河马的背脊和地面大致是平行的。两种河马的下颌都在头骨后面很远的地方，因此，它们可以打大大的哈欠。它们的嘴巴可以张开到150°，而人的嘴巴只能张开到45°。

两种河马都主要在夜间活动，但普通河马在草原出没，倭河马则是森林动物。普通河马白天待在河、湖或泥坑里。

在黄昏，它们开始外出到内陆3～4千米的范围里吃草。一些河马，通常是雄性，在湿润的季节，会选择待在草原上出现的临时泥坑里休息一下，以便节省能量，而不总是回到那些永久的水域里，这样一来，这些河马可以将它们的活动范围扩大到10千米。

有的时候，倭河马待在河床的洞穴里，但这显然不是它们自己挖的洞穴，而是诸如非洲小爪水獭或者斑颈水獭这些动物的活动造成的——它们在树根之间挖洞穴，这些洞穴会随着河水的冲刷和侵蚀而变大。

一直以来，河马同猪以及西貒，都被分在偶蹄目中的猪亚目，但近来有关线粒体

DNA 的研究提供的证据表明，河马和鲸类有着更近的联系。鲸类和偶蹄类动物有亲缘关系已经被大家所接受，但是先前并没有确定哪组偶蹄动物和它们最接近，现在看来，就是河马。鲸类和河马的分化大约出现在 5400 万年前，但这并不意味着一种是另一种的继承，仅仅意味着它们有着共同的祖先。鲸类和河马的化石记录非常有限，因此我们或许永远也搞不清它们共同祖先的模样。

食性

考虑到它们巨大的体型，河马的饮食习性相对而言是比较"节约"的。它们每天只吃相当于自身体重 1%～1.5% 的食物，是可与之比较的诸如白犀这样的哺乳动物的一半。从于乌干达精选出来的河马身上发现，其雄性胃的平均干重只有 34.9 千克，雌性为 37.7 千克。由此看来，成天待在温暖的水里是保存能量的一种高效生活方式。

普通河马一般只吃草，有时也附带消化一些双子叶植物（非禾本科草本植物），但任何时候都不会吃水中的植物。尽管有些孤立的报道说河马也吃肉，有时候其"猎物"还是被它们杀死的，但通常它们只吃一些腐肉，只有一例报道说它们自相残杀。倭河马有着更为不同的食物范围，由落下的水果、蕨类植物、双子叶植物和草类组成。它们晚上离开水去吃水果、蕨类植物的叶子或者森林地表的草，它们用厚厚的唇去取食，而不是通过牙齿去咬。

河马需要依靠它那不同寻常的消化系统，以分解那些占它们草类食物主体的粗糙的纤维素。它们的胃由 4 个胃室构成，其功能同反刍动物中的牛和羚羊比较类似，发酵"桶"中的微生物会产生分解纤维素所需的酶。河马还会将那些部分消化了的食物重新返回到嘴里，进行第二次咀嚼。

社会行为

河马的群居生活并不突出。大约 10% 的雄性是有领地的，但由于两栖的本性，它们并不保卫小块的陆地，而是防卫长达几百米的河岸或者湖岸。它们也允许其他雄性进入领地，前提是它们必须很顺从，但是会尽全力独享同领地里的雌性交配的

知识档案

河马

目： 偶蹄目
科： 河马科
2 属 2 种

分布： 撒哈拉以南的非洲地区。

赤道

普通河马

分布： 非洲；栖息于短草草地（夜间）或河流、洼地、湖（白天）。**体型：** 体长 3.3～3.45 米，肩高 1.4 米；雄性体重 1.6～3.2 吨，雌性 1.4 吨。**皮毛：** 身体上面的部分呈灰棕色到蓝黑色，下面的部分略带桃色；白化病者为亮红色。**繁殖：** 怀孕期大约为 240 天。**寿命：** 大约 45 岁（圈养可达 49 岁）。

倭河马

分布： 利比里亚和科特迪瓦，在塞拉利昂和几内亚也有少数；栖息于低地森林和沼泽地。**体型：** 体长 1.5～1.75 米，肩高 75～100 厘米；体重 180～275 千克。**皮毛：** 墨绿色，下面的部分褪成奶油状的灰白色。**繁殖：** 怀孕期为 190～210 天。**寿命：** 大约 35 岁（圈养的可以活到 42 岁）。

河马的摄食范围受到它们从水源到摄食区所花费时间的限制。通过一些泥坑来降温，可以扩大它们的活动区域。

权利。如果一个独身的雄性没有遵守这一规则，挑战领地所有者的权威，激烈的争斗便一触即发。血腥的争斗往往会导致其中的一个死亡；它们的攻击主要依靠长达50厘米的锋利的下犬齿。河马在排便过程中，会猛烈摇晃它们的尾巴，把它们的粪便喷得很远很广。这有着一定的社会意义，因为雄性可以通过这个做标记，以便彼此区分开来。扩散粪便更可能被作为一个重要的定位手段，因为那些从矮树丛蔓延到吃草的地面的区域通常是被喷过标记的。

雌性通常存在"派别"，但它们并不以群居的团体形式出没。雌性之间并没有什么联系，尽管每天早晨回到同样的水域里。除带着幼崽之外，它们一般会离开水独自去觅食，另有证据表明，它们会经常更换领地。普通河马是以"自我"为中心的，只是临时选择群居而已。

倭河马同样缺乏社会性，除交配以及带着幼崽的母河马之外，人们经常发现它们独自生活。人们不能完全确定它们是否是有领地的动物，但一般认为它们不是。雄性一般生活在和其他雄性有重叠的居住范围里，很多雌性也共同生活在这片区域内。当人们发现成年倭河马在一起时，通常是雄性在交配之前追求雌性，而类似的示爱却不会出现在普通河马身上，它们的交配是高度强制性的，雄性一般会粗暴对待雌性。两种河马的交配一般都发生在水里，倭河马有时也在陆地上交配。

河马的水栖习性部分是由它们的皮肤结构决定的。河马的皮肤非常厚（普通河马最厚处可达35毫米），包括一层薄的含有很多神经末梢的真皮上面的表皮和一层浓密的含有纤维的胶原质层，这种结构赋予了它们很大的力气。真皮下面布满了粗糙的网状的血管，但是没有皮脂腺（真正的温度调节器），这就意味着它们不能出汗，因此水是让它们的身体降温的关键所在。和某些大型哺乳动物通过白天吸收阳光的热量，然后在凉爽的夜晚释放热量来调节身体的温度所不同的是，普通河马主要依靠待在水里，从而将体温持续地保持在大致不变的范围以内。倭河马也是采取同样的体温控制方式，它们皮肤的生理特点与普通河马是类似的。

除了尾巴上和嘴周围有一些刚毛之外，河马的皮肤是无毛的，也被认为是很敏感的。河马的体色是略带浅灰的黑色，适度夹带着一些略带粉红的棕色，而倭河马则是清一色的黑色。

关于河马分泌血液的荒诞说法可能源于它们皮肤下面腺体产生的被当作防晒霜的大量分泌物，在阳光下，这种分泌物能由无色变为红棕色。这种分泌物还有抗菌特性，可以快速干净地治愈那些在同其他雄性争斗中造成的创伤。

河马的生殖器官和常见的哺乳动物大同小异，但它们的睾丸是部分下沉的，因没有阴囊导致很难区分性别。雌性的两个特别之处在于，阴道的上部有明显的大量的褶皱，生殖道的前庭有两个突出的囊。这些部位的功能至今还是未知的。

普通河马能够产生能引起共鸣的呼喊，一开始是声调很高的尖叫，随后是一系列深沉的隆隆的低音，这在很远的地方都能听见。大部分的呼喊是在空气中传播的，但有研究表明，普通河马在水下也可以做到这一点。

所有的普通河马都是在夜间发出呼喊，但此时正在吃草的其他河马并不能听见，不知道这些呼喊究竟有什么用。所谓的"齐声合唱"是雄性团体喜爱的，当一群河马一起咆哮然后被邻近的河马群回应时，声音就像波浪一样，沿着河流传开。这样的声波可以在 4 分钟内传到下游的 8 千米处。声音越大，表明群体越大，也就意味着雄性的领地统治者更为强大，因此，这些声波也是针对雌性的很好的"广告"。这种呼喊有时也被领地所有者用来向无领地权的其他雄性展示力量、发号施令。

有时河马会在水下发出滴答的噪声，这种水下的呼喊被用来宣告在黑暗的水里有一只河马存在。没有证据表明这些是用来起定位作用的，然而解剖学证据表明，水下的声音是通过颌骨来收集的，因此，这些呼喊能同时被水面以上的耳朵和水面以下的颌感知。

河马的怀孕期持续大约 8 个月（倭河马为 6.5 个月），这对于如此巨大的动物而言是比较短的，但同时提高了河马产崽的频率。分娩可以发生在陆地上，但主要是在水中。哺乳也是两栖的，一直持续到幼崽完全断奶为止，大约 1 年。两种河马一般都是在 6 ～ 8 个月大的时候开始断奶；断奶之后，幼崽仍然和母河马待在一起，直到完全长大，大概到 8 岁时离开。

两种河马的繁殖生理的相似性表明，倭河马比较小的身体是近期进化的结果。当然，也发现过相当大的倭河马化石以及比较小的普通河马的化石。

雄性河马之间对彼此有一定的容忍度，但当涉及争夺配偶的情况时，争斗往往不可避免。大多数成年雄性都会在争斗中留下伤疤，这种争斗起初表现为摆姿势和喷水，然后便很可能是致命性的。雄性统治者通常能占据领地长达 8 年。

鹿

雄鹿的鹿角使得它们能够区别于其他的反刍动物。骨质的、像号角一样的鹿角每年都要重新生长并且蜕皮，这个过程需要相当的能量和营养，尤其是体型比较大的鹿类。现存的体型最大的鹿——驼鹿中，大公驼鹿头上的角重量可能会超过30千克，长度达到了2米。即使这样，驼鹿的鹿角比起那些爱尔兰麋鹿（大角鹿）的角来还相对要小很多——这些爱尔兰麋鹿的鹿角长度大约是驼鹿的两倍，能达到4米长，重量占其总体重的大约10%。

鹿在外形上和其他反刍动物特别是和羚羊相似，它们拥有优美的、拉长的身躯，苗条的腿和颈部，以及短的尾巴和有角的头；大而圆的眼睛位于头的两侧，三角形或者卵形的耳朵高高地位于头的上方。鹿的体型变化从驼鹿到南方普度鹿逐渐变小，后者体重仅仅是前者体重（800千克）的1%。鹿最初是人类的一种食物来源，然后是猎人狩猎比赛的目标，最近，越来越多的鹿则被对其有兴趣的人看作扩充知识和进行科学研究的对象。

体型和官能

鹿角是从雄性小鹿覆盖前骨的皮肤处伸出来的，并且是由雄性荷尔蒙所引发的。然而，鹿角生长的生理控制不仅复杂，在很大程度上还会随着种类的不同而有所不同。鹿角每年的生长通常都在夏天，局限在一段敏感的、非常血管化的被称为鹿茸的皮肤上，因此正在生长的鹿角很喜欢碰触，并且很敏感，这可以从生长鹿角的雄鹿所做出的反应以及落在鹿茸上的两翼昆虫判断出来。对于大型鹿来说，鹿角完成增长和变成骨头大约在出生140天之后，在这段时间，鹿茸开始变干并且开裂，这明显是对荷尔

鹿类中有代表性的种类：1. 驼鹿；2. 狍子；3. 花鹿；4. 小黄鹿；5. 梅花鹿；6. 青鹿；7. 四不像（麋鹿）；8. 河鹿。

蒙的释放所做出的反应。雄鹿通过将鹿角撞向灌木和小树来摩擦掉它，这破坏了树皮，从树皮中流出来的树液常将鹿角染成黑色。另外，鹿也用鹿角摩擦土地，这同样也可以给鹿角染色。

交配季节过后，性荷尔蒙的减少导致了鹿角的脱落。一层骨骼溶化细胞侵袭了鹿角的根基，减弱了它们对头骨的附着能力，最终使其脱落。新大陆上鹿的鹿角趋向于在初冬或冬季中期蜕皮，直到来年的春天才开始生长；旧大陆上鹿的鹿角会保留到冬末或春季。鹿角蜕皮之后又会马上开始生长。

许多种类的鹿，尤其是生活在热带的，仅仅有钉状或者按钮状的小角，也有一种水鹿根本就没有鹿角。但这些小种类的雄鹿拥有长而尖的上犬齿——最初的武器，这是它们长期进化的历史当中早期的一些特征（大约3000万年前）。生物学家已经开始思考这种长牙鹿是否是遥远的过去鹿类的一种残存，或者是否它丢掉了原本有的鹿角，重新回到了原始的那种形式。像小刀一样的长牙是独居性的鹿保卫领地的典型武器。

也有其他的小型鹿以小鹿角和尖牙为武器，东南亚的黄麂就是如此。在黄麂属中拥有最大鹿角、最大群体和分布最广泛的种类的雄性明显共享共同的领地，这个领地很大但是其内资源缺乏。相比之下，越独居的种类就越拥有大的尖牙，但是仅仅拥有小的或者纤细的鹿角，这些种类会保卫小的但是资源丰富的领地。分子遗传学表明，一些小鹿角、大尖牙的黄麂源自大鹿角、小尖牙的黄麂，表明大尖牙的黄麂在保卫小片的资源丰富的领地过程中需要经常战斗，从而优先获得了大尖牙。换言之，由于大尖牙可帮助防御这样的领地，已经使得它们允许鹿角的消失。

有趣的是，大鹿角可能不是由于雄性之间激烈的竞争产生的，而是由于雌鹿想尽力使它们的后代长得更快而形成的。在几乎所有的种类中，

知识档案

鹿

目：偶蹄目

科：鹿科

4个亚科16属38（或43）种。包括：黄麂属，7种；贴鹿；花鹿；赤鹿（马鹿）；美洲赤鹿，梅花鹿，狍了；驼鹿属；马驼鹿属，有2种；赤短角鹿。

分布：北美洲、南美洲、欧亚大陆、非洲的西北部，被人工引进到澳大拉西亚地区。

赤道

栖息地：主要是森林和树木多的区域，但是北极苔原、草地、高山地区也有。

体型：肩高从南方普度鹿的38厘米到驼鹿的230厘米；体重从前者的8千克到后者的800千克。

皮毛：几乎是灰色、棕色、红色和黄色的渐变；一些成年鹿和许多幼鹿还有斑点。

食性：吃草类的芽、小叶香草、杂草、地衣、水果、蘑菇等。

繁殖：怀孕期从河鹿的24周，到麋鹿的40周。

寿命：野生北美驯鹿的平均寿命是4.5年。如果是人工饲养的话，许多鹿的寿命可以达到20年，甚至更长。

一群雄性黑尾鹿正在展示它们褐灰色的冬装（在夏季它们的皮毛呈红色）。这是种新大陆的鹿，经常出现在北美洲和中美洲，奔跑的速度可达 64 千米／小时。

母鹿出去觅食时，小鹿都是独自隐藏起来。隐藏是一种非常有效的躲避掠食者的方法，但是在开阔的栖息地，这种方法很难实行，或者基本上是不可能的，尤其是对大型鹿的幼崽来说。如果小鹿出生之后能够站起来，并且不久就可以和母鹿一起奔跑的话，无论如何，问题就可解决了。在鹿的种类中，有的已经能够适应很少或没有覆盖物的开阔平原。在怀孕和哺乳期间，雌性因此需要输入大量的营养给正在发育的小鹿，以促进其快速生长。然而相对更重要的是，为了生存，它们需要选择一个带有优良基因的配偶。大的鹿角对于雌性鹿来说是一个相对可靠的信号，表明这只雄鹿已经有能力找到足够的食物来投资这些"奢侈"的组织，并且其雄性后代很可能也会长出大的鹿角，而雌性后代也将会生出更大的幼鹿以及产生更多的奶水。鹿角、出生时小鹿的大小以及雌鹿的奶水丰富程度之间的联系已经延伸到其他区域，例如速度——速度最快的种类拥有大的鹿角，幼崽出生时体型最大，母鹿也有丰富的奶水。

只有营养充足的时候，鹿角才会长大。在热带地区，鹿最初获得营养的土壤里通常矿物质含量很低，然而这并不影响钙和磷酸盐等基本要素的吸收并促进鹿角的生长；鹿角的生长同样需要高蛋白的饮食。这些营养的需求使鹿必须生活在土壤肥沃的地方，如一些大河流附近的冲积平原。

食性

总的来说，鹿喜欢吃容易消化的食物并且每顿吃大致相同的东西。很多种鹿，无论体型，都是"集中选择者"，它们一般吃新芽、嫩叶、刚发芽的草、嫩枝、青苔、水果、蘑菇，甚至包括衰败的植被。这些鹿有一个很小的瘤胃，有较快的消化能力。一小部分热带鹿种，如花鹿和黑鹿会吃更多的绿草，成为颊齿能够持续生长的典型的食草者。所有的鹿都会像很多牛科动物一样消化粗纤维草料，即使是适应平原生活的美洲赤鹿和驯鹿。美洲赤鹿本身就是混合的进食者，它需要许多高质量的草料，同时也需要掺杂一些粗纤维的草叶。驯鹿夏季以多汁的苔原植被为食，冬季靠雪下植被维持生活。由于鹿角的生长需要大量的矿物质，鹿的取食范围局限于高质量的植被，并且不在牛科动物和其他草食动物进食的草地生活，因为那里相对缺乏能建造骨骼的富含矿物质的草。

社会行为

拥有复杂鹿角的鹿不仅用鹿角进行战斗，更重要的是用其竞争。就像人类的武术，这些"竞赛"依照规则进行，并且在避免流血的情况下为最强大的个体提供展示的平台。相扣在一起的鹿角让雄鹿用自己的体力而非靠伤害另一方来决定竞赛的结果。

最大的雄鹿会"恳求"比较小的鹿进行较量，假设比较小的雄鹿接受了"邀请"，两者会陷入持久的鹿角游戏中。通过这种运动雄鹿能建立"友谊"，练习的对手们会在一起进食、休息和迁移，并且当面对更占优势的雄鹿时，比较小的鹿可以得到较大的鹿的保护。

令人惊讶的是，各种鹿竞赛的规则有很大的不同。在黄鹿群中，大的雄鹿会联合比较小的来保卫共同的领地。在黑尾鹿群中，比较小的练习对手会帮助比较大的来保护群中的雌鹿，当几只雌鹿同时处于发情期而大的雄鹿不能全部与它们交配时，比较小的雄鹿可以参加进来。这种竞赛是天生的，因为没有角的小鹿也偶尔会尝试这种竞赛。这种竞赛允许鹿以和平的方式进行群居生活，并且使个体间的互动更加频繁。

群居生活有很多优势，尤其是减少了被捕食的风险。群体越大，每一个个体被捕杀的可能性将会越小，并且处在群体中间位置的个体比边缘的个体存活的概率更大。除此之外，掠食者在追捕它们时会选择老弱病残的个体，从而使得其他成员顺利逃脱。对于一只健壮的成年鹿来说，生活在群体里无疑是最安全的选择。

很明显，一个群体的成员能从不引起天敌的注意中受益，其中一种方法就是减少身体受伤和出血。这就暗示了在进化中鹿角出现的一个原因：通过检验力气而不是伤害来解决竞争问题从而使流血的风险减小。

和雄鹿群居，雌鹿要承受食物上的竞争，为了克服这些，它们常常要发展外部的某些特征。因此，雌性的驯鹿也长有鹿角供它们驱赶生活在雌鹿和它们的幼崽中已成年的雄鹿，也可以挖坑寻找雪下面的青苔。相反地，北美雌性驼鹿由于不需要保护食物源而缺少触角，因为它们栖息在森林里，在那里青苔都是生长在树上的。

美洲赤鹿趋向于住在开阔的平原上，比起居住在森林里的鹿种，它们的雌鹿在体型上更接近雄鹿。它们在皮下的头骨处依然拥有角芽，在偶然情况下能长出小角。

狍子是特殊的鹿科动物，它们通过开发夏天蓬勃的生命活力直接用于繁殖，因此雄狍子在春天都领地性很强。狍子有延迟着床现象：在夏末发情期间，卵子受精，但是直到来年1月份才植入子宫。从那时起，胚胎开始发育，当春天万物复苏，植被变绿生长的时候，幼崽也降生了。

用气味交流在鹿中已经成为很重要的行为。体型比较小的鹿类一般用尿、粪、腺体分泌物来标记自己的领地或是植被，而体型大的鹿类则标记它们自己的身体。雄性黄鹿体前的巨大腺体是用来检查领地的新气味的，一旦一块

图中驯鹿的角错综地纠缠在一起，好像这次冲突最终会导致流血的严重后果，但其实这种争斗仪式只不过是为了测试一下力量而已。

3月里的一只雄马鹿。马鹿鹿角生长和脱落的年周期在反刍动物中是很独特的，整个过程受性激素和生长激素分泌的支配。被毛覆盖的皮肤会将血液运输给正在生长的鹿角，秋季鹿角则会干枯，鹿会通过用鹿角击打植被的方法移除干裂的表皮。冬季鹿角则会脱落。

地方被标记，该地就会很少再被关注，于是更多的时间可用于开辟新的路径和寻找新的气味。像驼鹿和马鹿这样的大型鹿类会用尿液浸湿自己身上的长毛，马鹿和美洲赤鹿颈部的鬃毛以及驼鹿长长的摇摆的"铃"也很显著。旧大陆鹿类的雄鹿在发情期会用声音宣传自己，并用尿液大量喷溅自己的身体，抓挠尿液浸湿的发情部位，并且摩擦它们的身体和脖颈。抓挠完发情部位，驼鹿还会低下头接近那个部位并将尿液浸湿的泥土撒到下垂的"铃"上，然后那里就成了气味散发器官了——"铃"上的气味可以吸引雌性。一些新大陆鹿类，包括驼鹿和驯鹿，会在它们的后腿上浇小便；那些白尾鹿和黑尾鹿则有专门的、一遇到富有敌意的对手就会展开的有气味的长毛。

鹿是多种大型肉食动物的主要猎物，鹿群为了生存而进化出了不同的御敌战略。有的鹿通过快速跳跃来避开天敌的视线从而躲开其追捕，有的鹿则是依靠速度和耐力奔跑；还有跨越障碍者（马驼鹿属），而且曾经还有一种很大的、来自北美落基山的很熟练的攀岩型鹿，可惜已经灭绝。

跳跃型的鹿有很多种类，如黑尾鹿，当天敌追捕它们的时候，它们会尽量跑向有陡峭山壁或高障碍物的地方从而甩开天敌的追捕。这种鹿长着很长的耳朵和很大的眼睛，以便它们在很远的地方就能发现天敌。马驼鹿凭借它们大的体型和长长的腿，能很轻松地越过低障碍物，而这些低障碍物相对于体型比较小些的掠食者而言，则需要很费劲才能越过，并且会因此而精疲力竭并降低其奔跑速度。有些鹿，如马鹿的华西亚种和西藏亚种都有很强健的腰腿，可以跳过陡峭的山或越过高的灌木丛。由于各种奔跑方式在一定程度上需要不同的地形和地势才能成功，鹿群不同的适应性也生态性地将同一区域的鹿分为不同的种类。换句话说，不同的逃跑战略会将不同种类的鹿集中到不同区域的地形中，从而使其对食物的竞争性总体上降到最低。

食草羚羊

延伸于刚果盆地南北以及撒哈拉以南非洲的广袤草原，是地球上数量最多的哺乳动物的家园。在这里，禾本科草类以在底层生长为特点，和食草羚羊一同生存于此。在食草羚羊里面，可分成 3 个不同的族：生活在沼泽地及草原的苇羚族，包括赤羚以及苇羚；湿地草原以及开阔丛林的狷羚族，包括黑斑羚、狷羚和牛羚；还有贫瘠地带的马羚族，长得与马相似。

从尼罗河上的浮游植物堆造成的沼泽地和奥卡万戈河的三角洲，到开阔的东非大草原，再到南部非洲的灌木林地、森林，以及萨赫勒地区和卡拉哈里的半沙漠地带，草地都会有所不同。没有哪个地方是稳定的，这些栖息地的结构在具有变化性的降雨模式、火灾以及来自吃草吃嫩枝叶动物巨大而多样的影响下，不断变化。在这些草地上，哺乳动物的数量随着降雨量增加而增加。在最湿润的地区，正是来自草食动物的压力，伴随着频繁的火灾，阻止了草地向密林和浓密的灌木丛转变。

体型和官能

食草羚羊 3 个族中第 1 个族即沼泽地羚羊或称苇羚族，全部栖息在相对潮湿而且丰产的环境下，从低处湿地到山区草原，全年大部分时间依靠优质绿色草料为食。也许因为它们常常泡满水的生活环境，没有一个苇羚族成员有高度发达的气味腺体，大多数的沟通通过特殊的、高分贝的口哨声，这种口哨声被用作报警的紧急信号和雄性的交配呼唤。

最小的苇羚族成员苇羚也许和它们共同的祖先最接近。在 3 个不相连高地发现的山苇羚种群比其他族的物种更依靠一种粗糙的食物，其领地范围相对比较小，从 0.1 平方千米到 0.15 平方千米，种群密度也相对较小，但是肯尼亚的种群接近每平方千米 11 只。

普通苇羚和南苇羚是小型低地物种，分别栖息在刚果盆地北部潮湿的草地、沼泽地和刚果盆地南部的潮湿草地、沼泽地。和山苇羚一样，它们的活动范围较小，尽管

 图为博茨瓦纳乔贝国家公园中的驴羚，是苇羚族的一员，喜欢湿地栖息地。

它们在某些地方密度很大——例如在祖鲁平原一个种群的数量达到每平方千米 16.6 只。和大多数小型羚羊一样，它们抵御掠食者的防御措施更倾向于隐藏，而不是聚集成群。

苇羚族中体型最大者是水羚，乍看起来，它们更适合生活在北美的森林里而非它们实际栖息的潮湿的非洲热带草原。它们的食物中蛋白质含量很高，这可能与它们大量吃的食物长在水边有关。对于羚羊来说这是一个不寻常的特点，实际上它们从不会出现在离开水源几千米之外的地方。因为相对很大的体型，它们需要吃掉大量的植物，因此经常以芦苇、嫩枝叶补充它们主要为草的"食谱"，它们甚至吃水生植物。水边的栖息地会把它们完全暴露在掠食者眼底下，但是在乌干达伊丽莎白皇后公园，人们发现它们是狮子最不喜欢的猎

物之一，也许因为它们皮肤上难闻的油腻的分泌物——特别是雄性身上的——倒了狮子的胃口。它们是不移栖的动物，雌性领地范围从肯尼亚纳库鲁湖高种群密度地区的 0.3 平方千米到乌干达的 6 平方千米。

赤羚、驴羚以及瓦氏赤羚体型在普通苇羚和水羚之间，它们也会在潮湿的热带稀树大草原和季节性淹没的沼泽地达到非常高的地区性种群密度。赤羚会在刚果河以北出现，它的近亲瓦氏赤羚和驴羚则生活在刚果河南边。所有这 3 种都钟情于肥美的绿草，它们的行为都适应这些珍贵资源在时间和空间上的波动。最具定居性的

通过壮美的、尖锐的角，能够立刻辨别出这种动物就是雄性黑斑羚。黑斑羚是分布最广泛的食草羚羊。

瓦氏赤羚吃那些在古老的"U"形河湾内生长的草和莎草。在伊丽莎白皇后公园北部，当暴雨和火灾过后引起绿草丰产时，乌干达赤羚的活动范围能延伸 40 千米的距离。苏丹的白耳赤羚则会进行上百千米的大规模迁徙，跟踪季节性降雨带来的尼罗河的漂浮物。在 20 世纪 80 年代，它们的数量大约有 80 万头，它们的迁徙和塞伦盖蒂牛羚的迁徙一样壮观。所有的赤羚以及驴羚都是群居的，以此作为抵御掠食者的策略，同时，只有雄性有角。

一群长角羚相当安全地穿过其领地，但是，所有其他更大的食草羚羊都受到了严重的生存威胁。

狷羚族由牛羚和它们的近亲组成。除了黑斑羚，所有种类都是长相难看的动物，肩膀高出臀部，长有长脸和粗短的角（雌雄均有）。它们是典型非洲稀树大草原上最成功的"居民"。不同的种类分布于刚果以北的草地以及南部非洲的林地。没有像苇羚一样与水或者绿草紧密相连的，除了主要以嫩枝叶为草类补充的黑斑羚以外，体型都比较大。

转角牛羚是选择性的草食动物，只生活在潮湿的稀树大草原地区，通常同赤羚或苇羚生活在一起。各种各样的狷羚物种是无选择性的草食动物，生活在有中长型草的热带。在津巴布韦西北部的森格瓦地区，在湿润季节里，它们食物的 94% 是草，在干旱季节里，其食物中 69% 是香草和木质植物的嫩枝叶。黑斑羚通常生活在稀树草原上的林地、河畔及有很多种植被的地区。通过季节性变化的食物，它们全年都能得到相对高质量食物，其领地通常比较小（0.5 ~ 4.5 平方千米），而且它们从来不迁移。

优雅的马羚族是非洲最干旱地区的物种群。无论雄性还是雌性，所有的种类体型都很大，都带有长直或弯曲的角。雌性生活在 5 ~ 25 只组成的紧密团体里，总是在大范围内游动，其种群密度从来不高。除了草之外，大多数种类都能食用一些嫩枝叶，包括豆荚，以及多汁植物的鳞茎、块茎和野瓜。当把与它们没有血缘关系的个体驱逐出去，或者在竞争稀有的资源时，雌性的角就会派上用场。

生活在世界上最干旱地区的曲角羚，白色的身躯很庞大，角呈螺旋形，在无水的撒哈拉地区生存。长角羚羊生长在半干旱的萨赫勒地区（以前也出现在撒哈拉的北部）；阿拉伯长角羚，唯一一个非非洲成员，曾经在阿拉伯和西奈半岛出现过，现在又再次被引入阿曼和沙特阿拉伯。马羚和黑马羚是这个适应干旱环境的族里数量最少的，虽然它们有同样的体型和社会结构。

社会行为

草食羚羊比任何其他族群都多，能典型地阐明社会生物学的中心教条：雌性跟随食物，雄性跟随雌性。这种普遍化有一个简单的理论上的解释——雌性必须承担起生养和哺育下一代的责任，而雄性只提供精子，在任何时候总会有更多的雄性可以用来交配。雌性的繁殖成功与否，主要依赖对资源的获取，而雄性要想使自己的基因传递下去，则依赖于它们能得到多少雌性。长此以往，雌性被自然选中来搜寻生存资源，雄性则被自然选中来追寻雌性。

基于这个概念，我们可以把草食羚羊分成4个基本的繁殖体系。第1种，雄性防卫资源性领地体系。这种体系中的雌性倾向于长久地待在小型的活动范围内，种群密度适中。例如瓦氏赤羚中的雌性通常常年在古老的"U"形河湾内的土地上寻找质量高的食料；大体型的水羚全年在湿地栖息，雌性全年都在寻找蛋白质含量高的食料；黑斑羚是既吃草又吃嫩枝叶的种类，喜欢稳定的生活方式；猄羚能忍受低质量的牧草，能在中等干燥的季节里生活。在所有这些物种里，雌性拥有的领地很小，而强壮的成年雄性能够有效地保卫独占性的领地，该领地包括几只雌性生活的全部或部分区域。粗略地观察，还以为雄性水羚或黑斑羚正在保卫雌性的"闺房"呢，但是事实上，它们正在保卫自己界线清晰的领地。如果雌性离开这个区域，它们会放弃对雌性的控制，继续守护领地。

苇羚可以作为第2种体系的例子，与第1种体系只有一点不同。因为它们的繁殖体系实际上与水羚和瓦氏赤羚的相似，尽管在表面上看苇羚等是"一雄一雌制"配对形式。雌性苇羚依赖隐藏来躲避肉食动物，因而需要相对易消化的食物，它们的体型很小，基本上处于独居状态。雄性苇羚保卫它们富有生存资源的领地，但也经常与单身雌性苇羚的领地重叠。

第3种繁殖体系是雄性守卫一群雌性，这在马羚族物种中经常出现。在这些能够适应干旱环境的羚羊物种中，雌性马羚的领地范围要广得多，以致雄性马羚无法有力地控制。

图为常见的食短草的迁徙性动物牛羚，它们的迁徙活动反映出它们需要合适的食料、水和矿物质。在壮观的迁徙行动中，有些牛羚在过河时会成为鳄鱼的口中餐。

食草羚羊（图中均为雄性）的行为：1. 南苇羚正昂首站立；2. 东非水羚在展示它的首领地位；3. 短角羚正处于警戒姿态；4. 乌干达水羚在交配期内，把头抬得高高的以接近雌性水羚；5. 曲角羚正在嗅雌性羚羊的尿液，做出卷唇状；6. 黑马羚在展示自己的角，以表明其首领地位；7. 马羚正顺从地站着；8. 库氏犄羚显出 1 岁时的温顺；9. 一只有领地的雄性黑斑羚发情期内在领地上巡行；10. 一只白纹牛羚膝盖弯曲，正用头撞对方；11. 直角长角羚踢前蹄以示求爱；12. 转角牛羚正抬头接近雌性；13. 黑斑牛羚正垂耳示爱。

　　雌性马羚类能够建立紧密的、稳定的家族群体，通常在 5 ~ 25 只左右，这或许是为了能够与其他没有亲缘关系的个体竞争稀有的资源。雄性最普遍的交配策略是直接保卫雌性群体，而不是保卫领地。只有黑马羚例外，因为雌性黑马羚的活动范围要小很多，也更具有预知性，于是雄性黑马羚不保护雌性群体，而是转过来保护领地。

　　最后一个体系是，有那么几种或几个亚种，它们的雌性生活在高密度群体中，活动范围很广，难以预测，在大片草地上寻找零星分布的高质量草料，不会形成稳定而紧密的群体。这包括乌干达赤羚、白耳赤羚、卡福驴羚，可能还有一些大规模迁移的牛羚（角马）。在这些物种里，雄性经常保卫面积小、资源少的领地，聚集在传统的交配区（或称"求偶场"）。发情的雌性会离开自己生活的大型的、性别混杂的群体，行走数千米到最近的交配区交配。它们往往在那里待上 12 ~ 24 小时，和几只不同的雄性进行数次交配。

年轻的转角牛羚在练习争斗。当长到 1 岁大时，它们会被有统治权的雄性驱逐出领地，等到三四岁时再回来挑战年长的雄性。

鼠型啮齿动物

占哺乳动物种数1/4的鼠型啮齿目动物尽管现在也被归为松鼠亚目，但是它们曾经有自己单独的分类单元——鼠型亚目。它们所呈现出的多样性是如此之多，以至于人们无法将其归为任何一类。

绝大多数鼠型啮齿动物体型小，陆栖，繁殖力强，夜晚活动，吃植物种子。人们一直争议把它们单独归为由单一祖先演化而来的一类动物的合理性，依据主要有两点：下巴咀嚼时的肌肉特征和白齿的结构。

大多数鼠型啮齿动物属于鼠科，一小部分属于睡鼠科、跳鼠科、异鼠科和衣囊鼠科。后面这些是早期的分支，现在存在的种数有限，而且有一些也比较特殊。睡鼠是树栖性冬眠动物（在温带地区）；跳鼠则适应沙漠气候。鼠科动物从中新世开始（即在最近的240万年之内），经历了很多更近的和更有扩展的演变（环境适应性）。结果就是一些种类比较特殊，比如类和旅鼠，以草和其他粗糙的植物为生；而其他的许多种类仍然保留着吃各种各样的种子、芽和某些昆虫的习性，以比草更为有营养但是不够丰富的食物为生。

有代表性的鼠型啮齿动物。1. 林姬鼠正储藏坚果；2. 赤色衣囊鼠正进入地洞；3. 跳跃的利比亚沙鼠；4. 正在监视周围状况的挪威旅鼠；5. 普通巢鼠正欲进入巢穴；6. 衔着骨头的林鼠；7. 一只四趾更格卢鼠；8. 朱古力色的条纹小鼠——普通小鼠的一种驯养变种，正在喝水。

一只北蝗鼠像狼嗥一样，仰起头发出尖叫声。这种叫声在该种中非常普遍，人类可以听见这种叫声，它一般持续一两秒，可以传到 100 米远以外。这种叫声可能是向同类警示某一片土地已经有了主人。

在生态学上，人多数鼠型啮齿动物可以被归结为"r 策略"的选择者，也就是说，它们很早和大量地繁殖后代而不是选择个体的长寿。在某种意义上，鼠科动物比它们的近亲睡鼠和跳鼠更强壮和普遍。

繁殖的能手

在哺乳动物的整个进化史上，物种所呈现多样化最多的就是鼠科动物了，现存的有 1000 多种，几乎在全世界所有的陆地地区都可以看到其足迹。它们几乎都是杂食性动物，主要以植物种子为生，但是也能够用它们的牙齿咀嚼其他食物吃，如树的嫩芽和昆虫。

由一种共同祖先进化出的另一些特殊种类的鼠科动物能够适应艰难的生活环境，如许多沙鼠（沙鼠亚科）保留了吃种子的生活习性，但是也适应了非洲和中亚地区的干旱炎热环境；仓鼠（仓鼠亚科）凭借极强的食物储藏和冬眠能力适应了寒冷干燥的环境；类和旅鼠以及非洲沼泽地生活的鼠亚科动物能够克服牧草难以消化的难题，开拓了生活环境的新天地。

2

1

知识档案

分布：世界各地，除了南极洲。

赤道

属松鼠亚目，共5科312属1477种。

鼠科
279属1303种

新大陆鼠科动物——棉鼠亚科
共86属434种

䶄类和旅鼠——䶄亚科
共26属143种

旧大陆鼠科动物——鼠亚科
共118属542种

旧大陆其他的鼠科动物
共30属65种

有颊囊鼠亚科、冠鼠亚科、树鼠亚科、竹鼠亚科、马岛鼠亚科、刺睡鼠亚科、鼢鼠亚科以及瞎鼠亚科

仓鼠——仓鼠亚科
共5属24种

沙鼠——沙鼠亚科
共14属95种

睡鼠科
共8属26种

跳鼠科
共15属50种

衣囊鼠科
共5属39种

异鼠科
共5属59种

家兔和野兔

没有几种哺乳动物像欧洲野兔那样，几个世纪以来和人类的命运紧密地缠结在一起。它可能在罗马时代的北非和意大利就开始被驯化，今天共有超过 100 种的家养野兔来源于古代一个单一的种类。另外，同一世系的野生或是驯化的野兔后代，通过侵袭或者有意的引进，现在遍布到了全世界，许多种群达到了极度的繁荣甚至成了有害动物。然而欧洲野兔只是 50 多种兔科动物中的 1 种，还有一些已经到了濒危的境地，其数量只有几百只而不是成千上万只。

兔科动物从广义上来说可以分为两大组：兔属类的野兔，以及其他 10 个属的家兔。但情况有的时候比较复杂，一些种类如非洲红兔和濒危的阿萨姆兔（粗毛兔）一般认为是野兔，即使它们的行为很像家兔。

体型和官能

野兔和兔属的家兔最主要的区别在于这两类动物在面对入侵的掠食者时采取的策略不同，生殖策略也不一样。基本上长腿的野兔能逃脱它的追捕者——在极度惊吓情况下一些野兔的速度可以达到每小时 72 千米，而短腿的家兔则会跑到茂密的掩蔽物或者地下洞穴中寻找安全。另外，小野兔在出生时与新生的小家兔相比发育得更成熟（早熟性的）。不打洞的野兔，有着比较长的怀孕期（37 ~ 50 天），它们的小兔出生时，全身有毛覆盖，眼睛能够睁开，并且能协调地运动。相反，家兔的小兔在出生时赤裸着身体或者有稀疏的毛覆盖，眼睛在出生后 4 ~ 10 天才能睁开。长着长长的耳朵是所有兔科动物的一个突出特征，但是最典型的是羚羊兔，双耳可以长到 17 厘米以上。野兔和家兔的眼睛都很大，并且能适应微光和夜间的活动方式。所有的兔科动物都是植食性的，但是诸如山地兔和雪鞋兔等在食物种类上比其他的包括欧洲野兔在内的种类有更多的选择性。

这是生活在坦桑尼亚塞伦盖蒂国家公园的一只大草原野兔，它听到陌生的声音时会竖起长长的耳朵，眼睛睁得很开，警惕着危险。一般来说，野兔会凭借极快的速度逃脱捕食者，而家兔则会尽快地找到最近的避难所。

分布方式

除一些在森林中生活的兔子如雪鞋兔外，大部分野兔喜欢开阔的栖息地，那里覆盖着岩石或植被。它们有着广阔的地理分布，栖息地从沙漠一直到草原和冻土地带。另一方面，家兔却很少在远离茂密的掩蔽物或地下洞穴的地方出现，它们生活在一系列复杂的、连续不断的地区，这些地带主要是以草地连接着茂密的掩蔽物为特征。在北美洲地区，林兔的掩蔽物是由灌木和荆棘这样的植被提供的。其他的兔科动物对它们自己的栖息地也有独特的要求，两种有斑纹的兔子即苏门纹兔和阿纳米兔以及日本的琉球兔生活在热带森林的掩蔽下，而南非山兔和阿萨姆兔则分别局限于南部非洲干燥台地高原小河边上的灌木丛和印度次大陆的高山草甸上。和家兔明显不同的是，野兔倾向于白天在洞穴中躲避，但是一旦遇到捕食者就立刻跑出洞外去。

社会行为

成群的穴居生活，在欧洲野兔中是司空见惯的，但对于其他兔属动物却并非如此。除欧洲野兔以外，只有小山兔、琉球兔、薮岩兔在地下挖洞来保护自己，一些投机主义者如东林兔、荒漠林兔、西林兔则常利用别的动物挖的洞穴。曾经有报道说一小类兔子挖洞是为了躲避极端的温度，

⬇ 一对兔子交配之后正在整理皮毛。雌兔在分娩之后不久便再次进入发情期。雌兔的怀孕期大约仅为30天，每年能产下4~5窝。

知识档案

野兔和家兔

目：兔形目

科：兔科

共11属58种。其中有7个单型属（每属只包括1种）：山兔、粗毛兔、穴兔、琉球兔、火山兔、薮岩兔、小山兔。另外苏门纹兔属有2种，岩兔属有3种；林兔属有14种，包括森林兔和东林兔等；兔属有32种，包括羚羊兔、加州兔、美洲兔（雪鞋兔）、欧洲野兔等。

分布：南北美洲，欧洲，亚洲，非洲；人工引进到澳大利亚、新西兰以及其他地区。

赤道

栖息地：较为广阔多样，包括沙漠、山地森林、热带雨林、苔原冻土区、沼泽地、高山草甸和农业区。

体型：体长从小山兔的25厘米到欧洲野兔的75厘米不等，尾长从1.5厘米到12厘米不等，体重从前者的大约400克到后者的6千克。

皮毛：一般来说，毛发比较细密和柔软，但是一些种类如阿萨姆兔和灰尾兔的毛发就比较粗糙。兔科动物耳朵上的毛发比较短并且较为稀疏。脚上有毛发覆盖。毛发的颜色有红褐色、棕色、浅黄色、灰色和白色。腹部一般颜色比较浅，为苍白色或纯白色。只有两种兔子有花纹。极地或北方的兔子在冬天的时候皮毛变成白色（如雪鞋兔、北极兔、山地兔和日本兔）。

食性：植食。

繁殖：野兔的怀孕时间（山地兔可达55天）比家兔（穴兔是30天）一般要长。野兔的幼崽在出生时是早熟性的，但是家兔的幼崽出生时发育得不很成熟。

寿命：野外生存的兔子平均寿命不到1年，欧洲野兔和穴兔的寿命最长可达12年。

生活在加利福尼亚州的荒漠林兔的幼崽正挤在浅浅的窝里。母兔并不和它们一起在窝里生活，而是蹲伏在它们的边上，给它们喂食。这窝小兔只是一年时间里生养的几窝中的一窝。小兔可能在 3 个月后就开始自己繁殖。

例如加州兔和草兔这样做是为躲避沙漠高温，而雪鞋兔和北极兔挖洞到雪中是为了躲避严寒。地表或植被表面凹陷的地方，普遍被兔子用作休息的场所。这些地方可能是被几代兔子修建成的完美的栖息地，也可能仅仅是几个小时的临时避难所。

穴兔挖的地下洞穴形成了固定的领地和繁殖群体，其社会系统在许多兔属动物中是不常见的。大多数的野兔和家兔没有固定的领地，只有单独的家庭。一些野兔的活动范围达到了 3 平方千米，而且有相互重合的较好觅食区。一些种类的兔科动物会临时聚合在一起，包括南疆兔、雪兔、加州兔和林兔。欧洲野兔有一定的组织性，群体中居主导地位的个体常常比其他个体优先获得食物。在冬天的几个月中，大群的雪鞋兔会聚在一起，这些个体有着白色的毛发作为伪装。雪鞋兔聚在一起可以减小被掠食动物捕获的概率。

除了"管理"，公兔也插手保护小兔免受其他成年母兔的攻击。据了解，公兔父亲般地照料小兔没有固定的形式，甚至母兔在地表以上对小兔的照顾也相当少，这种现象叫作"缺少亲代照料"。对野兔来说，早熟、有毛发覆盖、可以活动的小兔出生在地表的洼地，而发育不完善的家兔幼崽在细心建造的地下窝里（例如火山兔就有厚厚的树枝草丛组成的住处）得到细心的照顾。兔科幼崽出生以后，不断和不寻常的母性照料就是哺乳和在很短时间内舔干小兔，一般来说，这种照料最短 5 分钟，最长 24 小时。实际上，母兔的奶水有很高的营养，含有很多脂肪和蛋白质，小兔可以在 17 ~ 23 天的短时间内快速成长。举例来说，穴兔中母兔和小兔之间的联系持续到 21 天后小兔断奶，此后，母兔就开始为已经怀上的下一胎的出生做准备。

作为一种策略，母兔和小兔之间联系的缺乏可以减小引起掠食动物对小兔注意的概率。有些家兔专门挖下用于哺育的洞穴，在每一次短暂的哺乳后都用松软的泥土仔细地封住洞口。在地表之上哺育小兔的野兔，幼崽大约在出生并被哺乳 3 天后就分别离开出生的地方，但是在特殊的地点和确定的时间（一般是太阳落山时）小兔会进入一定的群体以便从雌兔那里得到快速的、简单的哺乳。

气候和繁殖之间的关系在野兔和新大陆的林兔身上显示得十分清楚。对林兔属来说，纬度和每胎所产小兔数量之间有着直接的关系。在北方种类中有最短的繁殖时间和最多的幼崽数。东林兔看来是林兔属中繁殖力最强的一种，一只一年可以产 35 只小兔；森林兔最少，每年产 10 只左右。极北地区生活的兔属类兔子每胎生 6 ~ 8 只小兔；在赤道地区，每只母兔一年则能产 8 胎，每胎 1 ~ 2 只小兔，大约可以用每年产 10 只小兔的标准来统计数据和计算。雪鞋兔的产崽数变化很大（一只雌兔产 5 ~ 18 只小兔），它们种群的周期性变化广为人知，并且同步地反映在全部的地理环境中。

与鼠兔更多地靠声音沟通相比，家兔和野兔之间的交流更多地依靠气味而不是声音。然而，也有一些种类比其他的兔子更加依靠声音，特别是火山兔。许多兔科动物被掠食动物捕获时，会发出悲伤的长声尖叫；5 种家兔和所有群居的兔科种类，都能发出特殊的警戒声音。我们知道穴兔、林兔、荒漠林兔遇到危险时常用后腿重击地面，可能是提醒地下窝内的同伴。另外许多兔科动物的尾巴下侧是显眼的白色，在被掠食动物攻击时，可以作为看得见的警告标志。有趣的是，这些有尾巴标志的兔子在开阔的栖息地也很容易看到，而像森林兔、火山兔、粗毛兔的尾巴下侧则是黑色的。

所有的家兔和野兔的腹股沟和下巴处都有秘密的气味腺体，在同异性的交往中，这是很重要的一点。对于群居的穴兔来说，气味腺体的活动与雄性激素的分泌水平和睾丸大小有关，也可以标志其在兔群中的地位。穴兔群体中居主导地位的公兔最经常留下气味标记，气味腺体分泌物的分泌也更为频繁，还会喷射尿液来标记自己的地位。

野兔和家兔中具有代表性的种类：1. 琉球兔，它正在挖洞；2. 南非山兔，正处于警戒姿势；3. 薮岩兔，正在蹦跳；4. 羚羊兔；5. 穴兔，图中是一只群体中居主导地位的雄性，正在用下巴腺体蹭树做气味标记；6. 苏门纹兔，正在梳理自己的髭须；7. 一只雄性东林兔，正处于警戒姿势；8. 欧洲野兔，正在搏斗；9. 厚尾岩兔，正处于警戒观望姿势；10. 阿萨姆兔，正在自己的窝内卧着；11. 火山兔，正蜷缩成球状休息。

树袋熊

树袋熊是澳大利亚的标志性动物，也是世界上最具有超凡魅力的哺乳动物之一。

对树袋熊的威胁在 1924 年达到了高峰，当年有 200 多万张树袋熊皮出口。在那之前，这种动物在澳大利亚南部已经灭绝，并在很大程度上从维多利亚和新南威尔士州消失了。公众开始为它们大声疾呼，政府也颁布了狩猎禁令，加强了管理，这种衰减的趋势才得到了逆转。现在树袋熊再一次在其偏爱的栖息地变得相当常见。

一只树袋熊正谨慎小心地穿过森林地面。这种动物通常会安详稳重地行走，但在遇到突发情况时也能够跳跃前进。

体型与官能

桉树属的树木在澳大利亚广为分布，而树袋熊正是与其紧密联系在一起的——它们几乎终生都在桉树上度过。其白天的许多时间都用来睡觉，只有不到 10% 的时间用来觅食，而其他的时间主要花在静坐上。

树袋熊对这种相对不活跃的树栖生活做了大量的适应。由于它们既不使用巢穴也不使用遮盖物，所以它们那无尾而似熊的身体覆盖着一层密密的毛发，能起到良好的隔绝作用。树袋熊大多数的脚趾上都长有极为内弯的、针一般锐利的趾甲，这使它们成为极高超的攀缘者，能够轻松地登上树皮最光滑、最高大的桉树。爬树的时候，它们用爪抓住树干的表面，并用其有力的前臂向上移动，同时以跳跃的动作带动后肢向上。树袋熊前爪的钳状结构（第一趾、第二趾与其他三个趾位置相对），使它们能够紧握住比较小的枝条并爬到外层树冠上。它们在地面上的敏捷度比较差，经常以四只脚缓慢行走的方式在树木之间移动。

树袋熊的牙齿适合处理桉树叶。它们用臼齿——在每个颌上已经缩减为 1 颗前臼齿和 4 颗窄而高齿尖的臼齿——把树叶咀嚼成很细的糊状，然后这些东西会在盲肠里进行微生物发酵。相对于其体型而言，树袋熊的盲肠在所有哺乳动物里面是最长的，长达 1.8 ~ 2.5 米，3 倍于它的身体长度甚至更长。

树袋熊有比较小的脑，这可能也是对其低能量食物的一种适应。脑是高耗能的器官，会不成比例地消耗掉身体全部能量预算的很大一部分。树袋熊的相对脑量几乎是所发现的有袋动物中最小的。分布在南部的树袋熊脑的平均重量（平均体重为 9.6 千克）只有约 17 克，只占体重的 0.2%。

雄性树袋熊的体重超过雌性 50%，有一个相对比较宽阔的面部，一对相对较小的耳朵，还有一个比较大的散发气味的胸腺。雌性主要的第二性征是其育儿袋，内有两个奶头，向后端开口。

　　树袋熊实行广泛的"一雄多雌制"的交配体系，在这种体系下，某些雄性占据大部分的交配权，但是占统治地位的雄性与处于被统治地位的雄性对交配权分配的准确细节，还没有得到全面广泛的研究，尚需要进行清晰的阐释。雌性树袋熊在2岁大的时候进入性成熟期，并开始繁殖。雄性也可以在这个年龄进行繁殖，但此时的交配成功率通常很低，直到它们年龄更大（约4～5岁），体型大到足够对雌性展开成功的竞争时，这种情况才会得到改变。

食性

　　桉树作为常绿植物，持续不断地为食叶动物提供了可用的食物资源，一只成年树袋熊每天会吃掉大约500克重的鲜树叶。尽管有600多种桉树供树袋熊选择，但它们仅仅以其中的30种左右为食。偏食程度在种群之间有所不同，它们通常聚集到较湿润、物产更丰饶的栖息地里的树种上。在其分布范围的南部，它们偏爱多枝桉和蓝桉，而在北部的种群主要以赤桉、脂桉、小果灰桉、斑叶桉以及细叶桉的树叶为食。

　　桉树叶对大多数食叶动物而言并不适于食用（如果不是全然有毒的话）。桉树叶中包括氮和磷在内的基本营养物质的含量极低，并含有大量的难以消化的结构性物质，例如纤维素和木质素，而且还含有酚醛和萜烯（油类的基本成分）。最近的研究表明，这些物质化合之后最终形成的东西可能是树袋熊偏食的关键所在，因为已经发现树袋熊对桉树叶的可接受性与某些毒性极高的苯酚—萜烯混合物呈反相关关系。

　　树袋熊做了很多适应性改变，以使自己能够应付如此难处理的食物。有些树叶它们很明显地完全避开不吃，有些树叶中含有的毒素则能在肝中进行解毒并被排出体外。处理可用能量这么低的食物，需要做出行为习性上的调整，因此树袋熊睡得很多，一天最多可睡20个小时。这就造成了一个广为流传的说法：它们因摄食桉树叶中的化合物而变得麻痹。树袋熊还表现出对水分的高利用率，除在最热的季节之外，它们从树叶中就可以获得所需要的全部水分。

知 识 档 案

树袋熊

目: 袋鼠目

科: 树袋熊科

只有1属1种

分布: 澳大利亚东部南纬17°以南的不相连地区。

赤道

栖息地: 桉树森林和林地。

体型: 雄性体长78厘米，雌性72厘米；雄性体重11.8千克，雌性7.9千克。分布于南部的体型明显比较小，雄性平均只有6.5千克，雌性只有5.1千克。

皮毛: 灰色到茶色；下巴、胸部以及前肢内侧是白色的；耳朵具有长白毛圆饰，臀部有白斑；分布于北部的皮毛较短，颜色较淡。

食性: 吃树叶，主要以种类有限的桉树树叶为食，但是也吃一些非桉树树木的嫩叶，包括金合欢属树、薄子属树以及白千层属树的叶子。

繁殖: 雌性性成熟期在出生后21～24个月时到来；怀孕期大约35天，每胎只产1只幼崽，在夏季（11月至次年3月）分娩。幼崽在出生12个月后独立生活。雌性能够连续数年繁殖。

寿命: 最高可达18年。